합격에 **윙크(Win-Q)**하다!

Win-

Q^

굴삭기운전
기능사

합격에 **윙크(Win-Q)**하다!

Win-Q

Win Qualification

|윙크|

Always with you

사람이 길에서 우연하게 만나거나 함께 살아가는 것만이 인연은 아니라고 생각합니다.

책을 펴내는 출판사와 그 책을 읽는 독자의 만남도 소중한 인연입니다.

(주)시대고시기획은 항상 독자의 마음을 헤아리기 위해 노력하고 있습니다.

늘 독자와 함께하겠습니다.

PREFACE

굴삭기운전 분야의 전문가를 향한 첫 발걸음!
변화를 원하는 나를 위한 노력, 자신만이 할 수 있습니다.
'시간을 덜 들이면서도 시험을 좀 더 효율적으로 대비하는 방법은 없을까?'
'짧은 시간 안에 시험을 준비할 수 있는 방법은 없을까?'

자격증 시험을 앞둔 수험생들이라면 누구나 한 번쯤 들었을 법한 생각이다. 실제로도 많은 자격증 관련 카페에서도 빈번하게 올라오는 질문이기도 하다. 이런 질문들에 대해 대체적으로 기출문제 분석 → 출제경향 파악 → 핵심이론 요약 → 관련 문제 반복 숙지의 과정을 거쳐 시험을 대비하라는 답변이 꾸준히 올라오고 있다.

윙크(Win-Q) 시리즈는 위와 같은 질문과 답변을 바탕으로 기획되어 발간된 도서이다. 그중에서도 윙크(Win-Q) 굴삭기운전기능사는 1편 핵심이론 + 핵심예제와 2편 과년도 기출문제 + 최근 상시시험 복원문제로 구성되었다. 1편은 과거에 치러 왔던 기출문제의 Key-word를 철저하게 분석하고, 반복 출제되는 문제를 추려낸 뒤 그에 따른 핵심예제를 수록하여 빈번하게 출제되는 문제는 반드시 맞출 수 있게 하였고, 2편에서는 과년도 기출문제와 최근 상시시험 복원문제를 수록하여 1편에서 놓칠 수 있는 최근 출제경향을 대비할 수 있게 하였다.

굴삭기는 주로 도로, 주택, 댐, 간척, 항만, 농지정리, 준설 등의 각종 건설공사나 광산작업 등에 쓰이며, 건설기계 중 가장 많이 활용된다. 이러한 굴착, 성토, 정지용 건설기계인 경우 운전하는 데 특수한 기술을 요하며, 또한 안전운행과 기계수명 연장 및 작업능률 제고 등을 위해 숙련기능인력 양성이 필요하다. 굴착, 성토, 정지용 건설기계운전인력에 대한 고용증가가 기대되고, 가동률이 상승하고 있어 고용은 점차 확대될 전망이다.

윙크(Win-Q) 시리즈는 필기 고득점 합격자와 평균 60점 이상의 필기 합격자 모두를 위한 훌륭한 지침서이다. 무엇보다 효과적인 자격증 대비서로서 기존의 부담스러웠던 수험서에서 필요 없는 부분을 제거하고 꼭 필요한 내용들을 중심으로 수록된 윙크(Win-Q) 시리즈가 수험준비생들에게 "합격비법노트"로서 함께 하는 수험서로 자리 잡길 바란다. 수험생 여러분들의 건승을 기원한다.

편저자 씀

시험 안내

개 요

굴삭기는 주로 도로, 주택, 댐, 간척, 항만, 농지정리, 준설 등의 각종 건설공사나 광산작업 등에 쓰이며, 건설기계 중 가장 많이 활용된다. 이러한 굴착, 성토, 정지용 건설기계인 경우 운전하는 데 특수한 기술을 요하며, 또한 안전운행과 기계수명 연장 및 작업능률 제고 등을 위해 숙련기능인력 양성이 필요하다.

진로 및 전망

❶ 주로 건설업체, 건설기계 대여업체 등으로 진출하며, 이외에도 광산, 항만, 시·도 건설사업소 등으로 진출할 수 있다.
❷ 굴삭기 등의 굴착, 성토, 정지용 건설기계는 건설 및 광산현장에서 주로 활용된다. 굴삭기등록현황을 보면 1990년대에 들어서서 매년 지속적인 등록증가를 보이고 있다. 이는 매년 해당 면허를 취득하는 인원에 비하면 적은 편이지만, 이와 더불어 가동률이 상승하고 있어 고용은 점차 확대될 전망이다.

수행직무

건설현장에서 흙이나 자갈과 같은 물질을 굴삭하거나 이동시키기 위하여 굴삭기를 운전하며 장비의 일상점검과 예방정비를 하는 업무를 수행한다.

시험요강

❶ 시 행 처 : 한국산업인력공단(http://t.q-net.or.kr)
❷ 훈련기관 : 건설기계 관련 일반 사설학원
❸ 시험과목
　㉠ 필기 : 건설기계기관, 전기, 섀시, 굴삭기작업장치, 유압일반, 건설기계관리법규 및 도로통행방법, 안전관리
　㉡ 실기 : 굴삭기운전작업 및 도로주행
❹ 검정방법
　㉠ 필기 : 전 과목 혼합, 객관식 60문항(60분)
　㉡ 실기 : 작업형(6분 정도)
❺ 합격기준(필기 · 실기) : 100점을 만점으로 하여 60점 이상

시험일정

굴삭기운전기능사시험은 2012년부터 상시로 시행되므로, 자세한 시험 일정은 한국산업인력공단(http://t.q-net.or.kr)에서 확인하시기 바랍니다.

 **검정현황**

필기시험

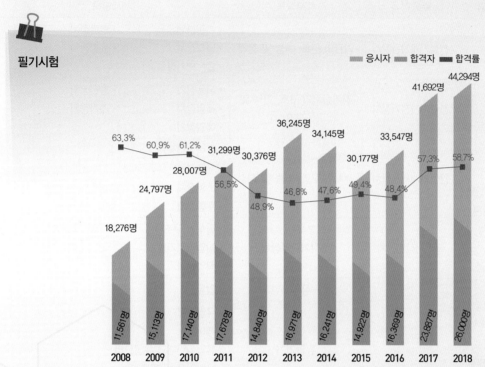

응시자 · 합격자 · 합격률

	2008	2009	2010	2011	2012	2013	2014	2015	2016	2017	2018
응시자	18,276명	24,797명	28,007명	31,299명	30,376명	36,245명	34,145명	30,177명	33,547명	41,692명	44,294명
합격자	11,561명	15,113명	17,140명	17,678명	14,840명	16,971명	16,241명	14,922명	16,369명	23,887명	26,000명
합격률	63.3%	60.9%	61.2%	56.5%	48.9%	46.8%	47.6%	49.4%	48.4%	57.3%	58.7%

실기시험

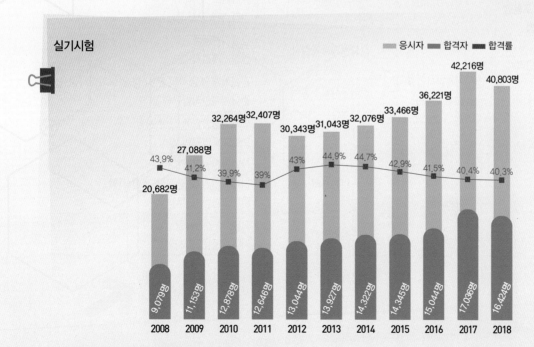

응시자 · 합격자 · 합격률

	2008	2009	2010	2011	2012	2013	2014	2015	2016	2017	2018
응시자	20,682명	27,088명	32,264명	32,407명	30,343명	31,043명	32,076명	33,466명	36,221명	42,216명	40,803명
합격자	9,079명	11,153명	12,878명	12,646명	13,044명	13,927명	14,322명	14,345명	15,044명	17,036명	16,424명
합격률	43.9%	41.2%	39.9%	39%	43%	44.9%	44.7%	42.9%	41.5%	40.4%	40.3%

출제기준[필기]

필기과목명	주요항목	세부항목	세세항목
건설기계기관, 전기, 섀시 · 굴삭기작업 장치 · 유압일반 · 건설기계관리법 규 및 도로통행 방법 · 안전관리	건설기계기관장치	기관의 구조, 기능 및 점검	• 기관본체 • 연료장치 • 냉각장치 • 윤활장치 • 흡 · 배기장치
	건설기계전기장치	전기장치의 구조, 기능 및 점검	• 시동장치 • 충전장치 • 조명장치 • 계기장치 • 예열장치
	건설기계섀시장치	섀시의 구조, 기능 및 점검	• 동력전달장치 • 제동장치 • 조향장치 • 주행장치
	굴삭기작업장치	굴삭기작업장치	• 굴삭기 구조 • 작업장치기능 • 작업방법
	유압일반	유압유	유압유
		유압기기	• 유압펌프 • 제어밸브 • 유압실린더와 유압모터 • 유압기호 및 회로 • 기타 부속장치 등
	건설기계관리법규 및 도로교통법	건설기계등록검사	• 건설기계등록 • 건설기계검사
		면허 · 사업 · 벌칙	• 건설기계 조종사의 면허 및 건설기계사업 • 건설기계관리법규의 벌칙
		건설기계의 도로교통법	• 도로통행방법에 관한 사항 • 도로교통법규의 벌칙
	안전관리	안전관리	• 산업안전일반 • 기계 · 기기 및 공구에 관한 사항 • 환경오염방지장치
		작업안전	• 작업 시 안전사항 • 기타 안전관련 사항

출제기준[실기]

실기과목명	주요항목	세부항목	
굴삭기운전작업 및 도로주행	작업상황 파악	작업관계자 간 의사소통방법 수립하기	
	운전 전 점검	각부 오일 점검하기	
	장비 시운전	• 엔진 시동 전후 계기판 점검하기 • 각부 작동하기 • 주변여건 확인하기	
	주 행	• 주행성능장치 확인하기 • 작업현장 내 주행하기	
	터파기	• 주변 상황 파악하기 • 시험 터파기	• 작업 내용 숙지하기
	깎 기	상차작업하기	
	쌓 기	• 쌓기작업 준비하기	• 야적작업하기
	메우기	메우기작업하기	
	선택장치작업	선택장치 연결하기	
	안전 · 환경관리	• 안전교육 받기	• 안전사항 준수하기
	작업 후 점검	• 일 · 냉각수 유출점검하기 • 각부 체결상태 확인하기 • 각 연결부위 그리스 주입하기	

※ 출제기준의 세세항목은 한국산업인력공단(http://t.q-net.or.kr)사이트에서 확인하시기 바랍니다.

출제비율

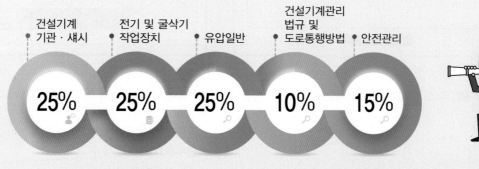

건설기계 기관 · 섀시	전기 및 굴삭기 작업장치	유압일반	건설기계관리 법규 및 도로통행방법	안전관리
25%	25%	25%	10%	15%

CBT 응시 요령

기능사 종목 전면 CBT 시행에 따른
CBT 완전 정복!

"CBT 가상 체험 서비스 제공"
한국산업인력공단(http://www.q-net.or.kr) 참고

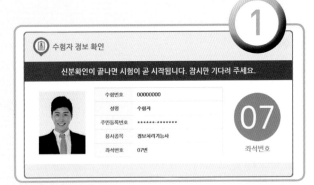

수험자 정보 확인

시험장 감독위원이 컴퓨터에 나온 수험자 정보와 신분증이 일치하는지를 확인하는 단계입니다. 수험번호, 성명, 주민등록번호, 응시종목, 좌석번호를 확인합니다.

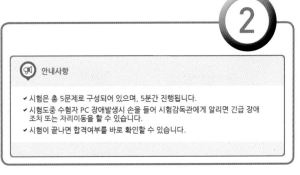

안내사항

시험에 관한 안내사항을 확인합니다.

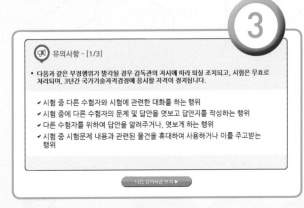

유의사항

부정행위에 관한 유의사항이므로 꼼꼼히 확인합니다.

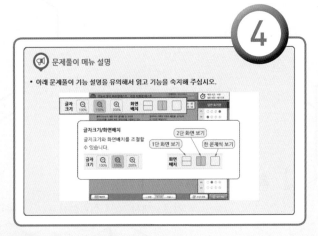

문제풀이 메뉴 설명

문제풀이 메뉴의 기능에 관한 설명을 유의해서 읽고 기능을 숙지해 주세요.

- 글자크기와 화면배치 조절
- 전체 또는 안 푼 문제 수 조회
- 남은 시간 표시
- 답안 표기 영역, 계산기 도구, 페이지 이동
- 안 푼 문제 번호 보기 및 답안 제출

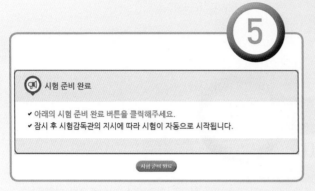

시험 준비 완료

시험 안내사항 및 문제풀이 연습까지 모두 마친 수험자는 시험 준비 완료 버튼을 클릭한 후 잠시 대기합니다.

시험 화면

시험 화면이 뜨면 수험번호와 수험자명을 확인하고, 글자크기 및 화면배치를 조절한 후 시험을 시작합니다.

CBT 완전 정복 Tip

1 내 시험에만 집중할 것
CBT 시험은 같은 고사장이라도 각기 다른 시험이 진행되고 있으니 자신의 시험에만 집중하면 됩니다.

2 이상이 있을 경우 조용히 손을 들 것
컴퓨터로 진행되는 시험이기 때문에 프로그램상의 문제가 있을 수 있습니다. 이때 조용히 손을 들어 감독관에게 문제점을 알리며, 큰 소리를 내는 등 다른 사람에게 피해를 주는 일이 없도록 합니다.

3 연습 용지를 요청할 것
응시자의 요청에 한해 연습 용지를 제공하고 있습니다. 필요시 연습 용지를 요청하며 미리 시험에 관련된 내용을 적어놓지 않도록 합니다. 연습 용지는 시험이 종료되면 회수되므로 들고 나가지 않도록 유의합니다.

4 답안 제출은 신중하게 할 것
답안은 제한 시간 내에 언제든 제출할 수 있지만 한 번 제출하게 되면 더 이상의 문제풀이가 불가합니다. 안 푼 문제가 있는지 또는 맞게 표기하였는지 다시 한 번 확인합니다.

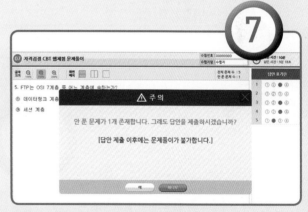

답안 제출

[답안 제출] 버튼을 클릭하면 답안 제출 승인 알림창이 나옵니다. 시험을 마치려면 [예] 버튼을 클릭하고 시험을 계속 진행하려면 [아니오] 버튼을 클릭하면 됩니다. 답안 제출은 실수 방지를 위해 두 번의 확인 과정을 거칩니다. [예] 버튼을 누르면 답안 제출이 완료되며 득점 및 합격여부 등을 확인할 수 있습니다.

이 책의 구성과 특징

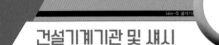

핵심이론

필수적으로 학습해야 하는 중요한 이론들을 각 과목별로 분류하여 수록하였습니다. 시험과 관계없는 두꺼운 기본서의 복잡한 이론은 이제 그만...
시험에 꼭 나오는 이론을 중심으로 효과적으로 공부하십시오.

핵심예제

출제기준을 중심으로 출제빈도가 높은 기출문제와 필수적으로 풀어보아야 할 문제를 핵심이론당 1~2문제씩 선정했습니다. 각 문제마다 핵심을 찌르는 명쾌한 해설이 수록되어 있습니다.

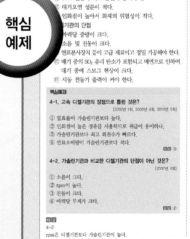

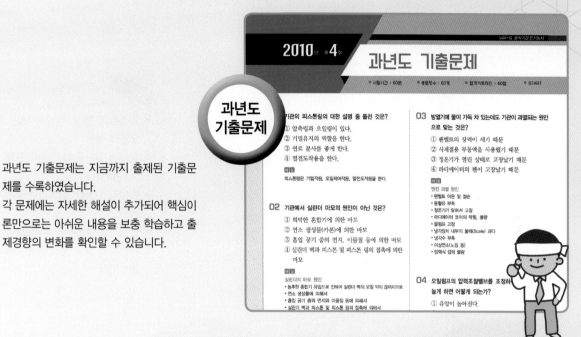

과년도 기출문제는 지금까지 출제된 기출문제를 수록하였습니다.

각 문제에는 자세한 해설이 추가되어 핵심이론만으로는 아쉬운 내용을 보충 학습하고 출제경향의 변화를 확인할 수 있습니다.

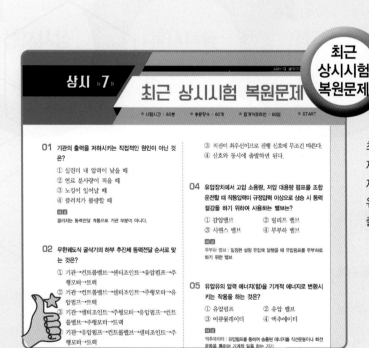

최근 상시시험 복원문제는 가장 최근에 출제된 기출문제를 복원하여 가장 최신의 출제경향을 파악하고 새롭게 출제된 문제의 유형을 익혀 처음 보는 문제들도 모두 맞출 수 있도록 하였습니다.

최근 기출문제 출제경향

- 크랭크축의 역할, 엔진과열의 원인, 디콤프의 기능
- 건식 공기청정기, 커먼레일 연료분사장치, 디젤기관
- 경유의 구비조건, 윤활방식, 드릴작업
- 스티어링 클러치, 클러치의 구비조건, 도로교통법 위반
- 유압장치의 일상점검, 유압실린더의 구성, 연삭작업

- 피스톤의 행정, 유압이 낮은 원인, 엔진오일의 작용
- 장행정기관, 유압식밸브리프터, 내연기관의 구비조건
- 축전지의 용량, 디젤기관의 전기장치, 기중기
- 건설기계 안전기준, 유압모터, 체크밸브
- 유압유의 점도, 필터와 스트레이너, 어큐뮬레이터

- 오일펌프의 종류, 로터리식, 기어식, 베인식, 플런저식
- 엔진과열의 원인, 실린더 마모의 원인
- 정전류 축전, 과급기, 기동전동기, 6기통 디젤기관
- 축전지 연결, 교류발전기의 구조, 전륜경사장치의 설치목적
- 수동변속기, 무한궤도식 굴삭기, 주상변압기

- 기관 연소실의 구비조건, 유압상승원인
- 기관에서 피스톤작용, 2행정 디젤기관의 흡입
- 축전지 격리판 필요조건, 건설기계기관 여과장치
- 건설기계검사의 종류, 디셀러레이션밸브, 정기검사 유효기간
- 오일탱크의 구성품, 유압모터, 조정렌치

- 엔진과열, 과급기, 가솔린기관과 디젤기관의 차이점
- 플라이휠, 피스톤링, 건설기계용 납산 축전지
- 6기통 디젤기관, 굴삭기 하부구동체 기구의 구성요소
- 무한궤도식 굴삭기, 피벗회전, 크롤러형의 굴삭기
- 건설기계검사의 종류, 파스칼의 원리, 작동유의 온도

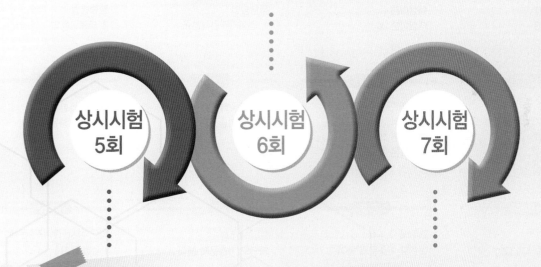

- 압력식 라디에이터 캡, 크랭크축의 비틀림 진동
- 수온조절기의 종류, 엔진, 노킹발생, 디젤엔진의 연소실
- 소기행정, 변속기의 필요성, 베인펌프
- 유압기기의 단점, 레이디얼형 플런저모터, 도면기호
- 유압실린더, 안전표지 및 안내표지

- 토크컨버터의 3대 구성요소
- 굴삭기 굴삭작업 시 주의사항과 건설기계운전규칙
- 유니버설 조인트의 종류와 분류
- 타이어 패턴 중 슈퍼 트랙션 패턴의 특징
- 엔진오일, 교류발전기, 축전지의 구비조건

Guide

D-20
스터디 플래너

합격수기

이번에 여유롭게 합격했습니다.

2016년 굴삭기운전기능사 합격자

기능사 필기는 시간투자를 많이 안 해도 된다고 해서 대충 공부했다가 지난번에 떨어져서 이번에는 Win-Q 책을 구매했습니다. 공부시간은 대략 일주일동안 하루에 두 시간씩 했던 것 같습니다. 이론은 그냥 빠르게 속독하면서 중요하다고 생각하는 것만 집중적으로 외웠고 그 다음부터는 기출문제만 풀었습니다. 기출문제는 한 3번 정도 돌렸습니다. 안전 관련 문제들은 대부분 상식적인 것만 나오기 때문에 시간투자를 많이 안했고 법규부분이 생소해서 집중적으로 봤습니다. 기관이나 장치의 경우에는 자동차에 관심이 많거나 관련 전공자들이면 몇 번 읽고 풀 수 있을 정도로 출제되는 것 같습니다. 다만 기계분야에 익숙하지 않으신 분들은 용어가 어렵기 때문에 잘 안 외워질 것 같으므로 기관이나 장치부분에서 시간투자를 많이 해야 할 것 같습니다. 어찌 됐든 일주일 정도만 집중적으로 준비하면 붙을 수 있는 시험이니까 모두들 열공하시고 합격하시면 좋겠습니다. 그리고 떨어져도 상시시험이라 금방금방 볼 수 있으니까 너무 낙담하시지 마시기를 바라고 다들 힘내시기 바랍니다!

회사다니면서 공부, 70점으로 합격했어요.

2017년 굴삭기운전기능사 합격자

필기시험을 준비할 시간이 많지 않았습니다. 그래서 단기간에 끝내고 싶어서 이 책을 샀는데 제목에 딱 단기완성이라고 써져 있더라구요. 대부분 자격증 시험준비를 시작하면 기출문제를 많이 풀어보자 하는 생각이라 앞에 이론내용을 꼼꼼하게 5번 정도 보고 기출문제 위주로 공부했습니다. 기출문제를 풀다가 이해가 안가는 부분이 있으면 앞에 이론부분을 찾아보면서 공부했는데 문제에 관한 대부분의 내용을 찾을 수 있었습니다. 기출문제는 10번 정도 풀어본 것 같네요. 시험 보는 날 시험장에 조금 일찍 도착해서 기출문제 앞쪽에 있는 요약집을 보면서 기다렸습니다. 기다리는 시간은 긴데 막상 시험장에 들어가니까 시간이 엄청 빨리 가더라구요. 거의 3분 전까지 시험을 본거 같네요. 문제를 다 풀고 완료 버튼을 딱 누르고 잠깐 기다렸더니, 70점!! 합격했습니다. 생소한 문제들이 한 개에서 두 개 정도 있었지만 대부분은 공부할 때 눈에 익었던 문제들이라 합격할 수 있었던 것 같습니다. 시험준비 기간이 짧아도 이 책으로 단기간에 시험준비하시는 모든 분들이 저처럼 꼭 합격하실 바랍니다.

Contents

Craftsman
Excavating
Machine
Operator

리보는

단한

워드

당신의 시험에 **빨간불**이 들어왔다면!
최다빈출키워드만 모아놓은
합격비법 핵심 요약집 **빨간키**와 함께하세요!
그대의 합격을 기원합니다.

건설기계기관 및 섀시

■ 디젤기관의 장점

- 열효율이 가솔린기관보다 높다.
- 화재의 위험이 적다.
- 연료 소비량이 가솔린기관보다 적다.
- 저속 시 진동이 크다.
- 소음이 크다.

■ 디젤기관에서 시동이 되지 않는 원인

- 연료가 부족하다.
- 연료 공급 펌프가 불량이다.
- 연료 계통에 공기가 혼입되어 있다.
- 배터리 방전으로 교체가 필요한 상태이다.

■ 기관 출력저하의 원인

흡·배기계통 불충분, 압축압력의 저하, 연료분사시기 늦음이나 불완전연소 등

■ 디젤기관의 진동 원인

- 연료공급계통에 공기가 침입하였을 때
- 분사압력이 실린더별로 차이가 있을 때
- 4기통 엔진에서 한 개의 분사노즐이 막혔을 때
- 인젝터에 불균율이 있을 때

■ 엔진과열의 원인

- 윤활유 부족
- 냉각수 부족
- 물펌프 고장
- 팬벨트 이완 및 절손

- 정온기(Thermostat)가 닫혀서 고장
- 냉각장치 내부의 물때(Scale) 과다
- 라디에이터 코어의 막힘, 불량
- 이상연소(노킹 등)

■ 피스톤링 또는 실린더 벽의 마모 : 오일 소모량이 증가하고 기관의 압축압력을 저하시킴

■ 피스톤 슬랩(Slap) 현상 : 피스톤의 운동 방향이 바뀔 때 실린더 벽에 충격을 주는 현상

■ 피스톤과 실린더 벽 사이의 간극이 클 때 미치는 영향
- 블로바이에 의해 압축압력이 낮아진다.
- 피스톤링의 기능 저하로 인하여 오일이 연소실에 유입되어 오일 소비가 많아진다.
- 피스톤 슬랩 현상이 발생되며 기관 출력이 저하된다.

■ 기관에서 실린더 마모 원인
- 실린더 벽과 피스톤 및 피스톤링의 접촉에 의한 마모
- 연소생성물(카본)에 의한 마모
- 흡입공기 중의 먼지, 이물질 등에 의한 마모 등

■ 디젤엔진의 연료 분사
- 디젤엔진에서 분사노즐이 연료를 고압으로 연소실에 분사한다.
- 디젤엔진의 연료 분사량 조정은 컨트롤 슬리브와 피니언의 관계 위치를 변화하여 조정한다.

■ 디젤기관의 연료인 경유는 연소 노즐에서 섭동 면(밀봉 단면) 및 분사펌프의 플런저와 배럴 사이의 윤활도 겸한다.

■ 직접분사식 엔진의 장점
- 구조가 간단하므로 열효율이 높다.
- 연료소비량이 적다.
- 냉각손실이 적다.
- 실린더 헤드의 구조가 간단하다.
- 시동이 쉽게 이루어지기 때문에 예열 플러그가 필요 없다.

■ **디젤기관의 노크**
- 연소실 내의 압축공기의 온도가 낮거나, 압력이 낮으면 목표한 시점에 착화가 일어나지 못하고 피스톤이 다 내려간 시점에 폭발이 발생하는 것
- 압력상승률이 높으면 금속성 노크음이 발생하는 것이 디젤노크
- 노킹이 발생하면 기관의 회전수(rpm)가 불규칙하거나 떨어짐
- 이를 방지하기 위하여 발화성이 좋은 연료, 즉 세탄가가 높은 연료를 사용해야 함

■ **노킹 발생 시 기관에 미치는 영향**
- 기관의 회전수가 불규칙하거나 떨어진다.
- 엔진이 과열된다.
- 흡기효율이 저하된다.
- 출력이 저하된다.

■ **드레인 플러그** : 오일탱크 내의 오일을 전부 배출시킬 때 사용

■ **에어클리너**
- 에어클리너(공기청정기)는 연소에 필요한 공기를 실린더로 흡입할 때, 먼지 등의 불순물을 여과하여 피스톤 등의 마모를 방지하는 역할을 하는 장치이다.
- 에어클리너가 막혔을 때 배기색은 검은색이며, 출력은 저하된다.

■ **배기가스의 색과 기관의 상태**
- 무색(또는 담청색)일 때 : 정상연소
- 백색 : 기관오일 연소
- 흑색 : 혼합비 농후
- 엷은 황색 또는 자색 : 혼합비 희박
- 황색에서 흑색 : 노킹 발생
- 검은 연기 : 장비의 노후 및 연료의 질 불량
- 피스톤링 또는 실린더 간극 : 회백색

■ 실린더 헤드 개스킷 불량으로 압축압력과 폭발압력이 낮아져 기관에서 냉각계통으로 배기가스가 누설된다.

■ **팬벨트 장력 점검방법** : 엔진을 정지시키고 벨트의 중심을 엄지 손가락으로 눌러서 점검한다.

■ **가압식 라디에이터의 장점**
- 방열기를 작게 할 수 있다.
- 냉각수의 비등점을 높일 수 있다.
- 냉각장치의 효율을 높일 수 있다.
- 냉각수 손실이 적다.

■ **압력식 라디에이터 캡** : 냉각장치 내부압력이 부압이 되면 진공밸브는 열린다.

■ 냉각장치에서 수온조절기의 열림 온도가 낮을 경우 워밍업 시간이 길어지기 쉽다.

■ **윤활유**
- 기능 : 윤활작용(마멸방지), 냉각작용, 세척작용, 기밀작용, 방청작용 및 완충작용
- 윤활유 소비 증대의 원인 : 연소실에 침입하여 연소되는 것과 패킹 및 개스킷의 노화에 의한 누설이다.
- 윤활유 공급펌프에서 공급된 윤활유 전부가 엔진오일필터를 거쳐 윤활부로 가는 방식은 전류식이다.

■ **유압유의 점도** : 점성의 정도를 나타내는 척도로 온도가 내려가면 점도는 높아지고, 온도가 상승하면 점도는 저하된다.

■ 압력조절밸브 불량은 기관의 윤활유 압력이 규정보다 높게 표시될 수 있다.

■ **피스톤링** : 기밀작용, 열전도 작용, 오일제어 작용을 하며 압축링과 오일링이 있다.

■ 겨울보다 여름에는 점도가 높은 오일을 사용한다.

■ **기관의 오일 압력이 낮은 경우**
- 커넥팅로드 대단부 베어링과 핀저어널의 간극이 클 때
- 각 마찰 부분 윤활 간극이 마모되었을 때
- 엔진 오일에 경유가 혼입되었을 때
- 오일펌프의 마모
- 오일의 점도가 낮아졌을 때
- 아래 크랭크 케이스에 오일이 적을 때
- 크랭크축 오일 틈새가 클 때

■ 과급기는 디젤엔진의 배기량이 일정한 상태에서 연소실에 강압적으로 많은 공기를 공급하여 흡입효율을 높이고 출력과 토크를 증대시키기 위한 장치이다.

■ 클러치
- 기계식 변속기가 장착된 건설기계에서 클러치 스프링의 장력이 약하면 클러치가 미끄러진다.
- 클러치판의 비틀림 코일 스프링의 역할은 클러치 작동 시 충격을 흡수한다.
- 클러치의 압력판은 클러치판을 밀어서 플라이휠에 압착시키는 역할을 한다.
- 수동변속기에서 변속할 때 클러치 유격이 너무 크면 기어가 끌리는 소음이 발생한다.

■ 변속기의 필요성
- 기관의 회전력을 증대시킨다.
- 시동 시 장비를 무부하 상태로 한다.
- 장비의 후진 시 필요하다.

■ 변속기의 구비조건
- 단계 없이 연속적이고, 변속되어야 한다.
- 조작이 쉽고, 신속, 정확, 정숙하게 변속되어야 한다.
- 소형·경량이고, 고장이 적고, 다루기 쉬워야 한다.
- 전달효율이 좋아야 한다.

■ 토크컨버터
- 펌프, 터빈 스테이터 등이 상호운동을 하여 회전력을 변환시킨다.
- 토크컨버터 오일의 구비 조건
  - 점도가 낮을 것
  - 착화점이 높을 것
  - 빙점이 낮을 것
  - 비점이 높을 것

■ 페이드 현상 : 타이어식 건설기계에서 브레이크를 연속하여 자주 사용하면 브레이크 드럼이 과열되어, 마찰계수가 떨어지고 브레이크가 잘 듣지 않는 것으로 짧은 시간 내에 반복 조작이나, 내리막길을 내려갈 때 브레이크 효과가 나빠지는 현상

■ 트레드는 타이어의 구조에서 직접 노면과 접촉되어 마모에 견디고 적은 슬립으로 견인력을 증대시키는 부분의 명칭이다.

전기 및 굴삭기작업장치

■ **퓨 즈**

- 퓨즈의 재질은 납과 주석의 합금이다.
- 전류의 크기를 나타내는 단위는 A(암페어)이다.
- 과전류가 흐르게 될 경우에는 전체 전원을 차단하여야 하므로 직렬연결되어야 한다.

■ **히트 레인지** : 디젤기관에서 시동을 돕기 위해 설치된 부품

■ **기동 전동기의 회전이 느린 원인**

- 배터리 단자의 접속이 불량하다.
- 배터리 전압이 낮다.
- 계자코일이 단락되었다.

■ **축전지**

- 납산 축전지의 용량은 극판의 크기, 극판의 수, 황산의 양에 의해 결정된다.
- 축전지를 방전하면 양극판과 음극판의 재질은 황산납이 된다.
- 축전지 전해액은 묽은 황산을 사용하고 보충은 반드시 증류수로 한다.
- 축전지 전해액의 온도가 상승하면 비중은 내려간다(전해액의 온도와 비중은 반비례).
- 충전 시 발생되는 수소가스는 가연성·폭발성이므로 주변에 화기, 스파크 등의 인화 요인을 제거하여야 한다.

■ **축전지가 과충전일 경우 발생되는 현상**

- 전해액이 갈색을 띠고 있다.
- 양극판 격자가 산화된다.
- 양극 단자 쪽의 셀 커버가 볼록하게 부풀어 있다.
- 축전지의 전해액이 빨리 줄어든다.
- 축전지를 교환 및 장착할 때 연결순서는 축전지의 (+)선을 먼저 부착하고, (-)선을 나중에 부착한다.

■ 축전지 자기방전의 원인
  • 음극판의 작용물질이 황산과 화학작용으로 황산납이 되기 때문에
  • 전해액 내에 포함된 불순물이 국부전지를 구성하기 때문에
  • 탈락한 극판 작용물질이 축전지 내부에 퇴적되기 때문에
  • 양극판의 작용물질 입자가 축전지 내부에 단락으로 인한 방전

■ 자기방전 : 전해액의 온도·습도·비중이 높을수록, 날짜가 경과할수록 방전량이 크다.

■ 같은 용량, 같은 전압의 축전지를 병렬로 연결하면 용량은 2배이고 전압은 한 개일 때와 같다. 직렬연결
  은 전압이 상승되어 전압은 2배가 되고 용량은 같다.

■ 축전지 급속 충전 시 주의사항
  • 통풍이 잘되는 곳에서 한다.
  • 충전 중인 축전지에 충격을 가하지 않도록 한다.
  • 전해액 온도가 45°C를 넘지 않도록 특별히 유의한다.
  • 충전시간은 가능한 짧게 한다.
  • 축전지를 건설기계에서 탈착하지 않고 급속 충전할 때에는 양쪽 케이블을 분리해야 한다.

■ 전류의 3대 작용 : 발열작용, 화학작용, 자기작용

■ 전류계 : 회로 사이에 삽입되는 직렬연결의 형태

■ 전압계 : 회로에 부가되는 병렬연결 형태

■ 교류(AC)발전기의 특징
  • 속도변화에 따른 적용 범위가 넓고 소형, 경량이다.
  • 실리콘 다이오드로 정류하므로 전기적 용량이 크다.
  • 저속에서도 충전 가능한 출력전압이 발생한다.
  • 출력이 크고 고속 회전에 잘 견딘다.
  • 다이오드를 사용하기 때문에 정류 특성이 좋다.
  • 브러시 수명이 길다.

■ 건설기계에 사용하는 교류발전기의 구조
  교류발전기는 로터(로터 철심, 로터 코일, 로터 축, 슬립 링), 스테이터(스테이터 철심, 스테이터 코일),
  다이오드, 브러시, 베어링, V 벨트 풀리, 팬 등으로 구성

■ AC발전기에서 다이오드의 역할은 교류를 정류하고 역류를 방지한다.

■ 건설기계장비에 설치되는 좌, 우 전조등 회로의 연결방법은 병렬연결이다.

■ **실드빔식** : 전조등의 필라멘트가 끊어진 경우 렌즈나 반사경에 이상이 없어도 전조등 전부를 교환하여야 한다.

■ **세미실드 빔형** : 전조등은 전구와 반사경을 분리 교환할 수 있다.

■ **피벗회전** : 굴삭기의 한 쪽 주행 레버만 조작하여 회전하는 것

■ **센터조인트** : 크롤러식 굴삭기에서 상부회전체의 회전에는 영향을 주지 않고 주행모터에 작동유를 공급할 수 있는 부품

■ **굴삭기의 작업장치 연결부(작동부) 니플에 주유하는 것** : G.A.A(그리스)

■ **트랙의 구성** : 슈, 슈볼트, 링크, 부싱, 핀, 슈판

■ 트랙의 장력이 너무 팽팽하면 트랙 핀과 부싱의 내·외부 및 스프로킷 돌기, 블레이드 등이 마모된다.

■ **무한궤도식 건설기계에서 리코일 스프링의 주된 역할** : 주행 중 트랙 전면에서 오는 충격완화

■ **조향바퀴의 얼라이먼트의 요소** : 토인, 캠버, 캐스터, 킹핀 경사각

■ **기중기의 사용 용도** : 파일 항타작업, 차량의 화물 적재·적하작업, 일반적인 기중(크레인)작업, 굴토작업, 철도·교량의 설치작업

■ 차동기어가 없는 건설장비인 모터그레이더는 대신에 회전반경을 작게 하려고 앞바퀴 경사장치인 리닝장치가 있다.

■ 로 더

• 로더의 작업 중 그레이딩 작업은 지면 고르기 작업이다.

• 타이어식 로더에 차동기 제한장치를 작동시키면 좌·우 바퀴의 회전이 일정하므로 연약한 지반에서의 작업에 유리하다.

• 로더의 굴삭작업(토사 깎기작업) 시는 버킷을 수평 또는 약 5° 정도 앞으로 기울이는 것이 좋다.

• 로더의 버킷에 토사를 적재 후 이동 시 지면과 60~90cm 정도 간격을 유지하는 것이 가장 적당하다.

유압일반

- **작동유의 구비조건**
  - 동력을 확실하게 전달하기 위한 비압축성일 것
  - 내연성, 점도지수, 체적 탄성계수 등이 클 것
  - 산화 안정성이 있을 것
  - 밀도, 독성, 휘발성, 열팽창 계수 등이 적을 것
  - 열전도율, 장치와의 결합성, 윤활성 등이 좋을 것
  - 유동점·발화점·인화점이 높고 온도변화에 대해 점도변화가 적을 것
  - 방청, 방식성이 있을 것
  - 비중이 낮아야 하고 기포의 생성이 적을 것
  - 강인한 유막을 형성할 것
  - 물, 먼지 등의 불순물과 분리가 잘 될 것

- 유압유에 점도가 서로 다른 2종류의 오일을 혼합하였을 경우 열화현상을 촉진시킨다.

- **작동유 온도 상승 시 유압계통에 미치는 영향**
  - 작동유의 열화 촉진
  - 오일 누설의 증가
  - 유압펌프의 효율 저하
  - 온도변화에 의해 유압기기가 열 변형이 되기 쉽다.

- **압력의 단위** : bar, kgf/cm^2, kPa, atm, psi

11

■ 유압기계의 장·단점

장 점	• 속도제어가 용이하다. • 에너지 축적이 가능하다. • 힘의 전달 및 증폭이 용이하다. • 소형장치로 큰 출력을 발생한다. • 무단변속이 가능하고 정확한 위치제어를 할 수 있다. • 과부하에 대한 안전장치가 간단하고 정확하다.
단 점	• 고압 사용으로 인한 위험성 및 이물질에 민감하다. • 오일은 가연성이 있어 화재에 위험하다. • 회로 구성이 어렵고 누설되는 경우가 있다. • 오일의 온도에 따라서 점도가 변하므로 기계의 속도가 변한다.

■ 유압 오일탱크의 기능

• 계통 내의 필요한 유량 확보
• 격판에 의한 기포 분리 및 제거
• 유온을 적정하게 설정
• 작동유 수명을 연장하는 역할
• 오일 중의 이물질을 분리하는 작용

■ 유압탱크의 구비 조건

• 적당한 크기의 주유구 및 스트레이너를 설치한다.
• 드레인(배출밸브) 및 유면계를 설치한다.
• 오일에 이물질이 혼입되지 않도록 밀폐되어야 한다.

■ 유압유 과열 원인

• 릴리프밸브가 닫힌 상태로 고장일 때
• 오일 냉각기의 냉각핀이 오손되었을 때
• 유압유가 부족할 때

■ 펌프가 오일을 토출하지 않을 때의 원인

• 오일탱크의 유면이 낮다.
• 흡입관으로 공기가 유입된다.
• 오일이 부족하다.

■ 유압펌프에서 소음이 발생할 수 있는 원인

- 오일의 양이 적을 때
- 오일 속에 공기가 들어 있을 때
- 오일의 점도가 너무 높을 때
- 필터의 여과 입도가 너무 적은 경우
- 펌프의 회전속도가 너무 빠른 경우

■ 펌 프

- 피스톤 펌프 : 맥동적 토출을 하지만 다른 펌프에 비해 일반적으로 최고압 토출이 가능하고, 펌프 효율에서도 전압력 범위가 높아 최근에 많이 사용되고 있는 펌프이다.
- 베인펌프 : 토출 압력의 연동이 적고 수명이 길다.
- 트로코이드 펌프(Trochoid Pump) : 안쪽 로터가 회전하면 바깥쪽 로터도 동시에 회전하는 유압펌프이다.
- 기어펌프 : 정용량펌프이다.

■ 펌프의 공동현상(캐비테이션)

- 펌프에서 진동과 소음이 발생하고 양정과 효율이 급격히 저하되며 날개차 등에 부식을 일으키는 등 수명을 단축시킴
- 필터의 여과 입도수(Mesh)가 너무 높을 때 발생

■ 밸 브

- 압력제어밸브 : 유압장치의 과부하 방지와 유압기기의 보호를 위하여 최고 압력을 규제하고 유압회로 내의 필요한 압력을 유지하는 밸브이다. 종류는 릴리프밸브, 감압밸브, 언로딩밸브, 시퀀스밸브, 카운터밸런스밸브 등
- 릴리프밸브 : 유압회로의 최고압력을 제어하는 밸브로서 회로의 압력을 일정하게 유지시키는 밸브
- 시퀀스밸브 : 2개 이상의 분기회로를 갖는 회로 내에서 작동순서를 회로의 압력 등에 의하여 제어하는 밸브
- 리듀싱밸브(감압밸브) : 유압회로에서 입구 압력을 감압하여 유압실린더 출구 설정 압력 유압으로 유지하는 밸브
- 무부하밸브(언로드 밸브) : 유압회로 내의 압력이 일정압력에 도달하면 펌프에서 토출된 오일 전량을 직접 탱크로 돌려보내 펌프를 무부하운전시킬 목적으로 사용하는 밸브
- 카운터 밸런스밸브 : 실린더가 중력으로 인하여 제어속도 이상으로 낙하하는 것을 방지하는 밸브
- 유량제어밸브 : 액츄에이터의 운동속도를 조정하기 위하여 사용되는 밸브
- 체크밸브 : 유압회로에서 역류를 방지하고 회로 내의 잔류압력을 유지하는 밸브

■ 속도제어회로
- 미터 인 회로 : 유압실린더의 입구 측에 유량제어밸브를 설치하여 작동기로 유입되는 유량을 제어함으로써 작동기의 속도를 제어하는 회로
- 미터 아웃 회로 : 유압실린더 출구에 유량제어밸브 설치
- 블리드 오프 회로 : 유압실린더 입구에 병렬로 설치

■ 방향제어밸브 : 오일의 흐름 방향을 바꿔주는 밸브

■ 밸브의 종류 : 체크밸브, 셔틀밸브, 디셀러레이션밸브, 매뉴얼밸브(로터리형)

■ 유압 액추에이터는 유압유의 압력에너지(힘)를 기계적 에너지로 변환시키는 작용을 한다.

■ 가스형 축압기(어큐뮬레이터)에 가장 널리 이용되는 가스는 질소이다.

■ 유압장치의 작동원리는 밀폐된 용기에 채워진 유체의 일부에 압력을 가하면 유체 내의 모든 곳에 같은 크기로 전달된다는 파스칼의 원리를 응용한 것이다.

■ 유압실린더의 숨돌리기 현상이 생겼을 때 일어나는 현상
- 작동 지연현상이 생긴다.
- 서지압이 발생한다.
- 오일의 공급이 부족해진다.
- 피스톤 작동이 불안정하게 된다.

■ 유압장치의 기호

정용량형 유압펌프	가변용량 유압펌프	유압 압력계	유압(동력)원	어큐뮬레이터
무부하밸브	릴리프밸브	단동솔레노이드형 밸브	체크밸브	복동 가변식 전자 액추에이터

14

■ 유압모터

    • 용량 : 입구 압력(kgf/cm^2)당 토크

    • 종류 : 기어모터, 베인모터, 플런저모터 등

    • 특징 : 무단 변속이 용이

■ 흡·배기 밸브의 구비조건

    • 열전도율이 좋을 것

    • 열에 대한 팽창율이 적을 것

    • 열에 대한 저항력이 클 것

    • 가스에 견디고 고온에 잘 견딜 것

■ 유압식 밸브 리프터의 장점

    • 밸브 간극은 자동으로 조절된다.

    • 밸브 개폐시기가 정확하다.

    • 밸브구조가 복잡하다.

    • 밸브기구의 내구성이 좋다.

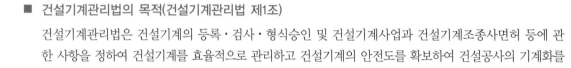

■ 건설기계관리법의 목적(건설기계관리법 제1조)

건설기계관리법은 건설기계의 등록·검사·형식승인 및 건설기계사업과 건설기계조종사면허 등에 관한 사항을 정하여 건설기계를 효율적으로 관리하고 건설기계의 안전도를 확보하여 건설공사의 기계화를 촉진함을 목적으로 한다.

■ 건설기계의 범위(건설기계관리법 시행령 [별표 1])

불도저	무한궤도 또는 타이어식인 것
굴삭기	무한궤도 또는 타이어식으로 굴삭장치를 가진 자체중량 1t 이상인 것
로 더	무한궤도 또는 타이어식으로 적재장치를 가진 자체중량 2t 이상인 것. 다만, 차체굴절식 조향장치가 있는 자체중량 4t 미만인 것은 제외한다.
지게차	타이어식으로 들어올림장치와 조종석을 가진 것. 다만, 전동식으로 솔리드타이어를 부착한 것 중 도로가 아닌 장소에서만 운행하는 것은 제외한다.
스크레이퍼	흙·모래의 굴삭 및 운반장치를 가진 자주식인 것
덤프트럭	적재용량 12t 이상인 것. 다만, 적재용량 12t 이상 20t 미만의 것으로 화물운송에 사용하기 위하여 「자동차관리법」에 의한 자동차로 등록된 것을 제외한다.
기중기	무한궤도 또는 타이어식으로 강재의 지주 및 선회장치를 가진 것. 다만, 궤도(레일)식인 것을 제외한다.
모터그레이더	정지장치를 가진 자주식인 것
롤 러	조종석과 전압장치를 가진 자주식, 피견인 진동식인 것
노상안정기	노상안정장치를 가진 자주식인 것
콘크리트뱃칭플랜트	골재저장통·계량장치 및 혼합장치를 가진 것으로서 원동기를 가진 이동식인 것
콘크리트피니셔	정리 및 사상장치를 가진 것으로 원동기를 가진 것
콘크리트살포기	정리장치를 가진 것으로 원동기를 가진 것
콘크리트믹서트럭	혼합장치를 가진 자주식인 것(재료의 투입·배출을 위한 보조장치가 부착된 것을 포함)
콘크리트펌프	콘크리트배송능력이 매시간당 5m^3 이상으로 원동기를 가진 이동식과 트럭적재식인 것
아스팔트믹싱플랜트	골재공급장치·건조가열장치·혼합장치·아스팔트공급장치를 가진 것으로 원동기를 가진 이동식인 것
아스팔트피니셔	정리 및 사상장치를 가진 것으로 원동기를 가진 것
아스팔트살포기	아스팔트살포장치를 가진 자주식인 것
골재살포기	골재살포장치를 가진 자주식인 것
쇄석기	20kW 이상의 원동기를 가진 이동식인 것
공기압축기	공기토출량이 매 분당 2.83m^3(매 cm^{2}당 7kg 기준) 이상의 이동식인 것
천공기	천공장치를 가진 자주식인 것

항타 및 항발기	원동기를 가진 것으로 해머 또는 뽑는 장치의 중량이 0.5t 이상인 것
자갈채취기	자갈채취장치를 가진 것으로 원동기를 가진 것
준설선	펌프식·버킷식·디퍼식 또는 그랩식으로 비자항식인 것 다만, 선박법에 따른 선박으로 등록된 것은 제외한다.
특수건설기계	건설기계와 유사한 구조 및 기능을 가진 기계류로서 국토교통부장관이 따로 정하는 것
타워크레인	수직타워의 상부에 위치한 지브(Jib)를 선회시켜 중량물을 상하, 전후 또는 좌우로 이동시킬 수 있는 것으로서 원동기 또는 전동기를 가진 것. 다만, 공장등록대장에 등록된 것은 제외한다.

■ **특별표지 부착 대상 대형건설기계(건설기계 안전기준에 관한 규칙 제168조)**

- 길이가 16.7m를 초과하는 건설기계
- 너비가 2.5m를 초과하는 건설기계
- 높이가 4.0m를 초과하는 건설기계
- 최소회전반경이 12m를 초과하는 건설기계
- 총중량이 40t을 초과하는 건설기계
- 총중량 상태에서 축하중이 10t을 초과하는 건설기계

■ **건설기계의 등록신청(건설기계관리법 시행령 제3조)**

- 건설기계를 등록하려는 건설기계의 소유자는 건설기계등록신청서(전자문서로 된 신청서 포함)에 다음의 서류(전자문서 포함)를 첨부하여 건설기계소유자의 주소지 또는 건설기계의 사용본거지를 관할하는 특별시장·광역시장·도지사 또는 특별자치도지사(시·도지사)에게 제출하여야 한다.
    - 건설기계의 출처를 증명하는 다음의 서류
        가. 건설기계제작증(국내에서 제작한 건설기계의 경우에 한한다)
        나. 수입한 건설기계는 수입면장 등 수입사실을 증명하는 서류(다만, 타워크레인의 경우에는 건설기계제작증을 추가로 제출하여야 한다)
        다. 매수증서(행정기관으로부터 매수한 건설기계의 경우에 한한다)
    - 건설기계의 소유자임을 증명하는 서류
    - 건설기계제원표
    - 자동차손해배상 보장법에 따른 보험 또는 공제의 가입을 증명하는 서류
- 건설기계등록신청은 건설기계를 취득한 날(판매를 목적으로 수입된 건설기계의 경우에는 판매한 날을 말한다)부터 2월 이내에 하여야 한다. 다만, 전시·사변 기타 이에 준하는 국가비상사태하에 있어서는 5일 이내에 신청하여야 한다.

■ **미등록 건설기계의 임시운행 사유(건설기계관리법 시행규칙 제6조)**

- 등록신청을 하기 위하여 건설기계를 등록지로 운행하는 경우
- 신규등록검사 및 확인검사를 받기 위하여 건설기계를 검사장소로 운행하는 경우
- 수출을 하기 위하여 건설기계를 선적지로 운행하는 경우
- 수출을 하기 위하여 등록말소한 건설기계를 점검·정비의 목적으로 운행하는 경우

- 신개발 건설기계를 시험·연구의 목적으로 운행하는 경우
- 판매 또는 전시를 위하여 건설기계를 일시적으로 운행하는 경우

■ 등록사항의 변경신고(건설기계관리법 시행령 제5조)

건설기계의 소유자는 건설기계등록사항에 변경(등록이전에 따른 주소지 또는 사용본거지가 변경된 경우를 제외한다)이 있는 때에는 그 변경이 있은 날부터 30일(상속의 경우에는 상속개시일부터 3개월) 이내에 건설기계등록사항변경신고서(전자문서로 된 신고서 포함)에 다음 각 호의 서류(전자문서 포함)를 첨부하여 등록의 신청 등에 따라 등록을 한 시·도지사에게 제출하여야 한다. 다만, 전시·사변 기타 이에 준하는 국가비상사태하에 있어서는 5일 이내에 하여야 한다.

- 변경내용을 증명하는 서류
- 건설기계등록증(자가용 건설기계 소유자의 주소지 또는 사용본거지가 변경된 경우는 제외)
- 건설기계검사증(자가용 건설기계 소유자의 주소지 또는 사용본거지가 변경된 경우는 제외)

■ 등록이전(건설기계관리법 시행령 제6조)

건설기계의 소유자는 등록한 주소지 또는 사용본거지가 변경된 경우(시·도 간의 변경이 있는 경우에 한한다)에는 그 변경이 있은 날부터 30일(상속의 경우에는 상속개시일부터 3개월) 이내에 건설기계등록이전신고서에 소유자의 주소 또는 건설기계의 사용본거지의 변경사실을 증명하는 서류와 건설기계등록증 및 건설기계검사증을 첨부하여 새로운 등록지를 관할하는 시·도지사에게 제출(전자문서에 의한 제출을 포함한다)하여야 한다.

■ 건설기계의 등록번호표의 도색(건설기계관리법 시행규칙 [별표 2])

- 자가용 : 녹색판에 흰색 문자
- 영업용 : 주황색판에 흰색 문자
- 관용 : 흰색판에 검은색 문자

■ 건설기계의 기종별 기호 표시방법(건설기계관리법 시행규칙 [별표 2])

01 : 불도저	10 : 노상안정기	19 : 골재살포기
02 : 굴삭기	11 : 콘크리트배칭플랜트	20 : 쇄석기
03 : 로 더	12 : 콘크리트피니셔	21 : 공기압축기
04 : 지게차	13 : 콘크리트살포기	22 : 천공기
05 : 스크레이퍼	14 : 콘크리트믹서트럭	23 : 항타 및 항발기
06 : 덤프트럭	15 : 콘크리트펌프	24 : 자갈채취기
07 : 기중기	16 : 아스팔트믹싱플랜트	25 : 준설선
08 : 모터그레이더	17 : 아스팔트피니셔	26 : 특수 건설기계
09 : 롤 러	18 : 아스팔트살포기	27 : 타워크레인

■ **등록번호표제작 등의 통지 등(건설기계관리법 시행규칙 제17조)**
- 시·도지사는 다음에 해당하는 때에는 건설기계소유자에게 등록번호표제작 등을 할 것을 통지하거나 명령하여야 한다.
  - 건설기계의 등록을 한 때
  - 등록이전 신고를 받은 때
  - 등록번호표의 재부착 등의 신청을 받은 때
  - 건설기계의 등록번호를 식별하기 곤란한 때
  - 등록사항의 변경신고를 받아 등록번호표의 용도 구분을 변경한 때
- 시·도지사로부터 등록번호표 제작 통지서 또는 명령서를 받은 건설기계소유자는 그 받은 날부터 3일 이내에 등록번호표제작자에게 그 통지서 또는 명령서를 제출하고 등록번호표제작 등을 신청하여야 한다.
- 등록번호표제작자는 등록번호표제작 등의 신청을 받은 때에는 7일 이내에 등록번호표제작 등을 하여야 하며, 등록번호표제작 등 통지(명령)서는 이를 3년간 보존하여야 한다.

■ **등록번호표의 반납(건설기계관리법 제9조)**

등록된 건설기계의 소유자는 건설기계의 등록이 말소되거나 건설기계의 등록사항 중 대통령령이 정하는 사항의 변경된 경우, 등록번호표의 부착 및 봉인을 신청하는 경우에는 10일 이내에 등록번호표의 봉인을 떼어낸 후 그 등록번호표를 국토교통부령이 정하는 바에 따라 시·도지사에게 반납하여야 한다.

■ **등록원부의 보존(건설기계관리법 시행규칙 제12조)**

시·도지사는 건설기계등록원부를 건설기계의 등록을 말소한 날부터 10년간 보존하여야 한다.

■ **건설기계 검사의 종류(건설기계관리법 제13조)**
- 신규등록검사 : 건설기계를 신규로 등록할 때 실시하는 검사
- 정기검사 : 건설공사용 건설기계로서 3년의 범위에서 국토교통부령으로 정하는 검사유효기간이 끝난 후에 계속하여 운행하려는 경우에 실시하는 검사와 대기환경보전법 및 소음·진동관리법에 따른 운행차의 정기검사
- 구조변경검사 : 건설기계의 주요 구조를 변경하거나 개조한 경우 실시하는 검사
- 수시검사 : 성능이 불량하거나 사고가 자주 발생하는 건설기계의 안전성 등을 점검하기 위하여 수시로 실시하는 검사와 건설기계 소유자의 신청을 받아 실시하는 검사

■ **유효기간의 산정(건설기계관리법 시행규칙 제23조 제5항)**

정기검사신청기간 내에 정기검사를 받은 경우에는 종전 검사유효기간 만료일의 다음날부터, 그 외의 경우에는 검사를 받은 날의 다음날부터 기산한다.

■ **검사의 연기(건설기계관리법 시행규칙 제24조)**

• 건설기계소유자는 천재지변, 건설기계의 도난, 사고발생, 압류, 1월 이상에 걸친 정비 그 밖의 부득이한 사유로 검사신청기간 내에 검사를 신청할 수 없는 경우에는 검사신청기간 만료일까지 검사연기신청서에 연기사유를 증명할 수 있는 서류를 첨부하여 시·도지사에게 제출하여야 한다.

• 검사연기신청을 받은 시·도지사 또는 검사대행자는 그 신청일부터 5일 이내에 검사연기 여부를 결정하여 신청인에게 통지하여야 한다. 이 경우 검사연기 불허통지를 받은 자는 검사신청기간 만료일부터 10일 이내에 검사신청을 하여야 한다.

• 검사를 연기하는 경우에는 그 연기기간을 6월 이내로 한다. 이 경우 그 연기기간동안 검사유효기간이 연장된 것으로 본다.

• 건설기계소유자가 해당 건설기계를 사용하는 사업을 영위하는 경우로서 해당 사업의 휴지를 신고한 경우에는 해당 사업의 개시신고를 하는 때까지 검사유효기간이 연장된 것으로 본다.

■ **정기검사 유효기간(건설기계관리법 시행규칙 [별표 7])**

검사 유효기간	기 종
6개월	타워크레인
1년	기중기(타이어식, 트럭적재식), 굴삭기(타이어식), 덤프트럭, 아스팔트살포기, 콘크리트 믹서트럭, 콘크리트펌프(트럭적재식)
1년	특수건설기계 : 도로보수트럭(타이어식), 트럭지게차(타이어식)
2년	로더(타이어식), 모터그레이더, 지게차(1t 이상), 천공기(트럭적재식)
2년	특수건설기계 : 노면파쇄기(타이어식), 노면측정장비(타이어식), 수목이식기(타이어식), 터널용 고소작업차(타이어식)
3년	그 밖의 건설기계
3년	그 밖의 특수건설기계

※ 신규등록 후의 최초 유효기간의 산정은 등록일부터 기산한다.

■ **정기검사의 일부 면제(건설기계관리법 시행규칙 제32조의2)**

건설기계의 제동장치에 대한 정기검사를 면제받고자 하는 자는 정기검사의 신청 시에 해당 건설기계정비업자가 발행한 건설기계제동장치정비확인서를 시·도지사 또는 검사대행자에게 제출하여야 한다.

■ **구조변경검사(건설기계관리법 시행규칙 제25조)**

• 구조변경검사를 받고자 하는 자는 주요 구조를 변경 또는 개조한 날부터 20일 이내에 검사신청서를 첨부하여 시·도지사에게 제출하여야 한다. 다만, 검사대행자를 지정한 경우에는 검사대행자에게 제출하여야 한다.

• 구조변경의 범위(건설기계관리법 시행규칙 제42조)
다만, 건설기계의 기종변경, 육상작업용 건설기계규격의 증가 또는 적재함의 용량증가를 위한 구조변경은 이를 할 수 없다.
   - 원동기의 형식변경   - 동력전달장치의 형식변경
   - 제동장치의 형식변경   - 주행장치의 형식변경

     – 유압장치의 형식변경   – 조종장치의 형식변경
     – 조향장치의 형식변경
     – 작업장치의 형식변경. 다만, 가공작업을 수반하지 아니하고 작업장치를 선택부착하는 경우에는 작업장치의 형식변경으로 보지 아니한다.
     – 건설기계의 길이·너비·높이 등의 변경
     – 수상작업용 건설기계의 선체의 형식변경

■ 수시검사(건설기계관리법 시행규칙 제26조)

시·도지사는 수시검사를 명령하려는 때에는 수시검사를 받아야 할 날부터 10일 이전에 건설기계소유자에게 건설기계 수시검사명령서를 교부하여야 한다.

■ 검사장소(건설기계관리법 시행규칙 제32조)

• 검사소에서 검사하는 건설기계
     – 덤프트럭
     – 콘크리트믹서트럭
     – 콘크리트펌프(트럭적재식)
     – 아스팔트살포기
     – 트럭지게차(국토교통부장관이 정하는 트럭지게차)

• 출장검사할 수 있는 건설기계
     – 도서지역에 있는 경우
     – 자체중량이 40t을 초과하거나 축중이 10t을 초과하는 경우
     – 너비가 2.5m를 초과하는 경우
     – 최고속도가 시간당 35km 미만인 경우

■ 부분 건설기계정비업의 사업범위(건설기계관리법 시행령 [별표 2])

• 원동기 부분에 실린더헤드의 탈착정비, 실린더·피스톤의 분해·정비, 크랭크샤프트·캠샤프트의 분해·정비의 사항을 제외한 원동기 부분의 정비
• 유압장치의 탈부착 및 분해·정비
• 변속기의 탈부착
• 전후차축 및 제동장치정비(타이어식으로 된 것)
• 차체 부분에서 프레임 조정과 롤러·링크·트래슈의 재생을 제외한 정비
• 이동정비 : 응급조치, 원동기의 탈·부착, 유압장치의 탈·부착, 기타 부분의 탈·부착

■ 건설기계조종사면허(건설기계관리법 제26조)

- 건설기계를 조종하려는 사람은 시장·군수 또는 구청장에게 건설기계조종사면허를 받아야 한다. 다만, 국토교통부령으로 정하는 건설기계를 조종하려는 사람은 도로교통법에 따른 운전면허를 받아야 한다.

  ※ 도로교통법에 의한 운전면허를 받아 조종하여야 하는 건설기계(규칙 제73조)
  - 덤프트럭   - 아스팔트살포기
  - 노상안정기   - 콘크리트믹서트럭
  - 콘크리트펌프   - 천공기(트럭적재식을 말한다)
  - 특수건설기계 중 국토교통부장관이 지정하는 건설기계

- 국토교통부령으로 정하는 소형 건설기계의 건설기계조종사면허의 경우에는 시·도지사가 지정한 교육기관에서 실시하는 소형 건설기계의 조종에 관한 교육과정의 이수로 국가기술자격법에 따른 기술자격의 취득을 대신할 수 있다.

  ※ 국토교통부령으로 정하는 소형 건설기계(규칙 제73조)
  - 5t 미만의 불도저, 로더, 천공기(트럭적재식은 제외)
  - 3t 미만의 지게차, 굴삭기, 타워크레인
  - 공기압축기, 콘크리트펌프(이동식), 쇄석기, 준설선

■ 건설기계조종사면허의 종류(건설기계관리법 시행규칙 [별표 21]) : 조종할 수 있는 기계

- 굴삭기면허 : 굴삭기
- 롤러면허 : 롤러, 모터그레이더, 스크레이퍼, 아스팔트피니셔, 콘크리트피니셔, 콘크리트살포기 및 골재살포기
- 쇄석기면허 : 쇄석기, 아스팔트믹싱플랜트 및 콘크리트뱃칭플랜트
- 준설선면허 : 준설선 및 자갈채취기
- 천공기면허 : 천공기(트럭적재식은 제외), 항타 및 항발기
  ※ 비 고
  - 특수건설기계에 대한 조종사면허의 종류는 제73조에 따라 운전면허를 받아 조종하여야 하는 특수건설기계를 제외하고는 위 면허 중에서 국토교통부장관이 지정하는 것으로 한다.
  - 3t 미만의 지게차의 경우에는 자동차운전면허가 있는 사람으로 한정한다.

■ 건설기계조종사면허의 결격사유(건설기계관리법 제27조)

- 18세 미만인 사람
- 정신질환자 또는 뇌전증환자
- 앞을 보지 못하는 사람, 듣지 못하는 사람, 그 밖에 국토교통부령으로 정하는 장애인
  ※ 국토교통부령
  다리·머리·척추나 그 밖의 신체장애로 인하여 앉아 있을 수 없는 사람

• 마약·대마·향정신성의약품 또는 알코올중독자로서 국토교통부령으로 정하는 사람

　※ 국토교통부령

　　마약·대마·향정신성의약품 또는 알코올 관련 장애 등으로 인하여 해당 분야 전문의가 정상적으로 건설기계를 조종할 수 없다고 인정하는 사람

• 건설기계조종사면허가 취소된 날부터 1년(거짓이나 그 밖의 부정한 방법으로 건설기계조종사면허를 받은 경우 및 건설기계조종사면허의 효력정지기간 중 건설기계를 조종한 경우의 사유로 취소된 경우에는 2년)이 지나지 아니하였거나 건설기계조종사면허의 효력정지처분 기간 중에 있는 사람

■ 건설기계조종사의 적성검사의 기준(건설기계관리법 시행규칙 제76조)
• 두 눈을 동시에 뜨고 잰 시력(교정시력을 포함)이 0.7 이상이고 두 눈의 시력이 각각 0.3 이상일 것
• 55dB(보청기를 사용하는 사람은 40dB)의 소리를 들을 수 있고, 언어분별력이 80% 이상일 것
• 시각은 150° 이상일 것
• 정신질환자, 뇌전증환자로서 국토교통부령이 정하는 사람 그리고 마약·대마·향정신성의약품 또는 알코올중독자 등으로서 국토교통부령으로 정하는 사람에 해당되지 아니할 것

■ 건설기계조종사면허의 취소·정지(건설기계관리법 제28조)
시장·군수 또는 구청장은 건설기계조종사가 다음에 해당하는 경우에는 건설기계조종사면허를 취소하거나 1년 이내의 기간을 정하여 건설기계조종사면허의 효력을 정지시킬 수 있다.
• 반드시 취소해야 하는 사유
　– 거짓 그 밖의 부정한 방법으로 건설기계조종사면허를 받은 경우
　– 건설기계조종사면허의 효력정지기간 중 건설기계를 조종한 경우
• 정지 또는 취소사유
　– 정신질환자·뇌전증환자·앞을 보지 못하는 사람, 듣지 못하는 사람 그 밖에 국토교통부령이 정하는 장애인, 마약·대마·향정신성 의약품 또는 알코올중독자로서 국토교통부령으로 정하는 사람
　– 건설기계의 조종 중 고의 또는 과실로 중대한 사고를 일으킨 경우
　– 국가기술자격법에 따른 해당 분야의 기술자격이 취소되거나 정지된 경우
　– 건설기계조종사면허증을 다른 사람에게 빌려준 경우
　– 술에 취하거나 마약 등 약물을 투여한 상태에서 조종한 경우

■ 건설기계조종사면허의 취소·정지처분기준(건설기계관리법 시행규칙 [별표 22])
• 인명피해
　– 고의로 인명피해(사망·중상·경상 등을 말한다)를 입힌 경우 : 취소
　– 과실로 산업안전보건법에 따른 중대재해가 발생한 경우 : 취소

- 그 밖의 인명피해를 입힌 때
  - 가. 사망 1명마다 : 면허효력정지 45일
  - 나. 중상 1명마다 : 면허효력정지 15일
  - 다. 경상 1명마다 : 면허효력정지 5일
- 재산피해
  - 피해금액 50만원마다 : 면허효력정지 1일(90일을 넘지 못함)
  - 건설기계의 조종 중 고의 또는 과실로 가스공급시설을 손괴하거나 가스공급시설의 기능에 장애를 입혀 가스의 공급을 방해한 때 : 면허효력정지 180일

■ 도로교통법상 도로(도로교통법 제2조)

- 도로법에 따른 도로
- 유료도로법에 따른 유료도로
- 농어촌도로 정비법에 따른 농어촌도로
- 그 밖에 현실적으로 불특정 다수의 사람 또는 차마가 통행할 수 있도록 공개된 장소로서 안전하고 원활한 교통을 확보할 필요가 있는 장소

■ 교통안전표지의 종류(도로교통법 시행규칙 제8조)

주의표지, 규제표지, 지시표지, 보조표지 등이 있다.

■ 신호 또는 지시에 따를 의무(도로교통법 제5조)

도로를 통행하는 보행자, 차마 또는 노면전차의 운전자는 교통안전시설이 표시하는 신호 또는 지시와 교통정리를 하는 국가경찰공무원·자치경찰공무원 또는 경찰보조자(경찰공무원 등)의 신호 또는 지시가 서로 다른 경우에는 경찰공무원 등의 신호 또는 지시에 따라야 한다.

■ 자동차의 속도(도로교통법 시행규칙 제19조)

- 최고속도의 100분의 20을 줄인 속도로 운행하여야 하는 경우
  - 비가 내려 노면이 젖어있는 경우
  - 눈이 20mm 미만 쌓인 경우
- 최고속도의 100분의 50을 줄인 속도로 운행하여야 하는 경우
  - 폭우·폭설·안개 등으로 가시거리가 100m 이내인 경우
  - 노면이 얼어붙은 경우
  - 눈이 20mm 이상 쌓인 경우

■ 앞지르기 금지 시기 및 장소(도로교통법 제22조)

- 앞차의 좌측에 다른 차가 앞차와 나란히 가고 있는 경우
- 앞차가 다른 차를 앞지르고 있거나 앞지르려고 하는 경우
- 도로교통법에 따른 명령에 따라 정지하거나 서행하고 있는 차
- 경찰공무원의 지시에 따라 정지하거나 서행하고 있는 차
- 위험을 방지하기 위하여 정지하거나 서행하고 있는 차
- 교차로, 터널 안, 다리 위
- 도로의 구부러진 곳, 비탈길의 고갯마루 부근 또는 가파른 비탈길의 내리막 등 지방경찰청장이 필요하다고 인정하는 곳으로서 안전표지로 지정한 곳

■ 철길건널목의 통과(도로교통법 24조)

- 철길건널목(건널목)을 통과하려는 경우에는 건널목 앞에서 일시정지하여 안전한지 확인한 후에 통과하여야 한다. 다만, 신호기 등이 표시하는 신호에 따르는 경우에는 정지하지 아니하고 통과할 수 있다.
- 건널목의 차단기가 내려져 있거나 내려지려고 하는 경우 또는 건널목의 경보기가 울리고 있는 동안에는 그 건널목으로 들어가서는 아니 된다.
- 건널목을 통과하다가 고장 등의 사유로 건널목 안에서 차를 운행할 수 없게 된 경우에는 즉시 승객을 대피시키고 비상신호기 등을 사용하거나 그 밖의 방법으로 철도공무원이나 경찰공무원에게 그 사실을 알려야 한다.

■ 보행자의 보호(도로교통법 제27조)

- 보행자(자전거를 끌고 통행하는 자전거 운전자 포함)가 횡단보도를 통행하고 있을 때에는 보행자의 횡단을 방해하거나 위험을 주지 아니하도록 그 횡단보도 앞(정지선)에서 일시정지하여야 한다.
- 교통정리를 하고 있는 교차로에서 좌회전이나 우회전을 하려는 경우에는 신호기 또는 경찰공무원 등의 신호나 지시에 따라 도로를 횡단하는 보행자의 통행을 방해하여서는 아니 된다.
- 교통정리를 하고 있지 아니하는 교차로 또는 그 부근의 도로를 횡단하는 보행자의 통행을 방해하여서는 아니 된다.
- 도로에 설치된 안전지대에 보행자가 있는 경우와 차로가 설치되지 아니한 좁은 도로에서 보행자의 옆을 지나는 경우에는 안전한 거리를 두고 서행하여야 한다.
- 보행자가 횡단보도가 설치되어 있지 아니한 도로를 횡단하고 있을 때에는 안전거리를 두고 일시정지하여 보행자가 안전하게 횡단할 수 있도록 하여야 한다.

■ 주차금지의 장소(도로교통법 제33조)

- 터널 안 및 다리 위
- 다음의 곳으로부터 5미터 이내인 곳

– 도로공사를 하고 있는 경우에는 그 공사 구역의 양쪽 가장자리
     – 다중이용업소의 안전관리에 관한 특별법에 따른 다중이용업소의 영업장이 속한 건축물로 소방본
       부장의 요청에 의하여 지방경찰청장이 지정한 곳
• 지방경찰청장이 도로에서의 위험을 방지하고 교통의 안전과 원활한 소통을 확보하기 위하여 필요하다
  고 인정하여 지정한 곳

■ 승차 또는 적재의 방법과 제한(도로교통법 제39조)

모든 차의 운전자는 승차 인원, 적재중량 및 적재용량에 관하여 대통령령으로 정하는 운행상의 안전기준
을 넘어서 승차시키거나 적재한 상태로 운전하여서는 아니 된다. 다만, 출발지를 관할하는 경찰서장의
허가를 받은 경우에는 그러하지 아니하다.

■ 운행을 제한할 수 있는 차량(도로법 시행령 제79조)

• 축하중이 10t을 초과하거나 총중량이 40t을 초과하는 차량
• 차량의 폭이 2.5m, 높이가 4.0m(도로구조의 보전과 통행의 안전에 지장이 없다고 관리청이 인정하여
  고시한 도로노선의 경우에는 4.2m), 길이가 16.7m를 초과하는 차량
• 관리청이 특히 도로구조의 보전과 통행의 안전에 지장이 있다고 인정하는 차량

■ 술에 취한 상태에서의 운전 금지(도로교통법 제44조)

운전이 금지되는 술에 취한 상태의 기준은 운전자의 혈중알코올농도가 0.05% 이상인 경우로 한다.
※ 술에 취한 상태의 기준은 혈중알코올농도 0.05% 이상에서 혈중알코올농도 0.03% 이상으로 개정시행
  될 예정(개정시행일 2019.6.25)

■ 사고발생 시의 조치(도로교통법 제54조)

• 차 또는 노면전차의 운전 등 교통으로 인하여 사람을 사상하거나 물건을 손괴(교통사고)한 경우에는
  그 차 또는 노면전차의 운전자나 그 밖의 승무원(운전자 등)은 즉시 정차하여 사상자를 구호하는
  등 필요한 조치 및 피해자에게 인적사항 제공을 하여야 한다.
• 위 내용의 경우 그 차 또는 노면전차의 운전자 등은 경찰공무원이 현장에 있을 때에는 그 경찰공무원에
  게, 경찰공무원이 현장에 없을 때에는 가장 가까운 국가경찰관서(지구대, 파출소 및 출장소를 포함)에
  다음의 사항을 지체 없이 신고하여야 한다. 다만, 운행 중인 차만 손괴된 것이 분명하고 도로에서의
  위험방지와 원활한 소통을 위하여 필요한 조치를 한 경우에는 신고하지 않아도 된다.
     – 사고가 일어난 곳
     – 사상자 수 및 부상 정도
     – 손괴한 물건 및 손괴 정도
     – 그 밖의 조치사항 등

안전관리

■ **재해예방 4원칙** : 손실우연의 원칙, 예방가능의 원칙, 원인계기의 원칙, 대책선정의 원칙

■ **사고의 원인**

직접 원인	물적 원인	불안전한 상태(1차 원인)
	인적 원인	불안전한 행동(1차 원인) – 가장 높은 비율을 차지한다.
	천재지변	불가항력
간접 원인	교육적 원인	개인적 결함(2차 원인)
	기술적 원인	
	관리적 원인	사회적 환경, 유전적 요인

■ **재해 발생 시 조치요령**

운전 정지 → 피해자 구조 → 응급조치 → 2차 재해방지

■ **안전교육의 목적**

• 능률적인 표준작업을 숙달시킨다.
• 근로자를 산업재해로부터 미연에 방지한다.
• 위험에 대처하는 능력을 기른다.
• 작업에 대한 주의심을 파악할 수 있게 한다.

■ **산업재해의 분류**

• 낙하 : 떨어지는 물체에 맞는 경우
• 충돌 : 사람이 정지한 물체에 부딪치는 경우
• 전도 : 사람이 넘어지는 경우
• 추락 : 사람이 높은 곳에서 떨어지거나, 계단 등에서 구르는 경우

■ **건설기계가 고압전선에 근접 또는 접촉으로 인한 사고 유형** : 감전, 화상, 화재(이 중에서 감전이 가장 쉽게 발생될 수 있다)

■ **전기작업의 안전사항**

- 전기장치는 반드시 접지하여야 한다.
- 전선의 접속은 접촉저항이 적게 하는 것이 좋다.
- 퓨즈는 규정된 알맞은 것을 끼워야 한다.
- 모든 계기 사용 시는 최대 측정 범위를 초과하지 않도록 해야 한다.
- 전선이나 코드의 접속부는 절연물로서 완전히 피복하여 두어야 한다.
- 전기장치는 사용 후 스위치를 OFF해야 한다.

■ **전기누전(감전) 재해방지 조치사항 4가지**

- (보호)접지설비
- 이중절연구조의 전동기계, 기구의 사용
- 비접지식 전로의 채용
- 감전 방지용 누전차단기 설치

■ **안전관리상 감전의 위험이 있는 곳의 전기를 차단하여 수리점검을 할 때**

- 기타 위험에 대한 방지장치를 한다.
- 스위치에 안전장치를 한다.
- 통전 금지기간에 관한 사항이 있을 때 필요한 곳에 게시한다.

■ **연소의 3요소** : 공기(산소), 점화원(불), 가연물

■ **산업 공장에서 재해의 발생을 적게 하기 위한 방법**

- 폐기물은 정해진 위치에 모아둔다.
- 공구는 소정의 장소에 보관한다.
- 소화기 근처에 어떠한 물건도 적재하면 안 된다.
- 통로나 창문 등에 물건을 세워 놓아서는 안 된다.

■ **건설기계장비에 연료를 주입할 때 주의사항**

- 불순물이 있는 것을 주입하지 않는다.
- 연료 주입은 정지상태에서 해야 한다.
- 탱크의 여과망을 통해 주입한다.
- 연료 주입 시 물이나 먼지 등의 불순물이 혼합되지 않도록 주의한다.
- 정기적으로 드레인콕을 열어 연료탱크 내의 수분을 제거한다.
- 연료를 취급할 때에는 화기에 주의한다.

■ **연료 탱크를 가득 채워 두는 이유** : 탱크 속의 연료 증발로 발생된 공기 중의 수분이 응축되어 물이 생기는 것과 기포를 방지하기 위해서

■ **안전보호구 구비조건**
  • 보호구 검정에 합격하고 보호성능이 보장될 것
  • 착용이 용이하고 크기 등 사용자에게 편리할 것
  • 유해 위험요소에 대한 방호 성능이 충분할 것
  • 작업행동에 방해되지 않을 것
  • 재료의 품질이 우수할 것
  • 외관상 보기가 좋을 것

■ **안전모와 보안경**
  • 안전모는 추락물의 위험이 있는 곳에 가장 적절한 보호구이다.
  • 보안경은 산소용접 작업 시 유해 광선으로부터 눈을 보호하기 위하여, 물체가 날아 흩어질 위험이 있는 그라인더 작업 시 또는 장비의 하부에서 점검, 정비 작업 시 반드시 착용해야 한다.

■ 안전표지에는 금지표지, 경고표지, 지시표지, 안내표지가 있다(산업안전보건법 시행규칙 [별표 1의2]).

금지표지	경고표지	지시표지	안내표지
출입금지	낙하물경고	보안경 착용	응급구호표지

■ **작업표준의 목적** : 작업의 효율화, 위험요인의 제거, 손실요인의 제거

■ **기관 시동 전에 점검할 사항** : 급유상태 점검, 일상점검, 장비점검을 기준으로 엔진 오일량, 엔진 주변 오일 누유 확인, 연료의 양, 냉각수량 등

■ **기관을 시동하여 공전 시에 점검할 사항** : 오일의 누출 여부, 냉각수의 누출 여부, 배기가스의 색깔 점검

■ **유압장치의 일상 점검 부분** : 오일의 양, 오일의 색, 오일의 온도 등

■ 렌 치

- 렌치는 자기쪽으로 당기면서 볼트나 너트를 풀거나 조이는 작업을 한다.
- 토크렌치는 볼트나 너트 조임력을 규정 값에 정확히 맞도록 하기 위해 사용한다.
- 실린더 헤드 등 면적이 넓은 부분에서 볼트를 조일 때는 중심에서 외측을 향하여 대각선으로 조인다.
- 복스렌치는 볼트·너트 주위를 완전히 싸게 되어 있어서 사용 중에 미끄러지지 않는다.
- 소켓렌치는 다양한 크기의 소켓을 바꿔가며 작업 할 수 있도록 만든 렌치이다.

■ 해머작업 시 주의사항

- 해머로 타격할 때 처음과 마지막에 힘을 많이 가하지 않아야 한다.
- 해머작업 시 작업자와 마주보고 일을 하면 사고의 우려가 있다.
- 장갑을 끼지 않는다.
- 해머의 타격면에 기름을 바르지 않아야 한다.
- 열처리된 재료는 해머작업을 하지 않아야 한다.

■ 기중작업 시 유의사항

- 기중작업에서 물체의 무게가 무거울수록 붐 길이는 짧게, 각도는 크게 한다.
- 기중작업 시 지면과 약 30cm 떨어진 지점에서 정지한 후 안전을 확인하고 상승한다.

■ 토치에 점화시킬 때에는 아세틸렌밸브를 먼저 열고 다음에 산소밸브를 연다.

■ 가스용접기에 사용되는 용기의 도색

가스의 종류	산 소	수 소	아세틸렌	기타 가스
도색 구분	녹 색	주황색	황 색	회 색

■ 건설기계로 작업 중 가스배관을 손상시켜 가스가 누출되고 있을 경우 긴급 조치사항

- 가스배관을 손상한 것으로 판단되면 즉시 기계작동을 멈춘다.
- 가스가 다량 누출되고 있으면 우선적으로 주위 사람들을 대피시킨다.
- 즉시 해당 도시가스회사나 한국가스안전공사에 신고한다.

■ 본관은 도시가스 관련 법상 도시가스 제조사업소의 부지경계에서 정압기까지에 이르는 배관이다.

■ **가스배관**

• 가스배관의 주위를 굴착하고자 할 때에는 가스배관의 좌우 1m 이내의 부분은 인력으로 굴착할 것

• 가스배관의 주위에 매설물을 부설하고자 할 때에는 30cm 이상 이격하여 설치할 것

• 가스배관과의 수평거리 2m 이내에서 파일박기를 하고자 할 때 도시가스 사업자의 입회하에 시험 굴착을 하여야 한다.

• 항타기는 부득이한 경우를 제외하고 가스배관과의 수평거리를 최소한 2m 이상 이격하여야 한다.

• 도시가스배관 외면과 상수도관과의 최소 이격거리는 30cm 이상이다.

• 도시가스 배관이 저압이면 배관 표면색은 황색이고, 중압 이상은 적색이다.

■ **가스배관 지하매설 깊이**

• 공동주택 등의 부지 내 : 0.6m 이상

• 폭 8m 이상인 도로 : 1.2m 이상(저압 배관에서 횡으로 분기하여 수요가에게 직접 연결 시 : 1m 이상)

• 폭 4m 이상 8m 미만인 도로 : 1m 이상(저압 배관에서 횡으로 분기하여 수요가에게 직접 연결 시 : 0.8m 이상)

• 상기에 해당하지 아니하는 곳 : 0.8m 이상(암반 등에 의하여 매설깊이 유지가 곤란하다고 허가관청이 인정 시 : 0.6m 이상)

■ **도시가스사업법상 용어**

• 고압 : 1MPa(약 10.197kg/cm^2) 이상의 압력(게이지압력)을 말한다.

• 중압 : 0.1MPa 이상, 1MPa 미만의 압력을 말한다.

• 저압 : 0.1MPa 미만의 압력을 말한다.

■ **액화천연가스** : 기체상태는 공기보다 가볍다. 기체상태로 배관을 통하여 수요자에게 공급된다.

■ 고압선로 주변에서 건설기계에 의한 작업 중 고압선로 또는 지지물에 접촉 위험이 가장 높은 것은 붐 또는 케이블, 권상로프이다.

■ **전력케이블**

• 전력케이블이 입상 또는 입하하는 전주상에는 기기가 설치되어 있어 절대로 접촉 또는 근접해서는 안 된다.

• 전력케이블이 매설돼 있음을 표시하기 위한 표지 시트는 차도에서 지표면 아래 30cm 깊이에 설치되어 있다.

■ **지중 전선로의 방식** : 직매식, 관로식, 전력구식 등이 있다.

합격에 **윙크(Win-Q)** 하다!

Win-Q̂

굴삭기운전기능사

제**1**과목

제**2**과목

제**3**과목

건설기계기관 및 섀시

전기 및 굴삭기작업장치

유압일반

제 1 편

핵심이론
+
핵심예제

제 **4**과목

건설기계관리법규 및 도로통행방법

제**5**과목

안전관리

CHAPTER 01 건설기계기관 및 섀시

1 건설기계기관장치

핵심이론 01 기관의 개념

① 열기관(엔진) : 열에너지를 기계적 에너지로 바꾸는 기계 장치
  - ㉠ 기관에서 열효율이 높다는 것 : 일정한 연료 소비로서 큰 출력을 얻는 것
  - ㉡ rpm = 엔진 1분당 회전수
② 열기관의 분류
  - ㉠ 외연기관 : 증기기관, 증기터빈(연료와 공기의 연소를 실린더 밖에서 행함)
  - ㉡ 내연기관 : 가솔린기관, 디젤기관(연료와 공기의 연소를 실린더 내에서 행함)
  - ㉢ 점화방법에 따른 분류 : 전기점화기관, 압축착화기관, 소구기관(세미디젤기관), 연료분사 전기점화기관(헷셀만기관)
  - ㉣ 기계학적 사이클에 따른 분류 : 2행정 사이클 기관, 4행정 사이클 기관
  - ㉤ 냉각방법에 따른 분류 : 공랭식 기관, 수랭식 기관, 증발냉각식 기관

핵심예제

1-1. 다음 중 열에너지를 기계적 에너지로 변환시켜 주는 장치는?　[2006년 2회]

① 펌 프
② 모 터
③ 엔 진
④ 밸 브

정답 ③

1-2. 기관에서 열효율이 높다는 것은?　[2006년 4회, 2010년 1회]

① 일정한 연료 소비로서 큰 출력을 얻는 것이다.
② 연료가 완전 연소하지 않는 것이다.
③ 기관의 온도가 표준보다 높은 것이다.
④ 부조가 없고 진동이 적은 것이다.

정답 ①

해설

1-1

엔진은 열에너지를 기계적 동력에너지로 바꾸는 장치이다.

1-2

열효율 : 열기관이 하는 유효한 일과 이것에 공급한 열량 또는 연료의 발열량과의 비를 의미하며 그 값은 열기관의 급기온도와 배기온도와의 차가 클수록 높다.

핵심이론 02 내연기관의 분류

① 작동방식 : 2행정 사이클 기관, 4행정 사이클 기관
　㉠ 2행정 사이클 기관
　　흡입폭발(공기흡입과 동시에 폭발 일어남) → 배기소기
　　(폭발 후 연소가스 배출)
　㉡ 4행정 사이클 기관
　　흡입행정(혼합기 흡입) → 압축행정(크랭크 축이 회전
　　하면서 피스톤을 움직여 흡입한 기체를 압축) → 폭발행
　　정(압축기에 불꽃을 튀겨 폭발 일으킴) → 배기행정(폭
　　발 후 연소가스 배출)
② 4행정과 2행정 사이클 기관의 비교
　㉠ 2행정 사이클 기관
　　• 장점 : 구조가 간단하고 회전이 원활하다.
　　• 단점 : 흡・배기 불량, 피스톤이 손상되기 쉽고, 저속
　　　운전이 곤란하다.
　㉡ 4행정 사이클 기관
　　• 장점 : 효율이 좋고 안정성・회전속도의 범위가 넓으
　　　며 연료소비율도 적다.
　　• 단점 : 충격 및 소음이 많고 회전이 원활하지 않다.

핵심예제

2-1. 2행정 사이클 기관에만 해당되는 과정(행정)은?

[2009년 1회]

① 혼 입　　　　　② 압 축
③ 동 력　　　　　④ 소 기

정답 ④

2-2. 4행정 디젤기관에서 동력행정을 뜻하는 것은?

[2009년 2회, 2011년 2회]

① 흡기행정　　　　② 압축행정
③ 폭발행정　　　　④ 배기행정

정답 ③

해설

2-1
행정에는 4행정 엔진(흡입-압축-폭발-배기)과 2행정 엔진(폭발-소기)
이 있다.
2-2
4행정 사이클 기관은 크랭크 축이 2회전하고, 피스톤은 흡입행정, 압축행
정, 폭발(동력)행정, 배기행정의 4행정을 하여 1사이클이 완성되는 기관
이다.

핵심이론 03 디젤기관의 특징

① 디젤기관의 특성
　㉠ 가솔린기관에 비해 압축비가 높다.
　㉡ 경유를 연료로 사용한다.
　㉢ 점화방법 : 압축착화한다.
　　※ 가솔린기관에서 사용하는 점화장치(점화플러그, 배
　　　전기 등)가 없다.
　㉣ 압축착화기관 : 공기만을 실린더 내로 흡입하여 고압축
　　비로 압축한 다음 압축열에 연료를 분사하는 작동원리
　㉤ 국내 건설기계는 디젤기관을 사용한다.
② 디젤기관의 순환운동 순서
　공기흡입 → 공기압축 → 연료분사 → 착화연소 → 배기
③ 디젤기관을 정지시키는 방법 : 연료공급을 차단한다.

핵심예제

3-1. 디젤기관과 관계없는 것은?

[2009년 4회]

① 경유를 연료로 사용한다.
② 점화장치 내에 배전기가 있다.
③ 압축 착화한다.
④ 압축비가 가솔린기관보다 높다.

정답 ②

3-2. 디젤기관의 전기장치에 없는 것은?

[2007년 2회]

① 스파크플러그　　　② 글로우플러그
③ 축전지　　　　　　④ 솔레노이드 스위치

정답 ①

3-3. 디젤기관의 구성품이 아닌 것은?

[2008년 5회]

① 분사펌프　　　　　② 공기청정기
③ 점화플러그　　　　④ 흡기다기관

정답 ③

해설

3-1
점화장치 내에 배전기가 있는 것은 가솔린기관이다.
3-2
스파크플러그는 가솔린기관에 사용된다.
3-3
가솔린이나 LPG차량은 점화플러그가 있어 연소를 도와주고 디젤기관은
예열플러그가 있다.

핵심이론 04 디젤기관의 장·단점

① 디젤기관의 장점
  ㉠ 연료비가 저렴하고, 열효율이 높으며, 운전 경비가 적게 든다.
  ㉡ 이상 연소가 일어나지 않고 고장이 적다.
  ㉢ 토크 변동이 적고 운전이 용이하다.
  ㉣ 대기오염 성분이 적다.
  ㉤ 인화점이 높아서 화재의 위험성이 적다.
② 디젤기관의 단점
  ㉠ 마력당 중량이 크다.
  ㉡ 소음 및 진동이 크다.
  ㉢ 연료분사장치 등이 고급 재료이고 정밀 가공해야 한다.
  ㉣ 배기 중의 SO_2 유리 탄소가 포함되고 매연으로 인하여 대기 중에 스모그 현상이 크다.
  ㉤ 시동 전동기 출력이 커야 한다.

핵심예제

4-1. 고속 디젤기관의 장점으로 틀린 것은?
[2007년 1회, 2008년 4회, 2010년 5회]

① 열효율이 가솔린기관보다 높다.
② 인화점이 높은 경유를 사용하므로 취급이 용이하다.
③ 가솔린기관보다 최고 회전수가 빠르다.
④ 연료소비량이 가솔린기관보다 적다.

정답 ③

4-2. 가솔린기관과 비교한 디젤기관의 단점이 아닌 것은?
[2007년 4회]

① 소음이 크다.
② rpm이 높다.
③ 진동이 크다.
④ 마력당 무게가 크다.

정답 ②

해설
4-2
rpm은 디젤기관보다 가솔린기관이 높다.

핵심이론 05 4행정 사이클 디젤기관의 작동

① 흡입행정 : 피스톤이 상사점으로부터 하강하면서 실린더 내로 공기만을 흡입한다.
  (흡입밸브 열림, 배기밸브 닫힘)
② 압축행정 : 흡기밸브가 닫히고 피스톤이 상승하면서 공기를 압축한다.
  (흡입밸브, 배기밸브 모두 닫힘)
③ 동력(폭발)행정 : 압축행정 말 고온이 된 공기 중에 연료를 분사하면 압축열에 의하여 자연착화한다(흡입밸브, 배기밸브 모두 닫힘).
  ㉠ 피스톤이 상사점에 도달하기 전 소요의 각도 범위 내에서 분사를 시작한다.
  ㉡ 디젤기관의 진각에는 연료의 착화 능률이 고려된다.
  ㉢ 연료분사 시작점은 회전속도에 따라 진각된다.
  ㉣ 압축 말 연료분사노즐로부터 실린더 내로 연료를 분사하여 연소시켜 동력을 얻는다.
④ 배기행정 : 연소가스의 팽창이 끝나면 배기밸브가 열리고, 피스톤의 상승과 더불어 배기행정을 한다(흡입밸브 닫힘, 배기밸브 열림).

핵심예제

5-1. 압축말 연료분사노즐로부터 실린더 내로 연료를 분사하여 연소시켜 동력을 얻는 행정은?
[2006년 2회]

① 흡입행정
② 압축행정
③ 폭발행정
④ 배기행정

정답 ③

5-2. 4행정 디젤엔진에서 흡입행정 시 실린더 내에 흡입되는 것은?
[2013년 상시]

① 혼합기
② 공 기
③ 스파크
④ 연 료

정답 ②

핵심이론 06 디젤기관의 시동

① 디젤기관에서 시동이 되지 않는 원인
- ㉠ 연료가 부족하다.
- ㉡ 연료공급펌프가 불량하다.
- ㉢ 연료계통에 공기가 유입되어 있다.
- ㉣ 엔진의 회전속도가 느리다.
- ㉤ 기동전압이 낮다.
- ㉥ 분사시기, 분사노즐이 불량하다.
- ㉦ 연료의 착화점이 높다.
- ㉧ 압축압력이 불량하다.

② 작업 중 기관의 시동이 꺼지는 원인
- ㉠ 연료필터가 막혔을 때
- ㉡ 연료탱크에 물이 들어있을 때
- ㉢ 연료 연결파이프의 손상 및 누설이 있을 때
- ㉣ 자동변속기의 고장이 발생했을 때

③ 기관출력이 저하할 때의 원인
- ㉠ 실린더 내 압력이 낮을 때
- ㉡ 실린더에 공급되는 연료량이 부족 시
- ㉢ 연료분사량이 적을 때
- ㉣ 연료분사펌프의 기능이 불량할 때
- ㉤ 노킹이 일어날 때
- ㉥ 압축불량, 연료분사시기, 상태 및 흡·배기밸브 불량으로 불완전 연소 시
- ㉦ 운동부의 마찰, 고착 및 펌프류의 동력 등의 증대

핵심예제

디젤기관에서 시동이 잘 안 되는 원인으로 맞는 것은?

[2005년 5회, 2006년 1회, 2007년 2회]

① 연료계통에 공기가 차 있을 때
② 냉각수를 경수로 사용할 때
③ 스파크플러그의 불꽃이 약할 때
④ 클러치가 과다 마모되었을 때

정답 ①

해설

디젤기관의 연료계통에 공기가 들어가면 연료분사가 어려워져서 엔진 시동을 어렵게 만든다.

핵심이론 07 엔진부조

① 엔진부조 : 공회전 때 엔진이 털털거리거나 주행 중 힘을 못 받는 등 엔진이 비정상적인 모든 상태

② 디젤기관에서 부조 발생의 원인
- ㉠ 거버너 작용 불량
- ㉡ 분사시기 조정불량
- ㉢ 연료의 압송불량
- ㉣ 연료라인에 공기가 혼입
- ㉤ 인젝터 공급파이프의 연료 누설

> • 연료계통 : 연료펌프 불량, 인젝터 불량, 연료필터 불량 등
> • 점화계통 : 배전기 불량, 케이블 불량, 점화플러그 불량

③ 연료분사량의 차이가 있을 때 현상
- ㉠ 연소폭발음의 차이가 있다.
- ㉡ 기관은 부조를 하게 된다.
- ㉢ 진동이 발생한다.

핵심예제

7-1. 디젤기관에서 부조 발생의 원인이 아닌 것은? [2010년 4회]

① 발전기고장　　　　　② 거버너 작용 불량
③ 분사시기 조정 불량　④ 연료의 압송 불량

정답 ①

7-2. 디젤기관에서 인젝터 간 연료분사량이 일정하지 않을 때 나타나는 현상으로 맞는 것은? [2006년 1회, 2010년 4회]

① 연료분사량에 관계없이 기관은 순조로운 회전을 한다.
② 소비에는 관계가 있으나 기관회전에 영향은 미치지 않는다.
③ 연소폭발음의 차가 있으며 기관은 부조를 하게 된다.
④ 출력은 향상되나 기관은 부조하게 된다.

정답 ③

해설

7-1

디젤기관에서 부조 발생의 원인은 연료계통의 원인이고, 발전기고장은 충전과 방전이 원인이다.

7-2

인젝터별로 분사량에 편차가 발생하면 엔진부조, 배기가스, 출력부족 등의 현상을 일으킨다.

핵심이론 08 | 디젤기관의 진동 원인

① 분사량·분사시기 및 분사압력 등이 불균형하다.
② 다기통 기관에서 어느 한 개의 분사노즐이 막혔다.
③ 연료공급계통에 공기가 침입하였다.
④ 각 피스톤의 중량차가 크다.
⑤ 크랭크 축의 무게가 불평형하다.
⑥ 실린더 상호 간의 안지름 차이가 심하다.

핵심예제

8-1. 디젤엔진의 진동 원인이 아닌 것은?[2007년 4회, 2010년 5회]

① 4기통 엔진에서 한 개의 분사노즐이 막혔을 때
② 인젝터에 불균율이 있을 때
③ 분사압력이 실린더별로 차이가 있을 때
④ 하이텐션 코드가 불량할 때

정답 ④

8-2. 디젤기관의 진동 원인과 가장 거리가 먼 것은?

[2006년 4회, 2010년 1회]

① 각 실린더의 분사압력과 분사량이 다르다.
② 분사시기, 분사간격이 다르다.
③ 윤활펌프의 유압이 높다.
④ 각 피스톤의 중량차가 크다.

정답 ③

8-3. 디젤기관의 진동이 심해지는 원인이 아닌 것은?

[2007년 5회]

① 피스톤 및 커넥팅 로드의 중량차가 클수록
② 마모로 인해 실린더 안지름의 차가 심할 때
③ 분사압력, 분사량의 불균형이 심할 때
④ 실린더 수가 많을수록

정답 ④

해설

8-1
하이텐션 코드는 가솔린 엔진의 고압코드이다.
8-2
윤활펌프의 유압이 높으면 원활한 회전을 돕는다.
8-3
실린더 수가 많을수록 회전상태가 좋아 진동이 감소한다.

핵심이론 09 | 기관의 과열

① 기관 과열의 주요 원인
  ㉠ 윤활유 부족
  ㉡ 냉각수 부족
  ㉢ 물펌프 고장
  ㉣ 팬벨트 이완 및 절손
  ㉤ 온도조절기가 열리지 않음
  ㉥ 냉각장치 내부의 물때 과다(물재킷 스케일 누적)
  ㉦ 라디에이터 코어의 막힘, 불량
  ㉧ 냉각핀의 손상 및 오염
  ㉨ 냉각수 순환계통의 막힘
  ㉩ 이상연소(노킹 등)
  ㉪ 압력식 캡의 불량
  ㉫ 무리한 부하 운전
② 기관 과열 시 피해
  ㉠ 금속이 빨리 산화하고, 냉각수의 순환이 불량해진다.
  ㉡ 각 작동 부분의 소결 및 각 부품의 변형원인이 된다.
  ㉢ 윤활 불충분으로 인하여 각 부품이 손상된다.
  ㉣ 조기점화 및 노킹이 발생된다.
  ㉤ 엔진의 출력이 저하된다.

핵심예제

9-1. 디젤기관 작동 시 과열되는 원인이 아닌 것은?

[2006년 4회, 2010년 5회]

① 냉각수 양이 적다.
② 물 재킷 내의 물때(Scale)가 많다.
③ 수온조절기가 열려 있다.
④ 물펌프의 회전이 느리다.

정답 ③

9-2. 엔진과열의 원인으로 가장 거리가 먼 것은? [2013년 상시]

① 라디에이터 코어불량   ② 냉각계통의 고장
③ 정온기가 닫혀서 고장   ④ 연료의 품질 불량

정답 ④

해설

9-1
수온조절기가 열린 채 고장이 나면 냉각수의 온도 상승 시간이 오래 걸린다.
9-2
불량한 품질의 연료 사용 시 실린더 내에서 노킹 혹은 노크하는 소리가 난다.

핵심이론 10 크랭크 축, 플라이 휠

① 크랭크 축

　⊙ 크랭크 축의 역할 : 직선운동을 회전운동으로 변환시키는 장치이다. 즉, 기관의 중축으로 피스톤과 커넥팅 로드의 왕복운동을 회전운동으로 바꾸어 클러치와 플라이 휠에 전달하는 역할을 한다.

　ⓒ 크랭크 축의 구성 부품 : 크랭크암(Crank Arm), 크랭크핀(Crank Pin), 저널(Journal)

　ⓒ 크랭크 축 풀리 : 구동밸트를 통하여 물펌프, 발전기, 동력조향장치의 오일펌프, 에어컨압축기 및 공기압축기 등을 구동한다.

　② 4행정기관에서 크랭크 축 기어 2회전에 캠축 기어 1, 지름의 비는 1:2, 회전비는 2:1이다.

② 형식과 점화순서

　⊙ 4기통기관 : 위상각 180°, 점화순서 1-3-4-2(배기, 폭발, 압축, 흡입) 또는 1-2-4-3(폭발, 압축, 흡입, 배기)

　　※ 4기통 기관의 작동행정은 시계방향, 점화순서는 반시계 방향 기록

　ⓒ 6기통기관 : 위상각 120°, 우수식 점화순서 1-5-3-6-2-4, 좌수식 점화순서 1-4-2-6-3-5

　　※ 6기통기관의 작동행정은 시계방향, 점화순서는 반시계방향으로 실린더 번호 120°마다 기록

　　※ 크랭크 축 앤드 플레이(축방향 움직임)는 스러스트 베어링 두께(스러스트 플레이트)로 조정

③ 플라이 휠

　⊙ 기관의 맥동적인 회전을 관성력을 이용하여 원활한 회전으로 바꾸어 주는 역할을 한다.

　ⓒ 플라이 휠은 크랭크 축에 부착되어 동력을 전달받아 클러치와 변속기로 보내주는 역할을 한다.

핵심예제

기관에서 크랭크 축의 역할은?　　[2008년 4회, 2013년 상시]

① 원활한 직선운동을 하는 장치이다.
② 기관의 진동을 줄이는 장치이다.
③ 직선운동을 회전운동으로 변환시키는 장치이다.
④ 원운동을 직선운동으로 변환시키는 장치이다.

정답 ③

해설

크랭크 축은 피스톤의 왕복운동을 커넥팅 로드를 통하여 회전운동으로 바꾸어 주는 역할을 한다.

핵심 11 피스톤
이론

① 피스톤

　㉠ 실린더 내에 장착되어 상하운동을 하면서 연소에너지를 받아 커넥팅 로드를 통해 크랭크 축에 에너지를 전달하는 원통형 마개

　㉡ 피스톤의 구비조건
　　• 피스톤의 중량이 적을 것
　　• 열전도가 잘될 것
　　• 열팽창률이 적을 것
　　• 고온·고압에 견딜 것
　　• 노킹을 일으키지 않는 구조로 되어 있을 것

　㉢ 피스톤의 재질 : 특수 주철, 알루미늄 합금

　㉣ 피스톤의 종류 : 캠연마 피스톤, 솔리드 피스톤, 스플릿 피스톤, 인바스트럿 피스톤(열팽창이 가장 적은 피스톤), 슬리퍼 피스톤, 오프셋 피스톤(측압방지용, 피스톤 슬랩을 피할 목적으로 1.5mm 오프셋시킨 피스톤)

　※ 피스톤의 평균속도(S)=행정(L)×회전수(N)/30

② 내연기관의 피스톤이 고착되는 원인

　㉠ 냉각수가 불충분할 때

　㉡ 피스톤과 실린더의 틈이 너무 작을 때

　㉢ 피스톤과 실린더의 중심선이 일치하지 않을 때

　㉣ 전력운전 중에 급정지하였을 때

　㉤ 기관오일이 부족하였을 때

　㉥ 기관이 과열되었을 때

11-1. 피스톤의 구비조건으로 틀린 것은? [2005년 4회]

① 고온·고압에 견딜 것
② 열전도가 잘될 것
③ 열팽창률이 적을 것
④ 피스톤 중량이 클 것

정답 ④

11-2. 기관의 피스톤이 고착되는 주요 원인이 아닌 것은?
[2007년 1회]

① 피스톤 간극이 적을 때
② 기관오일이 부족하였을 때
③ 기관이 과열되었을 때
④ 기관오일이 너무 많았을 때

정답 ④

해설
11-1
피스톤 중량이 가벼울 것
11-2
오일이 많을 때는 고착되지 않는다.

핵심이론 12 피스톤과 실린더 사이의 간극

① 피스톤과 실린더 사이의 간극이 너무 클 때 일어나는 현상
 ㉠ 블로바이 가스가 생긴다.
 ㉡ 엔진오일의 수명단축이 단축된다.
 ㉢ 블로바이에 의해 압축압력이 낮아진다.
 ㉣ 피스톤 링의 기능 저하로 인하여 오일이 연소실에 유입되어 오일 소비가 많아진다.
 ㉤ 피스톤 슬랩현상이 발생되며 기관 출력이 저하된다.
 ㉥ 기타 : 엔진오일의 연료희석, 연소실에 오일 상승, 엔진의 시동성 저하, 엔진의 출력 저하 등
  ※ 블로바이현상 : 압축 및 폭발 행정 시에 혼합기 또는 연소가스가 피스톤과 실린더 사이에서 크랭크 케이스로 새는 현상
  ※ 피스톤 슬랩현상 : 피스톤의 운동방향이 바뀔 때 실린더 벽에 충격을 주는 현상
② 간격이 작으면 : 마멸증대, 소결(스틱현상)

핵심예제

12-1. 피스톤의 운동방향이 바뀔 때 실린더 벽에 충격을 주는 현상을 무엇이라고 하는가? [2010년 1회, 2011년 1회]
① 피스톤 스틱(Stick)현상
② 피스톤 슬랩(Slap)현상
③ 블로바이(Blow by)현상
④ 슬라이드(Slide)현상

정답 ②

12-2. 피스톤과 실린더 사이의 간극이 너무 클 때 일어나는 현상은? [2011년 4회]
① 엔진의 출력 증대
② 압축압력 증가
③ 실린더 소결
④ 엔진 오일의 소비증가

정답 ④

해설
12-1
실린더와 피스톤 간극이 클 때, 피스톤이 운동방향을 바꿀 때 축압에 의하여 실린더 벽을 때리는 현상(피스톤 슬랩)이 발생한다.

핵심이론 13 피스톤링

① 피스톤링
 ㉠ 피스톤과 실린더 사이의 기밀을 유지하고 피스톤의 냉각을 도우며 실린더 벽의 윤활을 조정
 ㉡ 피스톤링은 압축링(실린더 헤드쪽에 있다)과 오일링으로 구성되어 열전도작용, 오일제어작용, 기밀작용(압축가스 유실방지)을 한다.
  • 압축링 : 기밀유지, 오일제어
  • 오일링 : 오일을 긁어내림
 ㉢ 피스톤링을 끼우기 위해선 절개를 해야 하는데 절개 부분이 겹치게 되면 압축가스가 새므로 120° 간격으로 설치한다. 또 피스톤 상부가 열을 제일 많이 받아 팽창이 많이 생기므로 1번 링의 간극을 크게 한다.
 ㉣ 피스톤링 마모의 영향
  • 엔진오일이 연소실로 상승
  • 기관의 압축압력을 저하
② 피스톤핀
 ㉠ 피스톤과 커넥팅 로드를 연결하며, 피스톤에서 받은 압력을 크랭크 축에 전달
 ㉡ 피스톤핀의 구비조건 : 가벼울 것, 충분한 강성, 내마멸성이 우수할 것

핵심예제

기관의 피스톤링의 대한 설명 중 틀린 것은? [2010년 4회]
① 압축링과 오일링이 있다.
② 기밀유지의 역할을 한다.
③ 연료 분사를 좋게 한다.
④ 열전도작용을 한다.

정답 ③

해설
피스톤링은 기밀작용, 열전도작용, 윤활작용을 한다.

핵심 14 실린더
이론

① 실린더 헤드
  ㉠ 실린더 헤드는 별도로 주조되어 실린더 상부에 볼트로 조립되며 연소실을 갖고 있다.
  ㉡ 연소실 내에는 스파크플러그가 장착된다.
  ㉢ 실린더블록 위에 개스킷을 사이에 두고 설치되었으며, 재질은 주철 또는 알루미늄 합금이다.
  ㉣ 연소실의 구비조건
    • 화염전파시간을 짧게 하고 연소실 내의 표면적은 최고가 되게 할 것
    • 압축행정 시 혼합가스의 와류가 잘되고 가열되기 쉬운 돌출부를 없앨 것

② 실린더
  ㉠ 공랭식기관에서는 크랭크 케이스로 불려지는 기관 하부에 독립적으로 부착
  ㉡ 크랭크 케이스 : 크랭크 축을 지지하는 기관의 일부로 윤활유의 저장소 역할과 윤활유펌프와 필터를 지지한다. 상부는 실린더블록의 일부로 주조되고 하부는 오일팬으로 실린더블록에 고착되어 있다.

③ 실린더의 마모원인
  ㉠ 실린더 벽과 피스톤 및 피스톤링의 접촉에 의해서
  ㉡ 연소 생성물에 의해서
  ㉢ 농후한 혼합기 유입으로 인하여 실린더 벽의 오일 막이 끊어지므로
  ㉣ 흡입 공기 중의 먼지와 이물질 등에 의해서
  ㉤ 연료나 수분이 실린더 벽에 응결되어 부식작용을 일으키므로
  ㉥ 실린더와 피스톤 간극의 불량으로 인하여
  ㉦ 피스톤링 이음 간극 불량으로 인하여
  ㉧ 피스톤링의 장력 과대로 인하여
  ㉨ 커넥팅 로드의 휨으로 인하여

핵심예제

기관에서 실린더 마모 원인이 아닌 것은?

[2008년 2회, 2010년 4회, 2013년 상시]

① 실린더 벽과 피스톤 및 피스톤링의 접촉에 의한 마모
② 희박한 혼합기에 의한 마모
③ 연소 생성물(카본)에 의한 마모
④ 흡입공기 중의 먼지, 이물질 등에 의한 마모

정답 ②

해설
농후한 혼합기 유입으로 인하여 실린더 벽의 오일 막이 끊어지므로 마모된다.

① 커먼레일 디젤엔진의 연료장치 구성부품 : 연료저장축압기 (커먼레일), 인젝터, 고압펌프, 고압파이프, 레일압력센서, 연료압력조절밸브

    ㉠ 커먼레일 연료분사장치의 저압연료계통은 연료탱크 (스트레이너 포함), 1차 연료펌프(저압 연료펌프), 연료필터, 저압연료라인으로 구성

    ㉡ 고압연료계통은 고압연료펌프(압력 제어 밸브 부착), 고압연료라인, 커먼레일 압력센서, 압력제한밸브, 유량제한기, 인젝터 및 어큐뮬레이터로서의 커먼레일, 연료리턴라인으로 구성

② 디젤기관의 연료분사장치는 연료탱크, 연료공급펌프, 연료분사펌프, 연료여과기, 연료분사밸브(노즐) 등으로 구성되어 있다.

③ 인젝션펌프(분사펌프)는 디젤기관에만 있다.

④ **세탄가** : 디젤연료의 착화성의 우열을 나타내는 지표이다.

⑤ **벤트플러그** : 디젤기관 연료장치에서 연료필터의 공기를 배출하기 위해 설치한다.

핵심예제

15-1. 연료의 세탄가와 가장 밀접한 관련이 있는 것은?
[2006년 4회, 2008년 5회]

① 열효율
② 폭발압력
③ 착화성
④ 인화성

정답 ③

15-2. 디젤기관의 연료장치 구성품이 아닌 것은? [2007년 4회]

① 예열플러그
② 분사노즐
③ 연료공급펌프
④ 연료여과기

정답 ①

15-3. 커먼레일 디젤기관의 공기유량센서(AFS)는 어떤 방식을 많이 사용하는가?
[2013년 상시]

① 칼만와류방식
② 열막방식
③ 맵센서방식
④ 베인방식

정답 ②

해설

15-1
경유의 착화성을 나타내는 지표로 세탄가를 쓰고 있으며 이 값이 클수록 착화하기가 쉽다.

15-2
예열플러그는 시동보조장치이다.

15-3
공기유량센서는 칼만와류방식, 맵센서방식, 베인식, 핫와이어방식, 핫필름(열막)방식 등 5가지 종류가 있다. 이 가운데 칼만와류방식만 펄스제어방식이고 나머지는 모두 전압검출방식이다.

핵심이론 **16** 연료공급펌프

① 연료분사펌프

 ㉠ 디젤기관에만 있는 부품으로 연료분사장치이다.
 ㉡ 연료를 연소실 내로 분사하기 위하여 필요한 높은 압력으로 압축하여 폭발순서에 따라서 각 실린더의 분사노즐로 압송하는 펌프이다.
 ㉢ 연료분사펌프에는 연료분사량을 조정하는 조속기와 분사시기조절(타이머)기가 붙어 있다.

② 분사노즐

 ㉠ 펌프로부터 보내진 고압의 연료를 미세한 안개모양으로 연소실에 분사하는 것이다.
 ㉡ 디젤기관에서 사용하는 분사노즐(인젝터)의 종류 : 개방형과 밀폐형(또는 폐지형) 노즐이 있으며, 밀폐형에는 구멍(Hole)형, 핀틀형 및 스로틀형 노즐이 있다.
 ㉢ 분사노즐테스터기 검사항목 : 각 노즐의 분사압력, 분사개시 압력, 후적 유무, 분사 상태, 분사 각도, 무화 상태

③ 기타 주요사항

 ㉠ 타이머 : 기관의 속도에 따라 자동적으로 분사시기를 조정하여 운전을 안정되게 한다.
 ㉡ 디젤기관의 연료분사노즐에서 섭동 면의 윤활은 연료(경유)가 한다.
 ㉢ 분사펌프의 플런저와 배럴 사이의 윤활 : 경유
 ㉣ 연료분사의 3대 요소 : 관통력, 분포, 무화상태이다.
 ㉤ 조속기(거버너) : 기관의 부하에 따라 자동적으로 분사량을 가감하여 최고 회전속도를 제어하는 것이다.
 ㉥ 디젤엔진의 분사량 조정은 컨트롤 슬리브와 피니언의 관계위치로 조정한다.

핵심예제

16-1. 디젤엔진에서 연료를 고압으로 연소실에 분사하는 것은?
[2010년 2회, 2011년 2회]

① 프라이밍펌프
② 인젝션펌프
③ 분사노즐(인젝터)
④ 조속기

정답 ③

16-2. 디젤기관에 공급하는 연료의 압력을 높이는 것으로 조속기와 분사시기를 조절하는 장치가 설치되어 있는 것은?
[2009년 2회, 2011년 5회]

① 유압펌프
② 프라이밍펌프
③ 연료분사펌프
④ 플런저펌프

정답 ③

해설

16-2

연료분사펌프에는 조속기(속도조절)와 타이머(분사시기조절)가 설치되어 있다.

핵심이론 17 디젤연료 조건과 압력 등

① 디젤연료(경유)의 구비조건
- ㉠ 착화점이 낮을 것(세탄가가 높을 것)
- ㉡ 황의 함유량이 적을 것
- ㉢ 연소 후 카본 생성이 적을 것
- ㉣ 점도가 적당하고 점도지수가 클 것(온도변화에 의한 점도변화가 적다)
- ㉤ 발열량이 클 것
- ㉥ 내폭성 및 내한성이 클 것
- ㉦ 인화점이 높고 발화점이 높을 것
- ㉧ 고형 미립물이나 협잡물을 함유하지 않을 것

② 연료압력
- ㉠ 너무 낮은 원인
  - 연료필터가 막힘
  - 연료펌프의 공급 압력이 누설됨
  - 연료압력 레귤레이터에 있는 밸브의 밀착이 불량해 귀환구 쪽으로 연료가 누설됨
- ㉡ 너무 높은 원인
  - 연료압력 레귤레이터 내의 밸브가 고착됨
  - 연료리턴호스나 파이프가 막히거나 휨

③ 디젤엔진에서 연료계통의 공기빼기 순서

공급펌프 → 연료여과기 → 분사펌프

※ 연료 중에 공기가 흡입될 경우 나타나는 현상 : 기관회전이 불량해진다.

④ 디젤엔진의 연료탱크에서 분사노즐까지 연료의 순환순서

연료탱크 → 연료공급펌프 → 연료필터 → 분사펌프 → 분사노즐

핵심예제

17-1. 디젤엔진의 연소실에는 연료가 어떤 상태로 공급되는가?

[2008년 5회]

① 기화기와 같은 기구를 사용하여 연료를 공급한다.
② 노즐로 연료를 안개와 같이 분사한다.
③ 가솔린엔진과 동일한 연료공급펌프로 공급한다.
④ 액체 상태로 공급한다.

정답 ②

17-2. 디젤기관에서 연료장치 공기빼기 순서가 바른 것은?

[2007년 5회]

① 공급펌프 → 연료여과기 → 분사펌프
② 공급펌프 → 분사펌프 → 연료여과기
③ 연료여과기 → 공급펌프 → 분사펌프
④ 연료여과기 → 분사펌프 → 공급펌프

정답 ①

해설

17-1
디젤엔진은 연료를 무화시켜야 하므로 노즐로 안개와 같이 분사한다.
17-2
연료장치의 공기빼기는 공급펌프로부터 가까운 쪽부터 한다.

핵심 18 디젤연소실(1)

① 형식에 따라 : 직접분사식, 예연소실, 와류실식, 공기실식
② 예열장치에는 직접 분사식에 사용하는 흡기가열식과 복실식(예연소실식, 와류실식, 공기실식) 연소실에 사용하는 예열플러그식이 있다.
③ 직접분사실식
　㉠ 실린더 헤드와 피스톤 헤드에 설치된 요철에 의해 연소실이 형성되어 연료를 연소실에 직접 분사하는 형식이다.
　㉡ 직접분사식에 가장 적합한 노즐은 구멍형 노즐이다.
　㉢ 공기와 연료가 잘 혼합되도록 다공형 노즐을 사용한다.
　㉣ 흡기가열식 예열장치를 사용한다.
　㉤ 직접분사실식의 장·단점

장점	• 연료 소비량이 다른 형식보다 적다. • 연소실의 표면적이 작아 냉각 손실이 적다. • 연소실이 간단하고 열효율이 높다. • 실린더 헤드의 구조가 간단하여 열 변형이 적다. • 와류 손실이 없다. • 시동이 쉽게 이루어지기 때문에 예열플러그가 필요 없다.
단점	• 연료의 분사압력이 높아야 한다. • 분사펌프 및 분사노즐의 수명이 짧다. • 다공식 노즐을 사용하기 때문에 가격이 비싸다. • 디젤노크를 일으키기 쉽다. • 사용연료의 변화에 대해 민감하다. • 회전속도와 부하 등의 변화에 대해 민감하다. • 질소산화물(NO_x)의 발생률이 크다(원인 : 높은 연소온도).

핵심예제

18-1. 디젤기관의 연소실 방식에서 흡기가열식 예열장치를 사용하는 것은? [2011년 1회]
① 직접분사식
② 예연소실식
③ 와류실식
④ 공기실식

정답 ①

18-2. 다음 중 연소 시 발생하는 질소산화물(NO_x)의 발생원인과 가장 밀접한 관계가 있는 것은? [2007년 5회, 2010년 2회]
① 높은 연소온도
② 가속불량
③ 흡입공기 부족
④ 소연 경계층

정답 ①

18-3. 직접분사식에 가장 적합한 노즐은? [2009년 1회]
① 개방형 노즐
② 핀틀형 노즐
③ 스로틀형 노즐
④ 구멍형 노즐

정답 ④

핵심이론 19 | 디젤연소실(2)

① 예연소실식

장 점	• 여러가지 연소연료를 사용할 수 있다. • 분사압력이 낮아 연료장치의 고장이 적다. • 디젤노크 발생이 적고 진동, 소음이 적다.
단 점	• 실린더 헤드에 예연소실이 있으므로 구조가 복잡하다. • 한랭 시 예열플러그가 필요하다. • 열효율, 연료소비율이 직접분사식보다 나쁘다.

② 와류실식

장 점	• 압축공기의 와류를 이용하므로 공기와 연료의 혼합이 양호하다. • 기관의 회전속도 범위가 넓고 회전속도를 높일 수 있다. • 평균 유효압력은 높고, 연료분사압력이 낮다.
단 점	• 와류실이 있으므로 실린더 헤드의 구조가 복잡하고 열효율, 연료 소비율이 나쁘다. • 시동 시 예열플러그가 필요하다. • 저속에서 노크가 일어나기 쉽다.

핵심예제

19-1. 예연소실식 연소실에 대한 설명으로 거리가 먼 것은?

[2010년 5회]

① 예열플러그가 필요하다.
② 사용연료의 변화에 민감하다.
③ 예연소실은 주연소실보다 작다.
④ 분사압력이 낮다.

정답 ②

19-2. 예연소실식 디젤기관에서 연소실 내의 공기를 직접 예열하는 방식은?

[2007년 4회]

① 맵 센서식
② 예열플러그식
③ 공기량계측기식
④ 흡기가열식

정답 ②

해설

19-1
사용연료의 변화에 둔감하다.

19-2
예열플러그식은 연소실에 설치되어 흡입된 공기를 가열하여 시동을 쉽게 한다.

핵심이론 20 | 노킹현상

① 노킹현상이란 실린더 내의 연소에서 화염면이 미연소 가스에 점화되어 연소가 진행되는 사이에 미연소의 말단가스가 고온과 고압으로 되어 자연발화되는 현상이며, 노킹이 일어나면 화염전파속도가 300~2,500m/s 정도가 된다.

② 노킹 발생 원인
  ㉠ 착화지연시간이 길 때
  ㉡ 연소실, 엔진의 온도가 낮을 때
  ㉢ 연료의 분사압력이 낮아 연료의 분사시기가 늦을 때
  ㉣ 연료의 세탄가가 낮을 때
  ㉤ 연소실에 누적된 연료가 많아 일시에 연소할 때
  ㉥ 회전속도가 작을 때

③ 노킹이 엔진에 미치는 영향
  ㉠ 엔진이 과열된다.
  ㉡ 엔진의 출력이 떨어진다.
  ㉢ 베어링의 융착 등에 의한 손상이 있다.
  ㉣ 엔진의 온도상승과 냉각수의 손실이 크다.
  ㉤ 최고압력이 높아진다.
  ㉥ 배기가스의 온도가 낮아진다.
  ㉦ 피스톤과 실린더와의 소결이 발생된다.
  ㉧ 배기밸브, 점화플러그, 피스톤 등이 소손된다.
  ㉨ 기계 각 부의 응력이 증가한다.

④ 디젤노크의 방지방법
  ㉠ 착화지연시간을 짧게 한다.
  ㉡ 압축비를 높게 한다.
  ㉢ 흡기압력을 높게 한다.
  ㉣ 연소실벽 온도를 높게 유지한다.
  ㉤ 착화성(세탄가 높은)이 좋은 연료를 사용한다.
  ㉥ 와류를 증가시킬 수 있는 구조이어야 한다.
  ㉦ 착화기간 중의 분사량을 적게 한다.

⑤ 노킹방지대책 비교

구 분	가솔린	디 젤
착화점	높게	낮게
착화지연	길게	짧게
압축비	낮게	높게
흡입온도	낮게	높게
흡입압력	낮게	높게
회전수	높게	낮게
와 류	많이	많이

핵심예제

디젤기관의 노킹 발생 원인과 가장 거리가 먼 것은?

[2008년 5회, 2011년 5회]

① 착화기관 중 분사량이 많다.
② 노즐의 분무상태가 불량하다.
③ 고세탄가 연료를 사용하였다.
④ 기관이 과냉되어있다.

정답 ③

해설
세탄가가 높으면 노킹이 일어나지 않는다.

핵심이론 21 공기청정기(에어클리너)

① 공기청정기 : 연소에 필요한 공기를 실린더로 흡입할 때 먼지 등을 여과하여 피스톤 등의 마모를 방지하는 역할을 하는 장치

② 공기청정기가 막히면 나타나는 현상
공기청정기가 막히면 실린더에 유입되는 공기량이 적기 때문에 진한 혼합비가 형성되고, 불완전 연소로 배출가스 색은 검고 출력은 저하된다.

③ 배기가스 색깔과 연소 상태
  ㉠ 무색(무색 또는 담청색)일 때 : 정상연소
  ㉡ 백색 : 기관오일 연소
  ㉢ 흑색 : 혼합비 농후
  ㉣ 엷은 황색 또는 자색 : 혼합비 희박
  ㉤ 황색에서 흑색 : 노킹 발생
  ㉥ 검은 연기 : 장비의 노후 및 연료의 질 불량
  ㉦ 회백색 : 피스톤·피스톤링의 마모가 심할 때, 연료유에 수분이 함유되었을 때, 폭발하지 않는 실린더가 있을 때, 소기압력이 너무 높을 때

핵심예제

21-1. 공기청정기의 설치목적은? [2006년 2회, 2009년 1회]

① 연료의 여과와 가압작용
② 공기의 가압작용
③ 공기의 여과와 소음방지
④ 연료의 여과와 소음방지

정답 ③

21-2. 에어클리너가 막혔을 때 발생되는 현상으로 가장 적절한 것은? [2005년 4회, 2008년 5회]

① 배기색은 무색이며, 출력은 정상이다.
② 배기색은 흰색이며, 출력은 증가한다.
③ 배기색은 검은색이며, 출력은 저하된다.
④ 배기색은 흰색이며, 출력은 저하된다.

정답 ③

해설
21-2
에어클리너가 막히면 공기흡입량이 줄어들어 출력이 저하되고 연료에 비해 공기량 부족으로 농후한 혼합비 때문에 배기가스색은 검은색이 된다.

핵심이론 22 냉각장치

① 냉각장치
  ㉠ 작동 중인 엔진의 폭발 시 발생되는 열을 냉각시켜 엔진의 온도를 알맞게 유지하는 장치
  ㉡ 엔진의 정상적인 온도는 75~85℃ 정도

② 냉각방식
  ㉠ 공랭식 : 자연통풍식, 강제통풍식
  ㉡ 수랭식 : 자연순환식, 강제순환식(압력순환식, 밀봉압력식)

③ 수랭식 냉각장치의 구성
  ㉠ 물펌프 : 펌프로 냉각된 방열기 아래 탱크의 물을 순환시킨다.
  ㉡ 수온조절기(정온기) : 냉각수 통로를 개폐하는 밸브로 65℃에서 열리기 시작하여 85℃에서 완전히 열린다.
  ㉢ 방열기(라디에이터) : 물통로를 순환하면서 온도가 높아진 냉각수를 공기와의 접촉으로 냉각시킨다.
    ※ 라디에이터는 냉각수를 냉각시키는 코어와 상하 물탱크로 구성되어 있다.
  ㉣ 압력식 캡 : 냉각계통의 순환압력을 0.3~0.7kg/cm² 상승시켜, 냉각수의 비등점을 112℃로 높임으로써 열효율을 높이고, 냉각수 손실을 줄인다.
  ㉤ 오버플로파이프 : 방열기 내의 증기압력이 과도하게 높아졌을 때 방열기 내의 증기압력을 밖으로 유출시키고 압력이 낮아져 진공이 발생하면 대기를 받아들여 방열기의 파손을 방지한다.
  ㉥ 냉각팬 : 외부의 공기를 흡입하여 방열기를 냉각시킨다.
  ㉦ 팬벨트(V-벨트) : 크랭크 축의 동력을 물펌프와 발전기에 전달하는 벨트로, 10kg의 힘으로 눌렀을 때 13~20mm의 이완이 있으면 정상이다.

핵심예제

기관에서 냉각계통으로 배기가스가 누설되는 원인에 해당되는 것은? [2005년 1회, 2006년 2회]
① 실린더 헤드 개스킷 불량
② 매니폴더의 개스킷 불량
③ 워터펌프의 불량
④ 냉각팬의 벨트 유격 과대

정답 ①

해설
냉각계통으로 배기가스의 누출은 기관 내에서 실린더 헤드 개스킷 불량이나, 기관의 균열에 의해서 누출된다.

핵심 23 냉각팬

① 개 념

  ㉠ 외부의 공기를 흡입하여 방열기를 냉각시킨다.

  ㉡ 냉각팬은 엔진을 직접 냉각시키는 것이 아니라 엔진을 냉각시킨 냉각수가 뜨거워서 방열기(라디에이터)로 리턴되면 방열기쪽으로 바람을 불어줘서 냉각수를 냉각시키는 것이다.

  ㉢ 기계식, 유체 커플링, 전동팬 중 전동팬을 많이 사용한다.

② 전동팬

  ㉠ 모터로 직접 구동하므로 팬벨트가 필요없다.

  ㉡ 전동팬은 냉각수의 온도에 따라 작동된다.

  ㉢ 전동팬의 작동과 관계없이 물펌프는 항상 회전한다.

  ㉣ 라디에이터에 부착된 서모스위치는 냉각수의 온도를 감지하여 팬을 작동시킨다.

  ㉤ 정상온도 이하에는 작동하지 않고 과열일 때 작동한다.

③ 팬벨트의 장력

너무 크면	• 각 풀리의 베어링 마멸이 촉진된다. • 물펌프의 고속 회전으로 엔진이 과냉할 염려가 있다.
너무 작으면	• 물펌프 회전속도가 느려 엔진이 과열되기 쉽다. • 발전기의 출력이 저하된다. • 소음이 발생하며, 팬벨트의 손상이 촉진된다.

핵심예제

23-1. 냉각장치에 사용되는 전동팬에 대한 설명으로 틀린 것은?

[2008년 5회, 2011년 2회]

① 냉각수 온도에 따라 작동한다.
② 정상온도 이하에는 작동하지 않고 과열일 때 작동한다.
③ 엔진이 시동되면 동시에 회전한다.
④ 팬벨트는 필요 없다.

정답 ③

23-2. 기관에 장착된 상태의 팬벨트 장력점검방법으로 적당한 것은?

[2005년 4회, 2011년 5회]

① 벨트길이 측정게이지로 측정 점검
② 벨트의 중심을 엄지손가락으로 눌러서 점검
③ 엔진을 가동하여 점검
④ 발전기의 고정 볼트를 느슨하게 하여 점검

정답 ②

해설

23-1

엔진이 시동되면 회전하는 것은 유체커플링팬이다.

23-2

팬벨트는 엔진을 정지시키고 엄지손가락으로 눌러서 점검한다.

핵심 이론 24 라디에이터(방열기)

① 방열기의 개념
  ㉠ 물통로를 순환하면서 온도가 높아진 냉각수를 공기와의 접촉으로 냉각시킨다.
  ㉡ 라디에이터는 냉각수를 냉각시키는 코어(냉각수주입구, 냉각핀 등)와 상하 물탱크로 구성되어 있다.

② 방열기에 연결된 보조탱크의 역할
  ㉠ 장기간 냉각수 보충이 필요 없다.
  ㉡ 오버플로(Overflow)되어도 증기만 방출된다.
  ㉢ 냉각수의 체적팽창을 흡수한다.

③ 가압식 라디에이터의 장점
  ㉠ 방열기를 작게 할 수 있다.
  ㉡ 냉각수의 비등점을 높일 수 있다.
  ㉢ 냉각수 손실이 적다.
  ㉣ 냉각수 보충횟수를 줄일 수 있다.
  ㉤ 엔진의 열효율을 높일 수 있다.
    단, 냉각수의 순환속도는 펌프의 성능에 따라 달라짐

핵심예제

24-1. 라디에이터의 구성품이 아닌 것은?
[2005년 1회, 2009년 2회]

① 냉각수 주입구　　② 냉각 핀
③ 코 어　　④ 물재킷

정답 ④

24-2. 기관에 온도를 일정하게 유지하기 위해 설치된 물 통로에 해당되는 것은?
[2008년 1회, 2010년 2회]

① 오일팬　　② 밸 브
③ 워터 자켓　　④ 실린더 헤드

정답 ③

해설

24-1
물재킷은 실린더 블록과 실린더 헤드에 설치된 냉각수 순환통로로 보통 실린더 블록 또는 실린더 헤드와 일체로 주조되어 있다.

24-2
워터 자켓은 엔진 외부를 둘러싼 냉각수 통로이다.

핵심 이론 25 압력식 라디에이터 캡

① 압력식 캡 : 비등점(끓는점)을 올려 냉각효과를 증대시키는 기능을 한다.

② 압력식 라디에이터 캡의 압력밸브는 냉각장치 내의 압력을 일정하게 유지하여 비등점을 112℃로 높여주는 역할을 한다.

③ 냉각장치 내부압력이 규정보다 높을 때는 공기밸브가 열리고, 부압이 되면 진공밸브가 열린다.

④ 실린더 헤드가 균열 또는 개스킷이 파손되면 압축가스가 누출되어 라디에이터 캡쪽으로 기포가 생기면서 연소가스가 누출된다.

⑤ 압력식 라디에이터 캡의 스프링이 파손되면 압력밸브의 밀착이 불량하여 비등점이 낮아진다.

⑥ 냉각장치에서 냉각수가 줄어드는 원인과 정비방법
  ㉠ 라디에이터 캡 불량 : 부품교환
  ㉡ 히터 혹은 라디에이터 혹은 호스 불량 : 수리 및 부품교환
  ㉢ 서머 스타트 하우징 불량 : 개스킷 및 하우징 교체
  ㉣ 워터펌프(냉각수를 순환) 불량 : 교환

※ 방열기에 물이 가득 차 있는데도 기관이 과열되는 원인은 라디에이터 팬의 고장으로 물이 순환되지 않기 때문이다.

핵심예제

25-1. 기관에서 워터펌프의 역할로 맞는 것은?

[2008년 4회, 2010년 1회]

① 정온기 고장 시 자동으로 작동하는 펌프이다.
② 기관의 냉각수 온도를 일정하게 유지한다.
③ 기관의 냉각수를 순환시킨다.
④ 냉각수 수온을 자동으로 조절한다.

정답 ③

25-2. 냉각장치에서 냉각수의 비등점을 올리기 위한 것으로 맞는 것은?

[2007년 2회, 2010년 1회, 2011년 5회]

① 진공식 캡
② 압력식 캡
③ 라디에이터
④ 물재킷

정답 ②

해설

25-1
워터펌프는 냉각수를 순환시키는 펌프이다.

25-2
압력식 캡은 비등점(끓는점)을 올려 냉각효과를 증대시키는 기능을 하고 진공밸브(진공식)는 과냉으로 인한 수축현상을 방지해 준다.

핵심이론 26　냉각수, 수온조절기

① 냉각수
　㉠ 동절기 냉각수가 빙결되어 기관이 동파되는 원인 : 냉각수의 체적이 늘어나기 때문에
　㉡ 냉각수의 수온을 측정하는 곳 : 실린더 헤드 물재킷 부
　※ 수온센서는 엔진의 실린더 헤드 물재킷 출구 부분에 설치되어 냉각수의 온도를 검출한다.
　㉢ 기관 온도계의 눈금은 냉각수의 온도를 표시한다.

② 수온조절기(정온기)
　㉠ 냉각수 통로를 개폐하는 밸브로 65℃에서 열리기 시작하여 85℃에서 완전히 열린다.
　㉡ 냉각장치의 수온조절기가 완전히 열리는 온도가 낮을 경우 기관의 온도가 상승되기도 전에 냉각수가 순환되므로 워밍업 시간이 길어지기 쉽다.
　㉢ 디젤기관을 시동시킨 후 충분한 시간이 지났는데도 냉각수온도가 정상적으로 상승하지 않을 경우 그 고장의 원인 : 수온조절기가 열린 채 고장
　※ 수온조절기가 열린 채 고장이 나면 냉각수의 온도 상승 시간이 오래 걸린다.

③ 운전 시 계기판에서 냉각수량 경고등이 점등되는 원인
　㉠ 냉각수량이 부족할 때
　㉡ 냉각계통의 물 호스가 파손되었을 때
　㉢ 라디에이터 캡이 열린 채 운행하였을 때
　※ 냉각수 순환용 물펌프가 고장 나면 제일 중요한 문제는 엔진 과열
　※ 엔진온도가 급상승하였을 때 먼저 점검하여야 할 것은 냉각수의 양 점검

26-1. 기관의 정상적인 냉각수 온도에 해당되는 것으로 가장 적절한 것은?

[2006년 4회]

① 20~35℃

② 35~60℃

③ 75~95℃

④ 110~120℃

정답 ③

26-2. 운전 중 기관이 과열되면 가장 먼저 점검해야 하는 것은?

[2008년 2회, 2013년 상시]

① 헤드개스킷

② 팬벨트

③ 물재킷

④ 냉각수량

정답 ④

해설

26-1

냉각장치 : 작동 중인 기관이 동력행정을 할 때 발생되는 열(1,500~2,000℃)을 냉각시켜 알맞게 유지하는 장치이며 엔진의 정상적인 온도는 75~85℃이다.

26-2

운전 중 기관이 과열되면 가장 먼저 점검해야 하는 것은 냉각수량이다.

핵심이론 27 부동액

① 부동액의 종류 : 메탄올(주성분 : 알코올), 에틸렌글리콜, 글리세린 등

② 부동액이 구비하여야 할 조건

　㉠ 물과 쉽게 혼합될 것

　㉡ 침전물의 발생이 없을 것

　㉢ 부식성이 없을 것

　㉣ 비등점이 물보다 높을 것

　㉤ 순환성이 좋을 것

　㉥ 휘발성이 없을 것

③ 에틸렌글리콜의 특성

　㉠ 불연성이다.

　㉡ 비점이 높아 증발성이 없다.

　㉢ 응고점이 낮다(-50℃).

　㉣ 무취성으로 도료를 침식하지 않는다.

핵심예제

27-1. 에어컨 시스템에서 기화된 냉매를 압축하는 장치는?

[2013년 상시]

① 증발기

② 컴프레서

③ 실외기

④ 압축기

정답 ④

27-2. 에어컨 장치에서 환경보존을 위한 대체물질로 신 냉매가스에 해당되는 것은?

[2011년 5회]

① R-12

② R-22

③ R-12a

④ R-134a

정답 ④

해설

27-1

압축기는 증발기에서 증발한 기체냉매를 흡입하여 응축기에서 액화할 수 있도록 압력을 증대시켜 주는 장치이다.

27-2

자동차 에어컨의 완벽한 냉매로서 사용되어 온 프레온 12(R-12)의 대체품으로 선정된 것이 프레온 134a(HFC-134a)이다. R-134a의 오존파괴계수는 제로(0)로 되어있다.

핵심 이론 **28**	윤활유

① 윤활유의 기능 : 마멸방지 및 윤활작용, 냉각작용, 응력분산작용, 밀봉작용, 방청작용, 청정분산작용

② 윤활유의 구비조건
  ㉠ 적당한 점성을 가지고 있어야 한다.
  ㉡ 청정력이 커야 한다.
  ㉢ 열과 산에 대하여 안정성이 있어야 한다.
  ㉣ 비중이 적당하여야 한다.
  ㉤ 카본 생성이 적어야 한다.
  ㉥ 인화점과 발화점이 높아야 한다.
  ㉦ 응고점이 낮아야 한다.
  ㉧ 강인한 유막을 형성하여야 한다.

③ 윤활유의 점도
  ㉠ 온도가 내려가면 점도는 높아진다.
  ㉡ 점성의 정도를 나타내는 척도이다.
  ㉢ 온도가 상승하면 점도는 저하된다.
  ㉣ 오일의 끈적거리는 정도를 나타낸다.

핵심예제

28-1. 건설기계기관에서 사용하는 윤활유의 주요 기능이 아닌 것은?　　　　　　　　　　　[2006년 4회, 2009년 4회]

① 기밀작용　　　　　　② 방청작용
③ 냉각작용　　　　　　④ 산화작용

정답 ④

28-2. 유압유의 점도에 대한 설명으로 틀린 것은?
　　　　　　　　　　　　　　　　　　　　[2013년 상시]

① 온도가 내려가면 점도는 높아진다.
② 점성의 정도를 나타내는 척도이다.
③ 점성계수를 밀도로 나눈 값이다.
④ 온도가 상승하면 점도는 저하된다.

정답 ③

해설
28-1
윤활유의 기능은 마멸방지, 냉각작용, 세척작용, 기밀작용, 방청작용 및 완충작용
28-2
③은 동점성계수를 말한다.
점도는 오일의 끈적거리는 정도를 나타내며 온도가 높아지면 점도는 낮아지고, 온도가 낮아지면 점도는 증가한다.

핵심 이론 **29**	오일여과기

① 오일여과기의 역할 : 오일에 포함된 불순물 제거작용

② 오일여과기의 종류
  ㉠ 여과지식 : 엘리먼트를 사용하여 오일을 여과
    • 엘리먼트 교환식 : 엘리먼트만 교환하고 케이스는 지속적으로 사용
    • 일체식 : 엘리먼트와 케이스가 일체로 되어 전체를 교환
  ㉡ 적층 금속판식 : 여러 개의 금속판을 겹쳐 오일이 금속판 사이를 통과할 때 불순물을 여과하는 것이며, 여과성능이 낮아 여과지식과 원심식을 병용하여야 한다.
  ㉢ 원심력식 : 원심력을 이용하여 오일과 불순물을 분리

③ 여과기의 분류(설치위치에 따라)
  ㉠ 탱크용(펌프 흡입 쪽) : 스트레이너, 흡입여과기
  ㉡ 관로용
    • 펌프 토출 쪽 : 라인여과기
    • 되돌아오는 쪽 : 리턴여과기
    • 순환라인 : 순환여과기

④ 오일의 여과방식
  ㉠ 분류식 : 기관에 공급된 연료 일부가 필터를 거치는 것(오일의 일부를 여과)
  ㉡ 전류식 : 윤활유 공급펌프에서 공급된 윤활유 전부가 엔진오일필터를 거쳐 윤활부로 가는 방식(오일의 전부를 여과)
  ㉢ 샨트식 : 분류식과 전류식을 합친 방식

⑤ 오일여과기의 점검사항
  ㉠ 여과기가 막히면 유압이 높아진다.
  ㉡ 엘리먼트 청소는 세척유를 사용한다.
  ㉢ 여과 능력이 불량하면 부품의 마모가 빠르다.
  ㉣ 작업조건이 나쁘면 교환 시기를 빨리한다.

핵심예제

29-1. 윤활장치에서 오일여과기의 역할은?

[2006년 1회, 2010년 1회]

① 오일의 순환작용
② 연료와 오일 정유작용
③ 오일 세정작용
④ 오일의 압송

정답 ③

29-2. 기관에 사용되는 오일여과기의 점검사항으로 틀린 것은?

[2005년 4회]

① 여과기가 막히면 유압이 높아진다.
② 엘리먼트 청소는 압축공기를 사용한다.
③ 여과 능력이 불량하면 부품의 마모가 빠르다.
④ 작업 조건이 나쁘면 교환 시기를 빨리한다.

정답 ②

해설

29-1
오일여과기는 오일의 불순물을 제거한다.

29-2
오일여과기 엘리먼트 청소는 압축공기를 사용하지 않고 교환한다.

핵심이론 30 윤활유 압력, 점도 등

① 윤활유 압력

㉠ 기관의 윤활유 압력이 규정보다 높게 표시될 수 있는 원인 : 압력조절밸브 불량

㉡ 오일의 압력이 낮아지는 원인 : 오일의 점도저하, 오일량 부족, 오일펌프 과대 마모, 유압조절밸브의 밀착 혹은 스프링 밸브 쇠손, 계통 내에서 누설이 있을 때 등

㉢ 엔진의 윤활유 소비량이 과대해지는 가장 큰 원인 : 피스톤링 마멸

㉣ 일정온도의 윤활유에 흡수되는 가스의 체적은 압력에 반비례한다(보일의 법칙).

② 윤활유 점도

㉠ SAE 점도 분류에서 숫자가 작을수록 점도가 묽고, 클수록 점도가 진해진다.

㉡ 윤활유의 점도는 여름은 높은 점도, 겨울은 낮은 점도를 사용한다.

㉢ 윤활유의 점도가 너무 높은 것을 사용하면 엔진 시동을 할 때 필요 이상의 동력이 소모된다.

㉣ 윤활유의 점도가 너무 낮으면 유막이 파괴되어 마모감소작용 저하, 펌프 효율 저하, 실린더 및 컨트롤밸브에서 누출현상, 계통(회로) 내의 압력저하 등

③ 윤활유의 색

㉠ 검은색 : 심한 오염
㉡ 우유색 : 냉각수 침입
㉢ 붉은색 : 가솔린 유입
㉣ 회색 : 4에틸납, 연소생성물 혼입

핵심예제

30-1. 기관에 사용되는 윤활유의 소비가 증대될 수 있는 두 가지 원인은? [2010년 1회, 2013년 상시]

① 비산과 압력
② 희석과 혼합
③ 비산과 희석
④ 연소와 누설

정답 ④

30-2. 엔진 오일이 많이 소비되는 원인이 아닌 것은? [2007년 1회, 2008년 1회, 2011년 4회]

① 피스톤 링의 마모가 심할 때
② 실린더의 마모가 심할 때
③ 기관의 압축압력이 높을 때
④ 밸브가이드의 마모가 심할 때

정답 ③

해설

30-1
윤활유 소비증대의 가장 큰 원인은 연소실에 침입하여 연소되는 것과 패킹 및 개스킷의 노화에 의한 누설이다.

30-2
실린더 벽이나 피스톤링이 마모되면 실린더 벽을 타고 오일이 연소실로 흡입되어 연소되므로 소비가 많아진다.

핵심이론 31 과급기(터보차저)

① 과급기 개념
  ㉠ 과급기는 흡기 공기량을 증대시켜 기관 출력을 증가시킨다.
  ㉡ 흡입공기에 압력을 가해 기관에 공기를 공급한다.
  ㉢ 4행정 사이클 디젤기관은 배기가스에 의해 회전하는 원심식 과급기가 주로 사용된다.
  ㉣ 기관이 고출력일 때 배기가스의 온도를 낮출 수 있다.
  ㉤ 고지대 작업 시에도 엔진의 출력 저하를 방지한다.
  ㉥ 과급작용의 저하를 막기 위해 터빈실과 과급실에 각각 물재킷을 두고 있다.
  ㉦ 터보차저는 소형경량이라 탑재하기가 쉽다.
  ㉧ 흡기관과 배기관 사이에 설치된다.
  ㉨ 디젤기관에서 흡입공기 압축 시 압축온도는 약 500~550°C이다.
  ㉩ 과급기는 엔진의 출력 증대, 연료소비율의 향상, 회전력을 증대시키는 역할을 한다.

② 터보식 과급기의 작동상태
  ㉠ 배기가스가 임펠러를 회전시키면 공기가 흡입되어 디퓨저에 들어간다.
  ㉡ 디퓨저에서는 공기의 속도 에너지가 압력 에너지로 바뀌게 된다.
  ㉢ 압축공기가 각 실린더의 밸브가 열릴 때마다 들어가 충전효율이 증대된다.
  ※ 디퓨저 : 과급기 케이스 내부에 설치되며 공기의 속도에너지를 압력에너지로 바꾸는 장치

③ 기타 주요사항
  ㉠ 터보차저에 사용하는 오일 : 기관오일
  ㉡ 배기터빈 과급기에서 터빈축의 베어링에 급유하는 것 : 기관오일로 급유

핵심예제

31-1. 과급기(Turbo Charger)에 대한 설명 중 옳은 것은?

[2006년 1회, 2007년 2회, 2008년 4회]

① 피스톤의 흡입력에 의해 임펠러가 회전한다.
② 가솔린기관에만 설치된다.
③ 연료 분사량을 증대시킨다.
④ 실린더 내의 흡입 공기량을 증가시킨다.

정답 ④

31-2. 터보차저에 대한 설명으로 틀린 것은?

[2006년 4회, 2010년 1회, 2011년 2회, 2013년 상시]

① 흡기관과 배기관 사이에 설치된다.
② 과급기라고도 한다.
③ 배기가스 배출을 위한 일종의 블로워(Blower)이다.
④ 기관 출력을 증가시킨다.

정답 ③

해설

31-1

과급기는 엔진의 행정체적이나 회전속도에 변화를 주지 않고 흡입효율(공기밀도 증가)을 높이기 위해 흡기에 압력을 가하는 공기펌프로서 엔진의 출력 증대, 연료소비율의 향상, 회전력을 증대시키는 역할을 한다.

핵심이론 32 흡·배기다기관

① 흡기다기관 : 공기나 혼합가스를 흡입하여 각 실린더로 분배하는 기관이다.
② 배기다기관 : 각 실린더에서 배출되는 가스를 모아 소음기로 방출시키는 관이다.
③ 흡기장치의 요구 조건
  ㉠ 전 회전 영역에 걸쳐서 흡입효율이 좋아야 한다.
  ㉡ 균일한 분배성을 가져야 한다.
  ㉢ 연소속도를 빠르게 해야 한다.
④ 배기관이 불량하여 배압이 높을 때 기관에 생기는 현상
  ㉠ 기관이 과열된다.
  ㉡ 냉각수 온도가 상승된다.
  ㉢ 기관의 출력이 감소된다.
  ㉣ 피스톤의 운동을 방해한다.
⑤ 머플러(소음기)
  ㉠ 배기관에서 배출되는 배기가스의 온도와 압력을 낮추어 소음을 감소시키는 역할을 한다.
  ㉡ 머플러가 손상되어 구멍이 나면 배기음이 커진다.
  ㉢ 카본이 쌓이면 엔진 출력이 떨어진다.
  ㉣ 카본이 많이 끼면 엔진이 과열되는 원인이 될 수 있다.

핵심예제

배기관이 불량하여 배압이 높을 때 기관에 생기는 현상 중 틀린 것은?

[2005년 5회, 2008년 4회]

① 기관이 과열된다.
② 냉각수 온도가 내려간다.
③ 기관의 출력이 감소된다.
④ 피스톤의 운동을 방해한다.

정답 ②

해설

배기관의 배압이 높으면 배출되지 못한 가스열에 의해 과열되고 이로 인해 냉각수의 온도가 상승된다.

2 건설기계섀시장치

핵심이론 01 동력전달장치

① 동력전달장치 : 건설기계를 움직이기 위해 엔진(기관)에서 발생되는 동력을 구동바퀴에 전달하는 모든 장치
② 내연기관의 동력전달순서 : 피스톤 → 커넥팅 로드 → 크랭크 축 → 클러치
③ 동력전달장치의 구성 : 클러치, 변속기, 추진축, 종감속장치, 차동장치, 구동축, 구동바퀴

핵심예제

1-1. 동력전달 계통의 순서를 바르게 나타낸 것은?
[2007년 4회, 2010년 5회]

① 피스톤 → 커넥팅 로드 → 클러치 → 크랭크 축
② 피스톤 → 클러치 → 크랭크 축 → 커넥팅 로드
③ 피스톤 → 크랭크 축 → 커넥팅 로드 → 클러치
④ 피스톤 → 커넥팅 로드 → 크랭크 축 → 클러치

정답 ④

1-2. 기관의 커넥팅 로드가 부러질 경우 직접 영향을 받는 곳은?
[2005년 4회]

① 오일팬
② 밸 브
③ 실린더
④ 실린더 헤드

정답 ③

1-3. 타이어식 건설기계장비에서 동력전달장치에 속하지 않는 것은?
[2010년 4회]

① 클러치
② 종감속장치
③ 과급기
④ 타이어

정답 ③

해설

1-2
커넥팅 로드가 부러지면 회전이 멈출 때까지 실린더나 실린더 블록 등을 손상시킨다.
1-3
과급기는 기관에서 흡입효율을 높이는 장치이다.

핵심이론 02 클러치(1)

① 클러치는 수동식 변속기에 사용된다.
② 클러치의 구성품 : 디스크, 압력판, 스프링, 릴리스 레버, 릴리스 베어링, 부스터 등
③ 클러치 용량
  ㉠ 클러치 용량은 클러치가 전달할 수 있는 회전력을 말한다.
  ㉡ 클러치 용량이 너무 크면 엔진이 정지하거나 동력 전달 시 충격이 일어나기 쉽다.
  ㉢ 클러치 용량이 너무 적으면 클러치가 미끄러진다.
  ㉣ 기관의 최고출력의 1.5~2.5배로 설계한다.
④ 클러치 구비조건
  ㉠ 회전관성이 적을 것
  ㉡ 동력차단은 신속하고 확실할 것
  ㉢ 회전 부분 평형이 좋을 것
  ㉣ 동력전달은 충격없이 전달되나 동력의 전달은 확실할 것
  ㉤ 방열이 잘되고 과열되지 않을 것
  ㉥ 구조가 간단하고 취급이 용이할 것
⑤ 클러치유격
  ㉠ 클러치 페달에 유격을 두는 이유 : 클러치의 미끄럼을 방지하기 위해
  ㉡ 클러치 페달에 유격이 너무 적으면 클러치의 미끄럼이 발생하고, 너무 크면 제동성능이 감소된다.
  ㉢ 클러치가 미끄러지면 속도, 견인력 등이 감소되어 연료소비가 증가하고 기관은 과열된다.

핵심예제

수동변속기에서 변속할 때 기어가 끌리는 소음이 발생하는 원인으로 맞는 것은?
[2013년 상시]

① 브레이크 라이닝의 마모
② 변속기 출력축의 속도계 구동기어 마모
③ 클러치 판의 마모
④ 클러치가 유격이 너무 클 때

정답 ④

해설

수동변속기식에서 클러치 유격이 너무 크면 동력차단이 잘되지 않아 기어가 끌리는 소음이 발생한다.

핵심이론 03 클러치(2)

① 클러치 라이닝의 구비조건
- ㉠ 내마멸성, 내열성이 클 것
- ㉡ 알맞은 마찰계수를 갖출 것
- ㉢ 온도에 의한 변화가 적을 것
- ㉣ 내식성이 클 것

② 스티어링 클러치
- ㉠ 주행 중 진행 방향을 바꾸기 위한 장치이다.
- ㉡ 조향 시 어느 한쪽을 차단하고 다른 쪽의 구동축만 구동시킨다.
- ㉢ 조향 클러치라고도 한다.

③ 기타 주요사항
- ㉠ 클러치판의 비틀림 코일 스프링의 역할 : 클러치 작동 시 충격을 흡수한다.
- ㉡ 유체 클러치에서 가이드 링의 역할 : 와류를 감소시켜 전달 효율을 향상시키는 장치이다.
- ㉢ 클러치의 압력판의 역할 : 클러치 판을 밀어서 플라이 휠에 압착시키는 역할을 한다.
- ㉣ 쿠션(Cushion) 스프링 : 클러치 판(Clutch Plate)의 변형을 방지하는 것
- ㉤ 디스크식 클러치판에 있는 토션 스프링은 클러치 작용 시의 충격을 흡수역할을 한다.
- ㉥ 기계식 변속기가 장착된 건설기계장비에서 클러치 페달은 변속 시에만 밟는다.
- ㉦ 릴리스 베어링과 릴리스 레버가 분리되어 있을 때 : 클러치가 연결되어 있을 때

핵심예제

3-1. 클러치의 압력판은 무슨 역할을 하는가?

[2005년 5회, 2007년 2회, 2009년 2회]

① 클러치 판을 밀어서 플라이 휠에 압착시키는 역할을 한다.
② 동력 차단을 용이하게 한다.
③ 릴리스 베어링의 회전을 용이하게 한다.
④ 엔진의 동력을 받아 속도를 조절한다.

정답 ①

3-2. 기관의 플라이 휠과 항상 같이 회전하는 부품은?

[2008년 4회, 2011년 1회]

① 압력판　　　　　　　② 릴리스 베어링
③ 클러치 축　　　　　　④ 디스크

정답 ①

해설

3-1
압력판은 클러치 커버에 지지되어 클러치 페달을 놓았을 때 클러치 스프링의 장력에 의해 클러치 판을 플라이 휠에 압착시키는 작용을 한다.

3-2
압력판은 클러치 스프링에 의해 플라이 휠 쪽으로 작용하여 클러치 디스크를 플라이 휠에 압착시키고 클러치 디스크는 압력판과 플라이 휠 사이에서 마찰력에 의해 엔진의 회전을 변속기에 전달하는 일을 한다.

① 변속기의 필요성과 기능
  ㉠ 기관을 무부하 상태로 한다.
  ㉡ 장비의 후진(역전) 시 필요하다.
  ㉢ 기관의 회전력을 증대시킨다.
  ㉣ 엔진과 구동축 사이에서 회전력을 변환시켜 전달한다.
② 건설기계에서 변속기의 구비조건
  ㉠ 변속기는 단계없이 연속적으로 변속되어야 한다.
  ㉡ 소형 경량이며 변속 조작이 용이해야 한다.
  ㉢ 신속, 정확, 정숙하게 이루어져야 한다.
  ㉣ 전달효율이 좋고 수명이 길어야 한다.
  ㉤ 고장이 적고 소음과 진동이 없으며, 정비가 용이해야 한다.
③ 변속기어의 소음발생원인
  ㉠ 변속기 오일의 부족
  ㉡ 변속기 기어, 변속기 베어링의 마모
  ㉢ 기어 백래시가 과다
  ㉣ 클러치유격이 너무 클 때
  ㉤ 조작기구의 불량 등으로 치합이 클 때

핵심예제

4-1. 변속기의 필요성과 관계가 먼 것은? [2007년 1회, 2009년 5회]

① 기관의 회전력을 증대시킨다.
② 시동 시 장비를 무부하 상태로 한다.
③ 장비의 후진 시 필요하다.
④ 환향을 빠르게 한다.

정답 ④

4-2. 건설기계에서 변속기의 구비조건으로 가장 적절한 것은?
[2009년 1회, 2010년 4회]

① 대형이고 고장이 없어야 한다.
② 조작이 쉬우므로 신속할 필요는 없다.
③ 연속적 변속에는 단계가 있어야 한다.
④ 전달효율이 좋아야 한다.

정답 ④

해설
4-1
환향을 조정하는 것은 조향장치의 기능이다.
4-2
변속기는 단계없이 연속적으로 변속되고 소형 경량이며 변속 조작이 쉽고 신속, 정확, 정숙하게 이루어질 것, 또한 전달효율이 좋고 수리하기가 쉬울 것

① 클러치가 미끄러지는 원인
  ㉠ 클러치 페달의 자유간극 과소
  ㉡ 압력판의 마멸
  ㉢ 클러치 판에 오일부착
② 주행 중 급가속하였을 때 엔진의 회전은 상승하여도 차속이 증속되지 않은 원인
  ㉠ 클러치 스프링의 장력이 감소하거나 클러치 페달의 자유 유격이 작은 때
  ㉡ 클러치 디스크 판에 오일이 묻었을 때
  ㉢ 클러치 디스크 판 또는 압력판이 마모되었을 때
  ㉣ 릴리스 레버의 조정이 불량할 경우
③ 수동변속기에서의 주요사항
  ㉠ 수동변속기에서 변속할 때 기어가 끌리는 소음이 발생하는 원인 : 클러치가 유격이 너무 클 때
  ㉡ 클러치가 연결된 상태에서 기어변속을 하면 : 기어에서 소리가 나고 기어가 손상될 수 있다.
  ㉢ 클러치 페달의 자유간극 조정방법 : 링키지 로드, 페달 또는 로드조정너트로 한다.
  ㉣ 클러치 판의 비틀림 코일 스프링(토션 스프링, 댐퍼 스프링)의 역할 : 클러치를 접속할 때 회전충격을 흡수한다.
  ㉤ 기어의 이중 물림을 방지하는 장치 : 인터록 장치
  ㉥ 수동변속기는 동기 물림식으로 기어가 회전하고 있는 상태에서 싱크로메시 기구가 작동하여 기어의 변속이 이루어진다.

핵심예제

5-1. 건설기계장비의 변속기에서 기어의 마찰소리가 나는 이유가 아닌 것은? [2007년 2회]

① 기어 백래시가 과다
② 변속기 베어링의 마모
③ 변속기의 오일부족
④ 웜과 웜기어의 마모

정답 ④

5-2. 수동변속기가 장착된 건설기계에서 기어의 이중물림을 방지하는 장치는? [2011년 2회]

① 인젝션장치
② 인터쿨러장치
③ 인터록장치
④ 인터널기어장치

정답 ③

5-3. 휠 로더의 휠 허브에 있는 유성기어 장치에서 유성기어가 핀과 용착되었을 때 일어나는 현상은? [2005년 1회]

① 바퀴의 회전속도가 빨라진다.
② 바퀴의 회전속도가 늦어진다.
③ 바퀴가 돌지 않는다.
④ 평소와 관계없다.

정답 ③

해설

5-1
웜과 웜기어는 변속기가 아니고 조향기어이다.
5-2
인터록장치는 변속기의 이중물림을 방지하기 위한 장치이다.
5-3
휠 허브에 있는 유성기어 장치에서 유성기어가 핀과 용착되면 바퀴가 돌지 못한다.

핵심이론 06 자동변속기

① 개 념
  ㉠ 자동적으로 최적의 토크 변환을 얻을 수 있도록 클러치 페달을 없앤 것을 말한다.
  ㉡ 클러치와 기어변속의 조작을 운전자 대신 기계가 운전 상황에 맞추어 자동적으로 한다.
  ㉢ 토크 컨버터와 유성기어식의 자동변속기를 조합한 것, 유체 클러치와 유성기어식의 자동변속기를 조합한 것 등 두 가지가 있다.

② 자동변속기의 과열 원인
  ㉠ 메인 압력이 높다.
  ㉡ 과부하 운전을 계속 하였다.
  ㉢ 변속기 오일 쿨러가 막혔다.

③ 자동변속기의 메인압력이 떨어지는 이유
  ㉠ 오일부족
  ㉡ 오일필터 막힘
  ㉢ 오일펌프 내 공기생성

④ 유성기어식 변속기
  ㉠ 유체 클러치의 변속 및 증속장치로 유성기어는 일종의 차동기어라고 말한다.
  ㉡ 밴드 브레이크로 링기어를 정지시키면 피동측인 캐리어는 구동측인 선기어의 회전력보다 감속되어 회전하게 된다.
  ㉢ 감속 조작은 밴드를 조작하는 것만으로 이루어진다.
  ㉣ 장점 : 소음이 없고 원활히 변속될 수 있다.
  ㉤ 단점 : 구조가 복잡하다.
  ㉥ 유성기어 장치의 주요 부품 : 선기어, 유성기어, 링기어, 유성캐리어

⑤ 장비의 운행 중 변속 레버가 빠질 수 있는 원인
  ㉠ 기어가 충분히 물리지 않았을 때
  ㉡ 기어의 마모가 심할 때
  ㉢ 로크스프링의 장력이 약할 때
  ㉣ 변속기 록 장치가 불량할 때

핵심예제

자동변속기의 메인압력이 떨어지는 이유가 아닌 것은?

[2008년 5회, 2013년 상시]

① 클러치 판 마모
② 오일부족
③ 오일필터 막힘
④ 오일펌프 내 공기생성

정답 ①

|해|설|

자동변속기는 오일을 매개체로 동력전달을 하기 때문에 자동변속기 오일의 온도가 충분히(85℃) 상승, 오일의 부족, 오일필터의 막힘, 오일펌프 내 공기생성 등은 엔진의 효율을 급격하게 한다.

핵심이론 07 │ 토크 컨버터

① 토크 컨버터의 구조 및 작용

    ㉠ 구성품 중 펌프는 기관의 크랭크 축과 기계적으로 연결되어 있다.

    ㉡ 부하에 따라 자동적으로 변속한다.

    ㉢ 펌프, 터빈, 스테이터 등이 상호운동하여 회전력을 변환시킨다.

    ㉣ 엔진속도가 일정한 상태에서 장비의 속도가 줄어들면 토크는 증가한다.

    ㉤ 조작이 용이하고 엔진에 무리가 없다.

    ㉥ 기계적인 충격을 흡수하여 엔진의 수명을 연장한다.

② 토크 컨버터의 구성 : 펌프, 터빈, 스테이터로 구성되어 플라이 휠에 부착되어 있다.

    ㉠ 펌프(임펠러) : 엔진과 직결되어 같은 회전수로 회전

    ㉡ 터빈 : 변속기 입력축과 연결

    ㉢ 스테이터의 기능 : 토크 컨버터의 오일의 흐름 방향을 바꾸어 회전력을 증대

③ 토크 컨버터의 동력전달매체 : 유체(오일)

④ 장비에 부하가 걸릴 때 : 터빈측에 하중이 작용하므로 토크 컨버터의 터빈속도는 펌프측 속도보다 느려짐

⑤ 토크변환기 오일의 구비조건

    ㉠ 비중이 클 것, 점도가 낮을 것, 착화점이 높을 것, 융점이 낮을 것

    ㉡ 유성이 좋을 것, 내산성이 클 것, 윤활성이 클 것, 비등점이 높을 것

핵심예제

7-1. 토크 컨버터 구성요소 중 기관에 의해 직접 구동되는 것은?

[2007년 4회]

① 터 빈
② 펌 프
③ 스테이터
④ 가이드 링

정답 ②

7-2. 토크 컨버터의 오일의 흐름 방향을 바꾸어 주는 것은?

[2008년 2회]

① 펌 프
② 터 빈
③ 변속기축
④ 스테이터

정답 ④

7-3. 토크 컨버터 오일의 구비조건이 아닌 것은?

[2005년 1회, 2009년 2회]

① 점도가 높을 것
② 착화점이 높을 것
③ 빙점이 낮을 것
④ 비점이 높을 것

정답 ①

해설

7-1

기관에 의해 직접 구동되는 것은 펌프이고 따라 도는 부분은 터빈이다.

핵심이론 08 드라이브 라인(Drive Line)

① 드라이브 라인의 개념
  ㉠ 변속기의 출력을 구동축에 전달하는 장치이다.
  ㉡ 변속기와 종감속기어장치 사이에 설치되었다.
  ㉢ 출력을 전달하는 추진축과 드라이브 라인의 길이 변화에 대응하는 슬립 이음, 각도 변화에 대응하는 자재 이음으로 구성되어 있다.

② 추진축(Propeller Shaft)
  ㉠ 휠링(Whirling) : 추진축의 비틀림 진동 또는 굽음 진동을 말한다. 추진축은 진동이 발생되면 자재 이음의 파손과 소음을 발생한다.
  ㉡ 추진축의 밸런스 웨이트 : 추진축의 회전 시 진동을 방지한다.
  ※ 클러치 판의 조립위치 : 변속기 입력축의 스플라인에 조립되어 있다.

③ 유니버설 조인트(자재이음)
  ㉠ 동력전달장치에서 두 축 간의 충격완화와 각도변화를 융통성 있게 동력 전달하는 기구이다.
  ㉡ 십자형 자재이음
   • 십자형 자재 이음은 2개의 요크를 니들 롤러 베어링과 십자축으로 연결하는 방식이다.
   • 진동을 작게 하려면 설치각을 12~18 이하로 하여야 하며, 추진축 앞뒤에 자재 이음을 설치하여 회전속도의 변화를 상쇄하도록 한다.
   ※ 십자축 자재이음을 추진축 앞뒤에 둔 이유 : 회전 시 각속도의 변화를 상쇄시키기 위해서다.

④ 슬립 이음(Slip Joint)
  ㉠ 변속기 출력축의 스플라인에 설치되어 주행 중 추진축 길이의 변동을 흡수한다.
  ㉡ 변속기는 엔진과 함께 프레임에 고정되어 있고 뒤차축은 스프링에 의해 프레임에 설치되어 있으므로 노면으로부터 진동이나 적하 상체에 따라 변동된다.

⑤ 슬립 이음이나 유니버설 조인트에 윤활주입으로 가장 좋은 것 : 그리스

핵심예제

8-1. 동력전달장치에서 추진축 길이의 변동을 흡수하도록 되어 있는 장치는?

[2008년 1회]

① 슬립 이음
② 자재 이음
③ 2중 십자 이음
④ 차 축

정답 ①

8-2. 슬립 이음이나 유니버설 조인트에 주입하기에 가장 적합한 윤활유는?

[2010년 5회]

① 유압유
② 기어오일
③ 그리스
④ 엔진오일

정답 ③

해설

8-1

슬립 이음 : 변속기 출력축의 스플라인에 설치되어 주행 중 추진축의 길이 변화를 가능케 한다.

8-2

그리스는 흘러내리지 않아 주입이 용이하다.

핵심이론 09 종감속장치, 차동장치

① **종감속장치**

㉠ 종감속기어는 구동 피니언과 링 기어로 구성된다.

㉡ 변속기 및 추진축에서 전달되는 회전력을 직각 또는 직각에 가까운 각도로 바꾸어 앞차축 또는 뒤차축에 전달함과 동시에 최종적으로 감속하는 역할을 한다.

※ 종감속비 = $\dfrac{링\ 기어의\ 잇수}{구동\ 피니언잇수}$

㉢ 종감속기어에서 주행 시 소음이 발생하는 원인
- 링 기어와 피니언 기어의 접촉이 불량할 때
- 오일이 부족하거나 심하게 오염되었을 때
- 사이드 베어링이나 구동피니언 기어가 이완되었을 때

② **차동기어장치**

㉠ 선회할 때 좌·우 구동바퀴의 회전속도를 다르게 한다.

㉡ 선회할 때 바깥쪽 바퀴의 회전속도를 증대시킨다.

㉢ 보통 차동 기어장치는 노면의 저항을 작게 받는 구동바퀴의 회전속도가 빠르게 될 수 있다.

㉣ 하부 추진체가 휠로 되어 있는 건설기계장비로 커브를 돌 때 선회를 원활하게 해주는 장치이다.

③ **차축(액슬)**

㉠ 종감속기어, 차동기어장치를 거쳐 전달된 동력을 뒷바퀴에 전달한다.

㉡ 차축(액슬)은 안쪽의 스플라인을 통해 차동기어장치의 사이드 기어 스플라인에 끼워지고 바깥쪽은 구동 바퀴에 연결되어 엔진의 동력을 바퀴에 전달한다.

※ 차축의 스플라인 부와 결합되어 있는 기어 : 차동 사이드 기어

※ 파이널드라이버기어 : 엔진에서 발생한 회전동력을 바퀴까지 전달할 때 마지막으로 감속작용

핵심예제

기계작동 시 엔진오일사용처가 아닌 것은?

[2006년 2회, 2007년 4회]

① 피스톤
② 크랭크 축
③ 습식 공기청정기
④ 차동기어장치

정답 ④

해설

차동기어장치는 자동차의 좌우 바퀴 회전수 변화를 가능케 하여 울퉁불퉁한 도로 및 선회할 때 무리 없이 원활히 회전하게 하는 장치로 기어오일이 사용된다.

핵심이론 10 제동장치일반

① 개 념

주행 중 감속 정지시키며, 정지나 주차 상태를 위해 사용되는 장치로 제동은 자동차의 운동에너지를 열에너지로 변환하는 과정이다.

② 제동장치의 구비조건

ㄱ 작동이 확실하고 잘 되어야 한다.

ㄴ 신뢰성과 내구성이 뛰어나야 한다.

ㄷ 점검 및 조정이 용이해야 한다.

ㄹ 마찰력이 커야 한다.

③ 브레이크의 고장원인

ㄱ 브레이크가 잘 듣지 않는 원인

• 마스터 실린더, 휠 실린더의 오일 누출

• 라이닝에 오일이 묻었을 때 또는 브레이크 드럼 간극이 클 때

• 브레이크의 오일 부족 및 라이닝이 마모되었을 때

ㄴ 브레이크가 풀리지 않는 원인

• 마스터 실린더 리턴 포트가 막혔을 때

• 마스터 실린더 및 휘 실린더 컵이 부풀렸을 때

• 브레이크 리턴 스프링이 불량하거나 브레이크 페달 간극이 적을 때

핵심예제

제동장치의 구비조건 중 틀린 것은? [2005년 5회]

① 작동이 확실하고 잘 되어야 한다.

② 신뢰성과 내구성이 뛰어나야 한다.

③ 점검 및 조정이 용이해야 한다.

④ 마찰력이 작아야 한다.

정답 ④

핵심이론 11 유압식 브레이크

① 원리 및 구성

ㄱ 파스칼의 원리를 이용한다.

ㄴ 모든 바퀴에 균등한 제동력을 발생한다.

ㄷ 마스터 실린더, 체크밸브, 브레이크 파이프, 휠 실린더, 슈 리턴 스프링, 브레이크 라이닝, 브레이크 드럼, 브레이크 오일 등으로 구성된다.

ㄹ 드럼식과 디스크식이 있다.

※ 디스크 브레이크 : 드럼 브레이크에 비해 브레이크의 평형이 좋으며, 브레이크 페이드 현상이 적다.

ㅁ 유압식 브레이크의 조작기구

브레이크 페달 → 배력장치 → 마스터 실린더 → 브레이크라인 → 휠실린더 → 제동(라이닝, 패드)

② 배력장치

ㄱ 배력장치에는 진공식 배력장치(분리형, 일체형)와 공기식 배력장치가 있다.

ㄴ 진공식 배력장치(하이드로백 또는 진공부스터)

• 유압 브레이크에서 제동력을 증대시키기 위해 기관 흡입행정에서 발생하는 진공(부압)과 대기압력 차이를 이용한다.

• 하이드로 백을 마스터 실린더와 분리하여 설치하는 원격 조작식과 마스터 실린더와 일체로 된 직접 조작식이 있다.

• 하이드로백이 고장이 나도 기본 브레이크 작용에 의해 제동된다.

• 릴레이 밸브 피스톤 컵이 파손되어도 브레이크는 듣는다.

• 외부에 누출이 없는데도 브레이크 작동이나 빠지는 것은 하이드로백 고장일 수도 있다.

③ 유압식 브레이크장치에서 제동이 잘 풀리지 않는 원인 : 마스터 실린더의 리턴구멍 막힘

※ 마스터 실린더의 리턴구멍이 막히면 브레이크 라이닝 슈가 벌어진 상태에서 되돌아오지 못하여 제동상태가 풀리지 않는다.

※ 캠 : 공기 브레이크에서 브레이크 슈를 직접 작동시킨다.

핵심예제

11-1. 진공식 제동 배력장치의 설명 중에서 옳은 것은?

[2013년 상시]

① 릴레이밸브 피스톤 컵이 파손되어도 브레이크는 듣는다.
② 진공밸브가 새면 브레이크가 전혀 듣지 않는다.
③ 릴레이밸브의 다이어프램이 파손되면 브레이크가 듣지 않는다.
④ 하이드로릭 피스톤의 체크 볼이 밀착 불량이면 브레이크가 듣지 않는다.

정답 ①

11-2. 유압식 브레이크장치에서 제동이 풀리지 않는 원인은?

[2005년 5회]

① 브레이크 오일의 점도가 낮기 때문
② 파이프 내의 공기 침입
③ 체크밸브의 접촉 불량
④ 마스터 실린더의 리턴구멍 막힘

정답 ④

해설

11-1
배력장치에 고장이 발생하면 보통의 마스터 실린더와 같은 압력으로 제동장치가 된다.

11-2
마스터 실린더의 리턴구멍이 막히면 브레이크 라이닝 슈가 벌어진 상태에서 되돌아오지 못하여 제동상태가 풀리지 않는다.

핵심 이론 12 베이퍼 록, 페이드 현상

① 베이퍼 록(Vapor Lock) : 브레이크 과다 사용으로 브레이크 액의 일부가 기화하여 유압작용이 저하 또는 불가능해지는 현상
  ㉠ 베이퍼 록 발생 원인
    • 긴 내리막길에서 과도한 브레이크
    • 비등점이 낮은 브레이크 오일 사용(오일의 변질에 의한 비등점의 저하)
    • 드럼과 라이닝 마찰열의 냉각능력 저하(끌림에 의한 가열)
    • 마스터 실린더, 브레이크 슈 리턴 스프링의 절손에 의한 잔압저하
  ㉡ 긴 내리막길을 내려갈 때는 베이퍼 록을 방지하려고 하는 좋은 운전 방법 : 엔진 브레이크를 사용한다.
② 페이드 현상
  ㉠ 브레이크를 연속하여 자주 사용하면 브레이크 드럼이 과열되어, 마찰계수가 떨어지고 브레이크가 잘 듣지 않는 것으로 짧은 시간 내에 반복 조작이나, 내리막길을 내려갈 때 브레이크 효과가 나빠지는 현상
  ㉡ 브레이크에 페이드 현상이 일어났을 때의 조치 방법 : 작동을 멈추고 열이 식도록 한다.

핵심예제

12-1. 브레이크 오일이 비등하여 송유 압력의 전달 작용이 불가능하게 되는 현상은?

[2011년 4회]

① 페이드 현상   ② 베이퍼 록 현상
③ 사이클링 현상   ④ 브레이크 록 현상

정답 ②

12-2. 타이어식 건설기계에서 브레이크를 연속하여 자주 사용하면 브레이크 드럼이 과열되어, 마찰계수가 떨어지고 브레이크가 잘 듣지 않는 것으로 짧은 시간 내에 반복 조작이나, 내리막길을 내려갈 때 브레이크 효과가 나빠지는 현상은?

[2006년 4회, 2010년 2회]

① 자기작동   ② 페이드
③ 하이드로 플래닝   ④ 와전류

정답 ②

핵심이론 13 조향장치의 개요

① 조향장치 일반

  ㉠ 조건 : 조형기어비가 너무 크면 조향핸들의 조작이 가벼워지고, 좋지 않은 도로에서 조향핸들을 놓칠 염려가 없다. 그러나 복원성능이 좋지 않으며, 조향장치가 마모되기 쉽다.

  ㉡ 조향기어비 : 조향핸들이 회전한 각도, 피트먼 암이 회전한 각도

  ㉢ 최소 회전반경 : 가장 바깥쪽 원의 회전반경

② 조향장치가 갖추어야 할 조건

  ㉠ 조향조작이 주행 중의 충격에 영향을 받지 않을 것

  ㉡ 조향핸들의 회전과 바퀴의 선회 차이가 적을 것

  ㉢ 조작하기 쉽고, 방향전환이 원활하게 행하여질 것

  ㉣ 정비가 용이하며, 고속주행 시에도 조향핸들이 안정적일 것

③ 조향기어 백래시

  ㉠ 한쌍의 기어를 맞물렸을 때 치면 사이에 생기는 틈새

  ㉡ 조향기어 백래시가 작으면 핸들이 무거워지고, 너무 크면 핸들의 유격이 커진다.

④ 조향핸들의 유격이 커지는 원인

  ㉠ 피트먼암의 헐거움

  ㉡ 조향기어, 링키지 조정불량

  ㉢ 앞바퀴 베어링과대 마모

  ㉣ 조향바퀴 베어링 마모

  ㉤ 타이로드 엔드볼 조인트 마모

핵심예제

조향핸들의 유격이 커지는 원인이 아닌 것은? [2010년 5회]

① 피트먼 암의 헐거움

② 타이로드 엔드 볼 조인트 마모

③ 조향바퀴 베어링 마모

④ 타이어 마모

정답 ④

해설
타이어의 과다 마멸 시 조향핸들의 조작이 무겁다.

핵심이론 14 동력조향장치

① 동력조향장치의 장점

  ㉠ 작은 조작력으로 조향 조작을 할 수 있다.

  ㉡ 굴곡 노면에서의 충격을 흡수하여 조향핸들에 전달되는 것을 방지한다.

  ㉢ 조향핸들의 시미현상을 줄일 수 있다.

  ㉣ 설계·제작 시 조향 기어비를 조작력에 관계없이 선정할 수 있다.

  ㉤ 노면의 충격을 흡수하여 핸들에 전달되는 것을 방지한다.

  ㉥ 노면에서 발생되는 충격을 흡수하기 때문에 킥백을 방지할 수 있다.

  ※ 시미현상 : 핸들 떨림현상

② 유압식(파워스티어링) 조향장치의 핸들 조작이 무거운 원인

  ㉠ 유압계통 내에 공기가 유입되었다.

  ㉡ 타이어의 공기압력이 너무 낮다.

  ㉢ 유압이 낮다.

  ㉣ 조향펌프에 오일이 부족하다.

  ㉤ 오일펌프의 벨트가 파손되었다.

  ㉥ 오일펌프의 회전이 느리다.

  ㉦ 오일호스가 파손되었다.

핵심예제

14-1. 유압식 조향장치의 핸들의 조작이 무거운 원인과 가장 거리가 먼 것은? [2006년 2회, 2008년 1회]

① 유압이 낮다.
② 오일이 부족하다.
③ 유압 계통 내에 공기가 혼입되었다.
④ 펌프의 회전이 빠르다.

정답 ④

14-2. 타이어식 건설기계장비에서 조향핸들의 조작을 가볍고 원활하게 하는 방법과 가장 거리가 먼 것은? [2007년 5회, 2010년 1회]

① 동력조향을 사용한다.
② 바퀴의 정렬을 정확히 한다.
③ 타이어의 공기압을 적정 압으로 한다.
④ 종감속장치를 사용한다.

정답 ④

해설

14-2
종감속장치는 조향장치가 아니고 동력전달장치이다.

앞바퀴 정렬 등

① 앞바퀴 정렬의 기능
　㉠ 조향핸들을 작은 힘으로 쉽게 조작할 수 있다.
　㉡ 조향핸들 조작을 확실하게 하고 안전성을 준다.
　㉢ 조향핸들에 복원성을 준다.
　㉣ 타이어마모를 최소로 한다.
　※ 조향바퀴의 얼라이먼트는 토인, 캠버, 캐스터, 킹핀 경사각이 있다.

② 토인의 특징
　㉠ 토인은 반드시 직진상태에서 측정해야 한다.
　㉡ 토인은 직진성을 좋게 하고 조향을 가볍도록 한다.
　㉢ 토인 조정이 잘못되었을 때 타이어가 편 마모된다.
　㉣ 토인은 좌·우 앞바퀴의 간격이 앞보다 뒤가 넓은 것이다.
　㉤ 타이로드 길이로 조정한다.
　㉥ 전륜을 평행하게 회전시키며, 편마모를 방지한다.

③ 캠버의 특성 및 필요성
　타이어의 윗부분이 아래쪽보다 더 벌어져있는 상태로, 벌어진 바퀴의 중심선과 수선의 사이의 각이며, 정캠버(+Chamber)이면, 바퀴의 위쪽이 바깥쪽으로 기울어져 있는 상태를 말한다.
　㉠ 수직하중에 의한 앞차축의 휨을 방지한다.
　㉡ 조향핸들의 조향 조작력을 가볍게 한다.
　㉢ 하중을 받았을 때 바퀴의 아래쪽이 바깥쪽으로 벌어지는 것을 방지한다.
　㉣ 토(Toe)와 관련성이 있다.
　㉤ 캠버가 과도하면, 타이어 트래드가 편마모된다.

④ 캐스터
　㉠ 주행 중 바퀴에 방향성(직진성)을 준다.
　㉡ 조향하였을 때 직진 방향으로 되돌아오는 복원력이 발생된다.

핵심예제

타이어식 장비에서 앞바퀴 정렬의 역할과 거리가 먼 것은? [2007년 1회]

① 브레이크의 수명을 길게 한다.
② 타이어 마모를 최소로 한다.
③ 방향 안전성을 준다.
④ 조향핸들의 조작을 작은 힘으로 쉽게 할 수 있다.

정답 ①

① 타이어의 구조

　㉠ 카커스(Carcass)부 : 타이어에서 고무로 피복된 코드를 여러 겹으로 겹친 층에 해당되며 타이어 골격을 이루는 부분

　㉡ 트레드(Tread)부 : 타이어의 구조에서 직접 노면과 접촉되어 마모에 견디고 적은 슬립으로 견인력을 증대시키는 부분

　㉢ 숄더(Shoulder)부 : 타이어 트레드와 사이드 월의 경계부분

　㉣ 비드(Bead)부 : 림과 접촉하게 되는 타이어의 내면부분

② 타이어의 트레드

　㉠ 트레드가 마모되면 구동력과 선회능력이 저하된다.

　㉡ 타이어의 공기압이 높으면 트레드의 양단부보다 중앙부의 마모가 크다.

　㉢ 트레드가 마모되면 열의 발산이 불량하게 된다.

　㉣ 트레드가 마모되면 지면과 접촉면적은 크나 마찰력이 감소되어 제동성능이 나빠진다.

③ 튜브리스 타이어의 특징

　㉠ 튜브가 없으므로 펑크 수리가 간단하다.

　㉡ 못이 박혀도 공기가 잘 새지 않는다.

　㉢ 고속 주행하여도 발열이 적다.

　㉣ 펑크 발생 시 급격한 공기누설이 없으므로 안정성이 좋다.

④ 타이어 접지압 $= \dfrac{\text{접지면적}(\text{cm}^2)}{\text{공차상태의 무게}(\text{kgf})}$

핵심예제

16-1. 타이어의 구조에서 직접 노면과 접촉되어 마모에 견디고 적은 슬립으로 견인력을 증대시키는 것의 명칭은?

[2006년 4회, 2009년 4회]

① 트레드(Tread)
② 브레이커(Breaker)
③ 카커스(Carcass)
④ 비드(Bead)

정답 ①

16-2. 타이어에서 트래드 패턴과 관련 없는 것은?

[2005년 1회, 2006년 5회]

① 제동력, 구동력 및 견인력
② 조향성, 안정성
③ 편평률
④ 타이어의 배수효과

정답 ③

해설

16-1
② 브레이커 : 트레드와 카커스 사이 코드층
③ 카커스 : 튜브가 접촉되는 내면 부분
④ 비드 : 림과 접촉하게 되는 타이어의 내면 부분

16-2
타이어 편평률은 타이어의 폭(W)에 대한 높이(H)의 비율을 나타내는 수치이다.

핵심이론 17 타이어 호칭, 점검

① 타이어 호칭 표시방법
- ㉠ 저압 타이어 : 타이어의 폭 − 타이어의 내경 − 플라이수
  즉, 저압 타이어의 호칭이 6.00−13−4PR이면 타이어 폭
  이 6.00인치, 타이어 안지름 13인치, 플라이 수가 4이다.
- ㉡ 고압 타이어 : 타이어의 외경 − 타이어의 폭 − 플라
  이수, 즉 고압 타이어의 호칭이 32×8−10PR이면 타이
  어 바깥지름이 32인치, 타이어 폭이 8인치, 플라이 수
  가 10이란 의미이다.
- ㉢ 레이디얼 타이어 : 레이디얼 타이어의 호칭이 175/70
  SR 14이면, 타이어 폭이 175mm, 편평비가 70 시리즈,
  타이어 안지름 14인치이다.

② 타이어의 정비점검
- ㉠ 적절한 공구와 절차를 이용하여 수행한다.
- ㉡ 휠 너트를 풀기 전에 차체에 고임목을 고인다.
- ㉢ 타이어와 림의 정비 및 교환 작업은 위험하므로 반드시
  숙련공이 한다.
- ㉣ 휠이나 림 등에 균열이 있는 것은 바로 교체해야 한다.

핵심예제

건설기계에 사용되는 저압 타이어의 호칭 치수 표시는?

[2008년 5회, 2011년 2회]

① 타이어의 외경 − 타이어의 폭 − 플라이수
② 타이어의 폭 − 타이어의 내경 − 플라이수
③ 타이어의 폭 − 림의 지름
④ 타이어의 내경 − 타이어의 폭 − 플라이수

정답 ②

CHAPTER 02 전기 및 굴삭기작업장치

1 건설기계전기장치

핵심이론 01 전기의 기초, 퓨즈

① 전기의 기초

　㉠ 전류 = $\dfrac{전력}{전압}$, 전류(A) = $\dfrac{전압(V)}{저항(\Omega)}$

　㉡ 1kW = 1.36PS = 1.34HP(마력)

　㉢ 전류의 3대 작용 : 발열작용, 자기작용, 화학작용

② 퓨 즈

　㉠ 퓨즈는 정격용량을 사용한다.

　㉡ 퓨즈 용량은 A로 표시한다.

　㉢ 퓨즈 회로에 흐르는 전류 크기에 따르는 용량의 것을 쓴다.

　㉣ 퓨즈는 스타팅 모터의 회로에는 쓰이지 않는다.

　㉤ 퓨즈는 표면이 산화되면 끊어지기 쉽다.

　㉥ 퓨즈는 철사로 대용하지 않는다.

　㉦ 퓨즈는 직렬로 연결한다.

　㉧ 퓨즈의 재질은 납과 주석의 합금이다.

핵심예제

1-1. 퓨즈의 용량 표기가 맞는 것은? [2010년 1회, 2011년 4회]

① M
② A
③ E
④ V

　　　　　　　　　　　정답 ②

1-2. 전기회로에서 퓨즈의 설치 방법은? [2006년 1회, 2007년 4회]

① 직 렬
② 병 렬
③ 직·병렬
④ 상관없다.

　　　　　　　　　　　정답 ①

1-3. 전압이 24V, 저항이 2Ω일 때 전류는 얼마인가?
[2007년 5회, 2010년 5회]

① 24A
② 3A
③ 6A
④ 12A

　　　　　　　　　　　정답 ④

해설

1-1
퓨즈 용량은 A로 표시한다.

1-2
직렬로 연결을 해야 과전류 발생 시 회로를 끊어줄 수 있다.

1-3
전류(A) = $\dfrac{전압(V)}{저항(\Omega)}$ 이므로, $\dfrac{24V}{2\Omega}$ = 12A이다.

기동전동기(1)

① 기동전동기의 종류
- ㉠ 직권전동기(내연기관에서 사용)
  - 전기자 코일과 계자코일이 직렬로 접속된 것
  - 기동 회전력이 크다.
  - 축전기 용량이 적을 경우 기동전동기의 출력이 감소
- ㉡ 분권전동기
  - 전기자 코일과 계자코일이 병렬로 접속된 것
  - 회전속도가 거의 일정하고 회전력이 비교적 작다.
- ㉢ 복권전동기
  - 전기자 코일과 계자코일이 직렬, 병렬로 혼합 접속된 것
  - 회전속도가 거의 일정하고, 회전력이 비교적 크다.
  - 직권전동기에 비해 구조가 복잡하다.

② 전기자
- ㉠ 전기자코일 : 기동전동기에서 토크를 발생하는 부분으로 전자력에 의해 전기자를 회전시키는 역할을 한다.
- ㉡ 정류자 : 기동전동기의 전기자 코일에 항상 일정한 방향으로 전류가 흐르도록 하기 위해 설치한 것
- ㉢ 철심 : 전기자 권선을 감는 철심
- ※ 마그넷 스위치 : 기동전동기용 전자석 스위치

핵심예제

2-1. 건설기계에 주로 사용되는 기동전동기로 맞는 것은?

[2008년 1회]

① 직류분권 전동기　　② 직류직권 전동기
③ 직류복권 전동기　　④ 교류 전동기

정답 ②

2-2. 직류직권 전동기에 대한 설명 중 틀린 것은?

[2007년 2회, 2011년 2회]

① 기동 회전력이 분권전동기에 비해 크다.
② 회전속도의 변화가 크다.
③ 부하가 걸렸을 때, 회전속도가 낮아진다.
④ 회전속도가 거의 일정하다.

정답 ④

해설

2-2
전동기의 회전속도가 거의 일정한 것은 분권식의 장점이다.

기동전동기(2)

① 기동전동기가 회전하지 않는 원인
- ㉠ 브러시 스프링이 강하다.
- ㉡ 전기자 코일이 단락되었다.
- ㉢ 축전지가 과방전되었다.
- ㉣ 배터리의 출력이 낮다.
- ㉤ 기동전동기가 손상되었다.
- ㉥ 배선과 스위치손상, 접촉 불량이다.
- ㉦ 정류자와 브러시의 접촉 불량이다.
- ㉧ 엔진 내부의 피스톤이 고착되었다.
- ※ 기동전동기는 회전되나 엔진은 크랭킹이 되지 않는 원인 : 플라이 휠 링기어의 소손

② 기동전동기의 시험 항목
- ㉠ 무부하시험 : 기동전동기 무부하시험을 할 때 필요한 계기는 전압계, 전류계, 가변저항, 회전계 등이다.
- ㉡ 회전력(토크)시험 : 정지회전력을 시험한다.
- ㉢ 저항시험 : 기동전동기가 정지된 상태에서 시험한다.
- ※ 그로울러시험기 : 기동전동기의 전기자 코일을 시험하는 데 사용되는 시험기

핵심예제

3-1. 기동전동기가 회전하지 않는 경우와 관계없는 것은?

[2010년 5회, 2013년 상시]

① 브러시가 정류자에 밀착 불량 시
② 연료가 없을 때
③ 기동전동기가 손상되었을 때
④ 축전지 전압이 낮을 때

정답 ②

3-2. 기동전동기의 시험과 관계없는 것은?

[2009년 4회]

① 부하시험　　　　　② 무부하시험
③ 관성시험　　　　　④ 저항시험

정답 ③

핵심이론 04 시동장치

① 시동을 위한 직접적인 장치 : 예열플러그(디젤기관에만 해당), 기동전동기, 감압밸브

   ※ 기관 시동장치에서 링기어를 회전 시키는 구동 피니언은 기동전동기에 부착되어 있다.

② 기관의 시동을 보조하는 장치 : 실린더의 감압장치, 히트레인지, 공기 예열장치

③ 디젤기관의 시동을 용이하게 하기 위한 방법

   ㉠ 압축비를 높인다.

   ㉡ 흡기온도를 상승시킨다.

   ㉢ 겨울철에 예열장치를 사용한다.

④ 예열플러그

   ㉠ 예열플러그는 기온이 낮을 때 시동을 돕기 위한 것이다.

   ㉡ 추운 날씨에 시동이 잘 걸리지 않는 이유는 예열플러그 고장이 원인이다.

   ㉢ 예열플러그가 심하게 오염되어 있으면 불완전 연소 또는 노킹에 원인이 있다.

   ㉣ 직렬연결인 경우에는 모두 작동 불능이나, 병렬연결인 경우에는 해당 실린더만 작동불능이다.

   ㉤ 예열플러그가 15~20초에서 완전히 가열되었을 경우 정상 상태이다.

⑤ 예열플러그의 고장원인

   ㉠ 엔진이 과열되었을 때

   ㉡ 예열시간이 길었을 때

   ㉢ 정격이 아닌 예열플러그를 사용했을 때

핵심예제

4-1. 디젤기관에서 시동을 돕기 위해 설치된 부품으로 적당한 것은?
[2005년 5회, 2008년 1회, 2011년 5회]

① 과급장치   ② 발전기
③ 디퓨저   ④ 히트 레인지

정답 ④

4-2. 기관에서 예열플러그의 사용시기는?
[2006년 4회, 2011년 1회, 2011년 5회]

① 축전지가 방전되었을 때
② 축전지가 과충전되었을 때
③ 기온이 낮을 때
④ 냉각수의 양이 많을 때

정답 ③

해설
4-1
히트 레인지는 흡기 다기관에 흡입되는 공기를 예열하는 장치이다.
4-2
예열플러그는 기온이 낮을 때 시동을 돕기 위한 것이다.

핵심이론 05 디젤기관 시동 시의 주요사항

① 디젤기관을 시동할 때의 주의사항
- ㉠ 기온이 낮을 때는 예열 경고등이 소등되면 시동한다.
- ㉡ 기관 시동은 각종 조작레버가 중립위치에 있는가를 확인 후 행한다.
- ㉢ 공회전을 필요 이상하지 않는다.
- ㉣ 엔진이 기동되었는데도 시동스위치를 계속 ON위치로 하면 시동전동기의 수명이 단축된다.

② 겨울철에 기동전동기 크랭킹 회전수가 낮아지는 원인
- ㉠ 엔진오일의 점도가 상승
- ㉡ 온도에 의한 축전지의 용량감소
- ㉢ 기온저하로 기동부하 증가

③ 시동장치에서 스타트 릴레이의 설치 목적
- ㉠ 회로에 충분한 전류가 공급될 수 있도록 하여 크랭킹이 원활하게 한다.
- ㉡ 키 스위치(시동스위치)를 보호한다.
- ㉢ 엔진 시동을 용이하게 한다.

핵심예제

스타트 릴레이의 설치 목적과 관계없는 것은? [2007년 1회]

① 기동전동기로 많은 전류를 보내어 충분한 크랭킹 속도를 유지한다.
② 키 스위치를 보호한다.
③ 엔진 시동을 용이하게 한다.
④ 축전지의 충전을 용이하게 한다.

정답 ④

해설

스타트 릴레이는 시동회로의 보호와 시동 모터의 회전을 돕는 장치로 충전작용을 하지 못한다.

핵심이론 06 축전지의 개념 및 작용

① 기동장치의 전기적 부하를 담당한다.
② 엔진 시동 시 시동장치 전원을 담당한다.
③ 발전기가 고장일 때 일시적인 전원을 공급한다.
④ 발전기의 출력 및 부하의 언밸런스를 조정한다.
⑤ 격리판은 양극판과 음극판의 단락을 방지한다.
⑥ 12V 축전지는 6개의 셀이 직렬로 접속되어 있다.
⑦ 벤트 플러그는 셀의 통풍 마개이다.
⑧ 양극판은 과산화납, 음극판은 해면상납을 사용하며 전해액은 묽은 황산을 이용한다.
⑨ 축전지를 사용하는 주된 목적은 기동전동기의 작동이다.
⑩ 축전지에는 납산축전지, 알칼리축전지, MF축전지 등이 있다.

핵심예제

6-1. 건설기계 기관에 사용되는 축전지의 가장 중요한 역할은?
[2009년 1회]

① 주행 중 점화장치에 전류를 공급한다.
② 주행 중 등화장치에 전류를 공급한다.
③ 주행 중 발생하는 전기부하를 담당한다.
④ 기동장치의 전기적 부하를 담당한다.

정답 ④

6-2. 건설기계장비에 사용되는 12V 납산축전지의 구성(셀 수)은 어떻게 되는가?
[2010년 2회]

① 약 3V의 셀이 4개로 되어있다.
② 약 4V의 셀이 3개로 되어있다.
③ 약 2V의 셀이 6개로 되어있다.
④ 약 6V의 셀이 2개로 되어있다.

정답 ③

핵심이론 07 축전지 터미널

① 축전지 터미널의 식별방법
　㉠ 양극은 (+), 음극은 (−)의 부호로 분별한다.
　㉡ 양극은 빨간색, 음극은 검은색의 색깔로도 분별한다.
　㉢ 양극은 지름이 굵고, 음극은 가늘다.
　㉣ 양극은 POS, 음극은 NEG의 문자로 분별한다.
　㉤ 부식물이 많은 쪽이 양극이다.

② 축전지 터미널에 부식이 발생하였을 때 나타나는 현상
　㉠ 기동전동기의 회전력이 작아진다.
　㉡ 엔진 크랭킹이 잘 되지 않는다.
　㉢ 전압강하가 발생된다.
　※ 축전지 터미널의 부식을 방지하기 위한 조치방법
　　: 그리스를 발라 놓는다.

핵심예제

7-1. 축전지 터미널의 식별방법이 아닌 것은? [2006년 1회]

① 부호(+, −)로 식별
② 굵기로 분별
③ 문자(P, N)로 분별
④ 요철로 분별

정답 ④

7-2. 축전지 터미널의 부식을 방지하기 위한 조치방법으로 가장 옳은 것은? [2013년 상시]

① 전해액을 발라 놓는다.
② 헝겊으로 감아 놓는다.
③ 그리스를 발라 놓는다.
④ 비닐 테이프를 감아 놓는다.

정답 ③

해설
7-1
축전지 터미널의 식별은 부호, 굵기, 문자, 색깔로 구분한다.
7-2
터미널에 그리스를 발라두면 부식이 방지된다. 극판상 10mm 정도가 적당하다.

핵심이론 08 납산축전지

① 개 념
　㉠ 엔진 시동 시 시동장치 전원을 공급한다.
　㉡ 발전기가 고장일 때 일시적인 전원을 공급한다.
　㉢ 발전기의 출력 및 부하의 언밸런스를 조정한다.
　㉣ 화학 에너지를 전기 에너지로 변환하는 것이다.
　㉤ 전압은 셀의 수와 셀 1개당의 전압에 의해 결정된다.
　㉥ 격리판은 비전도성이며 다공성이어야 한다.
　㉦ 음(−)극판이 양(+)극판보다 1장 더 많다.
　㉧ 축전지 케이스 하단에 엘리먼트 레스트 공간을 두어 단락을 방지한다.
　㉨ (+)단자 기둥이 (−)단자 기둥보다 직경이 굵고 적갈색 이다. (−)단자 기둥은 회색이다.
　㉩ 전해액면이 낮아지면 증류수를 보충하여야 한다.
　㉪ 축전지가 완전 방전되기 전에 재충전하여야 한다.

② 납산축전지의 용량
　㉠ 축전지의 용량은 극판의 크기, 극판의 수, 황산(전해액) 의 양에 의해 결정된다.
　㉡ 12V용 납산축전지에는 6개의 셀이 있고 방전종지 전압은 1.75V이므로 $1.75 \times 6 = 10.5V$이다.

핵심예제

8-1. 납산축전지를 충전할 때 축전지 내에 발생하는 수소가스는 어떤 가스인가? [2008년 5회]

① 중성 가스
② 소화가스
③ 불연성 가스
④ 가연성 가스

정답 ④

8-2. 납산축전지의 용량은 어떻게 결정되는가? [2006년 2회, 2009년 2회]

① 극판의 크기, 극판의 수, 황산의 양에 의해 결정된다.
② 극판의 크기, 극판의 수, 셀의 수에 의해 결정된다.
③ 극판의 수, 셀의 수, 발전기의 충전능력에 따라 결정된다.
④ 극판의 수와 발전기의 충전능력에 따라 결정된다.

정답 ①

해설
8-1
수소가스는 가연성 및 폭발성이므로 폭발과 화재가 발생할 수 있으므로 주변에 화기, 스파크 등의 인화 요인을 제거하여야 한다.
8-2
축전지의 용량은 극판의 크기, 극판의 수, 황산(전해액)의 양에 의해 결정된다.

핵심 09 이론 | 납산축전지의 일반적인 충전방법

① 축전지의 상태
ㄱ 충전상태 : 양극판이 과산화납(PbO_2)이고 음극판은 해면상납(Pb), 전해액은 묽은 황산($2H_2SO_4$)
ㄴ 방전상태 : 양극판과 음극판이 황산납($PbSO_4$)으로 변하고 전해액은 물로 변한다.
ㄷ 과방전상태 : +, −극은 영구황산납으로 변하고, 전해액은 물이다.
ㄹ 배터리의 완전 충전된 상태의 화학식
PbO_2(과산화납) + $2H_2SO_4$(묽은황산) + Pb(순납)

② 충전 상태에 따른 충전법
ㄱ 정전류 충전 : 표준 전류 − 축전지 용량의 10%, 최소 전류 − 5%, 최대 전류 − 20%
ㄴ 정전압 충전 : 일정한 전압으로 충전
ㄷ 단별 전류 충전 : 단계적으로 전류를 감소시켜 충전
ㄹ 급속 충전 : 충전전류의 1/2로 긴급 시 충전
※ 축전지의 충·방전작용은 화학적 에너지를 전기적 에너지로 변환시키는 화학작용을 이용한 것이다.

핵심예제

축전지를 방전하면 양극판과 음극판의 재질은 어떻게 변하는가?
[2005년 1회, 2009년 5회]

① 황산납이 된다.
② 해면상납이 된다.
③ 일산화납이 된다.
④ 과산화납이 된다.

정답 ①

해설
납산축전지를 방전하면 양극판과 음극판은 황산납으로 바뀌고 충전 중에는 양극판의 황산납은 과산화납으로, 음극판의 황산납은 해면상납으로 변한다.

핵심 10 이론 | 전해액 등

① 전해액 비중
ㄱ 완전충전상태 : 20℃에서 전해액의 비중이 1.280
ㄴ 반충전상태 : 20℃에서 전해액의 비중이 1.186 이하
ㄷ 축전지의 전해액 비중의 온도 1℃ 변화에 0.0007 변화
ㄹ 축전지 전해액의 온도가 상승하면 비중은 내려간다.
ㅁ 축전지의 온도가 내려가면 비중과 빙점은 올라가고, 용량과 전압은 내려간다.
ㅂ 증류수에 황산을 부어 혼합한다.

② 납산축전지 보충 전 주의하여야 할 사항
ㄱ 충전 시 전해액의 온도를 45℃ 이하로 유지할 것
ㄴ 충전 시 가스발생이 되므로 화기에 주의할 것
ㄷ 충전 시 벤트플러그를 모두 열 것
ㄹ 보관 관리할 경우 15일마다 정기적으로 충전할 것
ㅁ 축전지는 과충전시키지 말 것(양극판 격자의 산화가 촉진된다)

③ 납산축전지의 충전 시 발생하는 가스
ㄱ +극에서는 산소가 발생하고, −극에서는 수소가 발생한다.
ㄴ 수소가스는 폭발성 가스이므로 납산축전지를 충전할 때 화기를 가까이 하면 폭발의 위험성이 있다.
※ 납산축전지에 증류수를 자주 보충시켜야 하는 것은 과충전으로 황산농도가 짙어지기 때문이다.

핵심예제

축전지 전해액의 온도가 상승하면 비중은?
[2006년 4회, 2010년 5회]

① 일정하다.
② 올라간다.
③ 내려간다.
④ 무관하다.

정답 ③

해설
전해액의 온도와 비중은 반비례한다.

핵심이론 11 MF(Maintenance Free)축전지

① 격자의 재질은 납과 칼슘합금이다.
② 무보수용 배터리이다.
③ 밀봉 촉매 마개를 사용한다.
④ 전해액의 수분 보충이 필요치 않다.
⑤ 전기 분해에서 발생하는 수소 가스나 산소 가스를 촉매로 사용하여 다시 물로 환원시킨다.
⑥ 자기방전적이고 보존성이 우수하다.
⑦ 비중계가 설치되어 있어 눈으로 보면 충전상태를 알 수 있다.

핵심예제

11-1. MF(Maintenance Free)축전지에 대한 설명으로 적합하지 않은 것은? [2008년 5회]

① 격자의 재질은 납과 칼슘합금이다.
② 무보수용 배터리다.
③ 밀봉 촉매 마개를 사용한다.
④ 증류수는 매 15일마다 보충한다.

정답 ④

11-2. MF배터리가 아닌 일반 납산축전지를 보관 관리할 경우 며칠마다 정기적으로 충전하는 것이 좋은가? [2008년 1회]

① 15일　② 30일
③ 45일　④ 60일

정답 ①

해설

11-1
MF축전지는 증류수를 점검하거나 보충하지 않아도 된다.
11-2
납산축전지를 보관 관리할 경우 15일마다 정기적으로 충전한다.

핵심이론 12 축전지의 취급

① 전해액이 자연 감소된 축전지의 경우 증류수를 보충하면 된다.
② 축전지의 방전이 거듭될수록 전압이 낮아지고 전해액의 비중도 낮아진다.
③ 2개 이상의 축전지를 병렬로 배선할 경우 +와 +, −와 −를 연결한다.
④ 축전지의 용량을 크게 하려면 별도의 축전지를 병렬로 연결하면 된다.
⑤ 축전지를 보관할 때에는 되도록 완전 충전상태에서 냉암소 보관하는 것이 좋다.
⑥ 축전지의 방전이 계속되면 전압과 전해액의 비중은 모두 낮아진다.
⑦ 축전지 전해액이 자연 감소되었을 때 보충에 가장 적합한 것 : 증류수
※ 액보충은 반드시 증류수로 보충하고 기타 액상의 물질(초산, 빗물, 세제, 묽은 황산, 휘발유, 등 기타 철분이 함유된 물질) 등으로 보충을 하여서는 안 된다.
⑧ 충전 중 전해액의 온도를 45℃ 이상으로 상승시키지 않는다.
⑨ 전해액을 취급할 때는 고무와 같은 제품의 옷을 입어야 된다.
⑩ 사용하지 않는 축전지도 2주에 1회 정도 보충한다.
⑪ 필요 시 급속 충전시켜 사용할 수 있다.
※ 동절기 축전지 관리요령
• 충전이 불량하면 전해액이 결빙될 수 있으므로 완전 충전시킨다.
• 시동을 쉽게 하기 위하여 축전지를 보온시킨다.
• 전해액 수준이 낮으면 운전 시작 전 아침에 증류수를 보충한다.

핵심예제

12-1. 납산용 일반축전지가 방전되었을 때 보충전 시 주의하여야 할 사항으로 가장 거리가 먼 것은? [2011년 4회]

① 충전 시 전해액 온도를 45℃ 이하로 유지할 것
② 충전 시 가스발생이 되므로 화기에 주의할 것
③ 충전 시 벤트플러그를 모두 열 것
④ 충전 시 배터리 용량보다 높은 전압으로 충전할 것

정답 ④

12-2. 축전지 전해액이 자연 감소되었을 때 보충에 가장 적합한 것은? [2005년 1회]

① 증류수   ② 우물물
③ 경 수   ④ 수돗물

정답 ①

해설

12-1
축전지는 과충전시키지 말 것(양극판 격자의 산화가 촉진된다)

축전지의 연결

① 직렬연결
   ㉠ 같은 축전지 2개를 직렬로 접속하면 전압은 2배가 되고 용량은 같다.
   ㉡ 서로 다른 극과 연결한다.
② 병렬연결
   ㉠ 축전지를 병렬로 연결하면 용량은 2배이고 전압은 한 개일 때와 같다.
   ㉡ 서로 같은 극과 연결한다.
③ 전구를 병렬로 규정 이상 더 많이 연결할 때
   ㉠ 전류가 많이 소모된다.
   ㉡ 퓨즈가 소손된다.
   ㉢ 회로의 배선이 열을 받는다.

핵심예제

13-1. 축전지의 용량만을 크게 하는 방법으로 맞는 것은? [2006년 2회, 2013년 상시]

① 직렬연결법   ② 병렬연결법
③ 직·병렬 연결법   ④ 논리회로 연결법

정답 ②

13-2. 야간작업 시 전구를 병렬로 규정 이상 더 많이 연결하여 사용하였다면, 발생될 수 있는 문제점으로 가장 거리가 먼 것은? [2005년 4회]

① 전류가 많이 소모된다.
② 퓨즈가 소손된다.
③ 전구가 자주 소손된다.
④ 회로의 배선이 열을 받는다.

정답 ③

해설

13-1
축전지를 병렬로 연결하면 용량은 2배이고 전압은 한 개일 때와 같다.
직렬로 연결하면 전압이 상승한다.
13-2
전구가 자주 소손되는 것은 전압강하에 의한 경우가 많다.

핵심이론 14 축전지의 자기방전

① 축전지의 자기방전 원인
　㉠ 전해액에 포함된 불순물(납, 니켈, 구리 등)이 유입되어 음극판과의 사이에 국부전지를 형성하여 황산납이 되기 때문이다.
　㉡ 탈락한 극판의 작용물질이 축전지 내부의 밑바닥이나 옆면에 퇴적되거나 또는 격리 판이 파손되어 양쪽 극판이 단락되기 때문이다.
　㉢ 음극판의 작용물질(해면상납)이 황산과의 화학작용으로 황산납이 되기 때문이다.
　㉣ 축전지의 커버 위에 부착된 전해액이나 먼지 등에 의한 누전 때문이다.
② 축전지의 자기방전량
　㉠ 전해액의 온도, 습도, 비중이 높을수록 자기방전량은 크다.
　㉡ 날짜가 경과할수록 자기 방전량은 많아지나 그 비율은 충전 후의 시간 경과에 따라 작아진다.

핵심예제

충전된 축전지라도 방치하면서 사용하지 않으면 방전이 된다. 이것을 무엇이라 하는가?　[2013년 상시]
① 자기방전
② 급속방전
③ 출력방전
④ 강제방전

정답 ①

핵심이론 15 축전지 급속 충전

① 급속 충전 시 주의사항
　㉠ 통풍이 잘되는 곳에서 한다.
　㉡ 충전 중인 축전지에 충격을 가하지 않도록 한다.
　㉢ 충전할 수 있는 시간이 충분하지 않을 때에만 이 방법을 사용한다.
　㉣ 충전 중 전해액의 온도가 45℃가 넘지 않도록 한다.
　㉤ 충전 중 가스가 많이 발생되면 충전을 중단한다.
　㉥ 충전시간은 가능한 짧게 한다.
　㉦ 충전전류는 축전지 용량의 1/2이 좋다.
　㉧ 건설기계에 장착된 축전지를 급속충전할 때에는 발전기 다이오드 파손을 방지하기 위해 양쪽 케이블을 분리해야 한다.
　㉨ 각 셀의 벤트플러그를 모두 열고, 직렬접속하여 충전한다.
　㉩ 과충전시키지 말 것(양극판 격자의 산화가 촉진된다)
② 축전지가 과충전일 경우 발생되는 현상
　㉠ 전해액이 갈색을 띠고 있다.
　㉡ 양극판 격자가 산화된다.
　㉢ 양극 단자 쪽의 셀 커버가 볼록하게 부풀어 있다.
　㉣ 기관을 회전시키고 있을 때 전해액이 넘쳐흐른다.
　㉤ 전해액이 빨리 줄어든다.
※ 충전기의 출력 전압이 낮으면 전자기기(배터리)가 제대로 작동하지 않을 수 있으며, 반대로 높은 경우에는 전자기기의 회로가 손상되거나 화재가 날 수 있다.

핵심예제

15-1. 축전지가 과충전일 경우 발생되는 현상으로 틀린 것은?

[2005년 5회, 2007년 2회]

① 전해액이 갈색을 띠고 있다.
② 양극판 격자가 산화된다.
③ 양극 단자 쪽의 셀 커버가 볼록하게 부풀어 있다.
④ 축전지에 지나치게 많은 물이 생성된다.

정답 ④

15-2. 급속충전을 할 때 유의사항으로 틀린 것은?

[2013년 상시]

① 통풍이 되지 않는 곳에서 한다.
② 충전 중인 축전지에 충격을 가하지 않도록 한다.
③ 전해액의 온도가 45℃를 넘지 않도록 특별히 주의한다.
④ 충전시간은 가급적 빨라야 한다.

정답 ①

해설

15-1
축전지가 방전상태가 될수록 황산이 분해되어 극판이 황산납으로 변화되고 전해액은 물에 가깝게 된다.

핵심이론 16 | **교류발전기**

① 교류발전기의 구조 : 고정자(스테이터), 회전자(로터), 다이오드, 브러시, 팬으로 구성

※ 직류발전기 구조 : 전기자(전류 발생되는 부분으로 전기자철심·코일·축, 정류자 등), 계자철심, 계자코일, 정류자와 브러시 등

※ 전류의 3대 작용은 발열(전구와 예열플러그), 화학, 자기작용이고, 전류의 자기작용을 응용한 것은 발전기, 전동기, 솔레노이드 기구 등

※ 발전기는 저속에서도 발생전압이 높고 고속에서도 안정된 성능을 발휘해야 하므로 3상 교류발전기를 사용

② 교류발전기의 특징

㉠ 속도변화에 따른 적용 범위가 넓고 소형, 경량이다.
㉡ 다이오드를 사용하기 때문에 정류 특성이 좋다.
㉢ 소형, 경량이고 출력이 크다.
㉣ 고속회전에 잘 견딘다.
㉤ 컷 아웃릴레이 및 전류제한기를 필요로 하지 않는다.
㉥ 브러시의 수명이 길다.
㉦ 전압 조정기만 있다.
㉧ 저속 회전 시 충전이 양호하다.

핵심예제

16-1. 전류의 3대 작용이 아닌 것은? [2006년 2회, 2009년 2회]

① 발열작용
② 자기작용
③ 물리작용
④ 화학작용

정답 ③

16-2. 건설기계에 사용하는 교류발전기의 구조에 해당하지 않는 것은?

[2009년 4회, 2013년 상시]

① 스테이터 코일
② 로 터
③ 필드 코일(애자 코일)
④ 다이오드

정답 ③

해설

16-1
전류의 3대 작용 : 발열, 화학, 자기 작용
16-2
교류발전기의 구조 : 고정자(스테이터), 회전자(로터), 다이오드, 브러시, 팬으로 구성

핵심이론 17 교류발전기의 부품

① 전압조정기의 종류 : 제어방식에 따라 접점식, 카본 파일식, 트랜지스터식 등이 있다.
　※ 전압조정기 : AC와 DC 발전기의 조정기에서 공통으로 가지고 있다.
② 정류기(다이오드) : 교류발전기에서 교류를 직류로 바꾸어 주는 것으로, 교류를 정류하고 역류를 방지한다.
　※ 포토다이오드 : 빛을 받으면 전류가 흐르지만 빛이 없으면 전류가 흐르지 않는다.
③ 로터 : 교류발전기에서 회전체에 해당하는 것으로 AC발전기에서 전류가 흐를 때 전자석이 되는 것이다.
④ 스테이터 : 전류가 발생되는 곳. 직류발전기의 전기자에 해당되며, 독립된 3개의 코일이 감겨져 있고 여기에서 3상 교류가 유기된다.
　㉠ 스테이터 코일은 로터코일에 의해 교류전기를 발생시킨다.
　㉡ 스테이터 코일에 발생한 교류는 실리콘 다이오드에 의해 직류로 정류시킨 뒤에 외부로 끌어낸다.

핵심예제

17-1. AC발전기에서 다이오드의 역할은?
[2007년 4회, 2013년 상시]
① 교류를 정류하고 역류를 방지한다.
② 전력을 조정한다.
③ 전압을 조정한다.
④ 여자전류를 조정하고 역류를 방지한다.
정답 ①

17-2. 교류발전기에서 교류를 직류로 바꾸어 주는 것은?
[2005년 4회, 2006년 5회]
① 계 자　　② 슬립링
③ 브러시　　④ 다이오드
정답 ④

해설
17-2
직류발전기에서는 정류자와 브러시가, 교류발전기에서는 다이오드가 교류를 직류로 바꾸어 준다.

핵심이론 18 전조등

① 개 요
　㉠ 전구, 반사경, 렌즈로 구성되었다.
　㉡ 좌·우 전조등 회로의 연결방법 : 전조등 회로는 병렬로 연결한 복선식으로 한다.
　※ 복선식 배선은 전조등 회로와 같이 큰 전류가 흐르는 회로에 사용하면 접지쪽에서도 전선을 사용하는 방식이다.
② 실드빔식 전조등
　㉠ 계속 사용에 따른 광도의 변화가 적다.
　㉡ 대기조건에 따라 반사경이 흐려지지 않는다.
　㉢ 내부에 불활성 가스가 들어있다.
　㉣ 반사경과 필라멘트가 일체로 되어 있다.
　㉤ 필라멘트가 끊어지면 전조등 전체를 교환해야 한다.
③ 세미실드빔형
　㉠ 전구와 반사경을 분리 교환할 수 있다.
　㉡ 렌즈와 반사경은 일체이다.
　㉢ 반사경에 먼지가 들어가 조명효율이 떨어질 수 있다.
　㉣ 할로겐램프가 해당된다.

핵심예제

18-1. 일반적으로 건설기계장비에 설치되는 좌·우 전조등 회로의 연결방법은?
[2006년 5회, 2008년 1회]
① 병 렬　　② 직 렬
③ 직, 병렬　　④ 단선 배선
정답 ①

18-2. 세미실드빔 형식을 사용하는 건설기계장비에서 전조등이 점등되지 않을 때 가장 올바른 조치방법은?
[2007년 2회]
① 렌즈를 교환한다.　　② 전조등을 교환한다.
③ 반사경을 교환한다.　　④ 전구를 교환한다.
정답 ④

해설
18-1
일반적인 등화장치는 직렬연결법이 사용되나 전조등 회로는 병렬연결이다.
18-2
실드빔형은 필라멘트가 끊어지면 렌즈나 반사경에 이상이 없어도 전조등 전체를 교환해야 하는 단점이 있으나 세미실드 빔형 전조등은 전구와 반사경을 분리 교환할 수 있다.

핵심 이론 19 방향지시등 등

① 헤드라이트가 한쪽만 점등되었을 때 고장 원인
  ㉠ 전구 접지불량
  ㉡ 한쪽 회로의 퓨즈 단선
  ㉢ 전구 불량
② 방향지시등의 점멸작용이 다르게(빠르게 또는 느리게) 작용하는 원인
  ㉠ 플래셔 스위치와 지시등 사이의 단선
  ㉡ 한쪽 램프 교체 시 규정 용량의 전구를 사용하지 않을 때
  ㉢ 전구 1개가 단선되었을 때
  ㉣ 한쪽 전구소켓에 녹이 발생하여 전압강하가 있을 때
  ㉤ 접지불량
③ 조명에 관련된 용어의 설명
  ㉠ 피조면의 밝기는 조도로 나타낸다.
  ㉡ 광도의 단위는 cd(칸델라)이다.
  ㉢ 빛의 밝기를 광도라 한다.
  ㉣ 조도의 단위는 lx(럭스)라 한다.

핵심예제

19-1. 방향지시등 스위치를 작동 시 한쪽은 정상이고, 다른 한쪽은 점멸작용이 정상과 다르게(빠르게 또는 느리게) 작용한다. 고장원인으로 가장 거리가 먼 것은? [2006년 4회, 2011년 1회]

① 플래셔 유닛이 고장났을 때
② 한쪽 램프 교체 시 규정용량의 전구를 사용하지 않을 때
③ 전구 1개가 단선되었을 때
④ 한쪽 전구소켓에 녹이 발생하여 전압강하가 있을 때

정답 ①

19-2. 방향지시등의 한쪽등 점멸이 빠르게 작동하고 있을 때, 가장 먼저 점검하여야 할 곳은? [2005년 4회, 2006년 4회]

① 전구(램프) ② 플래셔 유닛
③ 콤비네이션 스위치 ④ 배터리

정답 ①

해설

19-1
플래셔 유닛 : 방향등으로의 전원을 주기적으로 끊어주어 방향등이 점멸하게 하는 장치
19-2
방향지시등의 점멸이 빨라진 경우는 한쪽 전구가 끊어진 상태이므로 전구를 교환해준다.

핵심 이론 20 계기류

① 전기장치
  ㉠ 계기 사용 시는 최대한 측정범위를 초과해서 사용하지 말아야 한다.
  ㉡ 전류계는 회로의 중간에 직렬로 접속해야 한다.
  ㉢ 축전지는 전원 결선 시는 합선되지 않도록 유의해야 한다.
  ㉣ 절연된 전극이 접지되지 않도록 하여야 한다.
② 충전 경고등
  ㉠ 운전 중 충전 경고등이 점등되면 충전이 되지 않고 있음을 나타낸다.
  ㉡ 충전경고등이 켜지는 것은 벨트의 파손이나 벨트의 느슨함 또는 미끄러짐이 주원인이다.
  ㉢ 발전기 또는 전압조정기가 고장나서 충전이 되지 않는 현상이다.
③ 자기진단 : 고장 진단 및 테스트용 출력 단자를 갖추고 있으며, 항상 시스템을 감시하고, 필요하면 운전자에게 경고 신호를 보내주거나, 고장점검 테스트용 단자가 있는 것
④ 제어유닛(ECU) : 전자제어 디젤 분사장치에서 연료를 제어하기 위해 센서로부터 각종 정보(가속페달의 위치, 기관속도, 분사시기, 흡기, 냉각수, 연료온도 등)를 입력받아 전기적 출력신호로 변환하는 것
⑤ 윈드실드 와이퍼를 작동시키는 형식 : 압축공기식, 진공식, 전기식 등이 있으나 일반적으로 전기식이 가장 많이 쓰이고 있음

핵심예제

20-1. 전자제어 디젤 분사장치에서 연료를 제어하기 위해 센서로부터 각종 정보(가속페달의 위치, 기관속도, 분사시기, 흡기, 냉각수, 연료온도 등)를 입력받아 전기적 출력신호로 변환하는 것은? [2009년 5회, 2013년 상시]

① 컨트롤 로드 액추에이터
② 제어유닛(ECU)
③ 컨트롤 슬리브 액추에이터
④ 자기진단(Self Diagnosis)

정답 ②

20-2. 전기장치에 관한 설명으로 틀린 것은? [2008년 4회]

① 계기 사용 시는 최대한 측정범위를 초과해서 사용하지 말아야 한다.
② 전류계는 부하에 병렬로 접속해야 한다.
③ 축전지는 전원 결선 시는 합선되지 않도록 유의해야 한다.
④ 절연된 전극이 접지되지 않도록 하여야 한다.

정답 ②

해설

20-1
엔진제어유닛(ECU) 또는 엔진제어모듈(ECM)은 엔진의 내부적인 동작을 다양하게 제어하는 전자제어장치이다.
20-2
전류계는 회로의 중간에 직렬로 접속해야 한다.

핵심이론 21 계기의 고장원인

① 기관을 회전하여도 전류계가 움직이지 않는 원인
ㄱ 전류계 불량
ㄴ 스테이터코일 단선
ㄷ 레귤레이터 고장

② 엔진을 정지하고 계기판 전류계의 지침이 정상에서 (−)방향을 지시하고 있는 원인
ㄱ 전조등 스위치가 점등위치에 있다.
ㄴ 배선에서 누전되고 있다.
ㄷ 시동스위치가 엔진 예열장치를 동작시키고 있다.

③ 운전 중 운전석 계기판에서 확인해야 하는 것
ㄱ 연료량 게이지
ㄴ 냉각수 온도게이지
ㄷ 충전 경고등
※ 비중계 : 배터리의 충전상태를 측정할 수 있는 게이지

핵심예제

21-1. 엔진 정지상태에서 계기판 전류계의 지침이 정상에서 (−)방향을 지시하고 있다. 그 원인이 아닌 것은? [2006년 4회, 2008년 2회, 2008년 4회, 2010년 5회]

① 전조등 스위치가 점등위치에서 방전되고 있다.
② 배선에서 누전되고 있다.
③ 시동 시 엔진 예열장치를 동작시키고 있다.
④ 발전기에서 축전지로 충전되고 있다.

정답 ④

21-2. 배터리의 충전상태를 측정할 수 있는 게이지는? [2007년 2회]

① 그로울러 테스터
② 압력계
③ 비중계
④ 스러스트 게이지

정답 ③

해설

21-1
발전기에서 축전지로 충전되고 있을 때는 전류계의 지시침이 (+)방향을 지시한다.
21-2
① 그로울러 테스터 : 기동전동기 전기자를 시험하는 데 사용되는 시험기

핵심이론 22 예열장치

예열장치 : 디젤엔진에만 설치되며, 겨울철 흡입공기를 가열하여 시동이 잘 걸리게 한 장치로 흡기가열식과 예열플러그식이 있다.

① 흡기가열식
  ㉠ 실린더에 흡입되는 공기를 미리 예열한다.
  ㉡ 흡기 히터, 히터 레인지로 구성되어 있다.
  ㉢ 히터 레인지는 직접분사식 디젤기관의 흡기다기관에 설치된다.

② 예열플러그식
  ㉠ 실린더 내에 압축공기를 직접 예열한다.
  ㉡ 예열플러그(Glow Plug), 예열플러그 파일럿, 예열플러그 저항기로 구성되어 있다.
  ㉢ 코일형과 실드형으로 나눈다.
    • 코일형
      – 직렬로 되어있고, 히트 코일이 연소실에 노출
      – 항상 연소실에 들어가 있으니 기계적 강도 및 가스에 의한 부식에 약함
    • 실드형
      – 병렬로 결선되어 있으며 튜브 속에 열선이 들어있어 연소실에 노출
      – 발열부가 열선으로 되어 있으며 발열량, 열용량 큼
      – 내구성도 있고 하나가 단선이 되어도 작동
      – 예열플러그 저항기가 필요치 않음
      – 예열시간은 60~90초 사이, 넘으면 단선의 위험
        ※ 예열플러그 파일럿 : 운전석 계기판에 나타난 표시등으로 코일모양으로 생겼다.
        ※ 저항기는 코일형만 사용되고, 히트릴레이는 시동전동기 스위치를 보호하기 위한 장치이다.

핵심예제

동절기에 주로 사용하는 것으로 디젤기관에 흡입된 공기 온도를 상승시켜 시동을 원활하게 하는 장치는? [2007년 1회]

① 고압분사장치
② 연료장치
③ 충전장치
④ 예열장치

정답 ④

2 굴삭기작업장치

핵심이론 01 굴삭기의 장·단점

① 무한궤도식(크롤러식) 굴삭기
  ㉠ 장 점
    • 땅을 다지는 데 효과적이다.
    • 기복이 심한 곳, 습지, 사지에서 작업이 유리하다.
    • 암석지에서 작업이 가능하다.
    • 견인력이 크다.
  ㉡ 단 점
    • 기동성이 나쁘다.
    • 주행저항이 크고 승차감이 나쁘다.
    • 이동성이 나쁘다.

② 타이어식 굴삭기
  ㉠ 장 점
    • 승차감과 변속 및 주행성이 좋다.
    • 이동 시 자주(自走)에 의해 이동한다.
    • 장거리 이동이 쉽고 기동성이 좋다.
  ㉡ 단 점
    • 견인력이 약하다.
    • 평탄하지 않은 작업장소나 진흙에서 작업하는 데 적합하지 않다.
    • 암석·암반지역 작업 시 타이어가 손상된다.

핵심예제

무한궤도식 굴삭기와 타이어식 굴삭기의 운전 특성에 대한 설명으로 틀린 것은? [2011년 5회]

① 무한궤도식은 기복이 심한 곳에서 작업이 불리하다.
② 타이어식은 변속 및 주행 속도가 빠르다.
③ 무한궤도식은 습지, 사지에서 작업이 유리하다.
④ 타이어식은 장거리 이동이 쉽고 기동성이 양호하다.

정답 ①

해설
무한궤도식은 기복이 심한 곳에서 작업이 용이하고 타이어식은 불리하다.

핵심 02 굴삭기의 하부 추진체
이론

① 무한궤도식 굴삭기의 동력전달계통

기관 → 유압펌프 → 컨트롤밸브 → 센터조인트 → 주행
모터 → 트랙

※ 굴삭기의 3대 주요부 : 작업(전부)장치, 상부 선회체,
하부 추진체

② 센터조인트(스위블조인트)

㉠ 크롤러식 굴삭기에서 상부 회전체의 회전에는 영향을
주지 않고 주행모터에 작동유를 공급한다.

㉡ 상부 회전체의 오일을 하부 주행모터에 공급한다.

㉢ 상부 회전체의 중심부에 설치되어 있다.

③ 주행 모터

㉠ 유압식 굴삭기의 주행 동력으로 이용된다.

㉡ 무한궤도형은 주로 유압모터를 구동으로 궤도를 회전
시켜 이동하는 유압식이다.

㉢ 감속기어, 스프로킷, 트랙 등을 회전시켜 굴삭기를 주
행시킨다.

④ 종감속장치

㉠ 종감속기어 : 동력전달계통에서 최종적으로 구동력 증
가를 하는 것

㉡ 종감속장치에서 열이 발생하는 원인

• 윤활유의 부족

• 오일의 오염

• 종감속기어의 접촉상태 불량

※ 굴삭기의 기본 작업 사이클 과정

굴삭 → 붐상승 → 스윙 → 적재 → 스윙 → 굴삭

핵심예제

**2-1. 굴삭기 하부 구동체 가구의 구성요소와 관련된 사항이 아
닌 것은?**   [2010년 4회]

① 트랙 프레임   ② 주행용 유압 모터
③ 트랙 및 롤러   ④ 붐 실린더

정답 ④

**2-2. 크롤러 타입 유압식 굴삭기의 주행 동력으로 이용되는 것
은?**   [2007년 4회]

① 전기모터   ② 유압모터
③ 변속기 동력   ④ 차동장치

정답 ②

해설
2-1
붐 실린더는 작업장치에 속한다.
2-2
크롤러식은 유압모터에 의해 주행을 하고, 타이어식 굴삭기는 변속기나
차동장치에 의해서 주행한다.

03 굴삭기의 상부 회전체

① 카운터 웨이트
  ㉠ 굴삭기 작업 시 안정성을 주고 장비의 밸런스를 잡아주기 위하여 설치한 것
  ㉡ 상부 회전체 뒷부분에 부착되며 붐과 버킷 및 스틱에 가해지는 하중의 평형을 이루어 안정성을 유지
② 선회장치
  ㉠ 스윙모터와 선회감속장치, 회전고정장치로 구성
  ㉡ 피벗회전 : 트랙 시 굴삭기의 한 쪽 주행레버만 조작하여 회전하는 것
  ㉢ 스핀회전 : 주행레버 2개를 반대방향으로 조작하여 회전하는 것
③ 굴삭기 스윙(선회) 동작이 원활하게 안 되는 원인
  ㉠ 컨트롤밸브 스풀 불량
  ㉡ 릴리프밸브 설정 압력 부족
  ㉢ 스윙(선회) 모터 내부 손상
  ※ 굴삭기 전부(작업)장치의 종류
    백호(도랑파기)버킷, 유압셔블, 브레이커, 이젝터버킷, 클램셸, 리퍼, 파일드라이브 어스오거

핵심예제

3-1. 굴삭기의 한쪽 주행레버만 조작하여 회전하는 것을 무엇이라 하는가?　　　　　　[2011년 2회, 2013년 상시]

① 급회전　　　　　　② 피벗회전
③ 스핀회전　　　　　④ 원웨이회전

정답 ②

3-2. 굴삭기의 작업장치 연결부(작동부) 니플에 주유하는 것은?　　　　　　[2008년 5회, 2010년 5회]

① G.A.A(그리스)　　② SAE 30(엔진오일)
③ G.O(기어오일)　　④ H.O(유압유)

정답 ①

해설

3-1
굴삭기의 한쪽 주행레버만 이용하여 회전하는 것은 피벗회전, 주행레버 2개를 반대방향으로 조작하여 회전하는 것은 스핀회전이다.
3-2
니플 : 그리스를 주입할 수 있도록 젖꼭지 모양으로 만들어져 있는 체크형 주입구를 말한다.

04 굴삭기의 트랙

① 트랙의 구성부품 : 슈, 슈볼트, 링크, 부싱, 핀, 슈판
  ※ 트랙 슈는 주유하지 않으나 상부롤러, 아이들러, 하부롤러에는 그리스를 주유한다.
② 트랙에 있는 롤러
  ㉠ 상부롤러는 보통 1~2개가 설치되어 있다.
  ㉡ 하부롤러는 트랙프레임이 한쪽 아래에 3~7개 설치되어 있다.
  ㉢ 하부롤러는 트랙이 받는 중량을 지면에 균일하게 분포한다.
  ㉣ 상부롤러는 스프로킷과 아이들러 사이에 트랙이 처지는 것을 방지한다.
  ㉤ 상부롤러의 설치목적은 트랙을 지지하는 것이다.
③ 트랙의 장력
  ㉠ 트랙의 장력은 25~30mm로 조정한다.
  ㉡ 트랙장력 조정은 그리스를 실린더에 주입하여 조정하는 유압식과 조정나사로 조정하는 기계식이 있다.
  ㉢ 트랙장력을 측정하는 부위 : 아이들러와 1번 상부롤러 사이
  ㉣ 주행 구동체인 장력 조정방법 : 아이들러를 전·후진시켜 조정한다.
    ※ 트랙 어저스터를 돌려서 조정하면 아이들러가 앞뒤로 움직이면서 트랙장력이 조정된다.
  ㉤ 프런트 아이들러의 작용 : 트랙의 진로를 조정하면서 주행방향으로 트랙을 유도한다.
  ㉥ 트랙장력(유격)이 너무 느슨하게 조정되었을 때 : 트랙이 벗겨지기 쉽다.
  ㉦ 트랙장력이 너무 팽팽하게 조정되었을 때
    • 하부롤러, 링크 등이 조기 마모된다.
    • 트랙 핀, 부싱, 스프로킷, 블레이드의 마모

무한궤도식 건설기계에서 트랙장력의 조정은?

[2006년 4회, 2008년 1회, 2011년 2회]

① 스프로킷의 조정볼트로 한다.
② 장력 조정 실린더로 한다.
③ 상부롤러의 베어링으로 한다.
④ 하부롤러의 시임을 조정한다.

정답 ②

핵심 이론 05 | 굴삭기의 트랙에서 점검사항

① 무한궤도식 굴삭기가 주행 중 트랙이 벗겨지는 원인
  ㉠ 트랙이 너무 이완되었을 때(트랙의 장력이 너무 느슨할 때)
  ㉡ 전부유동륜과 스프로킷의 상부롤러의 마모
  ㉢ 전부유동륜과 스프로킷의 중심이 맞지 않을 때
  ㉣ 고속주행 중 급커브를 돌았을 때
② 굴삭기 추진축의 스플라인부가 마모되면 : 주행 중 소음을 내고 추진축이 진동한다.
③ 스프로킷이 이상 마모되는 원인 : 트랙의 이완
④ 리코일 스프링
  ㉠ 트랙장치에서 트랙과 아이들러의 충격을 완화
  ㉡ 리코일 스프링을 이중스프링으로 사용하는 이유 : 서징현상을 줄이기 위해
  ㉢ 리코일 스프링을 분해해야 할 경우 : 스프링이나 샤프트 절손 시
⑤ 굴삭기에 아워미터(시간계)의 설치 목적
  ㉠ 가동시간에 맞추어 예방정비를 한다.
  ㉡ 가동시간에 맞추어 오일을 교환한다.
  ㉢ 각 부위 주유를 정기적으로 하기 위해 설치되었다.
  ※ 굴삭기의 작업 중 운전자가 관심을 가져야 할 사항
    엔진속도 게이지, 온도 게이지, 장비의 잠음 상태 등

무한궤도식의 하부 추진체와 트랙의 점검항목 및 조치사항을 열거한 것 중 틀린 것은?

[2007년 5회, 2009년 5회]

① 구동 스프로킷의 마멸한계를 초과하면 교환한다.
② 트랙의 장력을 규정 값으로 조정한다.
③ 리코일 스프링의 손상 등 상·하부롤러 균열 및 마멸 등이 있으면 교환한다.
④ 각부 롤러의 이상상태 및 리닝장치의 기능을 점검한다.

정답 ④

해설
리닝장치는 모터그레이더에서 회전반경을 줄이기 위해 사용하는 앞바퀴 경사장치를 말한다.

핵심이론 06 굴삭기 작업장치(1) - 붐

① 개 념
  ㉠ 풋 핀에 의하여 상부 회전체에 설치되었으며, 1개 또는 2개의 붐 실린더(유압실린더)에 의해서 상하로 상차 및 굴착한다.
  ㉡ 프론트 어태치먼트(작업장치)의 상부회전체는 풋핀에 의해 연결되어 있다.

② 붐의 각도 : 붐과 암의 상호 교차각이 90~110°일 때 굴착력이 가장 크다.
  ㉠ 정지작업시 붐의 각도 35~40°
  ㉡ 유압식 셔블 장치의 붐의 경사각도 35~65°

③ 붐의 종류
  ㉠ 원피스 붐 : 굴삭, 정지작업 등 일반적인 작업에 이용된다.
  ㉡ 투피스 붐 : 굴삭 길이를 깊게할 수 있으며 크렘쉘작업이나 토사이동작업에 적합하다.
  ㉢ 오프셋 붐 : 스윙각도가 좌·우 60°정도로 상부회전체의 회전 없이 붐을 회전시킬 수 있고 좁은 장소나 좁은 도로의 배수로 구축 등 특수조건의 작업에 용이하다.
  ㉣ 로터리 붐 : 회전모터(붐과 암의 연결부분)를 설치하여 굴삭기의 이동 없이 암이 360°회전이 가능하다.

④ 붐의 속도가 느려지는 원인 : 기름의 압력저하 및 압력부족, 기름에 이물질 혼입 등 유압의 저하이다.

⑤ 붐의 하강량이 많을 때의 원인 : 오일계통의 누출 및 고장으로 유압저하일 때
  ㉠ 유압실린더의 내부누출이 있을 때
  ㉡ 컨트롤 밸브의 스플에서 누출이 많을 때
  ㉢ 유압실린더 배관이 파손되었을 때

핵심예제

6-1. 굴삭기의 전부장치에서 좁은 도로의 배수로 구축 등 특수조건의 작업에 용이한 붐은?

① 원 피스 붐(one piece boom)
② 투 피스 붐(two piece boom)
③ 오프셋 붐(offset boom)
④ 로터리 붐(rotary boom)

정답 ③

6-2. 굴삭기의 붐 스윙장치를 설명한 것으로 틀린 것은?

① 붐 스윙 각도는 왼쪽, 오른쪽 60~90° 정도이다.
② 좁은 장소나 도로변 작업에 많이 사용한다.
③ 붐을 일정 각도로 회전시킬 수 있다.
④ 상부를 회전하지 않고도 파낸 흙을 옆으로 이동시킬 수 있다.

정답 ①

해설

6-1
오프셋 붐 : 좁은 장소, 좁은 도로 양쪽의 배수로 구축 등의 특수조건에 사용된다.
6-2
굴삭기의 붐 스윙장치는 붐을 좌우로 각각 60° 정도로 회전을 하여 좁은 장소나 도로변 작업에 많이 이용된다.

핵심이론 07 굴삭기 작업장치(2) - 암, 버킷 등

① 암(디퍼 스틱)

　㉠ 개 념

　　• 붐과 버킷의 사이에 설치되었다.

　　• 버킷에 굴착작업을 하는 부분으로 1개의 암 실린더(유압실린더)에 의하여 전방 또는 후방으로 작동한다.

　㉡ 종류 : 표준암, 롱암, 쇼트암, 인스텐션암

　※ 암 레버의 조작 시 암이 잠깐 멈추었다 움직이는 것은 펌프의 토출량이 부족이 원인이다.

② 버킷(디퍼)

　㉠ 버킷은 굴착하여 흙을 담을 수 있는 부분으로 1회에 담을 수 있는 용량으로 m³(루베)로 표시한다.

　㉡ 토사굴토, 도랑파기, 토사상차작업 등에 이용된다.

　㉢ 이잭터 버킷 : 진흙 등의 굴착작업에 이용

③ 기타 작업장치 부분

　㉠ 우드 그래플 : 전신주, 원목의 운반 및 하역하는 데 적합하다.

　㉡ 크램셀 : 수직굴토, 배수구 굴삭, 배수구 청소 등의 작업에 적합하다.

　㉢ 브레이커 : 암석·아스팔트·콘크리트 파쇄, 말뚝박기 등에 이용된다.

　㉣ 파일드라이브, 어스오거 : 항타, 항발작업에 이용된다.

　㉤ 유압셔블 : 산악지역의 토사, 암반, 점토질 등의 굴삭작업을 하여 트럭에 싣기 용이하다.

　㉥ 백호 : 장비가 위치보다 낮은 곳 또는 수중굴삭 등에 이용된다.

핵심예제

7-1. 굴삭기 작업장치의 일종인 우드 그래플로 할 수 있는 적합한 작업은?

① 기초공사용 드릴작업　　② 토사굴토, 도랑파기

③ 콘크리트 파쇄작업　　④ 전신주, 원목하역 및 운반작업

정답 ④

7-2. 굴삭기의 작업장치에 해당하지 않는 것은?

① 마스트(mast)　　② 버킷(bucket)

③ 암(arm)　　④ 붐(boom)

정답 ①

해설

7-1

우드 그래플은 전신주나 원목을 집어서 운반 및 하역하는데 적합하다.

7-2

마스트는 지게차의 작업장치이다.

CHAPTER 03 유압일반

핵심이론 01 유압단위

① 유량 : 단위시간에 이동하는 유체의 체적
② 대기압 : 게이지 압력을 0으로 측정한 압력
③ 절대압력 : 어떤 용기 내의 가스가 용기의 내벽에 미치는 압력
④ 게이지 압력 : 대기압 상태에서 측정한 압력계의 압력
⑤ 유압의 압력 = $\dfrac{\text{가해진 힘}}{\text{단면적}}$
⑥ 압력의 단위 : kgf/cm^2(건설기계에서 일반적 사용), bar, KPG, psi, atm, mmHg, Pa 등
⑦ 오일의 무게(kgf)=오일 양(l)×비중

핵심예제

1-1. 압력의 단위가 아닌 것은? [2005년 4회]

① kgf/cm^2　　　　　② dyne
③ psi　　　　　　　④ bar

정답 ②

1-2. 단위 시간에 이동하는 유체의 체적을 무엇이라 하는가? [2006년 1회, 2007년 4회]

① 토출량　　　　　② 드레인
③ 언더랩　　　　　④ 유량

정답 ④

1-3. 오일의 무게를 맞게 계산한 것은? [2006년 2회, 2010년 1회]

① 부피 L에다 비중을 곱하면 kgf가 된다.
② 부피 L에다 질량을 곱하면 kgf가 된다.
③ 부피 L에다 비중을 나누면 kgf가 된다.
④ 부피 L에다 질량을 나누면 kgf가 된다.

정답 ①

해설

1-1
dyne는 힘의 단위이다.

핵심이론 02 작동유의 성질 및 구비조건

① 유압작동유의 중요 역할
　㉠ 부식을 방지한다.
　㉡ 윤활작용, 냉각작용을 한다.
　㉢ 압력에너지를 이송한다(동력전달기능).
　㉣ 필요한 요소 사이를 밀봉한다.
② 작동유의 구비조건
　㉠ 압력에 대해 비압축성일 것
　㉡ 온도에 의한 점도 변화가 적을 것
　㉢ 밀도, 독성, 휘발성, 열팽창계수, 거품, 카본생성 등이 적을 것
　㉣ 내연성, 점도지수, 체적 탄성계수 등이 클 것
　㉤ 발화점, 인화점, 점성, 유동점이 높을 것
　㉥ 윤활성, 방청성, 방식성, 산화 안정성이 좋을 것
　㉦ 물, 먼지 등의 불순물과 분리가 잘 될 것
　㉧ 보관 중에 성분의 분리가 되지 않을 것
　㉨ 응고점이 낮고, 강인한 유막을 형성할 것

핵심예제

2-1. 유압유의 주요 기능이 아닌 것은? [2013년 상시]

① 필요한 요소 사이를 밀봉한다.
② 움직이는 기계요소를 마모시킨다.
③ 열을 흡수한다.
④ 동력을 전달한다.

정답 ②

2-2. 유압작동유가 갖추어야할 성질이 아닌 것은?
[2006년 2회, 2009년 5회]

① 온도에 의한 점도변화가 적을 것
② 거품이 적을 것
③ 방청·방식성이 있을 것
④ 물·먼지 등의 불순물과 혼합이 잘 될 것

정답 ④

2-3. 유압유의 점검사항과 관계없는 것은?
[2007년 4회, 2009년 2회, 2010년 5회]

① 점 도   ② 윤활성
③ 소포성   ④ 마멸성

정답 ④

해설

2-1
마모의 억제는 유압유의 큰 작용의 하나이다.
2-2
④ 외부로부터 침입한 불순물을 침전 분리시켜야 한다.
2-3
유압유가 마멸성을 가질 필요는 없다.

핵심이론 03 점 도

① 점도의 특성
  ㉠ 유압유 성질 중 가장 중요한 것은 점도이다.
  ㉡ 온도가 상승하면 점도는 저하된다.
  ㉢ 점성의 점도를 나타내는 척도이다.
  ㉣ 온도가 내려가면 점도는 높아진다.
  ㉤ 점도지수는 온도에 따른 점도변화 정도를 표시하는 것이다.
  ㉥ 점도지수가 클수록 온도변화의 영향을 덜 받는다.
  ㉦ 유압유에 점도가 서로 다른 2종류의 오일을 혼합하면 열화현상이 발생한다.
② 유압회로에서 유압유의 점도가 높을 때 발생될 수 있는 현상
  ㉠ 열 발생의 원인, 유압이 높아짐
  ㉡ 동력손실 증가로 기계효율의 저하
  ㉢ 소음이나 공동현상 발생
  ㉣ 유동저항의 증가로 인한 압력손실의 증대
  ㉤ 관 내의 마찰손실 증대에 의한 온도의 상승
  ㉥ 유압기기 작동의 불활발
③ 유압회로 내의 유압유 점도가 너무 낮을 때 생기는 현상
  ㉠ 내부 오일 누설의 증대
  ㉡ 압력유지의 곤란
  ㉢ 유압펌프, 모터 등의 용적효율 저하
  ㉣ 기기마모의 증대
  ㉤ 압력발생 저하로 정확한 작동불가

핵심예제

유압유에 점도가 서로 다른 2종류의 오일을 혼합하였을 경우에 대한 설명으로 맞는 것은? [2008년 4회, 2010년 1회, 2013년 상시]

① 오일첨가제의 좋은 부분만 작동하므로 오히려 더욱 좋다.
② 점도가 달라지나 사용에는 전혀 지장이 없다.
③ 혼합은 권장 사항이며, 사용에는 전혀 지장이 없다.
④ 열화현상을 촉진시킨다.

정답 ④

핵심이론 04 유압유의 온도

① 유압 작동유의 적정온도 : 30~80℃ 이하(80℃ 이상 과열상태)

② 유압유의 온도가 상승하는 원인

    ㉠ 높은 열을 갖는 물체에 유압유가 접촉될 때

    ㉡ 고속 및 과부하로 연속작업을 하는 경우

    ㉢ 오일 냉각기가 불량할 때

    ㉣ 유압유에 캐비테이션이 발생될 때

    ㉤ 높은 태양열이 작용할 때

    ㉥ 오일 점도·효율이 불량할 때

    ㉦ 유압유 부족, 노화

    ㉧ 안전밸브의 작동 압력이 너무 낮을 때

    ㉨ 릴리프밸브가 닫힌 상태로 고장일 때

    ㉩ 오일냉각기의 냉각핀이 오손되었을 때

③ 작동유 온도 상승 시의 영향

    ㉠ 열화를 촉진한다.

    ㉡ 오일점도의 저하에 의해 누유되기 쉽다.

    ㉢ 유압펌프 등의 효율이 저하된다.

    ㉣ 점도 저하로 인해 펌프효율과 밸브류 기능이 저하될 수 있다.

    ㉤ 온도변화에 의해 유압기기가 열변형되기 쉽다.

    ㉥ 유압유의 산화작용을 촉진한다.

    ㉦ 작동 불량현상이 발생한다.

    ㉧ 기계적인 마모가 발생할 수 있다.

핵심예제

4-1. 유압회로에서 작동유의 정상온도는?　　　[2006년 2회]

① 10~20℃

② 60~80℃

③ 112~115℃

④ 125~140℃

정답 ②

4-2. 작동유 온도상승 시 유압계통에 미치는 영향으로 틀린 것은?　　　[2006년 5회, 2009년 5회, 2011년 2회]

① 열화를 촉진한다.

② 점도저하에 의해 누유되기 쉽다.

③ 유압펌프의 효율은 좋아진다.

④ 온도변화에 의해 유압기기가 열 변형되기 쉽다.

정답 ③

해설

4-1

유압작동유의 적정온도 : 30~80℃ 이하(80℃ 이상 과열상태)

4-2

작동유 온도상승 시에는 열화촉진과 점도저하 등의 원인으로 펌프효율이 저하된다.

핵심이론 05 유압이 낮아지거나 유압장치에서 오일에 거품이 생기는 원인

① 유압이 낮아지는 원인
  ㉠ 엔진 베어링의 윤활 간극이 클 때
  ㉡ 오일펌프가 마모되었거나 회로에서 오일이 누출될 때
  ㉢ 오일의 점도가 낮을 때
  ㉣ 오일 팬 내의 오일량이 부족할 때
  ㉤ 유압조절밸브 스프링의 장력이 쇠약하거나 절손되었을 때
  ㉥ 엔진오일이 연료 등의 유입으로 현저하게 희석되었을 때
  ※ 유압라인에서 압력에 영향을 주는 요소 : 유체의 흐름량·점도, 관로직경의 크기

② 유압장치에서 오일에 거품이 생기는 원인
  ㉠ 오일탱크와 펌프 사이에서 공기가 유입될 때
  ㉡ 오일이 부족할 때
  ㉢ 펌프축 주위의 토출측 실(Seal)이 손상되었을 때
  ㉣ 유압계통에 공기가 흡입되었을 때

핵심예제

5-1. 엔진의 윤활유의 압력이 높아지는 이유는? [2013년 상시]
① 윤활유량이 부족하다.
② 윤활유의 점도가 너무 높다.
③ 기관 내부의 마모가 심하다.
④ 윤활유 펌프의 성능이 좋지 않다.

정답 ②

5-2. 유압장치에서 오일에 거품이 생기는 원인으로 가장 거리가 먼 것은? [2006년 4회, 2009년 2회]
① 오일탱크와 펌프 사이에서 공기가 유입될 때
② 오일이 부족할 때
③ 펌프축 주위의 토출측 실(Seal)이 손상되었을 때
④ 유압유의 점도지수가 클 때

정답 ④

해설
5-1
점도가 높으면 마찰력이 높아지기 때문에 압력이 높아진다.
5-2
유압유 점도지수가 클수록 기계의 안전성에 견딜 수 있는 성질이 높다.

핵심이론 06 유압장치

① 구성요소
  ㉠ 유압장치의 구성요소 : 유압 발생장치, 유압 제어장치, 유압 구동장치(오일탱크, 펌프, 제어밸브 등)
  ㉡ 오일(유압)탱크 구성품 : 주유구, 주입구 캡, 유면계, 배플, 분리판, 펌프 흡입관, 공기 청정기, 분리판, 드레인 콕, 측판, 드레인관, 드레인플러그, 리턴관, 필터(엘리먼트), 스트레이너 등

② 유압장치의 장점
  ㉠ 작은 동력원으로 큰 힘을 낼 수 있다.
  ㉡ 운동방향을 쉽게 변경할 수 있다.
  ㉢ 속도제어가 용이하다.
  ㉣ 입력에 대한 출력의 응답이 빠르며 에너지 축적이 가능하다.
  ㉤ 힘의 전달 및 증폭이 용이하다.
  ㉥ 무단변속이 가능하고 정확한 위치제어를 할 수 있다.
  ㉦ 과부하에 대한 안전장치가 간단하고 정확하다.
  ㉧ 내구성, 윤활특성, 방청이 좋다.
  ㉨ 원격조작이 가능하고, 진동이 없다.

③ 유압장치의 단점
  ㉠ 관로를 연결하는 곳에서 유체가 누출될 수 있다.
  ㉡ 고압 사용으로 인한 위험성 및 이물질에 민감하다.
  ㉢ 오일은 가연성이 있어 화재에 위험하다.
  ㉣ 오일의 온도에 따라서 점도가 변하므로 기계의 속도가 변한다.
  ㉤ 에너지의 손실이 크다.
  ㉥ 폐유에 의한 주변환경이 오염될 수 있다.
  ㉦ 고장 원인의 발견이 어렵고, 구조가 복잡하다.
  ㉧ 작동유의 온도 영향으로 정밀한 속도와 제어가 어렵다.
  ㉨ 작동유가 높은 압력이 될 때에는 파이프를 연결하는 부분에서 새기 쉽다.

핵심예제

유압장치의 구성요소가 아닌 것은? [2008년 2회]
① 제어밸브　　　　② 오일탱크
③ 펌 프　　　　　④ 차동장치

정답 ④

해설
차동장치는 자동차에서 회전을 원활하게 하기 위한 기구이다.

유압탱크

① 유압 작동유 탱크의 기능
   ㄱ 계통 내의 필요한 유량 확보(오일의 저장)
   ㄴ 차폐장치(배플)에 의해 기포 발생 방지 및 소멸
   ㄷ 탱크 외벽의 방열에 의해 적정온도 유지(온도조정)
   ㄹ 작동유의 열 발산 및 부족한 기름 보충
   ㅁ 복귀유의 먼지나 녹, 찌꺼기 침전역할
   ㅂ 격판을 설치하여 오일의 출렁거림 방지

② 유압탱크의 구비조건
   ㄱ 적당한 크기의 주유구 및 스트레이너를 설치한다.
   ㄴ 드레인(배출밸브) 및 유면계를 설치한다.
   ㄷ 오일에 이물질이 혼입되지 않도록 밀폐되어야 한다.
   ㄹ 유면은 적정위치 "F"에 가깝게 유지하여 한다.
   ㅁ 발생한 열을 발산할 수 있어야 한다.
   ㅂ 공기 및 이물질을 오일로부터 분리할 수 있어야 한다.
   ㅅ 탱크의 크기가 정지할 때 되돌아오는 오일량의 용량보
     다 크게 한다.
   ※ 드레인 플러그 : 오일탱크 내의 오일을 전부 배출시킬
     때 사용

핵심예제

7-1. 다음 보기 중 유압 오일탱크의 기능으로 모두 맞는 것은?
[2007년 5회, 2009년 1회]

〈보 기〉
ㄱ. 계통 내의 필요한 유량 확보
ㄴ. 격판에 의한 기포 분리 및 제거
ㄷ. 계통 내의 필요한 압력 설정
ㄹ. 스트레이너 설치로 회로 내 불순물 혼입 방지

① ㄱ, ㄴ, ㄷ   ② ㄱ, ㄴ, ㄹ
③ ㄴ, ㄷ, ㄹ   ④ ㄱ, ㄷ, ㄹ
정답 ②

7-2. 유압탱크의 구비조건과 가장 거리가 먼 것은?
[2008년 5회, 2010년 2회]

① 적당한 크기의 주유구 및 스트레이너를 설치한다.
② 드레인(배출밸브) 및 유면계를 설치한다.
③ 오일에 이물질이 혼입되지 않도록 밀폐되어야 한다.
④ 오일 냉각을 위한 쿨러를 설치한다.
정답 ④

유압펌프 일반

① 유압펌프 개념
   ㄱ 오일탱크에서 기름을 흡입하여 유압밸브에서 소요되
     는 압력과 유량을 공급하는 장치
   ㄴ 톱니바퀴를 이용한 기어펌프, 익형으로 펌프작용을 시
     키는 베인펌프, 피스톤을 사용한 플런저 펌프의 3종류
     가 대표적

② 일반적인 유압펌프의 특징
   ㄱ 원동기의 기계적 에너지를 유압에너지로 변환한다.
   ㄴ 엔진의 동력으로 구동된다.
   ㄷ 유압탱크의 오일을 흡입하여 컨트롤밸브로 송유(토출)
     한다.
   ㄹ 엔진이 회전하는 동안에는 항상 회전한다.

③ 유압펌프의 용량표시 : 주어진 압력과 그 때의 토출량으로
   표시

④ 유량(토출량) 단위
   ㄱ GPM(g/min) : 분당 토출하는 작동유의 양, 즉 계통
     내에서 이동되는 유체(오일)의 양
   ㄴ LPM(L/min) : 분당 토출하는 액체의 체적

핵심예제

8-1. 유압펌프의 기능을 설명한 것으로 맞는 것은?
[2006년 5회, 2009년 4회]

① 유압회로 내의 압력을 측정하는 기구이다.
② 어큐뮬레이터와 동일한 기능을 한다.
③ 유압에너지를 동력으로 변환한다.
④ 원동기의 기계적 에너지를 유압에너지로 변환한다.
정답 ④

8-2. 일반적인 유압펌프에 대한 설명으로 가장 거리가 먼 것은?
[2013년 상시]

① 유압탱크의 오일을 흡입하여 컨트롤밸브(Control Valve)로
   송유(토출)한다.
② 엔진이 회전하는 동안에는 항상 회전한다.
③ 엔진의 동력으로 구동된다.
④ 벨트에 의해 구동된다.
정답 ④

해설
8-1
유압펌프는 기계적 에너지를 유압에너지로, 유압모터는 유압에너지를
기계적 에너지로 변환한다.

핵심이론 09 기어펌프

① 기어펌프의 특징
　㉠ 구조가 간단하고 흡입능력이 가장 크다.
　㉡ 다루기 쉽고 가격이 저렴하다.
　㉢ 정용량 펌프이다.
　㉣ 유압작동유의 오염에 비교적 강한 편이다.
　㉤ 피스톤펌프에 비해 효율이 떨어진다.
　㉥ 외접식과 내접식이 있다.
　㉦ 베인펌프에 비해 소음이 비교적 크다.
　※ 기어식 유압펌프에서 회전수가 변하면 오일흐름 용량이 가장 크게 변화한다.

② 트로코이드 펌프(Trochoid Pump)
　㉠ 안쪽 로터가 회전하면 바깥쪽 로터도 동시에 회전한다.
　㉡ 트로코이드 곡선을 사용한 내접식 펌프이다.
　㉢ 안쪽은 내·외측 로터로 바깥쪽은 하우징으로 구성되어 있다.
　※ 폐입현상 : 외접식 기어펌프에서 토출된 유량 일부가 입구 쪽으로 귀환하여 토출량 감소, 축동력 증가 및 케이싱 마모 등의 원인을 유발하는 현상

핵심예제

유압장치에서 기어펌프의 특징이 아닌 것은?
[2007년 1회, 2009년 2회]

① 구조가 다른 펌프에 비해 간단하다.
② 유압작동유의 오염에 비교적 강한 편이다.
③ 피스톤펌프에 비해 효율이 떨어진다.
④ 가변 용량형 펌프로 적당하다.

정답 ④

해설
플런저펌프가 가변 용량형 펌프로 적당하다.

핵심이론 10 플런저(피스톤)펌프

① 종류
　㉠ 레이디얼형 : 플런저가 회전축에 대하여 직각방사형으로 배열된 형식
　㉡ 액시얼형 : 플런저가 구동축 방향으로 작동하는 형식

② 플런저(피스톤)펌프의 특징
　㉠ 효율이 가장 높다(가장 높은 압력을 발생시킨다).
　㉡ 발생압력이 고압이다.
　㉢ 구조가 복잡하다.
　㉣ 기어펌프에 비해 최고 토출압력이 높다.
　㉤ 기어펌프에 비해 소음이 적다.
　㉥ 축은 회전 또는 왕복운동을 한다.
　㉦ 캠축에 의해 플런저를 상하 왕복운동시킨다.
　㉧ 높은 압력에 잘 견딘다.
　㉨ 토출량의 변화 범위가 크다.
　㉩ 가변용량이 가능하다.
　※ 피스톤펌프나 기어펌프 모두 고속회전이 가능하다.
　※ 가변용량형 피스톤펌프 : 회전수가 같을 때 펌프의 토출량이 변할 수 있다.

핵심예제

10-1. 일반적으로 유압펌프 중 가장 고압, 고효율인 것은?
[2005년 1회, 2010년 2회]

① 베인펌프　　② 플런저펌프
③ 2단 베인펌프　　④ 기어펌프

정답 ②

10-2. 피스톤펌프의 특징으로 가장 거리가 먼 것은?
[2013년 상시]

① 구조가 간단하고 값이 싸다.
② 효율이 높다.
③ 베어링에 부하가 크다.
④ 토출압력이 높다.

정답 ①

해설
10-1
플런저펌프 : 가장 높은 압력 조건에 사용할 수 있는 펌프
10-2
피스톤펌프는 구조가 복잡하고 가격이 비싸다.

핵심이론 11 베인펌프

① 개 념
  - ㉠ 베인(날개)이 원심력 또는 스프링의 장력에 의해 벽에 밀착되어 회전하면서 액체를 입송하는 형식
  - ㉡ 안쪽 날개가 편심된 회전축에 끼워져 회전하는 유압펌프

② 특 징
  - ㉠ 맥동과 소음이 적다.
  - ㉡ 소형·경량이다.
  - ㉢ 간단하고 성능이 좋다.
  - ㉣ 토출압력의 연동이 적고 수명이 길다.

핵심예제

11-1. 베인펌프의 일반적인 특성 설명 중 맞지 않는 것은?
[2006년 1회]

① 맥동과 소음이 적다.
② 소형·경량이다.
③ 간단하고 성능이 좋다.
④ 수명이 짧다.

정답 ④

11-2. 유압펌프의 종류별 특징을 바르게 설명한 것은?
[2011년 5회]

① 나사펌프 : 진동과 소음의 발생이 심하다.
② 피스톤펌프 : 내부 누설이 많아 효율이 낮다.
③ 기어펌프 : 구조가 복잡하고 고압에 적당하다.
④ 베인펌프 : 토출압력의 연동이 적고 수명이 길다.

정답 ④

핵심이론 12 유압펌프의 점검

① 유압펌프에서 오일이 토출하지 않는 원인
  - ㉠ 회전방향이 반대로 되어 있다.
  - ㉡ 흡입관 또는 스트레이너가 막혔다.
  - ㉢ 흡입관이 공기를 빨아들인다.
  - ㉣ 회전수가 부족하다.
  - ㉤ 오일탱크의 유면이 낮다.
  - ㉥ 오일이 부족하다.
  - ※ 유압펌프에서 작동유의 점도가 낮으면 가장 양호하게 토출이 가능하다.

② 유압펌프의 고장현상
  - ㉠ 샤프트실(Seal)에서 오일누설이 있다.
  - ㉡ 오일배출 압력이 낮다.
  - ㉢ 소음이 크게 된다.
  - ㉣ 오일의 흐르는 양이나 압력이 부족하다.

③ 유압펌프에서 소음이 나는 원인
  - ㉠ 스트레이너가 막혀 흡입용량이 너무 작아졌다.
  - ㉡ 펌프흡입관 접합부로부터 공기가 유입된다.
  - ㉢ 엔진과 펌프축 간의 편심 오차가 크다.
  - ㉣ 오일량이 부족하거나 점도가 너무 높다.
  - ㉤ 오일 속에 공기가 들어 있다.
  - ㉥ 공기혼입의 영향(채터링현상, 공동현상 등), 펌프의 베어링 마모 등

핵심예제

기어식 유압펌프에서 소음이 나는 원인이 아닌 것은?
[2006년 2회]

① 흡입라인의 막힘
② 오일량의 과다
③ 펌프의 베어링 마모
④ 오일의 과부족

정답 ②

해설
오일량이 부족하면 소음이 나도 오일량이 많으면 소음이 나지 않는다.

핵심이론 13 공동현상 등

① 캐비테이션(공동현상)의 개념
  ㉠ 유압장치 내에 국부적인 높은 압력과 소음진동이 발생하는 현상
  ㉡ 작동유(유압유) 속에 용해 공기가 기포로 되어 있는 상태
  ㉢ 오일필터의 여과 입도가 너무 조밀하였을 때 가장 발생하기 쉬운 현상
  ※ 캐비테이션현상이 발생되었을 때의 영향
    • 체적 효율이 저하된다.
    • 소음과 진동이 발생된다.
    • 저압부의 기포가 과포화 상태가 된다.
    • 내부에서 부분적으로 매우 높은 압력이 발생된다.
    • 급격한 압력파가 형성된다.
    • 액추에이터의 효율이 저하된다.

② 유압회로 내에서 공동현상의 발생 시 처리방법 : 일정 압력을 유지시킨다.

③ 유압펌프의 흡입구에서 캐비테이션을 방지하기 위한 방법
  ㉠ 흡입구의 양정을 1m 이하로 한다.
  ㉡ 흡입관의 굵기를 유압 본체의 연결구의 크기와 같은 것을 사용한다.
  ㉢ 펌프의 운전속도를 규정속도 이상으로 하지 않는다.

④ 작동유에 수분이 혼입되었을 때의 영향 : 작동유의 열화(온도상승, 공기유입 등), 공동현상 등으로 유압기의 마모나 손상 등이 나타난다.

⑤ 유체의 관로에 공기가 침입할 때 일어나는 현상 : 공동현상, 열화촉진, 실린더 숨돌리기

⑥ 유압장치의 금속가루 또는 불순물을 제거하기 위한 것 : 필터, 스트레이너

핵심예제

필터의 여과 입도수(Mesh)가 너무 높을 때 발생할 수 있는 현상으로 가장 적절한 것은?
[2005년 4회, 2006년 4회, 2008년 1회, 2011년 4회]
① 블로바이현상이 생긴다.
② 맥동현상이 생긴다.
③ 베이퍼록현상이 생긴다.
④ 캐비테이션현상이 생긴다.
정답 ④

핵심이론 14 압력제어밸브

① 유압회로
  ㉠ 유압의 기본회로 : 오픈회로, 클로즈회로, 탠덤회로
  ㉡ 유압회로에 사용되는 3종류의 제어밸브
    • 압력제어밸브 : 일의 크기제어
    • 유량제어밸브 : 일의 속도제어
    • 방향제어밸브 : 일의 방향제어

② 압력제어밸브
  ㉠ 유압장치의 과부하 방지와 유압기기의 보호를 위하여 최고 압력을 규제하고 유압 회로 내의 필요한 압력을 유지하는 밸브
  ㉡ 유압회로 내에서 유압을 일정하게 조절하여 일의 크기를 결정하는 밸브
  ㉢ 압력제어밸브의 작동위치 : 펌프와 방향전환밸브
  ㉣ 압력제어밸브의 종류 : 릴리프밸브, 감압밸브, 시퀀스밸브, 언로드밸브, 카운터밸런스밸브

③ 회로 내의 압력을 설정치 이하로 유지하는 밸브 : 릴리프밸브, 리듀싱밸브, 언로더밸브

④ 분기회로에 사용되는 밸브 : 리듀싱밸브, 시퀀스밸브
  ※ 바이패스밸브(Bypass Valve) : 기관의 엔진오일 여과기가 막히는 것을 대비해서 설치

핵심예제

14-1. 오일펌프의 압력조절밸브를 조정하여 스프링 장력을 높게 하면 어떻게 되는가? [2005년 4회, 2007년 1회, 2010년 4회]
① 유압이 높아진다.
② 윤활유의 점도가 증가된다.
③ 유압이 낮아진다.
④ 유량의 송출량이 증가된다.
정답 ①

14-2. 유압장치에서 유압의 제어방법이 아닌 것은? [2007년 4회]
① 압력제어   ② 방향제어
③ 속도제어   ④ 유량제어
정답 ③

해설
14-2
속도제어는 유량제어에 의해 이루어진다.

핵심 이론 **15** 릴리프밸브

① 릴리프밸브 개념
  ㉠ 유압장치 내의 압력을 일정하게 유지하고, 최고압력을 제한하면 회로를 보호해준다.
  ㉡ 유압회로에 흐르는 압력이 설정된 압력 이상으로 되는 것을 방지한다.
  ㉢ 계통 내의 최대압력을 설정함으로서 계통을 보호한다.
  ㉣ 작동형, 평형피스톤형 등의 종류가 있다.
  ㉤ 펌프의 토출측에 위치하여 회로 전체의 압력을 제어한다.
  ㉥ 유압이 규정치보다 높아질 때 작동하여 계통을 보호한다.
  ㉦ 릴리프밸브는 유압펌프와 제어밸브 사이에 설치한다.

② 채터링(Chattering)현상
  ㉠ 릴리프밸브 스프링의 장력이 약화될 때 발생될 수 있는 현상
  ㉡ 유압기의 밸브 스프링 약화로 인해 밸브면에 생기는 강제진동과 고유진동의 쇄교로 밸브가 시트에 완전 접촉을 하지 못하고 바르르 떠는 현상
  ㉢ 릴리프밸브에서 볼(Ball)이 밸브의 시트(Seat)를 때려 소음을 발생시키는 현상

③ 기타 릴리프밸브
  ㉠ 메인 릴리프밸브 : 유압으로 작동되는 작업장치에서 작업 중 힘이 떨어지는 원인으로 가장 관계가 있다(압력유지, 압력조정 등).
  ㉡ 과부하(포트) 릴리프밸브 : 유압장치의 방향전환밸브(중립 상태)에서 실린더가 외력에 의해 충격을 받았을 때 발생되는 고압을 릴리프시키는 밸브(충격흡수, 과부하 방지 등)

핵심예제

유압회로의 최고압력을 제어하는 밸브로서 회로의 압력을 일정하게 유지시키는 밸브는? [2007년 2, 5회, 2009년 1회, 2009년 4회]

① 감압밸브(Reducing Valve)
② 카운터밸런스밸브(Counter Balance Valve)
③ 릴리프밸브(Relief Valve)
④ 무부하밸브(Unloading Valve)

정답 ③

해설
릴리프밸브 : 회로의 압력이 밸브의 설정치에 도달하였을 때, 흐름의 일부 또는 전량을 기름탱크측으로 흘려보내서 회로 내의 압력을 설정값으로 유지하는 밸브

핵심이론 16 기타 압력제어밸브

① 감압밸브(리듀싱밸브)
  ㉠ 유압회로에서 입구에 압력을 가압하여 유압실린더 출구 설정압력 유압으로 유지하는 밸브
  ㉡ 유압장치에서 회로 일부의 압력을 릴리프밸브의 설정압력 이하로 하고 싶을 때 사용
  ㉢ 출구(2차쪽)의 압력이 감압밸브의 설정압력보다 높아지면 밸브가 작동하여 유로를 닫음
  ㉣ 입구(1차쪽)의 주회로에서 출구(2차쪽)의 감압회로로 유압유가 흐름
  ㉤ 분기회로에서 2차측 압력을 낮게 할 때 사용

② 시퀀스밸브
  ㉠ 유압회로의 압력에 의해 유압 액추에이터의 작동순서를 제어하는 밸브
  ㉡ 액추에이터를 순서에 맞추어 작동시키기 위해 설치한 밸브

③ 무부하밸브(언로드밸브) : 유압장치에서 고압 소용량, 저압 대용량 펌프를 조합 운전할 때, 작동압이 규정 압력 이상으로 상승 시 동력 절감을 하기 위해 사용하는 밸브

④ 카운터밸런스밸브
  ㉠ 실린더가 중력으로 인하여 제어속도 이상으로 낙하하는 것을 방지하는 밸브
  ㉡ 크롤러 굴삭기가 경사면에서 주행 모터에 공급되는 유량과 관계없이 자중에 의해 빠르게 내려가는 것을 방지

핵심예제

유압장치에서 고압 소용량, 저압 대용량 펌프를 조합 운전할 때, 작동 압력이 규정 압력 이상으로 상승할 때 동력 절감을 하기 위해 사용하는 밸브는?　　　　　[2005년 5회, 2007년 4회]

① 감압밸브　　　　　② 릴리프밸브
③ 시퀀스밸브　　　　④ 무부하밸브

정답 ④

해설
무부하밸브 : 일정한 설정유압에 달했을 때 유압펌프를 무부하로 하기 위한 밸브

핵심이론 17 유량제어밸브

① 개 념
  ㉠ 유압장치에서 작동체의 속도를 바꿔주는 밸브
  ㉡ 액추에이터의 운동속도를 조정하기 위하여 사용되는 밸브

② 유량제어밸브 종류 : 스로틀밸브(교축밸브), 속도제어밸브, 급속배기밸브, 압력보상형 유량제어밸브, 온도보상형 유량제어밸브, 분류밸브, 니들밸브

※ 니들밸브 : 내경이 작은 파이프에서 미세한 유량을 조정하는 밸브

③ 유량제어회로(속도제어회로)
  ㉠ 미터 인(Meter In)회로 : 유압실린더 입구에 유량제어밸브를 설치하여 속도제어
    • 유압실린더의 입구 측에 유량제어밸브를 설치하여 작동기로 유입되는 유량을 제어함으로써 작동기의 속도를 제어
    • 액추에이터의 입구 쪽 관로에 설치한 유량제어밸브로 흐름을 제어하여 속도를 제어
  ㉡ 미터 아웃(Meter Out)회로 : 유압실린더 출구에 유량제어밸브를 설치하여 속도제어
  ㉢ 블리드 오프(Bleed Off)회로 : 유압실린더 입구에 병렬로 설치하여 속도제어

핵심예제

17-1. 액추에이터의 운동속도를 조정하기 위하여 사용되는 밸브는?

[2006년 1회, 2009년 4회]

① 압력제어밸브   ② 온도제어밸브
③ 유량제어밸브   ④ 방향제어밸브

|정답| ③

17-2. 내경이 작은 파이프에서 미세한 유량을 조정하는 밸브는?

[2008년 1회]

① 압력보상밸브   ② 니들밸브
③ 바이패스밸브   ④ 스로틀밸브

|정답| ②

17-3. 유압회로에서 속도제어회로가 아닌 것은?

[2009년 5회]

① 블리드 오프   ② 미터 아웃
③ 미터인   ④ 시퀀스

|정답| ④

|해설|

17-1
① 압력제어밸브 : 일의 크기제어
③ 유량제어밸브 : 일의 속도제어
④ 방향제어밸브 : 일의 방향제어

17-2
니들밸브(Needle Valve)
• 작은 지름의 파이프에서 유량을 미세하게 조정하기에 적합하다.
• 부하의 변동(압력의 변화)에 따른 유량을 정확히 제어할 수 없다.

17-3
시퀀스는 압력제어회로이다.

핵심이론 18 방향제어밸브

① 개 념
ㄱ 회로 내 유체의 흐르는 방향을 조절한다.
ㄴ 유체의 흐름 방향을 한쪽으로만 허용한다.
ㄷ 유압실린더나 유압모터의 작동 방향을 바꾸는 데 사용된다.

② 방향제어밸브 : 체크밸브, 파이롯조작밸브, 방향전환밸브, 셔틀밸브, 솔레노이드밸브, 디셀러레이션밸브, 매뉴얼밸브(로터리형) 등

③ 방향제어밸브의 기능 : 공기압회로에 있어서 실린더나 기타의 액추에이터로 공급하는 공기의 흐름 방향을 변환시키는 밸브

④ 방향제어밸브를 동작시키는 방식 : 수동식, 기계식, 파일럿식, 전자식(솔레노이드조작식) 등

⑤ 체크밸브
ㄱ 유압회로에서 역류를 방지하고 회로 내의 잔류압력을 유지하는 밸브
ㄴ 유압유의 흐름을 한쪽으로만 허용하고 반대방향의 흐름을 제어하는 밸브
ㄷ 유압 브레이크에서 잔압을 유지시키는 것

⑥ 유압회로 내에 잔압을 설정해두는 이유
ㄱ 브레이크 작동 지연을 방지
ㄴ 베이퍼 록을 방지
ㄷ 유압회로 내의 공기유입 방지
ㄹ 휠 실린더의 오일 누설 방지

※ 방향제어밸브의 형식에는 포핏형식, 로터리형식, 스풀형식이 있으나 스풀형식이 많이 사용

※ 스풀형식 : 건설기계에서 유압작동기(액추에이터)의 방향전환 밸브로서 원통형 슬리브 면에 내접하여 축방향으로 이동하여 유로를 개폐하는 형식의 밸브

핵심예제

18-1. 방향제어밸브를 동작시키는 방식이 아닌 것은?

[2005년 5회, 2007년 1회, 2008년 2회]

① 수동식
② 전자 유압 파일럿식
③ 전자식
④ 스프링식

정답 ④

18-2. 유압제어밸브의 분류 중 방향 제어밸브에 속하지 않는 것은?

[2008년 4회]

① 셔틀밸브
② 체크밸브
③ 릴리프밸브
④ 디셀러레이션밸브

정답 ③

해설

18-1

방향제어밸브 조작방식 : 수동식, 기계식, 파일럿식, 전자식 등이 있다.

18-2

릴리프밸브는 압력제어밸브이다.

핵심이론 19 유압실린더와 유압모터의 작업장치, 축압기

① 액추에이터(작업장치)

㉠ 유압유의 압력에너지(힘)를 기계적 에너지(일)로 변환시키는 작용을 하는 장치

㉡ 유압을 일로 바꾸는 장치

㉢ 유압펌프를 통하여 송출된 에너지를 직선운동이나 회전 운동을 통하여 기계적 일을 하는 기기

㉣ 액추에이터(Actuator)의 작동속도는 유량에 의해 결정

② 어큐뮬레이터(축압기)

㉠ 유압펌프에서 발생한 유압을 저장하고 맥동을 소멸시키는 장치

㉡ 축압기의 용도 : 유압 에너지의 축적, 충격 압력 흡수, 유체의 맥동 감쇠, 압력 보상, 서지 압력방지, 2차 유압회로의 구동, 액체 수송(펌프 작용), 사이클 시간 단축, 에너지 보조, 펌프 대용 및 안전장치의 역할

㉢ 축압기의 종류 중 공기 압축형 : 피스톤식, 다이어프램식, 블래더식

※ 질 소

• 기액식 어큐뮬레이터에 사용된다.

• 유압장치에 사용되는 블래더형 어큐뮬레이터(축압기)의 고무주머니 내에 주입된다.

핵심예제

19-1. 유압펌프를 통하여 송출된 에너지를 직선운동이나 회전운동을 통하여 기계적 일을 하는 기기를 무엇이라고 하는가?

[2007년 4회]

① 오일 쿨러
② 제어밸브
③ 액추에이터(작업장치)
④ 어큐뮬레이터(축압기)

정답 ③

19-2. 축압기(어큐뮬레이터)의 기능과 관계가 없는 것은?

[2009년 4회]

① 충격 압력 흡수
② 유압 에너지 축적
③ 릴리프밸브 제어
④ 유압펌프 맥동흡수

정답 ③

해설

19-1
액추에이터는 압력에너지를 기계적 에너지로 바꾸는 기기
19-2
축압기는 고압유를 저장하는 용기로 필요에 따라 유압시스템에 유압유를 공급하거나, 회로 내의 밸브를 갑자기 폐쇄할 때 발생되는 서지 압력을 방지할 목적으로 사용된다.

핵심이론 20 유압실린더 개념

① 개 요
  ㉠ 실린더는 열 에너지를 기계적 에너지로 변환하여 동력을 발생시킨다.
  ㉡ 유체의 힘을 왕복 직선운동으로 바꾸며, 단동형, 복동형으로 나누어진다.
  ㉢ 유압실린더작용은 파스칼의 원리를 응용한 것이다.
    ※ 파스칼의 원리
      밀폐된 용기에 채워진 유체의 일부에 압력을 가하면 유체 내의 모든 곳에 같은 크기로 전달된다는 원리
② 유압실린더의 기본 구성부품 : 실린더, 실린더 튜브, 피스톤, 피스톤 로드, 실(Seal), 실린더 패킹, 쿠션기구 등으로 구성되어 있다.
③ 단동식 : 실린더의 한쪽으로만 유압을 유입 · 유출시킨다(피스톤형, 램형, 플런저형).
④ 복동식 : 피스톤의 양쪽에 압유를 교대로 공급하여 양방향의 운동을 유압으로 작동시킨다(편로드형, 양로드형).
  ※ 숨돌리기현상 : 공기가 실린더에 혼입되면 피스톤의 작동이 불량해져서 작동시간의 지연을 초래하는 현상으로 오일공급 부족과 서징이 발생
  ※ 서지압(Surge Pressure) : 과도적으로 발생하는 이상 압력의 최댓값

핵심예제

유압실린더의 숨돌리기현상이 생겼을 때 일어나는 현상이 아닌 것은?

[2009년 2회, 2011년 1회]

① 작동 지연현상이 생긴다.
② 서지압이 발생한다.
③ 오일의 공급이 과대해진다.
④ 피스톤 작동이 불안정하게 된다.

정답 ③

핵심이론 21 유압실린더의 점검

① 유압실린더의 움직임이 느리거나 불규칙할 때의 원인
   ㉠ 피스톤 양이 마모되었다.
   ㉡ 유압유의 점도가 너무 높다.
   ㉢ 회로 내에 공기가 혼입되고 있다.
   ㉣ 유압회로 내에 유량이 부족하다.
② 유압실린더에서 발생되는 실린더 자연하강현상 원인
   ㉠ 작동압력이 낮은 때
   ㉡ 실린더 내부 마모
   ㉢ 컨트롤밸브의 스풀 마모
   ㉣ 릴리프밸브의 불량
③ 유압실린더의 로드쪽으로 오일이 누유되는 원인
   실린더 로드 패킹 손상, 더스트 실(Seal) 손상, 실린더 피스톤로드의 손상
   ※ 더스트 실 : 유압장치에서 피스톤 로드에 있는 먼지 또는 오염 물질 등이 실린더 내로 혼입되는 것을 방지함과 동시에 오일의 누출을 방지
   ※ 쿠션기구 : 유압실린더에서 피스톤 행정이 끝날 때 발생하는 충격을 흡수하기 위해 설치하는 장치

핵심예제

21-1. 유압실린더에서 실린더의 과도한 자연낙하현상이 발생하는 원인으로 가장 거리가 먼 것은? [2007년 1회, 2010년 1회, 2011년 5회]

① 컨트롤밸브 스풀의 마모
② 릴리프밸브의 조정 불량
③ 작동압력이 높을 때
④ 실린더 내의 피스톤 시일의 마모

정답 ③

21-2. 유압실린더의 작동속도가 정상보다 느릴 경우 예상되는 원인으로 가장 적절한 것은? [2006년 5회]

① 계통 내의 흐름용량이 부족하다.
② 작동유의 점도가 약간 낮아짐을 알 수 있다.
③ 작동유의 점도지수가 높다.
④ 릴리프밸브의 조정압력이 너무 높다.

정답 ①

해설
21-2
유압실린더의 작동속도는 유량에 따라 달라진다.

핵심이론 22 유압모터

① 유압모터의 개념
   ㉠ 유압에너지를 공급받아 회전운동을 하는 기기
   ㉡ 유체의 에너지를 이용하여 기계적인 일로 변환하는 기기
   ㉢ 유압모터에는 기어형·날개형(베인형)·피스톤형(플런저형) 등이 있다.
   ㉣ 유압모터의 용량 : 입구 압력(kgf/cm^2)당 토크
② 기어모터
   ㉠ 구조가 간단하고 가격이 저렴하다.
   ㉡ 일반적으로 평기어를 사용하나 헬리컬기어도 사용한다.
   ㉢ 유압유에 이물질이 혼입되어도 고장 발생이 적다.
   ㉣ 경량이며, 고속 저토크에 적합하다.
③ 피스톤 모터 : 펌프의 최고 토출압력, 평균효율이 가장 높아 고압 대출력에 사용
④ 유압모터의 특징 및 장점
   ㉠ 정·역회전이 가능하다.
   ㉡ 무단변속으로 회전수를 조정할 수 있다.
   ㉢ 회전체의 관성력이 작으므로 응답성이 빠르다.
   ㉣ 소형, 경량이며, 큰 힘을 낼 수 있다.
   ㉤ 자동제어의 조작부 및 서보기구의 요소로 적합하다.
   ㉥ 넓은 범위의 무단변속이 용이하다.
   ㉦ 작동이 신속, 정확하다.
   ㉧ 전동모터에 비하여 급속정지가 쉽다.
   ㉨ 내폭성이 우수하고, 고속 추종성이 좋다.
   ㉩ 시동, 정지, 역전, 변속, 가속 등을 가변용량형 펌프나 미터링밸브에 의해서 간단히 제어 힘의 속도제어, 연속제어, 운동방향 제어가 용이하다.
   ㉪ 종이나 전선 등에 쓰이는 권취기와 같이 토크 제어기계에 편리하다.

핵심예제

유압모터와 유압실린더의 설명으로 옳은 것은?

[2007년 4회, 2010년 4회, 2013년 상시]

① 둘다 회전운동을 한다.
② 모터는 직선운동, 실린더는 회전운동을 한다.
③ 둘다 왕복운동을 한다.
④ 모터는 회전운동, 실린더는 직선운동을 한다.

정답 ④

해설
모터는 회전운동, 실린더는 왕복운동(직선운동)을 한다.

핵심이론 23 유압모터의 점검

① 유압모터에서 소음과 진동이 발생할 때의 원인
  ㉠ 내부 부품의 파손
  ㉡ 작동유 속에 공기의 혼입
  ㉢ 체결 볼트의 이완
② 유압모터의 회전속도가 규정속도보다 느릴 경우의 원인
  ㉠ 유압유의 유입량 부족
  ㉡ 각 작동부의 마모 또는 파손
  ㉢ 오일의 내부누설
  ※ 유압펌프의 토출량 과다는 규정속도보다 빨라질 수 있는 원인이 된다.

핵심예제

23-1. 유압모터에서 소음과 진동이 발생할 때의 원인이 아닌 것은?

[2010년 2회]

① 내부 부품의 파손
② 작동유 속에 공기의 혼입
③ 체결 볼트의 이완
④ 펌프의 최고 회전속도 저하

정답 ④

23-2. 유압모터의 회전속도가 규정속도보다 느릴 경우의 원인에 해당하지 않는 것은?

[2007년 5회]

① 유압펌프의 오일 토출량 과다
② 유압유의 유입량 부족
③ 각 습동부의 마모 또는 파손
④ 오일의 내부 누설

정답 ①

해설
23-2
유압펌프의 토출량 과다는 규정속도보다 빨라질 수 있는 원인이 된다.

핵심 이론 24 유압·공기압기호

① 유압장치의 기호 회로도에 사용되는 유압기호의 표시방법
  ㉠ 기호에는 흐름의 방향을 표시한다.
  ㉡ 각 기기의 기호는 정상상태 또는 중립상태를 표시한다.
  ㉢ 기호에는 각 기기의 구조나 작용압력을 표시하지 않는다.
  ※ 유압장치 기호에도 회전표시를 할 수 있다.

② 주요 공유압기호

정용량형 유압펌프	가변용량 유압펌프	유압 압력계	유압 동력원	어큐뮬 레이터

공기유압 변환기	드레인 배출기	단동실린더	체크밸브	복동 가변식 전자 액추에이터

핵심예제

24-1. 유압장치의 기호회로도에 사용되는 유압기호의 표시방법으로 적합하지 않은 것은? [2009년 1회, 2011년 2회]

① 기호에는 흐름의 방향을 표시한다.
② 각 기기의 기호는 정상상태 또는 중립상태를 표시한다.
③ 기호는 어떠한 경우에도 회전하여서는 안 된다.
④ 기호에는 각 기기의 구조나 작용압력을 표시하지 않는다.

정답 ③

24-2. 그림의 유압기호는 무엇을 표시하는가? [2006년 5회]

① 오일쿨러   ② 유압탱크
③ 유압펌프   ④ 유압모터

정답 ③

해설
24-1
유압장치 기호에도 회전표시를 할 수 있다.

핵심 이론 25 흡·배기밸브, 밸브 오버랩

① 흡·배기밸브의 구비조건
  ㉠ 열에 대한 저항력이 클 것(고온에서 견딜 것)
  ㉡ 밸브 헤드 부분의 열전도율이 클 것
  ㉢ 고온에서의 장력과 충격에 대한 저항력이 클 것
  ㉣ 고온 가스에 부식되지 않을 것
  ㉤ 가열이 반복되어도 물리적 성질이 변화하지 않을 것
  ㉥ 관성력이 커지는 것을 방지하기 위하여 무게가 가볍고 내구성이 클 것
  ㉦ 흡·배기가스 통과에 대한 저항이 작은 통로를 만들 것
  ㉧ 열에 대한 팽창율이 적을 것

② 밸브 오버랩을 두는 이유
  ㉠ 흡입공기의 양을 많게 하여 기관 체적 효율을 높인다.
  ㉡ 연소실 내에서 생긴 배기가스를 관성력에 의해서 제거한다.
  ㉢ 연소실 내의 부분품을 냉각시킨다.
  ※ 밸브 오버랩이란 자동차 엔진의 흡기밸브와 배기밸브가 동시에 열려 있는 구간을 말한다.

핵심예제

25-1. 다음 중 흡·배기밸브의 구비조건이 아닌 것은? [2005년 5회, 2010년 2회, 2011년 5회]

① 열전도율이 좋을 것
② 열에 대한 팽창률이 적을 것
③ 열에 대한 저항력이 적을 것
④ 가스에 견디고 고온에 잘 견딜 것

정답 ③

25-2. 기관의 밸브 오버랩을 두는 이유로 맞는 것은? [2010년 1회]

① 밸브 개폐를 쉽게 하기 위해
② 압축압력을 높이기 위해
③ 흡입효율 증대를 위해
④ 연료소모를 줄이기 위해

정답 ③

해설
25-1
③ 열에 대한 저항력이 클 것

핵심이론 26 엔진의 주요 밸브장치

① **밸브스팀** : 밸브 가이드 내부를 상하 왕복운동하여 밸브헤드가 받는 열을 가이드를 통해 방출하고, 밸브의 개폐를 돕는 부품

② **밸브 간극** : 밸브 스템 엔드와 로커 암(태핏) 사이의 간극

　㉠ 밸브 간극이 너무 클 때 발생하는 현상 : 정상온도에서 완전 밀착이 안되어 소리가 나고, 밸브가 완전개방이 안된다.

　㉡ 밸브의 개폐를 돕는 것 : 푸시로드는 로커 암을 구동하는 부품이며, 로커 암은 밸브를 열어준다.

③ **유압식 밸브 리프터의 특징**

　㉠ 밸브 간극은 자동으로 조절된다.

　㉡ 밸브 개폐시기가 정확하다.

　㉢ 항상 밸브 간극을 0으로 유지해준다.

　㉣ 밸브기구의 내구성이 좋다.

　㉤ 작동 소음을 줄일 수 있다.

　㉥ 밸브구조가 복잡하다.

　㉦ 항상 일정한 압력의 오일을 공급받아야 한다.

핵심예제

유압식 밸브 리프터의 장점이 아닌 것은?

[2006년 5회, 2009년 5회, 2011년 5회]

① 밸브 간극은 자동으로 조절된다.

② 밸브 개폐시기가 정확하다.

③ 밸브구조가 간단하다.

④ 밸브기구의 내구성이 좋다.

정답 ③

해설

③ 구조가 복잡하다. 즉, 유압식 밸브 리프터는 밸브 간극을 지동으로 조절하는 것으로 오일의 비압축성을 이용하여 기관의 작동온도에 관계없이 항상 밸브 간극을 0으로 유지해준다.

CHAPTER 04 건설기계관리법규 및 도로통행방법

1 건설기계관리법규

핵심이론 01 목적 및 정의(법 제1조, 제2조)

① 목적 : 건설기계의 등록·검사·형식승인 및 건설기계사업과 건설기계조종사 면허 등에 관한 사항을 정하여 건설기계를 효율적으로 관리하고 건설기계의 안전도를 확보하여 건설공사의 기계화를 촉진함을 목적으로 한다.

② 용어정의
- ㉠ 건설기계 : 건설공사에 사용할 수 있는 기계로서 대통령령으로 정하는 것을 말한다.
- ㉡ 건설기계사업 : 건설기계대여업, 건설기계정비업, 건설기계매매업 및 건설기계해체재활용업을 말한다.
- ㉢ 건설기계대여업 : 건설기계의 대여를 업(業)으로 하는 것을 말한다.
- ㉣ 건설기계정비업 : 건설기계를 분해·조립 또는 수리하고 그 부분품을 가공제작·교체하는 등 건설기계를 원활하게 사용하기 위한 모든 행위(경미한 정비행위 등 국토교통부령으로 정하는 것은 제외한다)를 업으로 하는 것을 말한다.
- ㉤ 건설기계매매업 : 중고(中古) 건설기계의 매매 또는 그 매매의 알선과 그에 따른 등록사항에 관한 변경신고의 대행을 업으로 하는 것을 말한다.
- ㉥ 건설기계해체재활용업 : 폐기 요청된 건설기계의 인수(引受), 재사용 가능한 부품의 회수, 폐기 및 그 등록말소 신청의 대행을 업으로 하는 것을 말한다.
- ㉦ 중고 건설기계 : 건설기계를 제작·조립 또는 수입한 자로부터 법률행위 또는 법률의 규정에 따라 건설기계를 취득한 때부터 사실상 그 성능을 유지할 수 없을 때까지의 건설기계를 말한다.
- ㉧ 건설기계형식 : 건설기계의 구조·규격 및 성능 등에 관하여 일정하게 정한 것을 말한다.

핵심예제

1-1. 건설기계관리법의 목적으로 가장 적합한 것은?

[2011년 2회]

① 건설기계의 동산 신용증진
② 건설기계 사업의 질서 확립
③ 공로 운행상의 원활기여
④ 건설기계의 효율적인 관리

정답 ④

1-2. 건설기계관리법에서 정의한 건설기계 형식을 가장 잘 나타낸 것은?

[2010년 2회]

① 엔진구조 및 성능을 말한다.
② 형식 및 규격을 말한다.
③ 성능 및 용량을 말한다.
④ 구조/규격 및 성능 등에 관하여 일정하게 정한 것을 말한다.

정답 ④

건설기계의 종류와 범위(영 제2조 [별표 1])

① 불도저 : 무한궤도 또는 타이어식인 것

② 굴삭기 : 자체중량 1t 이상인 것

③ 로더 : 자체중량 2t 이상인 것

④ 지게차 : 타이어식으로 들어올림장치와 조정석을 가진 것

⑤ 스크레이퍼 : 흙·모래의 굴삭 및 운반장치를 가진 자주식인 것

⑥ 덤프트럭 : 적재용량 12t 이상인 것

⑦ 기중기 : 무한궤도 또는 타이어식으로 강재의 지주 및 선회장치를 가진 것

⑧ 모터그레이더 : 정지장치를 가진 자주식인 것

⑨ 롤러 : 조종석과 전압장치를 가진 자주식인 것, 피견인 진동식인 것

⑩ 노상안정기 : 노상안정장치를 가진 자주식인 것

⑪ 콘크리트배칭플랜트 : 골재저장통·계량장치 및 혼합장치를 가진 것으로서 원동기를 가진 이동식인 것

⑫ 콘크리트피니셔 : 정리 및 사상장치를 가진 것으로 원동기를 가진 것

⑬ 콘크리트살포기 : 정리장치를 가진 것으로 원동기를 가진 것

⑭ 콘크리트믹서트럭 : 혼합장치를 가진 자주식인 것

⑮ 콘크리트펌프 : 배송능력이 매시간당 5m³ 이상으로 원동기를 가진 이동식과 트럭적재식인 것

⑯ 아스팔트믹싱플랜트 : 골재공급장치·건조가열장치·혼합장치·아스팔트공급장치를 가진 것으로 원동기를 가진 이동식인 것

⑰ 아스팔트피니셔 : 정리 및 사상장치를 가진 것으로 원동기를 가진 것

⑱ 아스팔트살포기 : 아스팔트살포장치를 가진 자주식인 것

⑲ 골재살포기 : 골재살포장치를 가진 자주식인 것

⑳ 쇄석기 : 20kW 이상의 원동기를 가진 이동식인 것

㉑ 공기압축기 : 공기토출량이 매분당 2.83m³(매 cm²당 7kg 기준) 이상의 이동식인 것

㉒ 천공기 : 천공장치를 가진 자주식인 것

㉓ 항타 및 항발기 : 해머 또는 뽑는 장치의 중량이 0.5t 이상인 것

㉔ 자갈채취기 : 자갈채취장치를 가진 것으로 원동기를 가진 것

㉕ 준설선 : 펌프식·버킷식·디퍼식 또는 그랩식으로 비자항식인 것

㉖ 특수건설기계

㉗ 타워크레인

※ 건설기계관리법령상 건설기계의 총 종류 수는 27종(26종 및 특수건설기계)이다.

핵심예제

콘크리트펌프의 건설기계 범위에서 콘크리트 배송능력이 매시간당 몇 m³ 이상인가? [2008년 2회]

① 5
② 10
③ 15
④ 20

정답 ①

해설

콘크리트펌프 : 콘크리트배송능력이 매시간당 5m³ 이상으로 원동기를 가진 이동식과 트럭적재식인 것

핵심이론 03 대형건설기계(건설기계 안전기준에 관한 규칙)

① 대형건설기계의 범위(제2조)

다음의 대형건설기계는 특별표지판을 등록번호가 표시되어 있는 면에 부착할 것

　㉠ 길이가 16.7m를 초과하는 건설기계

　㉡ 너비가 2.5m를 초과하는 건설기계

　㉢ 높이가 4.0m를 초과하는 건설기계

　㉣ 최소회전반경이 12m를 초과하는 건설기계

　㉤ 총중량이 40t을 초과하는 건설기계

　㉥ 총중량 상태에서 축하중이 10t을 초과하는 건설기계

② 대형건설기계의 특별도색(제169조)

　㉠ 당해 건설기계의 식별이 쉽도록 전후 범퍼에 특별도색을 하여야 한다.

　㉡ 최고주행속도가 시간당 35km 미만인 경우에는 도색을 하지 않아도 된다.

③ 대형건설기계의 경고표지판(제170조)

대형건설기계에는 조종실 내부의 조종사가 보기 쉬운 곳에 경고표지판을 부착하여야 한다.

핵심예제

3-1. 다음 중 건설기계 특별표지판을 부착하지 않아도 되는 건설기계는?

[2011년 4회]

① 길이가 17m인 굴삭기

② 너비가 4m인 기중기

③ 총중량이 15t인 지게차

④ 최소회전반경이 14m인 모터그레이더

정답 ③

3-2. 대형 건설기계 특별표지판 부착을 하지 않아도 되는 건설기계는?

[2005년 4회]

① 너비 2.5m 초과인 건설기계

② 길이 16m인 건설기계

③ 최소회전반경 13m인 건설기계

④ 총중량 40t 이상인 건설기계

정답 ②

핵심이론 04 건설기계의 등록(영 제3조)

① 등록 등

　㉠ 건설기계를 등록하려는 건설기계의 소유자는 건설기계등록신청서(전자문서로 된 신청서를 포함)에 건설기계소유자의 주소지 또는 건설기계의 사용본거지를 관할하는 특별시장·광역시장·도지사 또는 특별자치도지사(시·도지사)에게 제출하여야 한다.

　㉡ 건설기계등록신청은 건설기계를 취득한 날(판매를 목적으로 수입된 건설기계의 경우에는 판매한 날을 말한다)부터 2월 이내에 하여야 한다. 다만, 전시·사변 기타 이에 준하는 국가비상사태하에 있어서는 5일 이내에 신청하여야 한다.

② 건설기계를 등록신청할 때 제출하여야 할 서류

　㉠ 건설기계의 출처를 증명하는 다음의 서류

　　• 건설기계제작증(국내에서 제작한 건설기계의 경우에 한한다)

　　• 수입한 건설기계는 수입면장 기타 수입사실을 증명하는 서류(다만, 타워크레인의 경우에는 건설기계제작증을 추가로 제출)

　　• 매수증서(행정기관으로부터 매수한 건설기계의 경우에 한한다)

　㉡ 건설기계의 소유자임을 증명하는 서류

　㉢ 건설기계제원표

　㉣ 자동차손해배상 보장법에 따른 보험 또는 공제의 가입을 증명하는 서류

핵심예제

4-1. 건설기계의 등록신청은 누구에게 하는가?

[2009년 2회, 2010년 4회]

① 건설기계 작업현장 관할 시·도지사

② 국토교통부장관

③ 건설기계소유자의 주소지 또는 사용본거지 관할 시·도지사

④ 국무총리실

정답 ③

4-2. 건설기계를 등록할 때 필요한 서류에 해당하지 않는 것은?

[2011년 5회]

① 건설기계제작증　　② 수입면장

③ 매수증서　　④ 건설기계검사증 등본원부

정답 ④

핵심이론 05 │ 건설기계의 임시운행

① 미등록 건설기계의 사용금지(법 제4조)
- ㉠ 건설기계는 등록을 한 후가 아니면 이를 사용하거나 운행하지 못한다. 다만, 등록을 하기 전에 국토교통부령으로 정하는 사유로 일시적으로 운행하는 경우에는 그러하지 아니하다.
- ㉡ 건설기계를 일시적으로 운행하는 경우에는 국토교통부령으로 정하는 바에 따라 임시번호표를 부착하여야 한다.

② 건설기계의 등록 전에 일시적으로 운행을 할 수 있는 경우(규칙 제6조)
- ㉠ 등록신청을 하기 위하여 건설기계를 등록지로 운행하는 경우
- ㉡ 신규등록검사 및 확인검사를 받기 위하여 건설기계를 검사장소로 운행하는 경우
- ㉢ 수출을 하기 위하여 건설기계를 선적지로 운행하는 경우
- ㉣ 수출을 하기 위하여 등록말소한 건설기계를 점검·정비의 목적으로 운행하는 경우
- ㉤ 신개발 건설기계를 시험·연구의 목적으로 운행하는 경우
- ㉥ 판매 또는 전시를 위하여 건설기계를 일시적으로 운행하는 경우

③ 임시운행기간은 15일 이내로 한다. 다만, 신개발 건설기계를 시험·연구의 목적으로 운행하는 경우에는 3년 이내로 한다.

핵심예제

5-1. 건설기계를 등록 전에 일시적으로 운행할 수 있는 경우가 아닌 것은?　　　　　[2007년 1회, 2009년 4회, 2010년 5회]
① 등록신청을 위하여 건설기계를 등록지로 운행하는 경우
② 신규등록검사 및 확인검사를 받기 위하여 건설기계를 검사장소로 운행하는 경우
③ 건설기계를 대여하고자 하는 경우
④ 수출을 하기 위하여 건설기계를 선적지로 운행하는 경우

정답 ③

5-2. 임시운행 사유에 해당되는 것은?　　　　　[2009년 1회]
① 작업을 위하여 건설현장에서 건설기계를 운행할 때
② 정기검사를 받기 위하여 건설기계를 검사장소로 운행할 때
③ 등록신청을 위하여 건설기계를 등록지로 운행할 때
④ 등록말소를 위하여 건설기계를 폐기장으로 운행할 때

정답 ③

핵심이론 06 │ 등록사항의 변경신고(법 제5조, 영 제5조)

① 건설기계의 등록사항 중 변경사항이 있는 경우에는 그 소유자 또는 점유자는 대통령령으로 정하는 바에 따라 이를 시·도지사에게 신고하여야 한다.

② 등록사항의 변경신고 기한 : 등록사항의 변경이 있는 날부터 30일(상속의 경우에는 상속개시일부터 3개월) 이내에 서류를 첨부하여 시·도지사에게 제출하여야 한다. 다만, 전시·사변 기타 이에 준하는 국가비상사태하에 있어서는 5일 이내에 하여야 한다.

③ 변경신고서 제출 시 첨부서류
- ㉠ 변경내용을 증명하는 서류
- ㉡ 건설기계등록증(자가용 건설기계 소유자의 주소지 또는 사용본거지가 변경된 경우는 제외한다)
- ㉢ 건설기계검사증(자가용 건설기계 소유자의 주소지 또는 사용본거지가 변경된 경우는 제외한다)

④ 건설기계매매업자를 거치지 아니하고 건설기계를 매수한 자가 규정에 따른 등록사항의 변경신고를 하지 아니한 경우에는 대통령령으로 정하는 바에 따라 해당 매수인을 갈음하여 매도인(변경신고 당시 건설기계등록원부에 기재된 소유자를 말한다)이 이를 신고할 수 있다.

핵심예제

6-1. 건설기계 등록사항의 변경이 있을 때에는 며칠 이내에 관할 시·도지사에게 신고서를 제출하여야 하는가?　　　　　[2005년 1회, 2013년 상시]

① 7일　　　　　② 10일
③ 15일　　　　　④ 30일

정답 ④

6-2. 건설기계를 산(매수 한) 사람이 등록사항변경(소유권 이전) 신고를 하지 않아 등록사항 변경신고를 독촉하였으나 이를 이행하지 않을 경우 판(매도 한) 사람이 할 수 있는 조치로서 가장 적합한 것은?　　　　　[2011년 5회]
① 소유권 이전 신고를 조속히 하도록 매수 한 사람에게 재차 독촉한다.
② 매도 한 사람이 직접 소유권 이전 신고를 한다.
③ 소유권 이전 신고를 조속히 하도록 소송을 제기한다.
④ 아무런 조치도 할 수 없다.

정답 ②

핵심이론 07 등록이전신고(영 제6조)

① 건설기계의 소유자는 등록한 주소지 또는 사용본거지가 변경된 경우(시·도 간의 변경이 있는 경우에 한한다)에 한다.

② 그 변경이 있은 날부터 30일(상속의 경우에는 상속개시일부터 3개월) 이내에 새로운 등록지를 관할하는 시·도지사에게 제출(전자문서에 의한 제출을 포함)하여야 한다.

③ 등록이전 신고 시 제출서류

　㉠ 건설기계등록 이전신고서

　㉡ 소유자의 주소 또는 건설기계의 사용본거지의 변경사실을 증명하는 서류

　㉢ 건설기계등록증 및 건설기계검사증

핵심예제

건설기계의 소유자는 그 등록지를 다른 시·도로 변경하였을 경우 다음 중 어떤 신고를 하는가?　[2008년 2, 5회]

① 등록사항변경신고를 한다.

② 건설기계소재지 변동신고를 한다.

③ 등록이전신고를 한다.

④ 등록지의 변경 시에는 아무 신고도 하지 않는다.

정답 ③

핵심이론 08 등록의 말소(법 제6조, 규칙 제12조)

① 시·도지사는 등록된 건설기계가 다음에 해당하는 경우에는 그 소유자의 신청이나 시·도지사의 직권으로 등록을 말소할 수 있다.

　㉠ 거짓이나 그 밖의 부정한 방법으로 등록을 한 경우(직권등록말소)

　㉡ 건설기계가 천재지변 또는 이에 준하는 사고 등으로 사용할 수 없게 되거나 멸실된 경우

　㉢ 건설기계의 차대가 등록 시의 차대와 다른 경우

　㉣ 건설기계가 건설기계안전기준에 적합하지 아니하게 된 경우

　㉤ 정기검사 유효기간이 만료된 날부터 3개월 이내에 시·도지사의 최고를 받고 지정된 기한까지 정기검사를 받지 아니한 경우

　㉥ 건설기계를 수출하는 경우

　㉦ 건설기계를 도난당한 경우

　㉧ 건설기계를 폐기한 경우(직권등록말소)

　㉨ 건설기계해체재활용업을 등록한 자(건설기계해체재활용업자)에게 폐기를 요청한 경우

　㉩ 구조적 제작 결함 등으로 건설기계를 제작자 또는 판매자에게 반품한 경우

　㉪ 건설기계를 교육·연구 목적으로 사용하는 경우

　㉫ 대통령령으로 정하는 내구연한을 초과한 건설기계. 다만, 정밀진단을 받아 연장된 경우는 그 연장기간을 초과한 건설기계

　※ ㉫의 경우 2019년 9월 19부터 시행된다.

② 건설기계의 소유자는 말소사유가 발생한 경우에는 30일 이내에(단, 도난당한 경우에는 2개월 이내에, 수출하는 경우에는 수출 전까지) 시·도지사에게 등록말소를 신청하여야 한다.

③ 등록원부의 보존

시·도지사는 건설기계등록원부를 건설기계의 등록을 말소한 날부터 10년간 보존하여야 한다.

핵심예제

8-1. 시·도지사가 직권으로 등록 말소할 수 있는 사유가 아닌 것은?

[2007년 5회]

① 건설기계가 멸실된 때
② 사위(詐僞) 기타 부정한 방법으로 등록을 한 때
③ 방치된 건설기계를 시·도지사가 강제로 폐기한 때
④ 건설기계를 산간 사람이 소유권 이전등록을 하지 아니 한 때

정답 ④

8-2. 건설기계등록 말소신청서의 첨부서류가 아닌 것은?

[2013년 상시]

① 건설기계검사증
② 건설기계등록증
③ 건설기계운행증
④ 말소 사유를 확인할 수 있는 서류

정답 ③

해설

8-1

소유권 이전등록을 하지 아니 한 때에는 50만원 이하의 과태료에 처한다(법 제44조).

핵심이론 09 등록의 표식 등(법 제8조, 규칙 제17조)

① 등록번호표
  ㉠ 등록된 건설기계에는 국토교통부령으로 정하는 바에 따라 등록번호표를 부착 및 봉인하고, 등록번호를 새겨야 한다.
  ㉡ 건설기계 소유자는 등록번호표 또는 그 봉인이 떨어지거나 알아보기 어렵게 된 경우에는 시·도지사에게 등록번호표의 부착 및 봉인을 신청하여야 한다.
  ㉢ 누구든지 등록번호표를 부착 및 봉인하지 아니한 건설기계를 운행하여서는 아니 된다. 다만, 임시번호표를 부착하여 일시적으로 운행하는 경우에는 그러하지 아니하다.
② 시·도지사는 다음에 해당하는 때에는 건설기계소유자에게 등록번호표제작 등을 할 것을 통지하거나 명령하여야 한다.
  ㉠ 건설기계의 등록을 한 때
  ㉡ 등록이전 신고를 받은 때
  ㉢ 등록번호표의 재부착 등의 신청을 받은 때
  ㉣ 건설기계의 등록번호를 식별하기 곤란한 때
  ㉤ 등록사항의 변경신고를 받아 등록번호표의 용도 구분을 변경한 때
③ 시·도지사로부터 등록번호표 제작 통지서 또는 명령서를 받은 건설기계소유자는 그 받은 날부터 3일 이내에 등록번호표제작자에게 그 통지서 또는 명령서를 제출하고 등록번호표제작 등을 신청하여야 한다.
④ 등록번호표제작자는 등록번호표제작 등의 신청을 받은 때에는 7일 이내에 등록번호표제작 등을 하여야 하며, 등록번호표제작 등 통지(명령)서는 이를 3년간 보존하여야 한다.

핵심예제

9-1. 건설기계 등록번호표 제작 등을 할 것을 통지하거나 명령하여야 하는 것에 해당되지 않는 것은? [2007년 2회, 2010년 1회]

① 신규등록을 하였을 때
② 등록한 시·도를 달리하여 등록 이전 신고를 받은 때
③ 등록번호표의 재부착 신청이 없을 때
④ 등록번호의 식별이 곤란한 때

정답 ③

9-2. 등록번호표제작자는 등록번호표 제작 등의 신청을 받은 날로 부터 며칠 이내에 제작하여야 하는가? [2011년 4회]

① 3일　　　　　　② 5일
③ 7일　　　　　　④ 10일

정답 ③

핵심이론 10 등록번호표의 규격·재질 및 표시방법(규칙 제13조 제3항 [별표 2])

① 등록번호표에는 등록관청·용도·기종 및 등록번호를 표시하여야 한다.
② 덤프트럭·콘크리트믹서트럭·콘크리트펌프·타워크레인과 그 밖의 건설기계의 규격은 다르다.
③ 재질 : 철판 또는 알루미늄판이 사용된다.
④ 건설기계의 등록번호표의 도색
　㉠ 자가용 : 녹색판에 흰색 문자
　㉡ 영업용 : 주황색판에 흰색 문자
　㉢ 관용 : 흰색판에 검은색 문자
⑤ 번호표에 표시되는 모든 문자 및 외각선은 1.5mm 튀어나와야 한다.
⑥ 등록번호
　㉠ 자가용 : 1001~4999
　㉡ 영업용 : 5001~8999
　㉢ 관용 : 9001~9999
　※ 주요 기종별 기호표시

01 : 불도저	15 : 콘크리트펌프
02 : 굴삭기	16 : 아스팔트믹싱플랜트
03 : 로더	17 : 아스팔트피니셔
04 : 지게차	18 : 아스팔트살포기
05 : 스크레이퍼	19 : 골재살포기
06 : 덤프트럭	20 : 쇄석기
07 : 기중기	21 : 공기압축기
08 : 모터그레이더	22 : 천공기
09 : 롤러	23 : 항타 및 항발기
10 : 노상안정기	24 : 자갈채취기
11 : 콘크리트배칭플랜트	25 : 준설선
12 : 콘크리트피니셔	26 : 특수 건설기계
13 : 콘크리트살포기	27 : 타워크레인
14 : 콘크리트믹서트럭	

핵심예제

10-1. 건설기계등록번호표의 색칠 기준으로 틀린 것은?

[2008년 4회, 2009년 5회]

① 자가용 – 녹색판에 흰색 문자
② 영업용 – 주황색판에 흰색 문자
③ 관용 – 흰색판에 검은색 문자
④ 수입용 – 적색판에 흰색 문자

정답 ④

10-2. 등록건설기계의 기종별 표시방법 중 맞는 것은?

[2007년 1회, 2010년 4회]

① 01 : 불도저
② 02 : 모터그레이더
③ 03 : 지게차
④ 04 : 덤프트럭

정답 ①

① 등록된 건설기계의 소유자는 다음의 어느 하나에 해당하는 경우에는 10일 이내에 등록번호표의 봉인을 떼어낸 후 그 등록번호표를 국토교통부령으로 정하는 바에 따라 시·도 지사에게 반납하여야 한다.

　㉠ 건설기계의 등록이 말소된 경우
　㉡ 등록된 건설기계의 소유자의 주소지 또는 사용본거지 의 변경(시·도 간의 변경이 있는 경우에 한한다)
　㉢ 등록번호의 변경
　㉣ 등록번호표 또는 그 봉인이 떨어지거나 알아보기 어렵 게 된 경우 시·도지사에게 등록번호표의 부착 및 봉인 을 신청한 경우

② 반납의 예외

　㉠ 건설기계가 천재지변 또는 이에 준하는 사고 등으로 사용할 수 없게 되거나 멸실된 경우
　㉡ 건설기계를 도난당한 경우
　㉢ 건설기계를 폐기한 경우

핵심예제

11-1. 건설기계 등록지를 변경한 때는 등록번호표를 시·도지 사에게 며칠 이내에 반납하여야 하는가? [2005년 5회, 2011년 1회]

① 10　　　　　　　　② 5
③ 20　　　　　　　　④ 30

정답 ①

11-2. 건설기계소유자가 관련법에 의하여 등록번호표를 반납하 고자 하는 때에는 누구에게 하여야 하는가?

[2008년 5회]

① 국토교통부장관　　② 구청장
③ 시·도지사　　　　④ 동 장

정답 ③

건설기계검사 – 정기검사(법 제13조, 규칙 제22
조, 제23조 [별표 7])

① 정기검사 : 건설공사용 건설기계로서 3년의 범위에서 국토
교통부령으로 정하는 검사유효기간이 끝난 후에 계속하
여 운행하려는 경우에 실시하는 검사

※ 건설기계의 검사의 종류 : 신규 등록검사, 정기검사,
구조변경검사, 수시검사

② 정기검사의 신청
　㉠ 검사유효기간의 만료일 전후 각각 30일 이내의 기간에
시・도지사에게 신청한다.
　㉡ 신청서류 : 정기검사신청서, 보험 또는 공제의 가입을
증명하는 서류

③ 검사신청을 받은 시・도지사 또는 검사대행자는 신청을
받은 날부터 5일 이내에 검사일시와 검사장소를 지정하여
신청인에게 통지하여야 한다. 이 경우 검사장소는 건설기
계소유자의 신청에 의하여 변경할 수 있다.

④ 정기검사 유효기간
　㉠ 6월 : 타워크레인
　㉡ 1년 : 굴삭기(타이어식), 덤프트럭, 기중기(타이어식,
트럭적재식), 콘크리트 믹서트럭, 콘크리트펌프(트럭
적재식), 아스팔트살포기, 특수건설기계[도로보수트
럭(타이어식), 트럭지게차(타이어식)]
　㉢ 2년 : 로더(타이어식), 지게차(1t 이상), 모터그레이더,
천공기(트럭적재식), 특수건설기계[노면파쇄기(타이어
식), 노면측정장비(타이어식), 수목이식기(타이어식),
터널용 고소작업차(타이어식)]
　㉣ 3년 : 그 밖의 특수건설기계, 그 밖의 건설기계

※ 시・도지사는 정기검사를 받지 아니한 건설기계의 소유
자에게 정기검사의 유효기간이 끝난 날부터 3개월 이내
에 국토교통부령으로 정하는 바에 따라 10일 이내의 기
한을 정하여 정기검사를 받을 것을 최고하여야 한다.

핵심예제

건설기계 정기검사 신청기간 내에 정기검사를 받은 경우 정기검
사의 유효기간 시작일을 바르게 설명한 것은? [2013년 상시]

① 신청기간 내에 검사를 받은 다음 날부터
② 종전 검사유효기간 만료일의 다음 날부터
③ 신청기간에 관계없이 검사를 받은 날의 다음 날부터
④ 종전 검사유효기간 만료일부터

정답 ②

정기검사의 연기, 면제(규칙 제24조, 제32조의 2)

① 정기검사의 연기
　㉠ 건설기계소유자는 천재지변, 건설기계의 도난, 사고발
생, 압류, 1월 이상에 걸친 정비 그 밖의 부득이한 사유
로 검사신청기간 내에 검사를 신청할 수 없는 경우에
신청한다.
　㉡ 검사신청기간 만료일까지 검사연기신청서에 연기사유
를 증명할 수 있는 서류를 첨부하여 시・도지사에게
제출하여야 한다. 다만, 검사대행을 하게 한 경우에는
검사대행자에게 제출하여야 한다.
　㉢ 검사연기신청을 받은 시・도지사 또는 검사대행자는
그 신청일부터 5일 이내에 검사연기 여부를 결정하여
신청인에게 통지하여야 한다. 이 경우 검사연기 불허
통지를 받은 자는 검사신청기간 만료일부터 10일 이내
에 검사신청을 하여야 한다.
　㉣ 검사를 연기하는 경우에는 그 연기기간을 6월 이내로
한다.

② 정기검사의 일부 면제
　㉠ 규정에 따른 정비업자로부터 제동장치에 대하여 정기
검사에 상당하는 분해정비(정기검사의 신청일부터 6
개월 이내에 분해정비를 받은 것에 한한다)를 받은 당
해 건설기계의 소유자에게 그 제동장치에 대한 정기검
사를 면제할 수 있다.
　㉡ 제동장치에 대한 정기검사를 면제받고자 하는 자는 당해
건설기계정비업자가 발행한 건설기계제동장치정비확인
서를 시・도지사 또는 검사대행자에게 제출하여야 한다.

핵심예제

13-1. 건설기계검사의 연기 사유에 해당하지 않는 것은?
[2013년 상시]

① 건설기계의 사고발생　　② 10일 이내의 정비
③ 건설기계의 도난　　　　④ 천재지변

정답 ②

13-2. 정기검사연기신청을 하였으나 불허통지를 받은 자는 언
제까지 정기검사를 신청하여야 하는가? [2006년 4회, 2011년 4회]

① 불허통지를 받은 날부터 5일 이내
② 불허통지를 받은 날부터 10일 이내
③ 정기검사신청기간 만료일부터 5일 이내
④ 정기검사신청기간 만료일부터 10일 이내

정답 ④

핵심이론 14 구조변경검사(규칙 제25조, 제42조)

① 건설기계의 주요 구조를 변경하거나 개조한 경우 실시하는 검사

② 구조변경검사를 받고자 하는 자는 주요구조를 변경 또는 개조한 날부터 20일 이내에 시·도지사에게 제출하여야 한다. 다만, 검사대행자를 지정한 경우에는 검사대행자에게 제출한다.

③ 주요 구조의 변경 및 개조의 범위
　㉠ 원동기, 동력전달장치, 제동장치, 주행장치, 유압장치, 조종장치, 조향장치, 작업장치의 형식변경(다만, 가공작업을 수반하지 아니하고 작업장치를 선택·부착하는 경우에는 작업장치의 형식변경으로 보지 아니한다)
　㉡ 건설기계의 길이·너비·높이 등의 변경
　㉢ 수상작업용 건설기계의 선체의 형식변경

④ 건설기계의 기종변경, 육상작업용 건설기계규격의 증가 또는 적재함의 용량증가를 위한 구조변경은 할 수 없다.

핵심예제

14-1. 건설기계의 주요 구조를 변경하거나 개조한 때 실시하는 검사는?　　　[2008년 1회]

① 수시검사　　　　　　② 신규등록검사
③ 정기검사　　　　　　④ 구조변경검사

정답 ④

14-2. 건설기계의 구조변경 검사는 누구에게 신청하여야 하는가?　　　[2006년 5회]

① 건설기계정비업소
② 자동차검사소
③ 검사대행자(건설기계 검사소)
④ 건설기계 폐기업소

정답 ③

14-3. 건설기계 구조변경 범위에 속하지 않는 것은?　　　[2007년 4회, 2011년 5회]

① 건설기계 길이, 너비, 높이변경
② 적재함의 용량 증가를 위한 변경
③ 조종장치의 형식변경
④ 수상작업용 건설기계의 선체의 형식변경

정답 ②

핵심이론 15 건설기계검사 – 수시검사(법 제13조, 규칙 제26조)

① 성능이 불량하거나 사고가 자주 발생하는 건설기계의 안전성 등을 점검하기 위하여 수시로 실시하는 검사와 건설기계 소유자의 신청을 받아 실시하는 검사

② 시·도지사는 수시검사를 명령하려는 때에는 수시검사를 받아야 할 날부터 10일 이전에 건설기계소유자에게 건설기계 수시검사명령서를 교부하여야 한다. 검사대행자를 지정한 경우에는 검사대행자에게 그 사실을 통보하여야 한다.

③ 시·도지사는 수시검사 명령을 할 때에는 건설기계소유자가 수시검사 명령에 따르지 아니하면 해당 건설기계의 등록번호표를 영치할 수 있다는 사실을 알려야 한다.

핵심예제

15-1. 성능이 불량하거나 사고가 빈발한 건설기계에 대해 실시하는 검사는?　　　[2009년 4회]

① 수시검사
② 정기검사
③ 구조변경검사
④ 예비검사

정답 ①

15-2. 다음 중 수시검사를 명할 수 있는 자는?　　　[2005년 4회]

① 행정자치부 장관
② 시·도지사
③ 경찰서장
④ 검사대행자

정답 ②

15-3. 시·도지사가 수시검사를 명령하고자 하는 때에는 수시검사를 받아야 할 날부터 며칠 이전에 건설기계 소유자에게 명령서를 교부하여야 하는가?　　　[2007년 2회, 2013년 상시]

① 7일　　　　　　② 10일
③ 15일　　　　　　④ 1월

정답 ②

핵심이론 16 건설기계검사 - 출장검사(규칙 제32조)

① 시설을 갖춘 검사장소(검사소)에서 검사를 받아야하는 건설기계

덤프트럭, 콘크리트믹서트럭, 콘크리트펌프(트럭적재식), 아스팔트살포기, 트럭지게차(국토교통부장관이 정하는 특수건설기계인 트럭지게차를 말한다)

② 출장검사(당해 건설기계가 위치한 장소에서 검사)
  ㉠ 도서지역에 있는 경우
  ㉡ 자체중량이 40t을 초과하거나 축중이 10t을 초과하는 경우
  ㉢ 너비가 2.5m를 초과하는 경우
  ㉣ 최고속도가 시간당 35km 미만인 경우

핵심예제

16-1. 건설기계검사소에서 검사를 받아야 하는 건설기계는?
[2005년 1회]

① 콘크리트 살포기
② 트럭적재식 콘크리트 펌프
③ 지게차
④ 스크레이퍼

정답 ②

16-2. 검사소에서 검사를 받아야 할 건설기계 중 최소기준으로 축 중이 몇 톤을 초과하면 출장검사를 받을 수 있는가?
[2011년 5회]

① 5t
② 10t
③ 15t
④ 20t

정답 ②

16-3. 검사소 이외의 장소에서 출장검사를 받을 수 있는 건설기계에 해당되는 것은?
[2008년 2회, 2010년 5회]

① 덤프트럭
② 콘크리트믹서트럭
③ 아스팔트살포기
④ 지게차

정답 ④

핵심이론 17 건설기계사업(법 제2조, 제21조, 규칙 제62조)

① 건설기계사업을 하려는 자(지방자치단체는 제외)는 대통령령으로 정하는 바에 따라 사업의 종류별로 시장·군수 또는 구청장에게 등록하여야 한다.

② "건설기계사업"이란 건설기계대여업, 건설기계정비업, 건설기계매매업 및 건설기계해체재활용업을 말한다.

③ 건설기계매매업의 등록을 하고자 하는 자의 구비서류
  ㉠ 사무실의 소유권 또는 사용권이 있음을 증명하는 서류
  ㉡ 주기장소재지를 관할하는 시장·군수·구청장이 발급한 주기장시설보유 확인서
  ㉢ 5천만원 이상의 하자보증금예치증서 또는 보증보험증서

핵심예제

17-1. 건설기계관리법에 의한 건설기계사업이 아닌 것은?
[2008년 2회, 2008년 4회, 2008년 5회 유사]

① 건설기계대여업
② 건설기계매매업
③ 건설기계수입업
④ 건설기계해체재활용업

정답 ③

17-2. 건설기계관련법상 건설기계 대여를 업으로 하는 것은?
[2007년 2회, 2009년 1회 유사]

① 건설기계대여업
② 건설기계정비업
③ 건설기계매매업
④ 건설기계해체재활용업

정답 ①

핵심이론 18 건설기계정비업의 사업범위(영 제14조 [별표 2])

① 건설기계정비업의 종류
  ㉠ 종합건설기계정비업
  ㉡ 부분건설기계정비업
  ㉢ 전문건설기계정비업(원동기, 유압, 타워크레인)

② 종합건설기계정비업의 정비항목
  ㉠ 원동기 : 실린더헤드의 탈착정비, 실린더·피스톤의 분해·정비, 크랭크샤프트·캠샤프트의 분해·정비, 연료(연료공급 및 분사)펌프의 분해·정비, 그 외 원동기 부분의 정비
  ㉡ 유압장치의 탈부착 및 분해·정비
  ㉢ 변속기 : 탈부착, 변속기의 분해·정비
  ㉣ 전후차축 및 제동장치정비(타이어식으로 된 것)
  ㉤ 차체 부분 : 프레임 조정, 롤러·링크·트랙슈의 재생, 그 외 차체 부분의 정비
  ㉥ 이동정비 : 응급조치, 원동기의 탈·부착, 유압장치의 탈·부착, 그 외의 부분의 탈·부착
  ※ 지게차, 덤프 및 믹서의 경우에는 차체 부분의 롤러·링크·트랙슈의 재생은 해당되지 않는다.

③ 부분건설기계정비업의 정비항목
  ㉠ 원동기 부분에 실린더 헤드의 탈착정비, 실린더·피스톤의 분해·정비, 크랭크샤프트·캠샤프트의 분해·정비, 연료(연료공급 및 분사) 펌프의 분해·정비의 사항을 제외한 원동기 부분의 정비
  ㉡ 유압장치정비의 탈부착 및 분해·정비
  ㉢ 변속기의 탈부착
  ㉣ 전후차축 및 제동장치정비(타이어식으로 된 것)
  ㉤ 차체 부분에서 프레임 조정과 롤러·링크·트랙슈의 재생을 제외한 차체 부분의 정비
  ㉥ 이동정비 : 응급조치, 원동기의 탈·부착, 유압장치의 탈·부착, 그 외 부분의 탈·부착

핵심예제

18-1. 건설기계정비업의 업무 구분에 해당하지 않는 것은?
[2007년 1회, 2009년 2회]

① 종합건설기계정비업　　② 부분건설기계정비업
③ 전문전설기계정비업　　④ 특수건설기계정비업

정답 ④

18-2. 부분건설기계정비업의 사업범위로 적당한 것은?
[2007년 4회, 2009년 5회]

① 프레임 조정, 롤러, 링크, 트랙슈의 재생을 제외한 차체
② 원동기부의 완전분해 정비
③ 차체부의 완전분해 정비
④ 실린더 헤드의 탈착정비

정답 ①

핵심이론 19 건설기계조종사 면허(규칙 제71조, 제75조 [별표 21])

① 개 념

㉠ 건설기계조종사면허를 받고자 하는 자는 건설기계조종사면허증발급신청서를 첨부하여 시장·군수 또는 구청장에게 제출하여야 한다.
- 신체검사서
- 소형건설기계조종교육이수증(소형건설기계조종사면허증을 발급신청하는 경우에 한정)
- 건설기계조종사면허증(건설기계조종사면허를 받은 자가 면허의 종류를 추가하고차 하는 때에 한함)
- 6개월 이내에 촬영한 탈모상반신 사진 2매

㉡ 시장·군수 또는 구청장은 전자정부법에 따른 행정정보의 공동이용을 통하여 다음 각 호의 정보를 확인하여야 하며, 신청인이 확인에 동의하지 아니하는 경우에는 해당 서류의 사본을 첨부하도록 하여야 한다.
- 국가기술자격증 정보(소형건설기계조종사면허증을 발급신청하는 경우는 제외)
- 자동차운전면허 정보(3톤 미만의 지게차를 조종하려는 경우에 한정)

㉢ 시장·군수 또는 구청장은 건설기계조종사 면허증발급신청서를 받은 경우 규정에 의한 적성검사기준에 적합한 자에 대하여는 건설기계조종사면허증을 교부하여야 한다.

② 건설기계조종사 면허의 종류

㉠ 굴삭기면허 : 굴삭기

㉡ 롤러면허 : 롤러, 모터그레이더, 스크레이퍼, 아스팔트피니셔, 콘크리트피니셔, 콘크리트살포기 및 골재살포기

㉢ 쇄석기면허 : 쇄석기, 아스팔트믹싱플랜트 및 콘크리트뱃칭플랜트

㉣ 준설선면허 : 준설선 및 자갈채취기

㉤ 천공기면허 : 천공기(타이어식, 무한궤도식 및 굴진식 포함. 트럭적재식은 제외), 항타 및 항발기

19-1. 건설기계조종사 면허에 관한 사항으로 틀린 것은?
[2010년 5회]

① 자동차운전면허로 운전할 수 있는 건설기계도 있다.
② 면허를 받고자 하는 자는 국·공립병원, 시·도지사가 지정하는 의료기관의 적성검사에 합격하여야 한다.
③ 특수건설기계 조종은 국토교통부장관이 지정하는 면허를 소지하여야 한다.
④ 특수건설기계 조종은 특수조종면허를 받아야 한다.

정답 ④

19-2. 건설기계관리법령상 건설기계조종사 면허의 종류가 아닌 것은?
[2013년 1회]

① 콘크리트피니셔
② 천공기
③ 준설선
④ 공기압축기

정답 ①

해설

19-1
특수건설기계에 대한 조종사면허의 종류는 운전면허를 받아 조종하여야 하는 특수건설기계를 제외하고는 건설기계조종사 면허에서 국토교통부장관이 지정하는 것으로 한다.

19-2
콘크리트피니셔는 롤러면허에 포함된다.

건설기계조종사 면허의 특례(규칙 제73조, 제74조)

① 운전면허로 조종하는 건설기계 – 1종대형면허

덤프트럭, 아스팔트살포기, 노상안정기, 콘크리트믹서트럭, 콘크리트펌프, 천공기(트럭적재식을 말함)

② 소형 건설기계조종사 면허

국토교통부령으로 정하는 소형 건설기계의 경우로서 시·도지사가 지정한 교육기관에서 그 건설기계의 조종에 관한 교육과정을 마친 경우에는 국토교통부령으로 정하는 바에 따라 건설기계조종사 면허를 받은 것으로 본다.

※ 소형건설기계조종 교육시간

• 3t 미만의 굴삭기, 로더, 지게차 : 이론 6시간, 실습 6시간
• 3t 이상 5t 미만 로더, 5t 미만의 불도저, 콘크리트펌프(이동식), 천공기(트럭적재식 제외) : 이론 6시간, 실습 12시간
• 공기압축기, 쇄석기 및 준설선, 3t 미만의 타워크레인 : 이론 8시간, 실습 12시간

③ 국토교통부령으로 정하는 소형건설기계

㉠ 5t 미만의 불도저, 로더, 천공기(트럭적재식 제외)
㉡ 3t 미만의 지게차, 굴삭기, 타워크레인
㉢ 공기압축기, 콘크리트펌프(이동식), 쇄석기, 준설선
※ 3t 미만의 지게차를 조종하고자 하는 자는 적합한 자동차운전면허를 소지하여야 한다.

핵심예제

20-1. 건설기계의 조종에 관한 교육과정을 마친 경우 건설기계조종사 면허를 받은 것으로 보는 소형건설기계에 해당하지 않는 것은?   [2013년 상시]

① 5t 미만의 불도저   ② 5t 미만의 지게차
③ 5t 미만의 로더   ④ 공기압축기

정답 ②

20-2. 5t 미만의 불도저의 소형건설기계 조종실습 시간은?
[2011년 5회]

① 6시간   ② 10시간
③ 12시간   ④ 16시간

정답 ③

건설기계조종사 면허의 결격사유, 적성검사기준

① 건설기계조종사 면허의 결격사유(법 제27조)

㉠ 18세 미만인 사람
㉡ 정신질환자 또는 뇌전증환자
㉢ 앞을 보지 못하는 사람, 듣지 못하는 사람, 그 밖에 국토교통부령으로 정하는 장애인

※ 국토교통부령 – 다리·머리·척추나 그 밖의 신체장애로 인하여 앉아 있을 수 없는 사람

㉣ 마약·대마·향정신성 의약품 또는 알코올중독자로서 국토교통부령으로 정하는 사람

※ 국토교통부령 – 마약·대마·향정신성의약품 또는 알코올 관련 장애 등으로 인하여 해당 분야 전문의가 정상적으로 건설기계를 조종할 수 없다고 인정하는 사람

㉤ 건설기계조종사 면허가 취소된 날부터 1년이 지나지 아니하였거나 건설기계조종사 면허의 효력정지처분 기간 중에 있는 사람

② 적성검사의 기준 등(규칙 제76조)

㉠ 두 눈을 동시에 뜨고 잰 시력(교정시력 포함)이 0.7 이상이고 두 눈의 시력이 각각 0.3 이상일 것
㉡ 55dB(보청기를 사용하는 사람은 40dB)의 소리를 들을 수 있고, 언어분별력이 80% 이상일 것
㉢ 시각은 150° 이상일 것
㉣ 정신질환자·뇌전증환자·앞을 보지 못하는 사람, 듣지 못하는 사람 그 밖에 국토교통부령이 정하는 장애인, 마약·대마·향정신성 의약품 또는 알코올중독자 중에 해당되지 아니할 것

핵심예제

21-1. 건설기계관리법상 건설기계조종사의 면허를 받을 수 있는 자는?
[2006년 1회]

① 심신 장애자
② 마약 또는 알코올 중독자
③ 사지의 활동이 정상적이 아닌 자
④ 파산자로서 복권되지 아니한 자

정답 ④

21-2. 건설기계조종사 면허 적성검사 기준으로 틀린 것은?
[2005년 5회, 2013년 상시]

① 청력은 10m의 거리에서 60dB을 들을 수 있을 것
② 두 눈을 동시에 뜨고 잰 시력이 0.7 이상
③ 두 눈의 시력이 각각 0.3 이상
④ 시각은 150° 이상

정답 ①

핵심이론 **22** | 건설기계조종사의 면허취소 · 정지(법 제28조)

시장 · 군수 또는 구청장은 다음에 해당하는 경우에는 건설기계조종사 면허를 취소하거나 1년 이내의 기간을 정하여 면허의 효력을 정지시킬 수 있다.

① 반드시 취소해야하는 사유

ㄱ 거짓 그 밖의 부정한 방법으로 건설기계조종사 면허를 받은 경우
ㄴ 건설기계조종사 면허의 효력정지기간 중 건설기계를 조종한 경우
ㄷ 정기적성검사를 받지 아니하거나 적성검사에 불합격한 경우

② 정지 또는 취소사유

ㄱ 정신질환자 · 뇌전증환자 · 앞을 보지 못하는 사람, 듣지 못하는 사람 그 밖에 국토교통부령이 정하는 장애인, 마약 · 대마 · 향정신성 의약품 또는 알코올중독자로서 국토교통부령으로 정하는 사람
ㄴ 건설기계의 조종 중 고의 또는 과실로 중대한 사고를 일으킨 경우
ㄷ 국가기술자격법에 따른 해당 분야의 기술자격이 취소되거나 정지된 경우
ㄹ 건설기계조종사 면허증을 다른 사람에게 빌려준 경우
ㅁ 술에 취하거나 마약 등 약물을 투여한 상태 또는 과로 · 질병의 영향이나 그 밖의 사유로 정상적으로 조종하지 못할 우려가 있는 상태에서 조종한 경우

③ 술에 취하거나 마약 등 약물을 투여한 상태에서 조종한 경우 면허 취소 사유

ㄱ 술에 취한 상태에서 건설기계를 조종하다가 사고로 사람을 죽게 하거나 다치게 한 때
ㄴ 술에 만취한 상태(혈중알코올농도 0.1% 이상)에서 건설기계를 조종한 때
ㄷ 2회 이상 술에 취한 상태에서 건설기계를 조종하여 면허효력정지를 받은 사실이 있는 사람이 다시 술에 취한 상태에서 건설기계를 조종한 때
ㄹ 약물(마약, 대마, 향정신성 의약품 및 유해화학물질 관리법 시행령 제25조에 따른 환각물질을 말함)을 투여한 상태에서 건설기계를 조종한 때

※ 면허효력정지 60일 : 술에 취한 상태(혈중알코올농도 0.05% 이상 0.1% 미만)에서 건설기계를 조종한 때

핵심예제

건설기계조종사 면허의 취소 사유에 해당되지 않는 것은?

[2007년 2회 유사]

① 면허정지 처분을 받은 자가 그 정지기간 중에 건설기계를 조종한 때
② 과실로 중대재해가 발생한 때
③ 고의로 2명 이상을 사망하게 한 때
④ 등록이 말소된 건설기계를 조종한 때

정답 ④

해설

등록이 말소된 건설기계를 사용하거나 운행한 자는 2년 이하의 징역이나 2천만원 이하의 벌금에 처한다.

핵심이론 23 건설기계조종사 면허의 취소·정지처분 기준(규칙 제79조 [별표 22])

① 인명피해
   ㉠ 고의로 인명피해(사망·중상·경상 등을 말한다)를 입힌 경우 – 취소
   ㉡ 과실로 산업안전보건법에 따른 중대재해가 발생한 경우 – 취소
   ㉢ 기타 인명피해를 입힌 때
      • 사망 1명마다 – 면허효력정지 45일
      • 중상 1명마다 – 면허효력정지 15일
      • 경상 1명마다 – 면허효력정지 5일
② 재산피해
   ㉠ 피해금액 50만원마다 – 면허효력정지 1일(90일을 넘지 못함)
   ㉡ 건설기계의 조종 중 고의 또는 과실로 가스공급시설을 손괴하거나 가스공급시설의 기능에 장애를 입혀 가스의 공급을 방해한 때 – 면허효력정지 180일

핵심예제

23-1. 건설기계조종사 면허의 취소·정지처분 기준 중 면허취소에 해당되지 않는 것은?

[2007년 4회, 2009년 5회 유사]

① 고의로 1명 이상에게 경상을 입힌 때
② 고의로 7명 이상에게 중상을 입힌 때
③ 과실로 중대재해가 발생한 때
④ 일천만원 이상 재산 피해를 입힌 때

정답 ④

23-2. 고의로 경상 1명의 인명피해를 입힌 건설기계조종사에 대한 면허의 취소, 정지처분 기준으로 맞는 것은? [2008년 1회]

① 면허 효력정지 45일
② 면허 효력정지 30일
③ 면허 효력정지 90일
④ 면허 취소

정답 ④

핵심이론 24 건설기계조종사 면허증 반납(규칙 제80조)

건설기계조종사 면허를 받은 자가 다음의 사유에 해당하는 때에는 그 사유가 발생한 날부터 10일 이내에 주소지를 관할하는 시장·군수 또는 구청장에게 그 면허증을 반납하여야 한다.

① 면허가 취소된 때
② 면허의 효력이 정지된 때
③ 면허증의 재교부를 받은 후 잃어버린 면허증을 발견한 때

핵심예제

건설기계조종사 면허를 반납할 때 틀린 것은? [2005년 4회]

① 면허가 취소된 때
② 면허의 효력이 정지된 때
③ 면허증의 재교부를 받은 후 분실된 면허증을 발견한 때
④ 주소를 이전했을 때

정답 ④

핵심이론 25 벌칙 – 1년 이하의 징역 또는 1,000만원 이하의 벌금(법 제41조)

① 거짓이나 그 밖의 부정한 방법으로 등록을 한 자
② 등록번호를 지워 없애거나 그 식별을 곤란하게 한 자
③ 구조변경검사 또는 수시검사를 받지 아니한 자
④ 정비명령을 이행하지 아니한 자
⑤ 형식승인, 형식변경승인 또는 확인검사를 받지 아니하고 건설기계의 제작 등을 한 자
⑥ 사후관리에 관한 명령을 이행하지 아니한 자
⑦ 내구연한을 초과한 건설기계 또는 건설기계 장치 및 부품을 운행하거나 사용한 자 [시행일 : 2019. 9. 19.]
⑧ 내구연한을 초과한 건설기계 또는 건설기계 장치 및 부품의 운행 또는 사용을 알고도 말리지 아니하거나 운행 또는 사용을 지시한 고용주 [시행일 : 2019. 9. 19.]
⑨ 부품인증을 받지 아니한 건설기계 장치 및 부품을 사용한 자
⑩ 부품인증을 받지 아니한 건설기계 장치 및 부품을 건설기계에 사용하는 것을 알고도 말리지 아니하거나 사용을 지시한 고용주
⑪ 매매용 건설기계를 운행하거나 사용한 자
⑫ 폐기인수 사실을 증명하는 서류의 발급을 거부하거나 거짓으로 발급한 자
⑬ 폐기요청을 받은 건설기계를 폐기하지 아니하거나 등록번호표를 폐기하지 아니한 자
⑭ 건설기계조종사면허를 받지 아니하고 건설기계를 조종한 자
⑮ 건설기계조종사면허를 거짓이나 그 밖의 부정한 방법으로 받은 자
⑯ 소형 건설기계의 조종에 관한 교육과정의 이수에 관한 증빙서류를 거짓으로 발급한 자
⑰ 술에 취하거나 마약 등 약물을 투여한 상태에서 건설기계를 조종한 자와 그러한 자가 건설기계를 조종하는 것을 알고도 말리지 아니하거나 건설기계를 조종하도록 지시한 고용주

⑱ 건설기계조종사면허가 취소되거나 건설기계조종사면허의 효력정지처분을 받은 후에도 건설기계를 계속하여 조종한 자

⑲ 건설기계를 도로나 타인의 토지에 버려둔 자

핵심예제

25-1. 건설기계조종사 면허를 받지 아니하고 건설기계를 조종한 자에 대한 벌칙은? [2008년 5회, 2010년 4회, 2011년 4회 유사]

① 1년 이하의 징역 또는 1,000만원 이하의 벌금
② 100만원 이하의 벌금
③ 50만원 이하의 벌금
④ 30만원 이하의 과태료

정답 ①

25-2. 건설기계조종사 면허가 취소되거나 효력정지처분을 받은 후에도 건설기계를 계속하여 조종한 자에 대한 벌칙은?

[2009년 4회, 2013년 상시 유사]

① 과태료 50만원
② 1년 이하의 징역 또는 1,000만원 이하의 벌금
③ 최소기간 연장조치
④ 조종사면허 취득 절대 불가

정답 ②

핵심이론 26 과태료

① 300만원 이하의 과태료(법 제44조 제1항)

  ㉠ 정기적성검사 또는 수시적성검사를 받지 아니한 자
  ㉡ 보고·검사 등에 따른 소속 공무원의 검사·질문을 거부·방해·기피한 자

② 100만원 이하의 과태료(법 제44조 제2항)

  ㉠ 등록번호표를 부착·봉인하지 아니하거나 등록번호를 새기지 아니한 자
  ㉡ 등록번호표를 부착 및 봉인하지 아니한 건설기계를 운행한 자
  ㉢ 등록번호표를 가리거나 훼손하여 알아보기 곤란하게 한 자 또는 그러한 건설기계를 운행한 자
  ㉣ 등록번호의 새김명령을 위반한 자
  ㉤ 건설기계안전기준에 적합하지 아니한 건설기계를 도로에서 운행하거나 운행하게 한 자
  ㉥ 안전교육 등을 받지 아니하고 건설기계를 조종한 자

③ 50만원 이하의 과태료(법 제44조 제3항)

  ㉠ 임시번호표를 부착하지 아니하고 운행한 자
  ㉡ 등록의 말소를 신청하지 아니한 자
  ㉢ 변경신고를 하지 아니하거나 거짓으로 변경신고한 자
  ㉣ 등록번호표를 반납하지 아니한 자
  ㉤ 정기검사를 받지 아니한 자
  ㉥ 정당한 사유 없이 타인의 토지에 건설기계를 세워둔 자

④ 정기검사를 받지 아니하고, 정기검사 신청기간만료일로부터 30일 이내인 때의 과태료(1차 위반) : 2만원(30일을 초과한 경우에는 3일 초과 시마다 1만원을 가산)

핵심예제

정기검사를 받지 아니하고, 정기검사 신청기간만료일로부터 30일 이내인 때의 과태료는? [2009년 5회]

① 20만원 ② 10만원
③ 5만원 ④ 2만원

정답 ④

2 도로교통법

도로통행방법에 관한 주요 용어정의(법 제2조)

① 도로교통법상 도로
- ㉠ 도로법에 따른 도로
- ㉡ 유료도로법에 따른 유료도로
- ㉢ 농어촌도로 정비법에 따른 농어촌도로
- ㉣ 그 밖에 현실적으로 불특정 다수의 사람 또는 차마(車馬)가 통행할 수 있도록 공개된 장소로서 안전하고 원활한 교통을 확보할 필요가 있는 장소

② 자동차전용도로 : 자동차만 다닐 수 있도록 설치된 도로를 말한다.

③ 고속도로 : 자동차의 고속 운행에만 사용하기 위하여 지정된 도로를 말한다.

④ 횡단보도 : 보행자가 도로를 횡단할 수 있도록 안전표지로 표시한 도로의 부분을 말한다.

⑤ 중앙선 : 차마의 통행 방향을 명확하게 구분하기 위하여 도로에 황색 실선(實線)이나 황색 점선 등의 안전표지로 표시한 선 또는 중앙분리대나 울타리 등으로 설치한 시설물을 말한다.

⑥ 안전지대 : 도로를 횡단하는 보행자나 통행하는 차마의 안전을 위하여 안전표지나 이와 비슷한 인공구조물로 표시한 도로의 부분을 말한다.
  ※ 견인되는 자동차도 자동차의 일부로 본다.

⑦ 긴급자동차 : 다음의 자동차로서 그 본래의 긴급한 용도로 사용되고 있는 자동차를 말한다.
- ㉠ 소방차, 구급차, 혈액 공급차량
- ㉡ 그 밖에 대통령령으로 정하는 자동차

⑧ 정차 : 운전자가 5분을 초과하지 아니하고 차를 정지시키는 것으로서 주차 외의 정지상태를 말한다.

⑨ 서행 : 운전자가 차 또는 노면전차를 즉시 정지시킬 수 있는 정도의 느린 속도로 진행하는 것을 말한다.

핵심예제

도로교통법상 도로에 해당되지 않는 것은?
[2007년 5회, 2009년 5회, 2013년 상시]

① 해상 도로법에 의한 항로
② 차마의 통행을 위한 도로
③ 유료도로법에 의한 유료도로
④ 도로법에 의한 도로

정답 ①

차량신호 등(규칙 제6조 [별표 2])

① 녹색의 등화
- ㉠ 차마는 직진 또는 우회전할 수 있다.
- ㉡ 비보호좌회전표지 또는 비보호좌회전표시가 있는 곳에서는 좌회전할 수 있다.

② 황색의 등화
- ㉠ 차마는 정지선이 있거나 횡단보도가 있을 때에는 그 직전이나 교차로의 직전에 정지하여야 하며, 이미 교차로에 차마의 일부라도 진입한 경우에는 신속히 교차로 밖으로 진행하여야 한다.
- ㉡ 차마는 우회전할 수 있고 우회전하는 경우에는 보행자의 횡단을 방해하지 못한다.

③ 적색의 등화
차마는 정지선, 횡단보도 및 교차로의 직전에서 정지하여야 한다. 다만, 신호에 따라 진행하는 다른 차마의 교통을 방해하지 아니하고 우회전할 수 있다.

④ 황색 등화의 점멸
차마는 다른 교통 또는 안전표지의 표시에 주의하면서 진행할 수 있다.

⑤ 적색 등화의 점멸
차마는 정지선이나 횡단보도가 있을 때에는 그 직전이나 교차로의 직전에 일시정지한 후 다른 교통에 주의하면서 진행할 수 있다.

핵심예제

2-1. 건설기계를 운전하여 교차로 전방 20m 지점에 이르렀을 때 황색 등화로 바뀌었을 경우 운전자의 조치방법은?
[2009년 1회, 2011년 2회]

① 일시정지하여 안전을 확인하고 진행한다.
② 정지할 조치를 취하여 정지선에 정지한다.
③ 그대로 계속 진행한다.
④ 주위의 교통에 주의하면서 진행한다.

정답 ②

2-2. 정지선이나 횡단보도 및 교차로 직전에서 정지하여야 할 신호 중 옳은 것은?
[2006년 5회, 2008년 1, 2회, 2009년 4회]

① 황색 및 적색 등화
② 녹색 및 황색 등화
③ 녹색 및 적색 등화
④ 적색 및 황색 등화의 점멸

정답 ①

핵심이론 03 교통안전표지의 종류(규칙 제8조 [별표 6])

① 안전표지는 주의표지, 규제표지, 지시표지, 보조표지, 노면표시로 되어 있다.

② 주요 교통안전표지

(50)	최고속도제한	(30)	최저속도제한
회전형 삼각형표지	회전형 교차로	좌우이중굽은 삼각형표지	좌우로 이중 굽은 도로
좌우회전 표지	좌우회전	진입금지	진입금지
유턴금지 표지	유턴금지		

핵심예제

3-1. 도로교통법상 안전표지의 종류가 아닌 것은?

[2005년 5회, 2010년 4회, 2011년 5회]

① 주의표지
② 규제표지
③ 안심표지
④ 보조표지

정답 ③

3-2. 다음 그림은 교통안전표지에 대한 설명으로 맞는 것은?

[2009년 4회, 2009년 5회]

① 30t 자동차 전용도로
② 최고중량 제한표시
③ 최고시속 30km 속도 제한표시
④ 최저시속 30km 속도 제한표시

정답 ④

해설

3-1
도로교통법상 교통안전표지의 종류는 주의, 규제, 지시, 보조표지, 노면표시 등이 있다.

핵심이론 04 신호 또는 지시에 따를 의무(법 제5조)

① 도로를 통행하는 보행자, 차마 또는 노면전차의 운전자는 교통안전시설이 표시하는 신호 또는 지시와 국가경찰공무원(의무경찰 포함), 자치경찰공무원(경찰공무원), 대통령령으로 정하는 경찰보조자의 신호 또는 지시를 따라야 한다.

② 도로를 통행하는 보행자, 차마 또는 노면전차의 운전자는 교통안전시설이 표시하는 신호 또는 지시와 교통정리를 하는 경찰공무원 등의 신호 또는 지시가 서로 다른 경우에는 경찰공무원 등의 신호 또는 지시에 따라야 한다.

핵심예제

4-1. 다음 중 가장 우선하는 신호는?

[2006년 1회]

① 신호기의 신호
② 경찰관의 수신호
③ 안전표시의 지시
④ 신호등의 신호

정답 ②

4-2. 경찰공무원의 수신호 중 틀린 것은?

[2013년 상시]

① 직진신호
② 정지신호
③ 우회신호
④ 추월신호

정답 ④

핵심이론 05 차마의 통행(법 제13조)

① 차마의 통행
  ㉠ 차마의 운전자는 보도와 차도가 구분된 도로에서는 차도로 통행하여야 한다. 다만, 도로 외의 곳으로 출입할 때에는 보도를 횡단하여 통행할 수 있다.
  ㉡ 도로 외의 곳으로 출입할 경우 차마의 운전자는 보도를 횡단하기 직전에 일시정지하여 좌측과 우측 부분 등을 살핀 후 보행자의 통행을 방해하지 아니하도록 횡단하여야 한다.
  ㉢ 차마의 운전자는 도로(보도와 차도가 구분된 도로)의 중앙(중앙선이 설치되어 있는 경우에는 그 중앙선) 우측 부분을 통행하여야 한다.
  ㉣ 차마의 운전자는 안전지대 등 안전표지에 의하여 진입이 금지된 장소에 들어가서는 아니 된다.
  ㉤ 차마(자전거 제외)의 운전자는 안전표지로 통행이 허용된 장소를 제외하고는 자전거도로 또는 길가장자리 구역으로 통행하여서는 아니 된다. 다만, 자전거 이용 활성화에 관한 법률 제3조 제4호에 따른 자전거 우선도로의 경우에는 그러하지 아니하다.

② 도로의 중앙이나 좌측 부분을 통행할 수 있는 경우
  ㉠ 도로가 일방통행인 경우
  ㉡ 도로의 파손, 도로공사나 그 밖의 장애 등으로 도로의 우측 부분을 통행할 수 없는 경우
  ㉢ 도로 우측 부분의 폭이 6m가 되지 아니하는 도로에서 다른 차를 앞지르려는 경우
  ※ 예외(통행할 수 없는 경우)
    • 도로의 좌측 부분을 확인할 수 없는 경우
    • 반대 방향의 교통을 방해할 우려가 있는 경우
    • 안전표지 등으로 앞지르기를 금지하거나 제한하고 있는 경우
  ㉣ 도로 우측 부분의 폭이 차마의 통행에 충분하지 아니한 경우
  ㉤ 가파른 비탈길의 구부러진 곳에서 교통의 위험을 방지하기 위하여 지방경찰청장이 필요하다고 인정하여 구간 및 통행방법을 지정하고 있는 경우에 그 지정에 따라 통행하는 경우

핵심예제

5-1. 차마가 도로 이외의 장소에 출입하기 위하여 보도를 횡단하려고 할 때 가장 적절한 통행방법은? [2006년 1회, 2013년 상시]
① 보행자 유무에 구애받지 않는다.
② 보행자가 없으면 서행한다.
③ 보행자가 있어도 차마가 우선 출입한다.
④ 보도 직전에서 일시 정지하여 보행자의 통행을 방해하지 말아야 한다.

정답 ④

5-2. 보도와 차도가 구분된 도로에서 중앙선이 설치되어 있는 경우 차마의 통행방법으로 옳은 것은? [2011년 4회]
① 중앙선 좌측
② 중앙선 우측
③ 좌·우측 모두
④ 보도의 좌측

정답 ②

핵심이론 06 긴급자동차의 우선통행(법 제29조)

① 긴급하고 부득이한 경우에는 도로의 중앙이나 좌측 부분을 통행할 수 있다.

② 법에 따른 명령에 따라 정지하여야 하는 경우에도 불구하고 긴급하고 부득이한 경우에는 정지하지 아니할 수 있다.

③ 긴급자동차에 대하여는 제한속도 준수 및 앞지르기 금지·끼어들기 금지 의무 등의 적용은 받지 않는다(법 제30조).

④ 교차로나 그 부근에서 긴급자동차가 접근하는 경우에는 차마와 노면전차의 운전자는 교차로를 피하여 일시정지 하여야 한다.

⑤ 자동차 운전자는 해당 자동차를 그 본래의 긴급한 용도로 운행하지 아니하는 경우에는 자동차관리법에 따라 설치된 경광등을 켜거나 사이렌을 작동하여서는 아니 된다(대통령령으로 정하는 바에 따라 범죄 및 화재 예방 등을 위한 순찰·훈련 등을 실시하는 경우에는 그러하지 아니하다).

핵심예제

6-1. 긴급자동차에 관한 설명 중 틀린 것은? [2005년 1회]

① 소방자동차, 구급자동차는 항시 우선권과 특례의 적용을 받는다.
② 긴급 용무 중일 때에만 우선권과 특례의 적용을 받는다.
③ 우선권과 특례의 적용을 받으려면 경광등을 켜고 경음기를 울려야 한다.
④ 긴급 용무임을 표시할 때는 제한속도 준수 및 앞지르기 금지 일시정지 의무 등의 적용은 받지 않는다.

정답 ①

6-2. 교차로 또는 그 부근에서 긴급자동차가 접근하였을 때 피양방법으로서 옳은 것은? [2009년 5회]

① 교차로의 우측단에 일시 정지하여 진로를 피양한다.
② 교차로를 피하여 도로의 우측 가장자리에 일시 정지한다.
③ 서행하면서 앞지르기를 하라는 신호를 한다.
④ 그대로 진행방향으로 진행을 계속한다.

정답 ②

해설

6-1
긴급자동차가 그 본래의 긴급한 용도로 운행되고 있는 경우에만 우선권과 특례의 적용을 받는다.

핵심이론 07 감속운행하여야 하는 경우(규칙 제19조)

① 최고속도의 100분의 20을 줄인 속도로 운행하여야 하는 경우
　㉠ 비가 내려 노면이 젖어있는 경우
　㉡ 눈이 20mm 미만 쌓인 경우

② 최고속도의 100분의 50을 줄인 속도로 운행하여야 하는 경우
　㉠ 폭우·폭설·안개 등으로 가시거리가 100m 이내인 경우
　㉡ 노면이 얼어붙은 경우
　㉢ 눈이 20mm 이상 쌓인 경우

핵심예제

7-1. 최고속도의 100분의 20을 줄인 속도로 운행하여야 할 경우는? [2008년 2회, 2010년 5회]

① 노면이 얼어붙은 때
② 폭우 폭설 안개 등으로 가시거리가 100m 이내일 때
③ 눈이 20mm 이상 쌓인 때
④ 비가 내려 노면이 젖어 있을 때

정답 ④

7-2. 최고속도의 100분의 50을 줄인 속도로 운행하여야 할 경우가 아닌 것은? [2005년 5회]

① 눈이 20mm 이상 쌓인 때
② 비가 내려 노면에 습기가 있을 때
③ 노면이 얼어붙은 때
④ 폭우, 폭설, 안개 등으로 가시거리가 100m 이내인 때

정답 ②

핵심이론 08 안전거리 확보와 진로변경(법 제19조)

① 안전거리

  ㉠ 모든 차의 운전자는 같은 방향으로 가고 있는 앞차의 뒤를 따를 때에는 앞차가 갑자기 정지하게 되는 경우에 그 앞차와의 충돌을 피할 수 있는 필요한 거리를 확보하여야 한다.

  ㉡ 자동차 등의 운전자는 같은 방향으로 가고 있는 자전거 운전자에 주의하여야 하며, 그 옆을 지날 때에는 자전거와의 충돌을 피할 수 있는 필요한 거리를 확보하여야 한다.

② 진로를 변경하고자 할 때 운전자가 지켜야할 사항

  ㉠ 모든 차의 운전자는 차의 진로를 변경하려는 경우에 그 변경하려는 방향으로 오고 있는 다른 차의 정상적인 통행에 장애를 줄 우려가 있을 때에는 진로를 변경하여서는 아니 된다.

핵심예제

8-1. 앞차와의 안전거리를 가장 바르게 설명한 것은? [2008년 1회]

① 앞차 속도의 0.3배 거리
② 앞차와의 평균 8m 이상 거리
③ 앞차의 진행방향을 확인할 수 있는 거리
④ 앞차가 갑자기 정지하였을 때 충돌을 피할 수 있는 필요한 거리

정답 ④

8-2. 주행 중 진로를 변경해서는 안되는 경우는? [2007년 1회]

① 교통이 복잡한 도로일 때
② 시속 40km 이상으로 주행할 때
③ 진로변경 제한선이 표시되어 있을 때
④ 4차로 도로일 때

정답 ③

해설
8-1
안전거리확보 등 : 모든 차의 운전자는 같은 방향으로 가고 있는 앞차의 뒤를 따르는 때에는 앞차가 갑자기 정지하게 되는 경우 그 앞차와의 충돌을 피할 수 있는 필요한 거리를 확보하여야 한다.
8-2
진로변경 제한선이 표시되어 있으면 진로변경을 해서는 안 된다.

핵심이론 09 앞지르기(법 제22조)

① 앞지르기 금지의 시기

  ㉠ 앞차의 좌측에 다른 차가 앞차와 나란히 가고 있는 경우
  ㉡ 앞차가 다른 차를 앞지르고 있거나 앞지르려고 하는 경우
  ㉢ 법에 따른 명령에 따라 정지하거나 서행하고 있는 차
  ㉣ 경찰공무원의 지시에 따라 정지하거나 서행하고 있는 차
  ㉤ 위험을 방지하기 위하여 정지하거나 서행하고 있는 차

② 앞지르기 금지 장소

  ㉠ 교차로, 터널 안, 다리 위
  ㉡ 도로의 구부러진 곳, 비탈길의 고갯마루 부근 또는 가파른 비탈길의 내리막 등 지방경찰청장이 도로에서의 위험을 방지하고 교통의 안전과 원활한 소통을 확보하기 위하여 필요하다고 인정하는 곳으로서 안전표지로 지정한 곳

핵심예제

동일방향으로 주행하고 있는 전·후 차 간의 안전 운전 방법으로 틀린 것은? [2006년 2회]

① 뒤차는 앞차가 급정지 할 때 충돌을 피할 수 있는 필요한 안전거리를 유지한다.
② 뒤에서 따라오는 차량의 속도보다 느린 속도로 진행하려고 할 때에는 진로를 양보한다.
③ 앞차가 다른 제 차를 앞지르고 있을 때는 빠른 속도로 앞지른다.
④ 앞차는 부득이한 경우를 제외하고는 급정지, 급감속을 하여서는 안 된다.

정답 ③

해설
③ 앞차가 다른 제 차를 앞지르고 있을 때는 앞지르기를 해서는 안 된다.

핵심이론 10 철길건널목 통과방법(법 제24조)

① 철길건널목에서는 반드시 일시정지 후 안전함을 확인한 후에 통과한다.

② 신호기 등이 표시하는 신호에 따르는 경우에는 정지하지 아니하고 통과할 수 있다.

③ 건널목의 차단기가 내려져 있거나 내려지려고 하는 경우 또는 건널목의 경보기가 울리고 있는 동안에는 그 건널목으로 들어가서는 아니 된다.

　※ 건널목을 통과하다가 고장 등의 사유로 건널목 안에서 차를 운행할 수 없게 된 경우에는 즉시 승객을 대피시키고 비상신호기 등을 사용하거나 그 밖의 방법으로 철도공무원이나 경찰공무원에게 그 사실을 알려야 한다.

핵심예제

10-1. 철길건널목 통과방법으로 틀린 것은?

[2006년 5회, 2010년 4회]

① 경보기가 울리고 있는 동안에는 통과하여서는 아니 된다.
② 건널목에서 앞차가 서행하면서 통과할 때에는 그 차를 따라 서행한다.
③ 차단기가 내려지려고 할 때에는 통과하여서는 아니 된다.
④ 건널목 앞에서 일시 정지하여 안전한지 여부를 확인한 후 통과한다.

정답 ②

10-2. 건널목 안에서 차가 고장이 나서 운행할 수 없게 되었다. 운전자의 조치사항으로 가장 잘못된 것은?

[2005년 4회, 2007년 2회, 2011년 1회]

① 철도공무원이나 경찰공무원에게 즉시 알려 차를 이동하기 위한 필요한 조치를 한다.
② 차를 즉시 건널목 밖으로 이동시킨다.
③ 승객을 하차시켜 즉시 대피시킨다.
④ 현장을 그대로 보존하고 경찰공무원에게 고장 신고를 한다.

정답 ④

핵심이론 11 교차로 통행방법(법 제25조)

① 모든 차의 운전자는 교차로에서 우회전을 하려는 경우에는 미리 도로의 우측 가장자리를 서행하면서 우회전하여야 한다. 이 경우 우회전하는 차의 운전자는 신호에 따라 정지하거나 진행하는 보행자 또는 자전거에 주의하여야 한다.

② 모든 차의 운전자는 교차로에서 좌회전을 하려는 경우에는 미리 도로의 중앙선을 따라 서행하면서 교차로의 중심 안쪽을 이용하여 좌회전하여야 한다. 다만, 지방경찰청장이 교차로의 상황에 따라 특히 필요하다고 인정하여 지정한 곳에서는 교차로의 중심 바깥쪽을 통과할 수 있다.

③ ②에도 불구하고 자전거의 운전자는 교차로에서 좌회전하려는 경우에는 미리 도로의 우측 가장자리로 붙어 서행하면서 교차로의 가장자리 부분을 이용하여 좌회전하여야 한다.

④ 우회전이나 좌회전을 하기 위하여 손이나 방향지시기 또는 등화로써 신호를 하는 차가 있는 경우에 그 뒤차의 운전자는 신호를 한 앞차의 진행을 방해하여서는 아니 된다.

⑤ 모든 차 또는 노면전차의 운전자는 신호기로 교통정리를 하고 있는 교차로에 들어가려는 경우에는 진행하려는 진로의 앞쪽에 있는 차 또는 노면전차의 상황에 따라 교차로(정지선이 설치되어 있는 경우에는 그 정지선을 넘은 부분을 말함)에 정지하게 되어 다른 차 또는 노면전차의 통행에 방해가 될 우려가 있는 경우에는 그 교차로에 들어가서는 아니 된다.

⑥ 모든 차의 운전자는 교통정리를 하고 있지 아니하고 일시정지나 양보를 표시하는 안전표지가 설치되어 있는 교차로에 들어가려고 할 때에는 다른 차의 진행을 방해하지 아니하도록 일시정지하거나 양보하여야 한다.

핵심예제

11-1. 건설기계를 운전하여 교차로에서 녹색신호로 우회전을 하려고 할 때 지켜야 할 사항으로 가장 올바른 것은? [2006년 2회]

① 우회전 신호를 행하면서 빠르게 우회전한다.

② 신호를 하고 우회전하며, 속도를 빨리하여 진행한다.

③ 신호를 행하면서 서행으로 주행하여야 하며, 보행자가 있을 때는 보행자의 통행을 방해하지 않도록 하여 우회전한다.

④ 우회전은 언제 어느 곳에서나 할 수 있다.

정답 ③

11-2. 유도표시가 없는 교차로에서의 좌회전 방법으로 가장 적절한 것은? [2009년 4회]

① 운전자 편한대로 운전한다.

② 교차로 중심 바깥쪽으로 서행한다.

③ 교차로 중심 안쪽으로 서행한다.

④ 앞차의 주행방향으로 따라가면 된다.

정답 ③

핵심이론 12 교통정리가 없는 교차로에서의 양보운전(법 제26조)

① 교차로에 들어가려고 하는 차의 운전자는 이미 교차로에 들어가 있는 다른 차가 있을 때에는 그 차에 진로를 양보하여야 한다.

② 교차로에 들어가려고 하는 차의 운전자는 그 차가 통행하고 있는 도로의 폭보다 교차하는 도로의 폭이 넓은 경우에는 서행하여야 하며, 폭이 넓은 도로로부터 교차로에 들어가려고 하는 다른 차가 있을 때에는 그 차에 진로를 양보하여야 한다.

③ 교차로에 동시에 들어가려고 하는 차의 운전자는 우측도로의 차에 진로를 양보하여야 한다.

④ 교차로에서 좌회전하려고 하는 차의 운전자는 그 교차로에서 직진하거나 우회전하려는 다른 차가 있을 때에는 그 차에 진로를 양보하여야 한다.

핵심예제

12-1. 교통정리가 행하여지지 않는 교차로에서 통행의 우선권이 있는 차량은? [2008년 1회]

① 좌회전하려는 차량

② 우회전하려는 차량

③ 직진하려는 차량

④ 이미 좌회전하고 있는 차량

정답 ④

12-2. 교통정리가 행하여지고 있지 않은 교차로에서 우선순위가 같은 차량이 동시에 교차로에 진입한 때의 우선순위로 맞는 것은? [2008년 4회]

① 소형 차량이 우선한다.

② 우측 도로의 차가 우선한다.

③ 좌측 도로의 차가 우선한다.

④ 중량이 큰 차량이 우선한다.

정답 ②

해설

12-2

교통정리를 하고 있지 아니하는 교차로에 동시에 들어가려고 하는 차의 운전자는 우측 도로의 차에 진로를 양보하여야 한다.

핵심이론 13 보행자의 보호(법 제27조)

① 보행자(자전거에서 내려서 자전거를 끌고 통행하는 자전거 운전자 포함)가 횡단보도를 통행하고 있을 때에는 보행자의 횡단을 방해하거나 위험을 주지 아니하도록 그 횡단보도 앞(정지선)에서 일시정지하여야 한다.

② 교통정리를 하고 있는 교차로에서 좌회전이나 우회전을 하려는 경우에는 신호기 또는 경찰공무원 등의 신호나 지시에 따라 도로를 횡단하는 보행자의 통행을 방해하여서는 아니 된다.

③ 교통정리를 하고 있지 아니하는 교차로 또는 그 부근의 도로를 횡단하는 보행자의 통행을 방해하여서는 아니 된다.

④ 모든 차의 운전자는 도로에 설치된 안전지대에 보행자가 있는 경우와 차로가 설치되지 아니한 좁은 도로에서 보행자 옆을 통과할 때는 안전거리를 두고 서행한다.

⑤ 보행자가 횡단보도가 설치되어 있지 아니한 도로를 횡단하고 있을 때에는 안전거리를 두고 일시정지하여 보행자가 안전하게 횡단할 수 있도록 하여야 한다.

　※ 건설기계를 운전하여 교차로에서 녹색신호로 우회전을 하려고 할 때는 신호를 행하면서 서행으로 주행하여야 하며, 보행자가 있을 때는 보행자의 통행을 방해하지 않도록 하여 우회전한다.

핵심예제

13-1. 보행자가 통행하고 있는 도로를 운전 중 보행자 옆을 통과할 때 가장 올바른 방법은?　　　　[2006년 5회, 2010년 4회]

① 보행자가 앞을 속도 감소 없이 빨리 주행한다.
② 경음기를 우리면서 주행한다.
③ 안전거리를 두고 서행한다.
④ 보행자가 멈춰 있을 때는 서행하지 않아도 된다.

정답 ③

13-2. 보도와 차도의 구분이 없는 도로에서 이동이 있는 곳을 통행할 때에 운전자가 취할 조치 중 옳은 것은?　[2010년 2회]

① 서행 또는 일시 정지하여 안전 확인 후 진행한다.
② 그대로 진행한다.
③ 속도를 줄이고 경음기를 울린다.
④ 반드시 일시 정지한다.

정답 ①

해설

13-1
모든 차의 운전자는 도로에 설치된 안전지대에 보행자가 있는 경우와 차로가 설치되지 아니한 좁은 도로에서 보행자의 옆을 지나는 경우에는 안전한 거리를 두고 서행하여야 한다.

핵심이론 14 서행 또는 일시정지할 장소(법 제31조)

① 서행하여야 할 장소
　㉠ 교통정리가 하고 있지 아니하는 교차로
　㉡ 도로가 구부러진 부근
　㉢ 비탈길의 고갯마루 부근
　㉣ 가파른 비탈길의 내리막
　㉤ 지방경찰청장이 인정하여 안전표지로 지정한 곳

② 일시정지할 장소
　㉠ 교통정리를 하고 있지 않고 좌우를 확인할 수 없거나 교통이 빈번한 교차로
　㉡ 지방경찰청장이 도로에서의 위험을 방지하고 교통의 안전과 원활한 소통을 확보하기 위하여 필요하다고 인정하여 안전표지로 지정한 곳

핵심예제

14-1. 도로교통법상 서행 또는 일시 정지할 장소로 지정된 곳은?　　　　[2007년 4회, 2011년 2회, 2013년 상시]

① 안전지대 우측
② 가파른 비탈길의 내리막
③ 좌우를 확인할 수 있는 교차로
④ 교량 위를 통행할 때

정답 ②

14-2. 도로교통법상 당해 차의 운전자가 서행하여야 하는 장소가 아닌 것은?　　　　[2011년 1회, 2013년 상시]

① 도로가 구부러진 부근
② 가파른 비탈길의 내리막
③ 교통정리를 하고 있는 교차로
④ 비탈길의 고갯마루 부근

정답 ③

핵심이론 15 정차 및 주차의 금지(법 제32조)

① 교차로·횡단보도·건널목이나 보도와 차도가 구분된 도로의 보도(노상주차장 제외)
② 교차로의 가장자리나 도로의 모퉁이로부터 5m 이내인 곳
③ 안전지대의 사방으로부터 각각 10m 이내인 곳
④ 버스여객자동차의 정류지임을 표시하는 기둥이나 표지판 또는 선이 설치된 곳으로부터 10m 이내인 곳
⑤ 건널목의 가장자리 또는 횡단보도로부터 10m 이내인 곳
⑥ 다음의 곳으로부터 5미터 이내인 곳
  ㉠ 소방기본법에 따른 소방용수시설 또는 비상소화장치가 설치된 곳
  ㉡ 화재예방, 소방시설 설치·유지 및 안전관리에 관한 법률에 따른 소방시설로서 대통령령으로 정하는 시설이 설치된 곳
⑦ 지방경찰청장이 도로에서의 위험을 방지하고 교통의 안전과 원활한 소통을 확보하기 위하여 필요하다고 인정하여 지정한 곳
  ※ 도로교통법에 따른 명령 또는 경찰공무원의 지시를 따르는 경우와 위험방지를 위하여 일시정지하는 경우에는 주정차할 수 있다.

핵심예제

15-1. 정차 및 주차금지 장소에 해당되는 것은? [2007년 2회]
① 건널목 가장자리로부터 15m 지점
② 정류장 표시판으로부터 12m 지점
③ 도로의 모퉁이로부터 5m 지점
④ 교차로 가장자리로부터 10m 지점
정답 ③

15-2. 도로교통법상 정차 및 주차의 금지 장소로 틀린 것은? [2010년 1회]
① 건널목의 가장자리
② 교차로의 가장자리
③ 횡단보도로부터 10m 이내의 곳
④ 버스정류장 표시판으로부터 20m 이내의 장소
정답 ④

15-3. 주차 및 정차 금지 장소는 건널목의 가장자리로부터 몇 m 이내인 곳인가? [2011년 5회]
① 5m ② 10m
③ 20m ④ 30m
정답 ②

핵심이론 16 주차금지의 장소(법 제33조)

① 터널 안 및 다리 위
② 다음의 곳으로부터 5미터 이내인 곳
  ㉠ 도로공사를 하고 있는 경우에는 그 공사 구역의 양쪽 가장자리
  ㉡ 다중이용업소의 안전관리에 관한 특별법에 따른 다중이용업소의 영업장이 속한 건축물로 소방본부장의 요청에 의하여 지방경찰청장이 지정한 곳
③ 지방경찰청장이 도로에서의 위험을 방지하고 교통의 안전과 원활한 소통을 확보하기 위하여 필요하다고 인정하여 지정한 곳

핵심예제

16-1. 도로교통법에 위반이 되는 것은? [2013년 상시]
① 밤에 교통이 빈번한 도로에서 전조등을 계속 하향했다.
② 낮에 어두운 터널 속을 통과할 때 전조등을 켰다.
③ 소방용 방화물통으로부터 6m 지점에 주차하였다.
④ 노면이 얼어붙은 곳에서 최고 20/100을 줄인 속도로 운행하였다.
정답 ④

16-2. 도로교통법상 주차금지 장소가 아닌 것은? [2009년 5회, 2013년 상시]
① 화재경보기로부터 5m 지점
② 터널 안
③ 다리 위
④ 소방용 방화물통으로부터 5m 지점
정답 ①

16-3. 다음 중 주차, 정차가 금지되어 있지 않은 장소는? [2005년 4회, 2006년 4회, 2009년 1회, 2010년 2회]
① 횡단보도 ② 교차로
③ 경사로의 정상부근 ④ 건널목
정답 ③

핵심이론 17 자동차의 등화(법 제37조)

① 밤에 마주보고 진행하는 경우 등의 등화 조작
　㉠ 서로 마주보고 진행할 때에는 전조등의 밝기를 줄이거나 불빛의 방향을 아래로 향하게 하거나 잠시 전조등을 끌 것
　㉡ 앞차의 바로 뒤를 따라갈 때에는 전조등 불빛의 방향을 아래로 향하게 하고, 전조등 불빛의 밝기를 함부로 조작하여 앞차의 운전을 방해하지 아니할 것
② 밤(해가 진 후부터 해가 뜨기 전까지를 말함)에 도로에서 차 또는 노면전차를 운행하거나 고장이나 그 밖의 부득이한 사유로 도로에서 차 또는 노면전차를 정차 또는 주차하는 경우
③ 안개가 끼거나 비 또는 눈이 올 때에 도로에서 차 또는 노면전차를 운행하거나 고장이나 그 밖의 부득이한 사유로 도로에서 차 또는 노면전차를 정차 또는 주차하는 경우
④ 터널 안을 운행하거나 고장 또는 그 밖의 부득이한 사유로 터널 안 도로에서 차 또는 노면전차를 정차 또는 주차하는 경우

핵심예제

17-1. 도로를 통행하는 자동차가 야간에 켜야하는 등화의 구분 중 견인되는 자동차가 켜야 할 등화는? [2009년 5회]

① 전조등, 차폭등, 미등
② 차폭등, 미등, 번호등
③ 전조등, 미등, 번호등
④ 전조등, 미등

정답 ②

17-2. 운전자가 진행방향을 변경하려고 할 때 신호를 하여야 할 시기로 맞는 것은?(단, 고속도로 제외) [2008년 5회]

① 변경하려고 하는 지점의 30m 전에서
② 특별히 정하여져 있지 않고, 운전자 임의대로
③ 변경하려고 하는 지점 3m 전에서
④ 변경하려고 하는 지점 10m 전에서

정답 ①

17-3. 자동차에서 팔을 차체의 밖으로 내어 45° 밑으로 펴서 상하로 흔들고 있을 때의 신호는? [2008년 5회]

① 서행신호
② 정지신호
③ 주의 신호
④ 앞지르기 신호

정답 ①

해설

17-2
신호의 시기는 회전하려고 하는 지점의 30m 전에서 한다.

핵심이론 18 승차 또는 적재의 방법과 제한(법 제39조, 규칙 제26조)

① "승차정원"이라 함은 자동차에 승차할 수 있도록 허용된 최대인원(운전자 포함)을 말한다(자동차 및 자동차부품의 성능과 기준에 관한 규칙 제2조).
② 자동차(고속버스 운송사업용 자동차 및 화물자동차 제외)의 승차인원은 승차정원의 110% 이내일 것. 다만, 고속도로에서는 승차정원을 넘어서 운행할 수 없다(시행령 제22조).
③ 모든 차의 운전자는 승차 인원, 적재중량 및 적재용량에 관하여 대통령령으로 정하는 운행상의 안전기준을 넘어서 승차시키거나 적재한 상태로 운전하여서는 아니 된다. 다만, 출발지를 관할하는 경찰서장의 허가를 받은 경우에는 그러하지 아니하다.
※ 출발지 관할 경찰서장이 안전기준을 초과하여 운행할 수 있도록 허가하는 사항 : 승차 인원, 적재중량 및 적재용량
④ 안전기준을 넘는 화물의 적재허가를 받은 사람은 그 길이 또는 폭의 양끝에 너비 30cm, 길이 50cm 이상의 빨간 헝겊으로 된 표지를 달아야 한다. 다만, 밤에 운행하는 경우에는 반사체로 된 표지를 달아야 한다.

핵심예제

18-1. 승차 또는 적재의 방법과 제한에서 운행상의 안전기준을 넘어서 승차 및 적재가 가능한 것으로 맞는 것은? [2008년 5회]

① 관할 시·군수의 허가를 받은 때
② 출발지를 관할하는 경찰서장의 허가를 받은 때
③ 도착지를 관할하는 경찰서장의 허가를 받은 때
④ 동·읍·면장의 허가를 받은 때

정답 ②

18-2. 승차인원·적재중량에 관하여 안전기준을 넘어서 운행하고자 하는 경우 누구에게 허가를 받아야 하는가? [2011년 4회]

① 출발지를 관할하는 경찰서장
② 시·도지사
③ 절대 운행 불가
④ 국토교통부 장관

정답 ①

핵심이론 19 운전자의 준수사항(법 제49조)

① 술에 취한 상태에서의 운전 금지(법 제44조)

㉠ 누구든지 술에 취한 상태에서 자동차 등(건설기계를 포함), 노면전차 또는 자전거를 운전하여서는 아니 된다.

㉡ 술에 취한 상태의 기준은 혈중알코올농도가 0.05% 이상인 경우로 한다.

※ 술에 취한 상태의 기준이 혈중알코올농도 0.05% 이상에서 혈중알코올농도 0.03% 이상으로 개정시행될 예정(시행일 2019.6.25)

② 운전자의 준수사항

㉠ 고인 물을 튀게 하여 다른 사람에게 피해를 주어서는 안 된다.

㉡ 도로에서 자동차 등 또는 노면전차를 세워둔 채 시비·다툼 등의 행위를 하여 다른 차마의 통행을 방해하지 아니한다.

㉢ 운전자가 차 또는 노면전차를 떠나는 경우에는 교통사고를 방지하고 다른 사람이 함부로 운전하지 못하도록 필요한 조치를 한다.

㉣ 운전자는 정당한 사유 없이 소음을 발생시키지 아니한다(반복적이거나 연속적으로 경음기를 울리는 행위, 급출발, 급가속, 공회전수 증가).

핵심예제

19-1. 건설기계운전 시 술에 취한 상태의 기준은?

[2005년 4회, 2007년 1회]

① 혈중알코올농도가 0.05% 이상인 때
② 누구나 맥주 1병 정도를 마셨을 때
③ 혈중알코올농도가 0.1% 이상인 때
④ 소주를 마신 후 주기가 얼굴에 나타날 때

정답 ①

19-2. 보호자 없이 아동, 유아가 자동차의 진행전방에서 놀고 있을 때 사고 방지상 지켜야 할 안전한 통행방법은?

[2005년 1회]

① 일시정지한다.
② 안전을 확인하면서 빨리 통과한다.
③ 비상등을 켜고 서행한다.
④ 경음기를 울리면서 서행한다.

정답 ①

핵심이론 20 사고발생 시의 조치(법 제54조)

① 차 또는 노면전차의 운전 등 교통으로 인하여 사람을 사상(死傷)하거나 물건을 손괴(교통사고)한 경우에는 그 차 또는 노면전차의 운전자나 그 밖의 승무원(운전자 등)은 즉시 정차하여 사상자를 구호하고 피해자에게 인적 사항을 제공하여야 한다.

② 차 또는 노면전차의 운전자 등은 경찰공무원이 현장에 있을 때에는 그 경찰공무원에게, 경찰공무원이 현장에 없을 때에는 가장 가까운 국가경찰관서(지구대, 파출소 및 출장소 포함)에 지체 없이 신고하여야 한다. 다만, 운행 중인 차만 손괴된 것이 분명하고 도로에서의 위험방지와 원활한 소통을 위하여 필요한 조치를 한 경우에는 신고하지 않을 수 있다.

※ 교통사고가 발생하였을 때 동승자로 하여금 신고하게 하고 계속 운전할 수 있는 경우

㉠ 긴급자동차
㉡ 부상자를 운반 중인 차
㉢ 긴급을 요하는 우편물 자동차 및 노면전차

핵심예제

20-1. 교통사고 시 사상자가 발생하였을 때 운전자가 즉시 취하여야 할 조치사항 중 가장 옳은 것은?

[2006년 4회, 2007년 5회, 2013년 상시]

① 증인 확보 - 정차 - 사상자 구호
② 즉시정차 - 신고 - 위해방지
③ 즉시정차 - 위해방지 - 신고
④ 즉시정차 - 사상자 구호 - 신고

정답 ④

20-2. 교통사고가 발생하였을 때 가장 먼저 취할 조치는?

[2005년 4회]

① 경찰공무원에게 신고한 다음 피해자를 구호한다.
② 즉시 피해자 가족에게 알리고 합의한다.
③ 즉시 사상자를 구호하고 경찰공무원에게 신고한다.
④ 승무원에게 사상자를 알리게 하고 회사에 알린다.

정답 ③

해설
20-1
교통사고 시 사상자를 먼저 구호하고 즉시 신고하도록 한다.

핵심이론 21 벌점 · 누산점수 초과로 인한 면허 취소(규칙 제38조 [별표 28])

① 1회의 위반 · 사고로 인한 벌점 또는 연간 누산점수가 다음 표의 벌점 또는 누산점수에 도달한 때에는 그 운전면허를 취소한다.

기 간	벌점 또는 누산점수
1년간	121점 이상
2년간	201점 이상
3년간	271점 이상

② 사고결과에 따른 벌점기준

구 분		벌 점	내 용
인적 피해 교통 사고	사망 1명마다	90	사고발생 시부터 72시간 이내에 사망한 때
	중상 1명마다	15	3주 이상의 치료를 요하는 의사의 진단이 있는 사고
	경상 1명마다	5	3주 미만 5일 이상의 치료를 요하는 의사의 진단이 있는 사고
	부상신고 1명마다	2	5일 미만의 치료를 요하는 의사의 진단이 있는 사고

핵심예제

21-1. 1년간 벌점에 대한 누산점수가 최소 몇 점 이상이면 운전면허가 취소되는가? [2009년 1회]

① 190
② 271
③ 121
④ 201

정답 ③

21-2. 교통사고를 야기한 도주차량 신고로 인한 벌점 상계에 대한 특혜점수는? [2009년 4회]

① 40점
② 특혜점수 없음
③ 30점
④ 120점

정답 ①

해설

21-2

도주차량 신고에 따른 벌점 공제

인적 피해 있는 교통사고를 야기하고 도주한 차량의 운전자를 검거하거나 신고하여 검거하게 한 운전자(교통사고의 피해자가 아닌 경우로 한정한다)에게는 검거 또는 신고할 때마다 40점의 특혜점수를 부여하여 기간에 관계없이 그 운전자가 정지 또는 취소처분을 받게 될 경우 누산점수에서 이를 공제한다. 이 경우 공제되는 점수는 40점 단위로 한다.

핵심이론 22 교통사고 처리특례법상 12개 항목

① 신호 · 지시의무 위반
② 중앙선 침범
③ 음주 · 약물복용
④ 개문 발차(승객추락방지의무 위반)
⑤ 보도 침범
⑥ 앞지르기 방법위반
⑦ 규정속도 위반(20km/h초과)
⑧ 철길건널목 통과 방법위반
⑨ 횡단보도사고
⑩ 무면허 운전
⑪ 어린이보호구역 안전운전의무 위반
⑫ 적재 화물 고정 조치 위반

※ 보험가입 여부와 관계없이 형사처벌된다.

핵심예제

교통사고 처리특례법상 12개 항목에 해당되지 않는 것은? [2005년 2회, 2006년 4회]

① 중앙선 침범
② 무면허 운전
③ 신호위반
④ 통행 우선순위 위반

정답 ④

핵심이론 23 안전띠 등(법 제67조)

① 운전자 및 동승자의 고속도로 등에서의 준수사항
  ㉠ 고속도로 등을 운행하는 자동차의 운전자는 고장자동차의 표지를 항상 비치하며, 자동차를 운행할 수 없게 되었을 때에는 자동차를 도로의 우측 가장자리에 정지시키고 그 표지를 설치하여야 한다.
② 타이어식 건설기계의 좌석 안전띠(건설기계 안전기준에 관한 규칙 제150조)
  ㉠ 지게차, 전복보호구조 또는 전도보호구조를 장착한 건설기계와 시간당 30km 이상의 속도를 낼 수 있는 타이어식 건설기계에는 기준에 적합한 좌석안전띠를 설치하여야 한다.
  ㉡ 산업표준화법 등에 따라 인증을 받은 제품이어야 한다.
  ㉢ 사용자가 쉽게 잠그고 풀 수 있는 구조이어야 한다.

핵심예제

23-1. 고속도로를 운행 중일 때 안전운전상 준수사항으로 가장 적합한 것은? [2005년 4회, 2010년 5회]

① 정기점검을 실시 후 운행하여야 한다.
② 연료량을 점검하여야 한다.
③ 월간 정비점검을 하여야 한다.
④ 모든 승차자는 좌석 안전띠를 매도록 하여야 한다.

정답 ④

23-2. 타이어식 건설기계의 좌석 안전띠는 속도가 최소 몇 km/h 이상일 때 설치하여야 하는가? [2011년 5회]

① 10km/h
② 30km/h
③ 40km/h
④ 50km/h

정답 ②

핵심이론 24 운전면허의 종류와 운전할 수 있는 차량(규칙 제53조 [별표 18])

① 1종 대형면허로 운전할 수 있는 차량
  ㉠ 승용자동차, 승합자동차, 화물자동차
  ㉡ 건설기계
    • 덤프트럭, 아스팔트살포기, 노상안정기
    • 콘크리트믹서트럭, 콘크리트펌프, 천공기(트럭 적재식)
    • 콘크리트믹서트레일러, 아스팔트콘크리트재생기
    • 도로보수트럭, 3t 미만의 지게차
  ㉢ 특수자동차(대형·소형견인차 및 구난차(구난차 등)는 제외)
  ㉣ 원동기장치자전거
② 2종 보통면허로 운전할 수 있는 차량
  ㉠ 승용자동차
  ㉡ 승차정원 10인 이하의 승합자동차
  ㉢ 적재중량 4t 이하의 화물자동차
  ㉣ 총중량 3.5t 이하의 특수자동차(구난차 등은 제외)
  ㉤ 원동기장치자전거

핵심예제

24-1. 자동차 제1종 대형면허로 조종할 수 있는 건설기계는? [2011년 1회, 2013년 상시]

① 굴삭기
② 불도저
③ 지게차
④ 덤프트럭

정답 ④

24-2. 트럭적재식 천공기를 조종할 수 있는 면허는? [2011년 2회]

① 공기압축기 면허
② 기중기 면허
③ 모터그레이더 면허
④ 자동차 제1종 대형운전면허

정답 ④

24-3. 제1종 보통면허로 운전할 수 없는 것은? [2007년 5회, 2011년 2회]

① 승차정원 15인승의 승합자동차
② 11톤급의 화물자동차
③ 승차정원 12인 이하를 제외한 긴급자동차
④ 원동기장치자전거

정답 ③

해설
24-3
긴급자동차는 제1종 대형면허를 소지해야 한다.

핵심이론 25   도로교통법규의 벌칙(법 제148조, 제148조의2)

① 1년 이상 3년 이하의 징역이나 500만원 이상 1,000만원 이하의 벌금(법 제148조의2 제1항)

    ㉠ 음주운전금지를 2회 이상 위반한 사람(자동차 등 또는 노면전차를 운전한 사람으로 한정)으로서 다시 음주운전금지를 위반하여 술에 취한 상태에서 자동차 등 또는 노면전차를 운전한 사람

    ㉡ 술에 취한 상태에 있다고 인정할 만한 상당한 이유가 있는 사람으로서 경찰공무원의 측정에 응하지 아니한 사람(자동차 등 또는 노면전차를 운전한 사람으로 한정)

② 음주운전금지를 위반하여 술에 취한 상태에서 자동차 등 또는 노면전차를 운전한 사람은 다음의 구분에 따라 처벌(법 제148조의2 제2항)

    ㉠ 혈중알콜농도가 0.2% 이상인 사람 : 1년 이상 3년 이하의 징역이나 500만원 이상 1,000만원 이하의 벌금

    ㉡ 혈중알콜농도가 0.1% 이상 0.2% 미만인 사람 : 6개월 이상 1년 이하의 징역이나 300만원 이상 500만원 이하의 벌금

    ㉢ 혈중알콜농도가 0.05% 이상 0.1% 미만인 사람 : 6개월 이하의 징역이나 300만원 이하의 벌금

③ 3년 이하의 징역이나 1,000만원 이하의 벌금(법 제148조의2 제3항)

    약물로 인하여 정상적으로 운전하지 못할 우려가 있는 상태에서 자동차 등 또는 노면전차를 운전한 사람

※ 시행일 2019년 6월 25일부터 아래와 같이 변경된다.

    ① 2년 이상 5년 이하의 징역이나 1,000만원 이상 2,000만원 이하의 벌금(법 제148조의2 제1항)

    음주운전금지를 2회 이상 위반한 사람(자동차 등 또는 노면전차를 운전한 사람으로 한정)

    ② 1년 이상 5년 이하의 징역이나 500만원 이상 2,000만원 이하의 벌금(법 제148조의2 제2항)

    술에 취한 상태에 있다고 인정할 만한 상당한 이유가 있는 사람으로서 경찰공무원의 측정에 응하지 아니하는 사람(자동차 등 또는 노면전차를 운전하는 사람으로 한정)

③ 술에 취한 상태에서 자동차 등 또는 노면전차를 운전한 사람을 다음의 구분에 따라 처벌(법 제148조의2 제3항)

    ㉠ 혈중알코올농도가 0.2% 이상인 사람 : 2년 이상 5년 이하의 징역이나 1,000만원 이상 2,000만원 이하의 벌금

    ㉡ 혈중알코올농도가 0.08% 이상 0.2% 미만인 사람 : 1년 이상 2년 이하의 징역이나 500만원 이상 1,000만원 이하의 벌금

    ㉢ 혈중알코올농도가 0.03% 이상 0.08% 미만인 사람 : 1년 이하의 징역이나 500만원 이하의 벌금

④ 3년 이하의 징역이나 1,000만원 이하의 벌금(법 제148조의2 제4항)

    약물로 인하여 정상적으로 운전하지 못할 우려가 있는 상태에서 자동차 등 또는 노면전차를 운전한 사람

핵심예제

술에 취한 상태(혈중알코올농도가 0.1%)로 타이어식 건설기계를 자동차 전용도로에서 운전하였을 경우 벌금은?

[2010년 1회 유사]

① 2,000만원 이하의 벌금
② 1,000만원 이하의 벌금
③ 500만원 이하의 벌금
④ 300만원 이하의 벌금

정답 ③

해설

※ 시행일 2019년 6월 25일부터 혈중알코올농도가 0.08% 이상 0.2% 미만인 사람은 1년 이상 2년 이하의 징역이나 500만원 이상 1,000만원 이하의 벌금에 처한다.

핵심 26 범칙금의 납부(법 제164조, 제165조)

① 범칙금 납부통고서를 받은 사람은 10일 이내에 경찰청장이 지정하는 국고은행, 지점, 대리점, 우체국 또는 제주특별자치도지사가 지정하는 금융회사 등이나 그 지점에 범칙금을 내야 한다. 다만, 천재지변이나 그 밖의 부득이한 사유로 말미암아 그 기간에 범칙금을 낼 수 없는 경우에는 부득이한 사유가 없어지게 된 날부터 5일 이내에 내야 한다.

② 납부기간에 범칙금을 내지 아니한 사람은 납부기간이 끝나는 날의 다음 날부터 20일 이내에 통고받은 범칙금에 100분의 20을 더한 금액을 내야 한다.

③ 통고처분 불이행자 등의 처리 : 경찰서장 또는 제주특별자치도지사는 다음에 해당하는 사람에 대하여는 지체 없이 즉결심판을 청구하여야 한다. 다만, ㉣에 해당하는 사람으로서 즉결심판이 청구되기 전까지 통고받은 범칙금액에 100분의 50을 더한 금액을 납부한 사람에 대해서는 그러하지 아니하다.

㉠ 성명이나 주소가 확실하지 아니한 사람
㉡ 달아날 우려가 있는 사람
㉢ 범칙금 납부통고서 받기를 거부한 사람
㉣ 납부기간에 범칙금을 납부하지 아니한 사람

핵심예제

통고처분의 수령을 거부하거나 범칙금을 기간 안에 납부치 못한 자는 어떻게 처리되는가? [2005년 1회, 2005년 4회]

① 면허의 효력이 정지된다.
② 면허증이 취소된다.
③ 연기신청을 한다.
④ 즉결 심판에 회부된다.

정답 ④

해설
경찰서장은 통고처분의 수령을 거부하거나 납부기간에 범칙금을 납부하지 아니한 사람에 대하여는 지체 없이 즉결심판을 청구하여야 한다.

CHAPTER 05 안전관리

핵심 이론 01 산업안전의 개념

① 산업안전 일반
  - ㉠ 안전제일에서 가장 먼저 선행되어야 할 이념 : 인명보호
  - ㉡ 안전의 제일 이념 : 인간존중
  - ㉢ 안전관리의 가장 중요한 업무 : 사고발생 가능성의 제거
  - ㉣ 산업재해 : 생산활동 중 신체장애와 유해물질에 의한 중독 등으로 작업성 질환에 걸려 나타나는 장애

② 산업안전보건상 근로자의 의무 사항
  - ㉠ 위험상황발생 시 작업중지 및 대피
  - ㉡ 보호구 착용
  - ㉢ 안전 규칙의 준수

③ 산업재해를 예방하기 위한 재해예방 4원칙
  - ㉠ 손실우연의 원칙
  - ㉡ 예방가능의 원칙
  - ㉢ 원인계기의 원칙
  - ㉣ 대책선정의 원칙

핵심예제

1-1. 다음 보기에서 작업자의 올바른 안전 자세로 모두 짝지어진 것은? [2009년 2회]

〈보 기〉
a. 자신의 안전과 타인의 안전을 고려한다.
b. 작업에 임해서는 아무런 생각 없이 작업한다.
c. 작업장 환경 조성을 위해 노력한다.
d. 작업 안전 사항을 준수한다.

① a, b, c
② a, c, d
③ a, b, d
④ a, b, c, d

정답 ②

1-2. 산업안전보건상 근로자의 의무사항으로 틀린 것은? [2011년 5회]

① 위험한 장소에는 출입금지
② 위험상황 발생 시 작업 중지 및 대피
③ 보호구 착용
④ 사업장의 유해, 위험요인에 대한 실태 파악

정답 ④

1-3. 산업재해를 예방하기 위한 재해예방 4원칙으로 적당치 못한 것은? [2010년 4회]

① 대량 생산의 원칙
② 예방 가능의 원칙
③ 원인 계기의 원칙
④ 대책 선정의 원칙

정답 ①

핵심이론 02 산업재해의 원인

① 안전관리에서 산업재해의 원인

방호장치 결함, 불안전한 조명, 불안전한 환경

② 사고 발생이 많이 일어날 수 있는 원인에 대한 순서

불안전행위 > 불안전조건 > 불가항력

③ 사고의 직접 원인

불안전한 상태 - 물적 원인	불안전한 행동 - 인적 원인
• 물자체 결함	• 위험장소 접근
• 안전방호장치 결함	• 안전장치의 기능 제거
• 복장, 보호구의 결함	• 복장, 보호구의 잘못 사용
• 물의 배치, 작업장소 결함	• 기계·기구 잘못 사용
• 작업환경의 결함	• 감독 및 연락 불충분
• 생산공정의 결함	• 불안전한 속도 조작
• 경계표시, 설비의 결함	• 위험물 취급 부주의
	• 불안전한 상태 방치
	• 불안전한 자세 동작

④ 사고의 간접 원인

㉠ 교육적·기술적 원인(개인적 결함)

㉡ 관리적 원인(사회적 환경, 유전적 요인)

⑤ 재해의 복합 발생 요인

환경의 결함, 시설의 결함, 사람의 결함

⑥ 건설 산업현장에서 재해가 자주 발생하는 주요 원인 : 안전의식 부족, 안전교육 부족, 작업 자체의 위험성, 작업량과다, 작업자의 방심 등

핵심예제

2-1. 재해 발생 원인으로 가장 높은 비율을 차지하는 것은?

[2008년 4회, 2013년 상시]

① 사회적 환경
② 불완전한 작업환경
③ 작업자의 성격적 결함
④ 작업자의 불안전한 행동

정답 ④

2-2. 안전관리에서 산업재해의 원인과 가장 거리가 먼 것은?

[2006년 1회]

① 방호장치 결함
② 불안전한 조명
③ 불안전한 환경
④ 안전수칙 준수

정답 ④

해설

2-1

자동화 기계·설비 등에서 작업자의 불안전한 행동으로 인한 재해가 점점 늘어나고 있는 추세이다.

2-2

안전수칙을 준수하면 산업재해가 줄어든다.

핵심 이론 03 | 재해 발생 시 조치

① 재해 : 사고의 결과로 인하여 인간이 입는 인명 피해와 재산상의 손실

② 재해 발생 시 조치순서 : 운전정지 → 피해자 구조 → 응급처치 → 2차 재해 방지

③ 응급처치 실시자의 준수사항
   ㉠ 의식 확인이 불가능하여도 생사를 임의로 판정은 하지 않는다.
   ㉡ 원칙적으로 의약품의 사용은 피한다.
   ㉢ 정확한 방법으로 응급처치를 한 후에 반드시 의사의 치료를 받도록 한다.
   ㉣ 환자 관찰순서
      의식상태 → 호흡상태 → 출혈상태 → 구토 여부 → 기타 골절 및 통증 여부

④ 화상을 입었을 때 응급조치 : 빨리 찬물에 담갔다가 아연화 연고를 바른다.
   ※ 전도 : 사람이 평면상으로 넘어지는 경우(미끄러짐 포함)
   ※ 재해조사 목적 : 적절한 예방대책을 수립하기 위하여

핵심예제

3-1. 다음은 재해가 발생하였을 때 조치요령이다. 조치순서로 맞는 것은? [2006년 5회]

㉠ 운전정지	㉡ 2차 재해방지
㉢ 피해자 구조	㉣ 응급처치

① ㉠ → ㉢ → ㉡ → ㉣
② ㉠ → ㉢ → ㉣ → ㉡
③ ㉢ → ㉣ → ㉠ → ㉡
④ ㉢ → ㉣ → ㉡ → ㉠

정답 ②

3-2. 구급처치 중에서 환자의 상태를 확인하는 사항과 가장 거리가 먼 것은? [2008년 5회]

① 의 식
② 상 처
③ 출 혈
④ 격 리

정답 ④

해설

3-1
재해 발생 시 조치요령 : 운전 정지 → 피해자 구조 → 응급조치 → 2차 재해방지

핵심 이론 04 | 감전재해

① 감전재해의 요인
   ㉠ 콘덴서나 고압케이블 등의 잔류전하에 의할 경우
   ㉡ 충전부에 직접 접촉하거나 안전거리 이내 접근 시
   ㉢ 절연, 열화, 손상, 파손 등에 의해 누전된 전기기기 등에 접촉 시
   ㉣ 전기기기 등의 외함과 대지 간의 정전용량에 의한 전압 발생 부분 접촉 시
   ※ 송전선로의 철탑은 전선과 절연되어 있고 대지와 접지되어 있어서 감전사고 요인이 아니다.

② 감전재해 사고발생 시 취해야 할 행동순서
   ㉠ 감전된 상황을 신속히 판단(의식불명인 경우는 감전사고를 발견한 사람이 즉시 환자에게 인공호흡을 시행하고 의식을 회복하면 즉시 가까운 병원으로 후송한다)
   ㉡ 전선 등에 접촉이 되었는가를 확인
   ㉢ 전기공급원의 스위치 내림
   ㉣ 고무장갑, 고무장화 착용하고 피해자를 구출
   ㉤ 인공호흡 등 응급조치
   ㉥ 병원으로 이송
   ※ 감전 : 고압전선에 근접 또는 접촉으로 가장 많이 발생될 수 있는 사고유형

핵심예제

4-1. 다음 중 감전재해의 요인이 아닌 것은? [2011년 5회]

① 충전부에 직접 접촉하거나 안전거리 이내 접근 시
② 절연 열화·손상·파손 등에 의해 누전된 전기기기 등에 접촉 시
③ 작업 시 절연장비 및 안전장구 착용
④ 전기기기 등의 외함과 대지 간의 정전용량에 의한 전압 발생 부분 접촉 시

정답 ③

4-2. 감전 위험이 많은 작업현장에서 보호구로 가장 적절한 것은? [2010년 1회]

① 보호 장갑
② 로 프
③ 구급용품
④ 보안경

정답 ①

핵심이론 05 화재안전

① 연소의 3요소 : 불(점화원), 공기(산소), 가연물(가연성 물질)
② 연소 조건
  ㉠ 산화되기 쉬운 것일수록 타기 쉽다.
  ㉡ 열전도율이 적은 것일수록 타기 쉽다.
  ㉢ 발열량이 클수록 타기 쉽다.
  ㉣ 산소와의 접촉면이 클수록 타기 쉽다.
③ 화재분류(KS B 6259)
  ㉠ A급 : 보통 잔재의 작열에 의해 발생하는 연소에서 보통 유기 성질의 고체물질을 포함한 화재
  ㉡ B급 : 액체 또는 액화할 수 있는 고체를 포함한 화재 및 가연성 가스 화재
  ㉢ C급 : 통전 중인 전기 설비를 포함한 화재
  ㉣ D급 : 금속을 포함한 화재

핵심예제

5-1. 연소의 3요소에 해당되지 않는 것은?
[2007년 2회, 2010년 2회]

① 물 　　　　　　② 공 기
③ 불 　　　　　　④ 가연물

정답 ①

5-2. 일반가연성 물질의 화재로서 물질이 연소된 후에 재를 남기는 일반적인 화재는? [2005년 1회, 2005년 4회, 2007년 2회]

① A급 화재 　　　② B급 화재
③ C급 화재 　　　④ D급 화재

정답 ①

해설

5-2
화재의 분류
① A급 화재 : 일반화재
② B급 화재 : 유류·가스화재
③ C급 화재 : 전기화재
④ D급 화재 : 금속화재

핵심이론 06 화재 시 소화방법

① 가동하고 있는 엔진에서 화재가 발생하였을 때 불을 끄기 위한 조치방법
  ㉠ 점화원을 차단한다.
  ㉡ 엔진 시동스위치를 끄고 ABC 소화기를 사용한다.
② 유류화재 시 소화방법
  ㉠ B급 화재 소화기를 사용한다.
  ㉡ ABC소화기를 사용한다.
  ㉢ 방화커튼을 이용하여 화재진압한다.
  ㉣ 모래를 사용하여 화재진압한다.
  ㉤ CO_2소화기를 이용하여 화재진압한다.
  ※ 유류화재 시 기름과 물은 섞이지 않아 기름이 물을 타고 화재가 더 확산되어 위험하다.
③ 전기화재 소화 시 가장 좋은 소화기 : 이산화탄소
  ㉠ 분말소화기 : 유류, 가스
  ㉡ 이산화탄소 소화기 : 유류, 전기
  ㉢ 포말소화기 : 보통 가연물, 위험물
  ※ 건조사 : 건조된 모래이며 질식작용으로 일반, 유류, 전기, 금속화재에 적응한다.

핵심예제

6-1. 유류화재 시 어떤 종류의 소화기를 사용해야 하는가?
[2013년 상시]

① C급 　　　　　　② A급
③ D급 　　　　　　④ B급

정답 ④

6-2. 유류화재 시 소화방법으로 가장 부적절한 것은?
[2006년 4회, 2010년 2회]

① B급 화재 소화기를 사용한다.
② 다량의 물을 부어 끈다.
③ 모래를 뿌린다.
④ A, B, C 소화기를 사용한다.

정답 ②

해설

6-2
기름으로 인한 화재의 경우 기름과 물은 섞이지 않기 때문에 기름이 물을 타고 더 확산되어버리게 된다.

핵심이론 07 연료 취급 및 방화대책

① 연료 취급
- ㉠ 연료 주입은 운전정지 상태에서 해야 한다.
- ㉡ 연료 주입 시 물이나 먼지 등의 불순물이 혼합되지 않도록 주의한다.
- ㉢ 정기적으로 드레인 콕을 열어 연료 탱크 내의 수분을 제거한다.
- ㉣ 연료를 취급할 때에는 화기에 주의한다.
- ㉤ 작업현장에서 드럼 통으로 연료를 운반했을 경우에는 불순물을 침전시킨 후 침전물이 혼합되지 않도록 주입한다.
- ※ 인화성 물질 : 아세틸렌가스, 가솔린, 프로판가스, 알코올 등

② 방화조치
- ㉠ 가연성 물질을 인화 장소에 두지 않는다.
- ㉡ 유류 취급 장소에는 건조사를 준비한다.
- ㉢ 흡연은 정해진 장소에서만 한다.
- ㉣ 화기는 정해진 장소에서만 취급한다.
- ※ 방화대책의 구비사항 : 소화기구 비치 및 위치 표시, 방화벽의 설치, 스프링클러 설치, 대피로 설치 및 표시, 방화사 및 방화수 비치 등이 있다.

핵심예제

7-1. 인화성 물질이 아닌 것은? [2005년 4회]

① 아세틸렌 가스   ② 가솔린
③ 프로판가스   ④ 산 소

정답 ④

7-2. 연료 취급에 관한 설명으로 가장 거리가 먼 것은? [2010년 5회]

① 연료 주입은 운전 중에 하는 것이 효과적이다.
② 연료 주입 시 물이나 먼지 등의 불순물이 혼합되지 않도록 주의한다.
③ 정기적으로 드레인콕을 열어 연료탱크 내의 수분을 제거한다.
④ 연료를 취급할 때에는 화기에 주의한다.

정답 ①

해설

7-1
①, ②, ③은 인화성 물질이지만 산소는 조연성 물질이다.

핵심이론 08 보호구

① 보호구의 구비조건
- ㉠ 착용이 간편할 것
- ㉡ 작업에 방해가 안될 것
- ㉢ 위험, 유해요소에 대한 방호성능이 충분할 것
- ㉣ 재료의 품질이 양호할 것
- ㉤ 구조와 끝마무리가 양호할 것
- ㉥ 외양과 외관이 양호할 것

② 보호구의 착용
- ㉠ 건설현장에서 감전 및 전기화상을 입을 위험이 있는 작업 시 작업자가 꼭 착용하여야 하는 것 : 보호구
- ㉡ 낙하, 추락 또는 감전에 의한 머리의 위험을 방지하는 보호구 : 안전모
- ㉢ 높이 또는 깊이 2m 이상의 추락할 위험이 있는 장소에서의 작업 : 안전대
- ㉣ 물체의 낙하·충격, 물체에의 끼임, 감전 또는 정전기의 대전에 의한 위험이 있는 작업 : 안전화
- ㉤ 물체가 날아 흩어질 위험이 있는 작업 : 보안경
- ㉥ 용접 시 불꽃 또는 물체가 날아 흩어질 위험이 있는 작업 : 보안면
- ㉦ 감전의 위험이 있는 작업 : 안전장갑
- ㉧ 고열에 의한 화상 등의 위험이 있는 작업 : 방열복
- ㉨ 그라인딩 작업 – 보안경 착용
- ㉩ 10m 높이에서의 작업 – 안전벨트 착용
- ㉪ 산소 결핍장소 – 공기 마스크 착용

핵심예제

8-1. 보호구는 반드시 한국산업안전보건공단으로부터 보호구 검정을 받아야 한다. 검정을 받지 않아도 되는 것은? [2011년 2회]

① 안전모   ② 방한복
③ 안전장갑   ④ 보안경

정답 ②

8-2. 안전보호구 선택 시 유의사항으로 틀린 것은? [2006년 5회, 2009년 5회, 2011년 4회]

① 보호구 검정에 합격하고 보호성능이 보장될 것
② 반드시 강철로 제작되어 안전보장형일 것
③ 작업행동에 방해되지 않을 것
④ 착용이 용이하고 크기 등 사용자에게 편리할 것

정답 ②

핵심이론 09 작업복장

① 작업자의 안전을 위해 작업복, 안전모, 안전화 등을 착용하게 한다.

② 작업복의 조건
  ㉠ 주머니가 적고 팔이나 발이 노출되지 않는 것이 좋다.
  ㉡ 상의 작업복의 소매는 손목에 밀착시킬 수 있는 구조이어야 한다.
  ㉢ 상의 작업복 옷자락은 하의 속으로 집어 넣어야 한다.
  ㉣ 하의 작업복 바지자락은 안전화 속에 집어 넣거나 발목에 밀착이 가능하도록 조일 수 있는 구조이어야 한다.
  ㉤ 작업복은 몸에 알맞고 동작이 편해야 한다.
  ㉥ 착용자의 연령, 성별을 감안하여 적절한 스타일을 선정한다.
  ㉦ 작업복은 항상 깨끗한 상태로 입어야 한다.
  ㉧ 땀을 닦기 위한 수건이나 손수건을 허리나 목에 걸고 작업해서는 안 된다.
  ㉨ 옷소매는 되도록 폭이 좁게 된 것이나, 단추가 달린 것은 되도록 피한다.
  ㉩ 화기사용 장소에서 방염성·불연성의 것을 사용하도록 한다.
  ㉪ 착용자의 작업의 안전에 중점을 두고 선정한다.

핵심예제

9-1. 운전 및 정비작업 시의 작업복의 조건으로 틀린 것은? [2008년 5회]

① 잠바형으로 상의 옷자락을 여밀 수 있는 것
② 작업용구 등을 넣기 위해 호주머니가 많은 것
③ 소매를 오무려 붙이도록 되어 있는 것
④ 소매를 손목까지 가릴 수 있는 것

정답 ②

9-2. 안전한 작업을 하기 위하여 작업 복장을 선정할 때의 유의사항으로 가장 거리가 먼 것은? [2010년 2회]

① 화기사용 작업에서 방염성, 불연성의 것을 사용하도록 한다.
② 착용자의 취미, 기호 등에 중점을 두고 선정한다.
③ 작업복은 몸에 맞고 동작이 편하도록 제작한다.
④ 상의의 소매나 바지 자락 끝 부분이 안전하고 작업하기 편리하게 잘 처리된 것을 선정한다.

정답 ②

해설

9-1
작업복은 주머니가 적고 팔이나 발이 노출되지 않는 것이 좋다.

9-2
② 작업복은 작업의 안전에 중점을 둔다.

핵심 10 안전모

① 작업장에서 안전모를 쓰는 이유
  ㉠ 안전모 착용으로 불안전한 상태를 제거한다.
  ㉡ 올바른 착용으로 안전도를 증가시킬 수 있다.
  ㉢ 안전모의 상태를 점검하고 착용한다.
  ㉣ 낙하, 추락 또는 감전에 의한 머리의 위험을 방지하는 보호구이다.
  ㉤ 작업원의 안전을 위해서이다.
② 안전대용 로프의 구비조건
  ㉠ 충격 및 인장 강도에 강할 것
  ㉡ 내마모성이 높을 것
  ㉢ 내열성이 높을 것
  ㉣ 완충성이 높을 것
  ㉤ 습기나 약품류에 강할 것
  ㉥ 부드럽고 매끄럽지 않을 것
  ※ 추락 위험이 있는 장소에서 작업할 때 안전띠 또는 로프를 사용한다.

핵심예제

10-1. 낙하 또는 물건의 추락에 의해 머리의 위험을 방지하는 보호구는? [2008년 2회]
① 안전대   ② 안전모
③ 안전화   ④ 안전장갑

정답 ②

10-2. 추락 위험이 있는 장소에서 작업할 때 안전관리상 어떻게 하는 것이 가장 좋은가? [2007년 4회]
① 안전띠 또는 로프를 사용한다.
② 일반공구를 사용한다.
③ 이동식 사다리를 사용하여야 한다.
④ 고정식 사다리를 사용하여야 한다.

정답 ①

핵심 11 보안경, 마스크

① 보안경을 사용해야 하는 작업
  ㉠ 그라인더, 연삭작업을 할 때
  ㉡ 장비 밑에서 정비작업을 할 때
  ㉢ 철분, 모래 등이 날리는 작업을 할 때
  ㉣ 전기·산소·용접 및 가스용접작업을 할 때
  ㉤ 철분, 모래 등이 날리는 작업장
  ㉥ 클러치 탈·부착 작업 시
  ㉦ 유니버설 조인트 조임 및 하체 점검작업
  ㉧ 유해광선이 있는 작업장
② 보안경의 선택
  ㉠ 차광보안경 : 자외선, 적외선, 가시광선이 발생하는 장소(전기아크용접)에서 사용
  ㉡ 유리보안경 : 미분, 칩, 기타 비산물로부터 눈을 보호하기 위한 것
  ㉢ 플라스틱보안경 : 미분, 칩, 액체 약품 등 기타 비산물로부터 눈을 보호하기 위한 것
③ 마스크
  ㉠ 방진마스크 : 분진이 많은 작업장
  ㉡ 송기마스크 : 산소결핍 작업장
  ㉢ 방독마스크 : 유해가스 작업장
④ 장갑을 착용하고 해도 가장 무리가 없는 작업 : 무거운 물건을 들 때
⑤ 장갑을 착용하면 안되는 작업 : 선반작업, 드릴작업, 목공기계작업, 연삭작업, 제어작업 등

핵심예제

11-1. 작업과 안전보호구의 연결이 잘못된 것은?

[2009년 1회, 2010년 4회]

① 그라인딩 작업 - 보안경 착용
② 10m 높이에서의 작업 - 안전벨트 착용
③ 산소결핍 장소 - 공기 마스크 착용
④ 아크용접 - 도수렌즈 안경 착용

정답 ④

11-2. 안전한 작업을 위해 보안경을 착용하여야 하는 작업은?

[2006년 4회, 2008년 4회, 2010년 5회]

① 엔진 오일 보충 및 냉각수 점검작업
② 제동등 작동 점검 시
③ 장비의 하체 점검작업
④ 전기저항 측정 및 배선 점검작업

정답 ③

해설

11-1
아크용접작업 : 차광 보안경
11-2
물체가 날아 흩어질 위험이 있는 작업에 보안경을 착용한다.

핵심이론 **12** 안전표지

① 산업안전표지
　㉠ 산업안전표지의 종류 : 금지표지, 경고표지, 지시표지, 안내표지(산업안전보건법)
　㉡ 안전표지의 종류 : 주의표지, 규제표지, 지시표지, 보조표지, 노면표시(도로교통법상)
　㉢ 산업안전 녹색표지부착위치 : 작업복의 우측 어깨, 안전완장, 안전모의 좌·우면

② 안전·보건표지의 색채, 색도기준 및 용도

색 채	색도기준	용 도	사용례
빨간색	7.5R 4/14	금 지	정지신호, 소화설비 및 그 장소, 유해행위의 금지
		경 고	화학물질 취급장소에서의 유해·위험 경고
노란색	5Y 8.5/12	경 고	화학물질 취급장소에서의 유해·위험 경고 이외의 위험경고, 주의표지 또는 기계방호물
파란색	2.5PB 4/10	지 시	특정 행위의 지시 및 사실의 고지
녹 색	2.5G 4/10	안 내	비상구 및 피난소, 사람 또는 차량의 통행표지
흰 색	N9.5	–	파란색 또는 녹색에 대한 보조색
검은색	N0.5	–	문자 및 빨간색 또는 노란색에 대한 보조색

핵심예제

12-1. 안전표지 종류가 아닌 것은? [2007년 4회]

① 안내표지   ② 허가표지
③ 지시표지   ④ 금지표지

정답 ②

12-2. 안전표지의 색채 중에서 대피장소 또는 비상구의 표지에 사용되는 것으로 맞는 것은? [2009년 5회]

① 빨간색   ② 주황색
③ 녹 색   ④ 청 색

정답 ③

12-3. 안전·보건표지에서 안내표지의 바탕색은? [2006년 1회, 2013년 상시]

① 백 색   ② 녹 색
③ 흑 색   ④ 적 색

정답 ②

해설

12-3
안전표지 바탕색 중 녹색은 안내, 적색은 금지, 노랑은 경고표지이다.

---

 13 | **주요 안전표지**

금지표지			
출입금지	차량통행금지	물체이동금지	보행금지

경고표지			
낙하물경고	인화성 물질 경고	산화성 물질 경고	몸균형상실 경고

지시표지			
보안경 착용	안전복 착용	방독마스크 착용	안전모 착용

안내표지			
응급구호표지	비상구 표지	녹십자표지	들 것

핵심예제

다음 그림은 안전표지의 어떠한 내용을 나타내는가?

[2007년 2회]

① 지시표지   ② 금지표지
③ 경고표지   ④ 안내표지

정답 ①

핵심 이론 14 안전점검

① 안전점검의 종류
   ㉠ 일상점검 : 사업장, 가정 등에서 활동을 시작하기 전 또는 종료 시에 수시로 점검하는 것
   ㉡ 정기점검 : 일정한 기간을 정하여 각 분야별 유해, 위험요소에 대하여 점검을 하는 것으로 주간점검, 월간점검 및 연간점검 등으로 구분
   ㉢ 특별점검 : 태풍이나 폭우 등 천재지변이 발생한 경우 등 분야별로 특별히 점검을 받아야 되는 경우에 점검하는 것

② 안전점검을 실시할 때 유의사항
   ㉠ 안전점검을 한 내용은 상호 이해하고 공유할 것
   ㉡ 안전점검 시 과거에 안전사고가 발생하지 않았던 부분도 점검할 것
   ㉢ 과거에 재해가 발생한 곳에는 그 요인이 없어졌는지 확인할 것
   ㉣ 안전점검이 끝나면 강평을 실시하여 안전사항을 주지할 것
   ※ 안전을 위하여 눈으로 보고 손으로 가리키고, 입으로 복창하여 귀로 듣고, 머리로 종합적인 판단을 하는 지적확인의 특징은 의식강화이다.

핵심예제

14-1. 안전점검의 종류에 해당되지 않는 것은? [2011년 2회]

① 수시점검   ② 정기점검
③ 특별점검   ④ 구조점검

정답 ④

14-2. 안전점검의 일상점검표에 포함되어 있는 항목이 아닌 것은? [2010년 4회]

① 전기 스위치
② 작업자의 복장상태
③ 가동 중 이상소음
④ 폭풍 후 기계의 기능상 이상 유무

정답 ④

핵심 이론 15 기계장치의 안전

① 기계장치의 정지상태에서 점검하는 사항
   ㉠ 볼트·너트의 헐거움
   ㉡ 스위치 및 외관상태
   ㉢ 힘이 걸린 부분의 흠집
   ※ 이상음 및 진동상태는 가동상태에서 점검할 수 있다.

② 기관을 시동하기 전에 점검할 사항
   ㉠ 연료의 양, 유압유의 양
   ㉡ 냉각수 및 엔진오일의 양
   ※ 기관 오일의 온도는 시동 후 점검할 사항이다.

③ 기관을 시동하여 공전 시에 점검할 사항
   ㉠ 오일의 누출 여부를 점검
   ㉡ 냉각수의 누출 여부를 점검
   ㉢ 배기가스의 색깔을 점검
   ㉣ 오일 압력계 점검

④ 기관이 작동되는 상태에서 점검 가능한 사항
   냉각수의 온도, 충전상태, 기관오일의 압력

핵심예제

15-1. 건설기계 장비의 운전 전 점검사항으로 적합하지 않은 것은? [2010년 5회, 2013년 상시]

① 급유상태 점검   ② 정밀도 점검
③ 일상 점검   ④ 장비 점검

정답 ②

15-2. 기관을 시동하여 공전 시에 점검할 사항이 아닌 것은? [2007년 1회, 2010년 4회]

① 기관의 팬벨트 장력을 점검
② 오일의 누출 여부를 점검
③ 냉각수의 누출 여부를 점검
④ 배기가스의 색깔을 점검

정답 ①

해설

15-2
팬벨트의 점검은 시동을 하지 않을 때 한다.

핵심 이론 16 스패너(렌치)의 사용법

① 스패너의 입이 너트의 치수에 맞는 것을 사용해야 한다.
② 스패너의 자루에 파이프를 이어서 사용해서는 안 된다.
③ 스패너 등을 해머 대신에 써서는 안 된다.
④ 볼트, 너트를 풀거나 조일 때 규격에 맞는 것을 사용한다.
⑤ 렌치를 잡아당길 수 있는 위치에서 작업하도록 한다.
⑥ 파이프렌치는 한쪽 방향으로만 힘을 가하여 사용한다.
⑦ 파이프렌치를 사용할 때는 정지상태를 확실히 한다.
⑧ 렌치는 몸 쪽으로 당기면서 볼트·너트를 풀거나 조인다.
⑨ 공구핸들에 묻은 기름은 잘 닦아서 사용한다.
⑩ 녹이 생긴 볼트나 너트에는 오일을 넣어 스며들게 한 다음 돌린다.
⑪ 지렛대용으로 사용하지 않는다.
⑫ 장시간 보관할 때에는 방청제를 바르고 건조한 곳에 보관한다.
⑬ 스패너와 너트가 맞지 않을 때 쐐기를 넣어 사용해서는 안 된다.
⑭ 조정렌치는 고정 조가 있는 부분으로 힘을 가해지게 하여 사용한다.
⑮ 파이프렌치는 반드시 둥근 물체에만 사용한다.

핵심예제

16-1. 스패너를 사용할 때 올바른 것은? [2005년 5회]

① 스패너 입이 너트의 치수보다 큰 것을 사용해야 한다.
② 스패너를 해머로 사용한다.
③ 너트를 스패너에 깊이 물리고 조금씩 앞으로 당기는 식으로 풀고 조인다.
④ 너트에 스패너를 깊이 물리고 조금씩 밀면서 풀고 조인다.
정답 ③

16-2. 스패너 사용방법 설명으로 틀린 것은? [2006년 1회]

① 스패너와 너트가 맞지 않으면 쐐기를 넣어 맞추어 쓴다.
② 스패너를 해머 대신에 써서는 안 된다.
③ 스패너에 파이프를 끼우던가 해머로 두들겨서 사용하지 않는다.
④ 스패너는 올바르게 끼우고 앞으로 잡아당겨 사용한다.
정답 ①

해설
16-1
① 스패너의 입이 너트의 치수에 맞는 것을 사용해야 한다.
② 스패너를 해머 대신으로 사용해서는 안 된다.
16-2
너트에 맞는 것을 사용한다.

핵심이론 17 각종 렌치의 사용법

① 토크렌치
- ㉠ 볼트 등을 조일 때 조이는 힘을 측정하기 위하여 쓰는 렌치
- ㉡ 볼트, 너트, 작은 나사 등의 조임에 필요한 토크를 주기 위한 체결용 공구이다.
- ㉢ 사용법 : 오른손은 렌치 끝을 잡고 돌리고, 왼손은 지지점을 누르고 게이지 눈금을 확인한다.

② 조정렌치
- ㉠ 멍키렌치라고도 호칭하며 제한된 범위 내에서 어떠한 규격의 볼트나 너트에도 사용할 수 있다.
- ㉡ 볼트머리나 너트에 꼭 끼워서 잡아당기며 작업한다.

③ 오픈렌치
- ㉠ 연료 파이프 피팅 작업에 사용한다.
- ㉡ 디젤기관을 예방정비하는 데 고압파이프 연결 부분에서 연료가 샐 때 사용한다.

④ 소켓렌치
- ㉠ 다양한 크기의 소켓을 바꾸어가며 작업할 수 있도록 만든 렌치이다.
- ㉡ 큰 힘으로 조일 때 사용한다.
- ㉢ 볼트와 너트는 가능한 소켓렌치로 작업한다.

⑤ 복스렌치
- ㉠ 공구의 끝부분이 볼트나 너트를 완전히 감싸게 되어있는 형태의 렌치를 말한다.
- ㉡ 볼트머리나 너트 주위를 완전히 감싸기 때문에 사용 중 미끄러질 위험성이 적은 렌치
- ※ 엘(L)렌치 : 6각형 봉을 L자 모양으로 구부려서 만든 렌치이다.

핵심예제

17-1. 볼트나 너트를 조이고 풀 때 사항으로 틀린 것은?
[2005년 5회, 2008년 2회]

① 볼트와 너트는 규정 토크로 조인다.
② 규정토크를 2~3회 나누어 조인다.
③ 토크렌치를 사용한다.
④ 규정 이상의 토크로 조이면 나사부가 손상된다.

정답 ③

17-2. 연료 파이프 피팅을 조이고 풀 때 가장 알맞은 렌치는?
[2007년 4회, 2010년 2회]

① 탭렌치
② 복스렌치
③ 소켓렌치
④ 오픈렌치

정답 ④

해설

17-1
토크렌치는 볼트, 너트, 작은 나사 등의 조임에 필요한 토크를 주기 위한 체결용 공구이다.

핵심 18 수공구 사용 및 보관
이론

① 수공구 사용 시 안전수칙

　㉠ 사용 전에 충분한 사용법을 숙지하고 익히도록 한다.

　㉡ KS 품질규격에 맞는 것을 사용한다.

　㉢ 무리한 힘이나 충격을 가하지 않아야 한다.

　㉣ 손이나 공구에 묻은 기름, 물 등을 닦아 사용한다.

　㉤ 수공구는 손에 잘 잡고 떨어지지 않게 작업한다.

　㉥ 공구는 기계나 재료 등의 위에 올려놓지 않는다.

　㉦ 정확한 힘으로 조여야 할 때는 토크렌치를 사용한다.

　㉧ 공구는 목적 이외의 용도로 사용하지 않는다.

　㉨ 작업에 적합한 수공구를 이용한다.

　㉩ 사용 전에 이상 유무를 반드시 확인한다.

　㉪ 예리한 공구 등을 주머니에 넣고 작업을 하여서는 안 된다.

　㉫ 공구를 전달할 경우 던지지 않는다.

　㉬ 주위를 정리 정돈한다.

② 수공구의 보관 및 관리

　㉠ 공구함을 준비하여 종류와 크기별로 수량을 파악하여 보관한다.

　㉡ 사용한 수공구는 방치하지 말고 소정의 장소에 보관한다.

　㉢ 날이 있거나 뾰족한 물건은 위험하므로 뚜껑을 씌워둔다.

　㉣ 수분과 습기는 숫돌을 깨지거나 부서뜨릴 수 있어 습기가 없는 곳에 보관한다.

　㉤ 사용한 공구는 면 걸레로 깨끗이 닦아서 보관한다.

　㉥ 파손공구는 교환하고 청결한 상태에서 보관한다.

　㉦ 기계의 청소나 손질은 운전을 정지시킨 후 실시한다.

핵심예제

18-1. 수공구를 취급 시 지켜야 될 안전수칙으로 옳은 것은?

[2009년 1회]

① 줄질 후 쇳가루는 입으로 불어낸다.

② 해머 작업 시 손에 장갑을 끼고 한다.

③ 사용 전에 충분한 사용법을 숙지하고 익히도록 한다.

④ 큰 회전력이 필요한 경우 스패너에 파이프를 끼워서 사용한다.

정답 ③

18-2. 수공구 보관 및 사용방법 중 옳지 않은 것은?

[2005년 1회, 2005년 4회]

① 물건에 해머를 대고 몸의 위치를 정한다.

② 담금질한 것은 함부로 두들겨서는 안 된다.

③ 숫돌은 강도유지를 위하여 적당한 습기가 있어야 한다.

④ 파손, 마모된 것은 사용하지 않는다.

정답 ③

해설

18-2

수분과 습기에 숫돌을 깨지거나 부서뜨릴 수 있어 습기가 없는 곳에 보관한다.

핵심이론 19 드라이버(Driver)의 사용방법

① 드라이버에 충격압력을 가하지 말아야 한다.
② 자루가 쪼개졌거나 또한 허술한 드라이버는 사용하지 않는다.
③ 드라이버의 끝을 항상 양호하게 관리하여야 한다.
④ 드라이버를 정으로 대신하여 사용하지 않는다.
⑤ 드라이버 날 끝이 나사 홈의 너비와 길이에 맞는 것을 사용한다.
⑥ (−) 드라이버 날 끝은 평범한 것이어야 한다.
⑦ 이가 빠지거나 둥글게 된 것은 사용하지 않는다.
⑧ 강하게 조여 있는 작은 공작물이라도 손으로 잡고 조이지 않는다.
⑨ 전기작업 시 절연된 손잡이를 사용한다.
⑩ 작은 크기의 부품인 경우 바이스(Vise)에 고정시키고 작업하는 것이 좋다.
⑪ 날 끝이 수평이어야 한다.

핵심예제

19-1. 드라이버 사용 시 바르지 못한 것은? [2006년 4회]

① 드라이버 날 끝이 나사 홈의 너비와 길이에 맞는 것을 사용한다.
② (−) 드라이버 날 끝은 평평한 것이어야 한다.
③ 이가 빠지거나 둥글게 된 것은 사용하지 않는다.
④ 필요에 따라서 정으로 대신 사용한다.

정답 ④

19-2. 수공구 사용에서 드라이버 사용방법으로 틀린 것은?

[2009년 4회]

① 날 끝이 홈의 폭과 길이에 맞는 것을 사용한다.
② 날 끝이 수평이어야 한다.
③ 전기작업 시에는 절연된 자루를 사용한다.
④ 단단하게 고정된 작은 공작물은 가능한 손으로 잡고 작업한다.

정답 ④

해설
19-2
작은 공작물이라도 손으로 잡지 않고 바이스 등으로 고정시킨다.

핵심이론 20 해머 사용 시 주의사항

① 타격면에 기름을 바르거나, 기름이 묻은 손으로 자루를 잡지 않는다.
② 자루가 불안정한 것(쐐기가 없는 것 등)은 사용하지 않는다.
③ 해머작업 중에는 수시로 해머상태(자루의 헐거움)를 점검한다.
④ 타격면이 닳아 경사진 것은 사용하지 않는다.
⑤ 장갑을 끼고 해머작업을 하지 않는다.
⑥ 작업에 알맞은 무게의 해머를 사용한다.
⑦ 해머로 타격할 때에는 처음과 마지막에는 힘을 많이 가하지 않는다.
⑧ 열처리된 재료는 해머로 때리지 않도록 주의한다.
⑨ 녹슨 재료 사용 시 보안경을 사용한다.
⑩ 공동작업 시는 호흡을 맞추고, 작업자가 서로 마주보고 두드리지 않는다.
⑪ 작게 시작하여 차차 큰 행정으로 작업하는 것이 좋다.
⑫ 타격범위에 장해물이 없도록 한다.
⑬ 작업 전에 주위를 살피고, 타결 가공하려는 곳에 시선을 고정시킨다.
⑭ 해머를 사용하여 상향(上向)작업을 할 때에는 반드시 보호안경을 착용한다.

핵심예제

20-1. 해머작업 시 틀린 것은? [2007년 1회, 2010년 5회]

① 장갑을 끼지 않는다.
② 작업에 알맞는 무게의 해머를 사용한다.
③ 해머는 처음부터 힘차게 때린다.
④ 자루가 단단한 것을 사용한다.

정답 ③

20-2. 해머(Hammer)작업에 대한 내용으로 잘못된 것은?

[2008년 1회, 2009년 2회]

① 작업자가 서로 마주보고 두드린다.
② 녹슨 재료 사용 시 보안경을 사용한다.
③ 타격범위에 장해물을 없도록 한다.
④ 작게 시작하여 차차 큰 행정으로 작업하는 것이 좋다.

정답 ①

해설
20-1
해머로 타격할 때에는 처음과 마지막에는 힘을 많이 가하지 말아야 한다.
20-2
해머작업 시 작업자와 마주보고 일을 하면 사고의 우려가 있다.

핵심이론 21 기계, 기구 취급 시 안전

① 연삭기 사용 작업 시 발생할 수 있는 사고
  ㉠ 회전하는 연삭숫돌의 파손
  ㉡ 비산하는 입자
  ㉢ 작업자의 옷자락 및 손이 말려 들어감
② 작업복 등이 말려드는 위험이 주로 존재하는 기계 및 기구
  회전축, 커플링, 벨트
  ※ 회전 부분(기어, 벨트, 체인) 등은 신체의 접촉을 방지하기 위하여 반드시 커버를 씌워둔다.
③ 동력전달장치 중 재해가 가장 많이 일어날 수 있는 것 : 벨트, 풀리
④ 벨트 취급에 대한 안전 사항
  ㉠ 벨트 교환 시 회전을 완전히 멈춘 상태에서 한다.
  ㉡ 벨트의 회전이 완전히 멈춘 상태에서 손으로 잡아야 한다.
  ㉢ 벨트의 적당한 장력을 유지하도록 한다.
  ㉣ 벨트에 기름이 묻지 않도록 한다.
⑤ 위험기계기구에 설치하는 방호장치 : 급정지장치, 자동전격방지장치, 역화방지장치 등
  ※ 인력으로 중량물을 들어 올리거나 운반 시 발생할 수 있는 재해 : 낙하, 협착(압상), 충돌

핵심예제

21-1. 동력전동장치에서 가장 재해가 많이 발생할 수 있는 것은? [2005년 5회, 2007년 4회, 2009년 2회, 2011년 5회]

① 기 어　　　　　　② 커플링
③ 벨 트　　　　　　④ 차 축

정답 ③

21-2. 벨트를 풀리에 걸 때는 어떤 상태에서 걸어야 하는가? [2010년 1회, 2013년 상시]

① 저속으로 회전 상태　　② 회전 중지 상태
③ 고속으로 회전 상태　　④ 중속으로 회전 상태

정답 ②

해설

21-1
기계의 사고로 가장 많은 재해는 벨트, 체인, 로프 등의 동력전달장치에 의한 사고가 가장 많다.

21-2
벨트를 풀리에 걸 때는 반드시 회전을 정지시킨 다음에 한다.

핵심이론 22 운반작업 시 지켜야 할 사항

① 운반작업은 가능한 장비를 사용하는 것이 좋다.
② 인력으로 운반 시 무리한 자세로 장시간 취급하지 않도록 한다.
③ 인력으로 운반 시 보조구를 사용하되 몸에서 가깝게 하고, 허리 위치에서 하중이 걸리게 한다.
④ 드럼통과 봄베 등을 굴려서 운반해서는 안 된다.
⑤ 공동운반에서는 서로 협조를 하여 작업한다.
⑥ 긴 물건은 앞쪽을 위로 올린다.
⑦ 무리한 몸가짐으로 물건을 들지 않는다.
⑧ 정밀한 물품을 쌓을 때는 상자에 넣도록 한다.
⑨ 기름이 묻은 장갑을 끼고 하지 않는다.
⑩ 지렛대를 이용한다.
⑪ 2인 이상이 작업할 때 힘센 사람과 약한 사람과의 균형을 잡는다.
⑫ 약하고 가벼운 것을 위에 무거운 것을 밑에 쌓는다.
⑬ 운전차에 물건을 실을 때 무거운 물건의 중심 위치는 하부에 오도록 적재한다.

핵심예제

22-1. 작업자가 작업을 할 때 반드시 알아두어야 할 사항이 아닌 것은? [2007년 1회]

① 안전수칙　　　　　② 작업량
③ 기계, 기구의 사용법　④ 경영관리

정답 ④

22-2. 운반작업을 할 때 틀린 것은? [2005년 5회, 2007년 1회]

① 드럼통과 봄베는 굴려서 운반한다.
② 공동 운반에서는 서로 협조하여 작업한다.
③ 긴 물건은 앞쪽을 위로 올린다.
④ 무리한 몸가짐으로 물건을 들지 않는다.

정답 ①

해설

22-1
작업 개시 전 근로자의 요통방지 및 안전을 위하여 작업방법, 작업경로, 중량물 또는 위험물 취급 시 주의사항 등을 근로자에게 교육하여야 한다. 경영관리와 작업자의 작업사항과 무관하다.

22-2
① 드럼통과 봄베 등을 굴려서 운반해서는 안 된다.

핵심이론 23 크레인 작업 안전

① 크레인으로 물건을 운반할 때 주의사항
  ㉠ 규정 무게보다 초과하여 적재하지 않는다.
  ㉡ 적재물이 떨어지지 않도록 한다.
  ㉢ 로프 등 안전 여부를 항상 점검한다.
  ㉣ 선회작업 시 사람이 다치지 않도록 한다.
  ㉤ 지면과 약 30cm 떨어진 지점에서 정지한 후 안전을 확인하고 상승한다.
  ㉥ 하물의 훅 위치는 무게 중심에 걸리도록 해야 한다.
  ㉦ 수평으로 달아 올려야 하나 경우에 따라서는 수직방향으로 달아 올린다.
  ㉧ 신호수의 신호에 따라 작업한다.
  ㉨ 매달린 화물이 불안전하다고 생각될 때는 작업을 중지한다.
  ㉩ 크레인으로 인양 시 물체의 중심을 측정하여 인양하여야 한다.
  ㉪ 형상이 복잡한 물체의 무게 중심을 확인한다.
  ㉫ 와이어로프나 매달기용 체인이 벗겨질 우려가 있으므로 되도록 낮게 인양한다.

② 기중기의 기둥박기 작업의 안전수칙
  ㉠ 작업 시 붐을 상승시키지 않는다.
  ㉡ 항타할 때 반드시 우드 캡을 씌운다.
  ㉢ 호이스트 케이블의 고정 상태를 점검한다.
  ㉣ 붐의 각을 크게 한다.
  ㉤ 붐의 각을 20° 이하로 하지 말 것
  ㉥ 붐의 각을 78° 이상으로 하지 말 것
  ㉦ 운전반경 내에는 사람의 접근을 막을 것
  ㉧ 작업 시는 반드시 아웃트리거를 사용하여 장비를 항상 수평으로 유지해야 한다.
  ㉨ 기중기의 붐을 교환할 때 가장 좋은 방법은 기중기를 이용한다.

핵심예제

크레인으로 인양 시 물체의 중심을 측정하여 인양하여야 한다. 다음 중 잘못된 것은?　　[2007년 5회, 2009년 5회]

① 형상이 복잡한 물체의 무게 중심을 확인한다.
② 인양 물체를 서서히 올려 지상 약 30cm 지점에서 정지하여 확인한다.
③ 인양 물체의 중심이 높으면 물체가 기울 수 있다.
④ 와이어로프나 매달기용 체인이 벗겨질 우려가 있으면 되도록 높이 인양한다.

정답 ④

해설
와이어로프나 매달기용 체인이 벗겨질 우려가 있으므로 되도록 낮게 인양한다.

핵심이론 24 | 굴삭기의 작업안전

① 굴삭기의 주행 시 주의 사항

   ㉠ 주행할 때에는 반드시 상부 회전체를 선회 로크장치로 고정시킨다.

   ㉡ 엔진을 중속위치에 놓고 평탄한 지면을 선택하여 주행한다.

   ㉢ 암반이나 부정지 등을 주행하는 경우는 트랙을 팽팽하게 조정 후 저속으로 주행한다.

   ㉣ 주행 시(경사지 주행 등) 버킷의 높이는 30~50cm가 좋다.

   ㉤ 급격한 출발이나 급정지는 피하고 돌 등이 주행모터에 부딪치지 않도록 한다.

   ㉥ 버킷, 암, 붐 실린더는 오므리고 하부 주행체 프레임에 올려놓는다.

   ㉦ 가능하면 평탄지면을 택하고, 엔진은 중속이 적합하다.

   ㉧ 주행 시 전부장치는 전방을 향해야 좋다.

   ㉨ 굴삭기를 트레일러로 수송할 때에는 붐의 방향을 뒤쪽으로 향하게 한다.

   ㉩ 주행 중에 이상소음, 냄새 등의 이상을 느낀 경우에는 즉시 멈추고 점검한다.

   ㉪ 굴삭기가 이동 및 선회할 때에는 항상 경적을 울려 주위에 알려야 한다.

   ㉫ 운전자가 굴삭기에서 하차할 때 또는 주차할 때에는 항상 주차브레이크를 당겨 놓는다.

   ㉬ 고압선 아래 주행 시에는 신호자의 지시를 따른다.

   ㉭ 언덕을 오를 때에는 차체의 중심을 낮추어 준다.

② 굴삭기로 작업할 때 주의사항

   ㉠ 기중작업은 가능한 피하고, 굴삭하면서 주행하지 않는다.

   ㉡ 작업을 중지할 때에는 파낸 모서리로부터 장비를 이동시킨다.

   ㉢ 스윙하면서 버킷으로 암석을 부딪쳐 파쇄하는 작업을 하지 않는다.

   ㉣ 무한궤도식 굴삭기로 콘크리트관을 매설한 후 매설된 관 위를 주행할 때에는 콘크리트관 위로 토사를 쌓아 관이 파손되지 않게 조치한 후 서행으로 주행한다.

   ㉤ 견고한 땅을 굴삭할 때는 버킷 투스로 표면을 얇게 여러번 굴삭작업을 한다.

   ㉥ 굴삭작업 전 장비가 위치할 지반을 확인하여 안전성을 확보한다.

   ㉦ 경사면 작업 시 붕괴 가능성을 항상 확인하면서 작업한다.

   ㉧ 굴삭작업 시 구덩이 끝단과 거리를 두어 지반의 붕괴가 없도록 한다.

   ㉨ 굴삭작업 시 암을 완전히 펼치지 않고 실린더 행정의 끝부분에 약간 여유를 두고 작업을 한다.

   ㉩ 한쪽 트랙을 들 때는 암과 붐 사이의 각도는 90~110° 범위로 해서 들어주는게 좋다.

   ㉪ 타이어식 굴삭기로 작업 시 안전을 위하여 아웃 트리거를 받치고 작업한다.

   ㉫ 경사지에서 작업 시 안전에 유의하며 10° 이상 경사진 장소에서는 가급적 작업하지 않는다.

   ㉬ 땅을 깊이 팔 때는 붐의 호스나 버킷실린더의 호스가 지면에 닿지 않도록 한다.

   ㉭ 암석, 토사 등을 평탄하게 고를 때 선회관성을 이용하지 않는다.

   ※ 암 레버의 조작 시 잠깐 멈췄다 움직이는 것은 펌프의 토출량이 부족하기 때문이다.

③ 굴삭기에서 매 1,000시간마다 점검 정비해야 할 항목

   ㉠ 어큐뮬레이터 압력점검

   ㉡ 주행감속기 기어의 오일교환

   ㉢ 발전기, 기동전동기 점검

   ㉣ 선회구동 케이스 오일교환

   ㉤ 냉각계통 내부의 세척

   ㉥ 작동유 흡입 여과기 교환

④ 굴삭기에서 매 2,000시간마다 점검, 정비해야 할 항목

   ㉠ 액슬 케이스 오일교환

   ㉡ 트랜스퍼 케이스 오일교환

   ㉢ 작동유 탱크 오일교환

   ㉣ 텐덤 구동 케이스 오일 교환

   ㉤ 유압오일 교환

   ㉥ 냉각수 교환

핵심예제

24-1. 견고한 땅을 굴삭할 때 가장 적절한 방법은?

① 버킷 투스로 표면을 얇게 여러번 굴삭작업을 한다.
② 버킷으로 찍고 선회 등을 하며 굴삭작업을 한다.
③ 버킷투스로 찍어 단법에 강하게 굴삭작업을 한다.
④ 버킷을 최대한 높이 들어 하강하는 자중을 이용하여 굴삭작업을 한다.

정답 ①

24-2. 굴삭기 등 건설기계 운전자가 전선로 주변에서 작업을 할 때 주의할 사항으로 틀린 것은? [2011년 1회]

① 작업을 할 때 붐이 전선에 근접되지 않도록 주의한다.
② 디퍼(버킷)를 고압선으로부터 안전 이격거리 이상 떨어져서 작업한다.
③ 작업감시자를 배치한 후 전력선 인근에서는 작업감시자의 지시에 따른다.
④ 바람의 흔들리는 정도를 고려하여 전선 이격거리를 감소시켜 작업해야 한다.

정답 ④

해설

24-1
견고한 땅을 굴삭할 때는 표면을 얇게 여러번 굴삭작업을 한다.
24-2
바람의 흔들리는 정도를 고려하여 작업 안전거리를 증가시켜 작업해야 한다.

핵심이론 25 ｜ 기타 굴삭기 작업안전

① 무한궤도식 굴삭기로 진흙탕이나 수중작업시 안전
  ㉠ 작업 전에 기어실과 클러치실 등의 드레인 플러그 조임 상태를 확인한다.
  ㉡ 작업 후에는 세차를 하고(습지용 슈 포함) 각 베어링에 주유를 한다.
  ㉢ 작업 후 기어실과 클러치실의 드레인 플러그를 열어 물의 침입을 확인한다.
  ㉣ 습지 등에 빠져 자력탈출이 불가능한 경우는 하부기구 본체에 와이어로프를걸고 크레인으로 당길때 굴삭기는 주행레버를 견인방향으로 밀면서 나온다.
  ㉤ 한쪽 트랙이 빠진 경우에는 붐을 사용하여 빠진 트랙을 들어올린 다음 트랙 밑에 통나무를 넣고 탈출한다.
  ㉥ 트랙이 양쪽다 빠진경우는 붐을 최대한 앞쪽으로 펼친 경우 버킷투스를 지면에 박은 다음 천천히 당기면서 장비를 서서히 주행하며 탈출한다.
② 굴삭기 등으로 전선로 주변에서 작업을 할 때 주의할 사항
  ㉠ 작업을 할 때 붐이 전선에 근접되지 않도록 주의한다.
  ㉡ 디퍼(버킷)를 고압선으로부터 안전 이격거리 이상 떨어져서 작업한다.
  ㉢ 작업감시자를 배치한 후 전력선 인근에서는 작업감시자의 지시에 따른다.
  ㉣ 바람의 흔들리는 정도를 고려하여 전선 이격거리를 증가시켜 작업해야 한다.
③ 굴삭기를 트레일러에 상차하는 방법
  ㉠ 가급적 경사대를 사용한다.
  ㉡ 트레일러로 운반 시 작업장치를 반드시 뒤쪽으로 한다.
  ㉢ 경사대는 10~15° 정도 경사시키는 것이 좋다.
  ㉣ 붐을 이용하여 버킷으로 차체를 들어 올려 탑재하는 방법도 이용되지만 전복의 위험이 있어 특히 주의를 요한다.

핵심예제

무한궤도식 굴삭기로 진흙탕이나 수중 작업을 할 때 관련된 사항으로 틀린 것은?

① 작업 전에 기어실과 클러치실 등의 드레인 플러그 조임 상태를 확인한다.
② 습지용 슈를 사용했으면 주행장치의 베어링에 주유하지 않는다.
③ 작업 후에는 세차를 하고 각 베어링에 주유를 한다.
④ 작업 후 기어실과 클러치실의 드레인 플러그를 열어 물의 침입을 확인한다.

정답 ②

해설
습지용 슈를 사용했더라도 작업 후에는 세차를 하고 각 베어링에 주유를 한다.

핵심이론 26 **가스일반**

① LP가스의 특성
  ㉠ 주성분은 프로판과 부탄이다.
  ㉡ 액체 상태일 때 피부에 닿으면 동상의 우려가 있다.
  ㉢ 누출 시 공기보다 무거워 바닥에 체류하기 쉽다.
  ㉣ 원래 무색·무취이나 누출 시 쉽게 발견하도록 부취제를 첨가한다.
  ㉤ 가스누설검사는 비눗물에 의한 기포발생 여부 검사이다.

② 각종 가스용기의 도색 구분

가스의 종류	도색 구분	가스의 종류	도색 구분
산 소	녹 색	아세틸렌	황 색
수 소	주황색	아르곤	회 색
액화 탄산가스	청 색	액화 암모니아	백 색
LPG	밝은 회색	기타가스	회 색

③ 가연성 가스 저장실에 안전사항
  ㉠ 휴대용 손전등 외의 등화를 휴대하지 아니할 것
  ㉡ 통과 통 사이 고임목 이용
  ㉢ 인화물질, 담배 불 휴대 출입금지
  ㉣ 옥내에 전등스위치가 있을 경우 스위치 작동 시 스파크 발생에 의한 화재 및 폭발 우려가 있다.

④ 액화천연가스
  ㉠ 기체 상태는 공기보다 가볍다.
  ㉡ 가연성으로써 폭발의 위험성이 있다.
  ㉢ LNG라고 하며 메탄이 주성분이다.
  ㉣ 기체상태로 배관을 통하여 수요자에게 공급된다.

핵심예제

가스누설검사에 가장 좋고 안전한 것은? [2006년 2회, 2009년 4회]

① 아세톤
② 성냥불
③ 순수한 물
④ 비눗물

정답 ④

해설
가스누설검사 : 비눗물에 의한 기포발생 여부 검사

핵심이론 27 아세틸렌가스 용접

① 아세틸렌가스 용기의 취급방법
   ㉠ 용기는 반드시 세워서 보관할 것
   ㉡ 전도, 전락 방지 조치를 할 것
   ㉢ 충전용기와 빈 용기는 명확히 구분하여 각각 보관할 것
   ㉣ 용기의 보관 온도는 40℃ 이하로 하여야 한다.

② 아세틸렌가스 용접
   ㉠ 토치에 점화시킬 때에는 아세틸렌밸브를 먼저 열고 다음에 산소밸브를 연다.
   ㉡ 산소누설시험에는 비눗물을 사용한다.
   ㉢ 토치끝으로 용접물의 위치를 바꾸면 안 된다.
   ㉣ 용접 가스를 들이 마시지 않도록 한다.
   ※ 아세틸렌가스 용접 기구들은 이동이 쉽고 설비비가 저렴하나, 불꽃의 온도와 열효율이 낮은 것이 단점이다.

③ 전기용접작업 시 용접기에 감전이 될 경우
   ㉠ 발밑에 물이 있을 때
   ㉡ 몸에 땀이 배어 있을 때
   ㉢ 옷이 비에 젖어 있을 때

핵심예제

27-1. 다음 중 아세틸렌 용접장치의 방호장치는? [2013년 상시]
① 덮 개
② 자동전격방지기
③ 안전기
④ 제동장치
정답 ③

27-2. 산소 또는 아세틸렌 용기 취급 시의 주의사항으로 올바르지 않은 것은? [2011년 1회]
① 아세틸렌병은 세워서 사용한다.
② 산소병(봄베) 40℃ 이하 온도에서 보관한다.
③ 산소병(봄베)을 운반할 때에는 충격을 주어서는 안 된다.
④ 산소병(봄베)의 산소병(봄베)의 밸브, 조정기, 도관 등은 반드시 기름 묻은 천으로 닦는다.
정답 ④

해설
27-1
아세틸렌 용접장치의 방호장치는 안전기이다.
27-2
산소 봄베는 기름이나 먼지를 피하고 40℃ 이하 온도에서 보관하고 직사광선을 피하며 그늘진 곳에 두어야 한다.

핵심이론 28 가스배관 주위의 굴착공사

① 도시가스가 공급되는 지역에서 지하차도 굴착공사를 하고자 하는 자는 가스 안전영향 평가서를 작성하여 시장·군수 또는 구청장에게 제출하여야 한다.
② 가스안전영향평가서를 작성하여야 하는 공사는 가스배관이 통과하는 지하보도·차도·상가이다.
③ 가스배관매설 상황조사결과 공사 구역 내에 도시가스배관이 매설되어 있는 것이 확인된 경우 가스배관의 안전에 관하여 도시가스사업자와 협의하여야 한다.
④ 굴착공사자는 굴착공사 예정지역의 위치를 흰색 페인트로 표시할 것(단독으로 할 때는 정보지원센터에 통지)
⑤ 사업자는 굴착예정 지역의 매설배관 위치를 굴착공사자에게 알려주어야 하며, 굴착공사자는 매설배관 위치를 매설배관 직상부의 지면에 황색 페인트로 표시할 것
⑥ 파일박기 및 빼기작업
   ㉠ 공사착공 전에 사업자와 현장 협의를 통하여 공사장소, 공사기간 및 안전조치에 관하여 서로 확인할 것
   ㉡ 배관과 수평거리 2m 이내에서 파일박기를 하는 경우에는 사업자의 입회 아래 시험굴착으로 배관의 위치를 정확히 확인할 것
   ㉢ 배관의 위치를 파악한 경우에는 배관의 위치를 알리는 표지판을 설치할 것
   ㉣ 배관과 수평거리 30cm 이내에서는 파일박기를 하지 말 것
   ㉤ 항타기는 배관과 수평거리가 2m 이상되는 곳에 설치할 것. 다만, 부득이하여 수평거리 2m 이내에 설치할 때에는 하중진동을 완화할 수 있는 조치를 할 것
   ㉥ 파일을 뺀 자리는 충분히 메울 것
   ㉦ 배관 주위를 굴착하는 경우 배관의 좌우 1m 이내 부분은 인력으로 굴착할 것
   ㉧ 배관이 노출될 경우 배관의 코팅부가 손상되지 아니하도록 하고, 코팅부가 손상될 때에는 사업자에게 통보하여 보수를 한 후 작업을 진행할 것
   ㉨ 배관 주위에서 발파작업을 하는 경우에는 사업자의 입회아래 충분한 대책을 강구한 후 실시할 것

ㅊ 배관 주위에서 다른 매설물을 설치할 때에는 30cm 이상 이격할 것

ㅋ 배관 주위를 되메우기하거나 포장할 경우 배관주위의 모래 채우기, 보호판·보호포 및 배관 부속시설물의 설치 등은 굴착 전과 같은 상태가 되도록 할 것

ㅌ 되메우기를 할 때에는 나중에 배관의 지반이 침하되지 않도록 필요한 조치를 할 것

핵심예제

굴착공사 중 적색으로 된 도시가스 배관을 손상하였으나 다행히 가스는 누출되지 않고 피복만 벗겨졌다. 조치사항으로 가장 적합한 것은?
[2007년 1회, 2008년 4회]

① 해당 도시가스회사 직원에게 그 사실을 알려 보수하도록 한다.

② 가스가 누출되지 않았으므로 그냥 되메우기한다.

③ 벗겨지거나 손상된 피복은 고무판이나 비닐테이프로 감은 후 되메우기한다.

④ 벗겨진 피복은 부식방지를 위하여 아스팔트를 칠하고 비닐테이프로 감은 후 직접 되메우기하면 된다.

|정답| ①

핵심이론 29 도시가스사업법상 용어해설

① 공급관

ㄱ 공동주택 등에 도시가스를 공급하는 경우에는 정압기에서 가스사용자가 구분하여 소유하거나 점유하는 건축물의 외벽에 설치하는 계량기의 전단밸브(계량기가 건축물의 내부에 설치된 경우에는 건축물의 외벽)까지 이르는 배관

ㄴ 공동주택 등 외의 건축물 등에 도시가스를 공급하는 경우에는 정압기에서 가스사용자가 소유하거나 점유하고 있는 토지의 경계까지 이르는 배관

② 내관 : 가스사용자가 소유하거나 점유하고 있는 토지의 경계에서 연소기까지 이르는 배관

③ 고압 : 1MPa 이상의 압력(게이지압력)을 말한다. 다만, 액체상태의 액화가스는 고압으로 본다.

④ 중압 : 0.1MPa 이상 1MPa 미만의 압력을 말한다. 다만, 액화가스가 기화되고 다른 물질과 혼합되지 아니한 경우에는 0.01MPa 이상 0.2MPa 미만의 압력을 말한다.

⑤ 저압 : 0.1MPa 미만의 압력을 말한다. 다만, 액화가스가 기화(氣化)되고 다른 물질과 혼합되지 아니한 경우에는 0.01MPa 미만의 압력을 말한다.

⑥ 액화가스 : 상용의 온도 또는 35℃의 온도에서 압력이 0.2MPa 이상이 되는 것을 말한다.

※ 가스 배관 매설심도(규칙 [별표 6])
- 폭이 8m 이상의 도로 – 1.2m 이상
- 폭 4m 이상 8m 미만 – 1m 이상
- 공동주택 부지 내 – 0.6m 이상

핵심예제

29-1. 일반 도시가스 사업자의 지하배관 설치 시 도로폭 8m 이상인 도로에서는 관련법상 어느 정도의 깊이에 배관이 설치되어 있는가?
[2009년 2회]

① 1.5m 이상   ② 1.2m 이상

③ 1.0m 이상   ④ 0.6m 이상

|정답| ②

29-2. 폭 8m 이상의 도로에서 중압의 도시가스 배관을 매설시 규정 심도는 최소 몇 m 이상인가?
[2008년 1회]

① 0.8m   ② 1m

③ 1.2m   ④ 1.5m

|정답| ③

핵심이론 30 가공 배전선로 작업안전

① 22.9kV 가공 배전선로 작업안전
　㉠ 높은 전압일수록 전주 상단에 설치되어 있다.
　㉡ 전력선이 활선인지 확인 후 안전 조치된 상태에서 작업한다.
　㉢ 임의로 작업하지 않고 안전관리자의 지시에 따른다.
　㉣ 전력선에 접촉되어 끊어지지 않더라도 감전의 위험에 대비해야 한다.
② 154kV 가공 송전선로 주변에서의 작업
　㉠ 건설장비가 선로에 직접 접촉하지 않고 근접만 해도 사고가 발생될 수 있다.
　㉡ 도로에서 굴착작업 중에 154kV 지중 송전케이블을 손상시켜 누유 중이면 신속히 시설 소유자 또는 관리자에게 연락하여 조치를 취하도록 한다.
　※ 한국전력의 송전선로 전압 : 345kV
　※ 154,000V의 송전선로에 대한 안전거리는 160cm이다.

핵심예제

30-1. 22.9kV 배전 선로에 근접하여 굴삭기 등 건설기계로 작업 시 안전관리상 맞는 것은? [2006년 5회]
① 안전관리자의 지시 없이 운전자가 알아서 작업한다.
② 전력선에 접촉되더라도 끊어지지 않으면 사고는 발생하지 않는다.
③ 전력선이 활선인지 확인 후 안전 조치된 상태에서 작업한다.
④ 해당 시설 관리자는 입회하지 않아도 무방하다.
정답 ③

30-2. 154kV 송전철탑 근접 굴착작업 시 안전사항으로 옳은 것은? [2009년 1회]
① 철탑이 일부 파손되어도 재질이 철이므로 안전에는 전혀 영향이 없다.
② 철탑의 지표상 노출부와 지하 매설부 위치는 다른 것을 감안하여 임의로 판단하여 작업한다.
③ 철탑 부지에서 떨어진 위치에서 접지선이 노출되어 단선되었을 경우라도 시설 관리자에게 연락을 취한다.
④ 작업 시 전력선에 접촉만 되지 않도록 하면 된다.
정답 ③

핵심이론 31 굴착작업 시 안전

① 고압전력선 부근의 작업장소에서 크레인의 붐이 고압 전력선에 근접할 우려가 있을 때는 관할 시설물 관리자에게 연락을 취한 후 지시를 받는다.
② 파일항타기를 이용한 파일작업 중 지하에 매설된 전력케이블 외피가 손상되었다면 인근 한국전력사업소에 연락하여 한전직원이 조치토록 한다.
③ 도로상의 한전맨홀에 근접하여 굴착 작업 시는 한전직원의 입회하에 안전하게 작업한다.
④ 도로상 굴착작업 중에 매설된 전기설비의 접지선이 노출되어 일부가 손상되었을 때는 시설 관리자에게 연락 후 그 지시를 따른다.
⑤ 굴착공사 중 적색으로 된 도시가스 배관을 손상하였으나 다행히 가스는 누출되지 않고 피복만 벗겨졌다면 해당도시가스회사 직원에게 그 사실을 알려 보수하도록 한다.
⑥ 지하매설배관탐지장치 등으로 확인된 지점 중 확인이 곤란한 분기점, 곡선부, 장애물 우회지점의 안전 굴착방법은 시험굴착을 실시하여야 한다.
⑦ 전력케이블에 손상이 가해지면 전력공급이 차단되거나 중단될 수 있으므로 즉시 한국전력공사에 통보해야 한다.
⑧ 철탑부근에서 굴착작업 : 한국전력에서 철탑에 대한 안전여부 검토 후 작업을 해야 한다.
⑨ 콘크리트 전주 주변을 건설기계로 굴착작업 할 때 전주 및 지선 주위는 굴착해서는 안 된다.
⑩ 전력케이블이 지상 전주로 입상 또는 지상 전력선이 지하 전력케이블로 입하하는 전주에는 건설기계장비가 절대 접촉 또는 근접하지 않도록 한다.
⑪ 굴착으로부터 전력케이블을 보호하기 위하여 설치하는 표시시설 : 표지시트, 지중선로 표시기, 보호관
⑫ 도로에서 굴착작업 중 케이블 표지시트가 발견되면 즉시 굴착을 중지하고 해당설비 관리자에게 연락 후 그 지시에 따른다.
⑬ 도로 굴착작업 중 "고압선 위험" 표지 시트가 발견되었다면 : 표지시트 직하에 전력케이블이 묻혀 있다.

⑭ 도로 굴착자는 되메움 공사 완료 후 최소 3개월 이상 지반 침하유무를 확인하여야 한다.

⑮ 굴착작업 중 주변의 고압전선로가 있으면 고압선과 안전거리를 확인한 후 작업한다.

핵심예제

고압전력선 부근의 작업장소에서 크레인의 붐이 고압전력선에 근접할 우려가 있을 때 조치사항으로 가장 적합한 것은?

[2008년 4회]

① 우선 줄자를 이용하여 전력선과의 거리 측정을 한다.
② 관할 시설물 관리자에게 연락을 취한 후 지시를 받는다.
③ 현장의 작업반장에게 도움을 청한다.
④ 고압전력선에 접촉만 하지 않으면 되므로 주의를 기울이면서 작업을 계속 한다.

정답 ②

핵심 이론 32 건설기계에 의한 고압선 주변작업

① 건설기계에 의한 작업 중 안전을 위하여 지표에서부터 고압선까지의 거리를 측정하고자하면 관할 한전사업소에 협조하여 측정한다.

② 고압선 주변작업 시는 전압의 종류를 확인한 후 안전이격거리를 확보하여 그 이내로 접근되지 않도록 작업한다.

③ 작업을 할 때 붐이 전선에 근접되지 않도록 주의한다.

④ 디퍼(버켓)를 고압선으로부터 10m 이상 떨어져서 작업한다.

⑤ 작업감시자를 배치한 후 전력선 인근에서는 작업감시자의 지시에 따른다.

⑥ 바람의 흔들리는 정도를 고려하여 전선 이격거리를 증가시켜 작업해야 한다.

⑦ 전선이 바람에 흔들리는 정도는 바람이 강할수록 많이 흔들린다.

⑧ 전선은 철탑 또는 전주에서 멀어질수록 많이 흔들린다.

⑨ 전선은 자체 무게가 있어도 바람에 흔들린다.

⑩ 건설기계와 전선로 이격거리는 전압이 높을수록, 전선이 굵을수록, 애자수가 많을수록 멀어져야 한다.

핵심예제

32-1. 고압전선로 주변에서 작업 시 건설기계와 전선로와의 안전 이격거리에 대한 설명 중 틀린 것은? [2005년 4회, 2006년 2회]

① 애자수가 많을수록 커진다.
② 전압에는 관계없이 일정하다.
③ 전선이 굵을수록 커진다.
④ 전압이 높을수록 커진다.

정답 ②

32-2. 전기는 전압이 높을수록 위험한데 가공전선로의 위험 정도를 판별하는 방법으로 가장 올바른 것은? [2005년 5회]

① 전선의 굵기   ② 지지물의 높이
③ 애자의 개수   ④ 지지물과 지지물의 간격

정답 ③

해설

32-2
가공전선로의 위험 정도는 애자의 개수에 따라 판별한다.

핵심이론 33 애자, 가공전선 등

① 애자 : 전선을 철탑의 완금(Arm)에 기계적으로 고정시키고, 전기적으로 절연하기 위해서 사용하는 것(자기로 된 절연체)

② 전압에 대한 애자 수
　㉠ 22.9kV : 2-3개
　㉡ 66.0kV : 4-5개
　㉢ 154kV : 9-11개
　㉣ 345kV : 18-23개

③ 가공전선의 높이
　㉠ 도로횡단 시 : 6m 이상
　㉡ 교통에 지장이 없는 도로 : 5m
　㉢ 철도 또는 궤도 횡단 시 : 6.5m
　㉣ 횡단보도교 : 저-3m, 고-3.5m, 특고-4m

④ 고압전력케이블을 지중에 매설하는 방법 : 직매식, 관로식, 전력구식 등이 있다.

⑤ 지중전선로 깊이(직접매설식)
　㉠ 차량, 기타 중량물의 압력을 받을 우려가 있는 장소 : 1.2m 이상
　㉡ 기타장소 : 0.6m 이상

핵심예제

33-1. 고압 전력케이블을 지중에 매설하는 방법이 아닌 것은?
[2006년 4회]

① 직매식　　② 관로식
③ 전력구식　④ 궤도식

정답 ④

33-2. 154kV 지중 송전선로 설치방식 중 틀린 것은?
[2006년 1회, 2006년 4회]

① 관로식　　　　② 암거식(전력구식)
③ 메신저와이어 부설식　④ 직매식

정답 ③

해설
33-2
지중 전선로의 방식 : 직매식, 관로식, 전력구식 등이 있다.

핵심이론 34 운전자 등의 작업안전

① 운전자의 준수사항
　㉠ 고인 물을 튀게 하여 다른 사람에게 피해를 주어서는 안 된다.
　㉡ 과로, 질병, 약물의 중독 상태에서 운전하여서는 안 된다.
　㉢ 보행자가 안전지대에 있는 때에는 서행하여야 한다.
　㉣ 운전석을 떠날 때는 브레이크를 완전히 걸고 원동기의 시동을 끈다.
　㉤ 항상 주변의 작업자나 장애물에 주의하여 안전 여부를 확인한다.
　㉥ 이동 중에는 항상 규정속도를 유지한다.
　㉦ 급선회는 피한다.
　㉧ 물체를 높이 올린 채 주행이나 선회하는 것을 피한다.

② 작업상의 안전수칙
　㉠ 정전 시는 반드시 스위치를 끊을 것
　㉡ 작업 중 자리를 비울 때는 운전을 정지하고 기계의 가동 시에는 자리를 비우지 않는다.
　㉢ 고장 중의 기기에는 반드시 표식을 할 것
　㉣ 대형 건물을 기중 작업할 때는 서로 신호에 의거할 것
　㉤ 차를 받칠 때는 안전잭이나 고임목으로 고인다.
　㉥ 벨트 등의 회전 부위에 주의한다.
　㉦ 배터리액이 눈에 들어갔을 때는 물로 씻는다.
　㉧ 기관 시동 시에는 소화기를 비치한다.

핵심예제

운전자의 준수사항에 대한 설명 중 틀린 것은?
[2007년 4회, 2013년 상시]

① 고인 물을 튀게 하여 다른 사람에게 피해를 주어서는 안 된다.
② 과로, 질병, 약물의 중독 상태에서 운전하여서는 안 된다.
③ 보행자가 안전지대에 있는 때에는 서행하여야 한다.
④ 운전석으로부터 떠날 때에는 원동기의 시동을 끄지 말아야 한다.

정답 ④

해설
운전석을 떠날 때는 브레이크를 완전히 걸고 원동기의 시동을 끈다.

합격에 윙크(Win-Q)하다!

Win-Q

굴삭기운전기능사

Always with you

사람이 길에서 우연하게 만나거나 함께 살아가는 것만이 인연은 아니라고 생각합니다.
책을 펴내는 출판사와 그 책을 읽는 독자의 만남도 소중한 인연입니다.
(주)시대고시기획은 항상 독자의 마음을 헤아리기 위해 노력하고 있습니다. 늘 독자와 함께하겠습니다.

제 **2** 편

과년도 기출문제
+
최근 상시시험 복원문제

과년도
기출문제

최근
상시시험
복원문제

2010~2011년

제1회~제7회

01 기관의 피스톤링의 대한 설명 중 틀린 것은?

① 압축링과 오일링이 있다.
② 기밀유지의 역할을 한다.
③ 연료 분사를 좋게 한다.
④ 열전도작용을 한다.

해설
피스톤링은 기밀작용, 오일제어작용, 열전도작용을 한다.

02 기관에서 실린더 마모의 원인이 아닌 것은?

① 희박한 혼합기에 의한 마모
② 연소 생성물(카본)에 의한 마모
③ 흡입 공기 중의 먼지, 이물질 등에 의한 마모
④ 실린더 벽과 피스톤 및 피스톤 링의 접촉에 의한 마모

해설
실린더의 마모 원인
• 농후한 혼합기 유입으로 인하여 실린더 벽의 오일 막이 끊어지므로
• 연소 생성물에 의해서
• 흡입 공기 중의 먼지와 이물질 등에 의해서
• 실린더 벽과 피스톤 및 피스톤 링의 접촉에 의해서
• 연료나 수분이 실린더 벽에 응결되어 부식작용을 일으키므로
• 실린더와 피스톤 간극의 불량으로 인하여
• 피스톤 링 이음 간극 불량으로 인하여
• 피스톤 링의 장력 과대로 인하여
• 커넥팅 로드의 휨으로 인하여

03 방열기에 물이 가득 차 있는데도 기관이 과열되는 원인으로 맞는 것은?

① 팬벨트의 장력이 세기 때문
② 사계절용 부동액을 사용했기 때문
③ 정온기가 열린 상태로 고장났기 때문
④ 라디에이터의 팬이 고장났기 때문

해설
엔진 과열 원인
• 팬벨트 이완 및 절손
• 윤활유 부족
• 정온기가 닫혀서 고장
• 라디에이터 코어의 막힘, 불량
• 물펌프 고장
• 냉각장치 내부의 물때(Scale) 과다
• 냉각수 부족
• 이상연소(노킹 등)
• 압력식 캡의 불량

04 오일펌프의 압력조절밸브를 조정하여 스프링장력을 높게 하면 어떻게 되는가?

① 유압이 높아진다.
② 윤활유의 점도가 증가된다.
③ 유압이 낮아진다.
④ 유압의 송출량이 증가된다.

해설
유압펌프의 압력조절밸브 스프링장력이 크면 유압이 높아지고, 작으면 낮아진다.

05 배기터빈 과급기에서 터빈축의 베어링에 급유로 맞는 것은?

① 그리스로 윤활
② 기관오일로 급유
③ 오일리스 베어링 사용
④ 기어오일로 급유

06 기관을 시동하여 공전 시에 점검할 사항이 아닌 것은?

① 기관의 팬벨트 장력을 점검
② 오일의 누출 여부를 점검
③ 냉각수의 누출 여부를 점검
④ 배기가스의 색깔을 점검

해설
팬벨트의 점검은 시동을 하지 않을 때 한다.

07 기관에 사용되는 윤활유 사용 방법으로 옳은 것은?

① 계절과 윤활유 SAE번호는 관계가 없다.
② 겨울은 여름보다 SAE번호가 큰 윤활유를 사용한다.
③ SAE번호는 일정하다.
④ 여름용은 겨울용보다 SAE번호가 크다.

해설
윤활유의 점도는 SAE번호로 분류하며 여름은 높은 점도, 겨울은 낮은 점도를 사용한다.

08 디젤기관에서 부조의 발생 원인이 아닌 것은?

① 발전기 고장
② 거버너 작용 불량
③ 분사시기 조정 불량
④ 연료의 압송 불량

해설
디젤기관에서 부조 발생의 원인은 연료계통의 원인이고, 발전기 고장은 충전과 방전의 원인이 된다.

09 기관의 냉각장치에 해당하지 않는 부품은?

① 수온 조절기
② 릴리프밸브
③ 방열기
④ 팬 및 밸브

해설
릴리프밸브는 유압계통에 대부분 사용된다.

10 디젤기관에서 인젝터 간 연료 분사량이 일정하지 않을 때 나타나는 현상으로 맞는 것은?

① 연료 분사량에 관계없이 기관은 순조로운 회전을 한다.
② 소비에는 관계가 있으나 기관회전에 영향은 미치지 않는다.
③ 연소 폭발음의 차가 있으며 기관은 부조를 하게 된다.
④ 출력은 향상되나 기관은 부조하게 된다.

해설
인젝터별로 분사량에 편차가 발생하면 엔진 부조, 배기가스, 출력부족 등의 현상을 일으킨다.

11 6기통 기관이 4기통 기관보다 좋은 점이 아닌 것은?

① 가속이 원활하고 신속하다.
② 저속회전이 용이하고 출력이 높다.
③ 기관 진동이 적다.
④ 구조가 간단하며 제작비가 싸다.

해설
6기통기관이 4기통기관보다 구조가 복잡하여 제작비가 비싸다.

12 디젤기관의 연소 노즐에서 섭동 면의 윤활은 무엇으로 하는가?

① 윤활유
② 연료
③ 그리스
④ 기어오일

해설
디젤기관에서는 연료가 윤활작용을 겸하고 있다(분사펌프 캠축 제외).

13 전기회로에서 단락에 의해 전선이 타거나 과대 전류가 부하에 흐르지 않도록 하는 구성품은?

① 스위치
② 릴레이
③ 퓨 즈
④ 축전지

해설
퓨즈의 목적은 과전류 발생 시 회로를 끊어주어 전류가 더 이상 흐르지 못하도록 하기 위함이다.

14 장비에 장착된 축전지를 급속 충전할 때 축전지의 접지 케이블을 분리시키는 이유로 맞는 것은?

① 과충전을 방지하기 위해
② 발전기의 다이오드를 보호하기 위해
③ 시동스위치를 보호하기 위해
④ 기동전동기를 보호하기 위해

해설
급속 충전할 때 많은 전류가 역으로 흘러 다이오드를 손상시킬 수가 있으므로 축전지의 접지 케이블을 분리시킨다.

15 실드빔 전조등에 대한 설명 중 틀린 것은?

① 광도의 변화가 적다.
② 렌즈를 교환할 수 있다.
③ 반사경이 흐려지는 일이 없다.
④ 내부에 불활성 가스가 들어 있다.

해설
실드빔형은 필라멘트가 끊어지면 렌즈나 반사경에 이상이 없어도 전조등 전체를 교환해야 하는 단점이 있다.

16 축전지 전해액의 비중은 1℃마다 얼마나 변화하는가?

① 0.1
② 0.007
③ 1
④ 0.0007

해설
축전지의 전해액 비중의 온도 1℃ 변화에 0.0007 변화한다.
$S_{20} = S_t + 0.0007(t-20)$
(S_{20} : 표준온도 20℃로 환산한 비중, S_t : 현재 온도의 전해액 비중, t : 현재 측정한 전해액 온도)

17 기동전동기의 회전력 시험은 어떻게 측정하는가?

① 공전기 회전력을 측정한다.
② 중속기 회전력을 측정한다.
③ 고속기 회전력을 측정한다.
④ 정지 시 회전력을 측정한다.

해설
기동전동기의 회전력 시험은 정지 회전력을 측정한다.

18 교류발전기(Alternator)의 특징으로 틀린 것은?

① 소형 경량이다.
② 출력이 크고 고속 회전에 잘 견딘다.
③ 불꽃 발생으로 충전량이 일정하다.
④ 컷아웃 릴레이 및 전류제한기를 필요로 하지 않는다.

해설
전파 방해의 원인이 되는 불꽃 발생이 없다.

19 굴삭기 하부 구동체 가구의 구성요소와 관련된 사항이 아닌 것은?

① 트랙 프레임
② 주행용 유압모터
③ 트랙 및 롤러
④ 붐 실린더

20 크레인에서 최대 작업반지름을 나타낸 것으로 가장 적절한 것은?

① 선회장치의 중심에서 훅의 중심까지의 수평거리
② 크레인의 후부 선단에서 화물 선단까지의 거리
③ 크레인의 총길이
④ 붐의 길이

21 건설기계에서 변속기의 구비조건으로 가장 적절한 것은?

① 대형이고 고장이 없어야 한다.
② 조작이 쉬우므로 신속할 필요는 없다.
③ 연속적 변속에는 단계가 있어야 한다.
④ 전달효율이 좋아야 한다.

해설
변속기의 구비조건
• 단계없이 연속적으로 변속되고 소형 경량
• 변속 조작이 쉽고 신속·정확·정숙하게 이루어질 것
• 전달효율이 좋고 수리하기가 쉬울 것

22 유체클러치에서 가이드 링의 역할은?

① 유체클러치의 와류를 증가시킨다.
② 유체클러치의 유격을 조정한다.
③ 유체클러치의 와류를 감소시킨다.
④ 유체클러치의 마찰을 증대시킨다.

해설
가이드 링은 유체클러치에서 와류를 줄여 전달효율을 향상시키는 장치이다.

23 굴삭기의 주행시 안전에 관한 사항으로 가장 옳지 않은 것은?

① 지면이 암반이나 고르지 못한 곳을 주행할 때는 저속으로 운전한다.
② 주행 중에 이상소음, 냄새 등의 이상을 느낀 경우에는 작업 후 즉시 점검한다.
③ 굴삭기가 이동 및 선회할 때는 항상 경적을 울려 주위에 알려야 한다.
④ 운전자가 굴삭기에서 하차할 때는 항상 주차브레이크를 당겨 놓는다.

해설
주행 중 이상을 발견하거나 느낀 경우에는 즉시 운전을 멈추고 점검하여야 한다.

24 무한궤도식 건설기계에서 주행 불량현상의 원인이 아닌 것은?

① 한쪽 주행모터의 브레이크 작동이 불량할 때
② 유압펌프의 토출 유량이 부족할 때
③ 트랙에 오일이 묻었을 때
④ 스트로킷이 손상되었을 때

25 로더로 상차작업 대상물 진압하는 방법 중 없는 것은?

① 좌우 옆으로 진입방법(N형)
② 직진·후진법(I형)
③ 90° 회전법(T형)
④ V형 상차법(V형)

해설
로더 상차작업의 분류
• 직진·후진법(I형) : 로더가 버킷에 토사를 채운 후 덤프트럭이 토사 더미와 로더의 버킷 사이로 들어오면서 상차하는 방법
• 90° 회전법(T형) : 좁은 장소에서 사용되며 비교적 작업효율이 낮음
• V형 상차법(V형) : 로더가 토사를 버킷에 담고 후진한 후 덤프트럭 쪽으로 방향을 바꾸어서 전진하여 덤프트럭에 상차하는 방법

26 조향기어의 백래시가 클 때 현상으로 맞는 것은?

① 핸들 유격이 커진다.
② 조향 각도가 커진다.
③ 조향핸들이 한쪽으로 쏠린다.
④ 조향력이 작아진다.

해설
조향기어 백래시가 작으면 핸들이 무거워지고, 너무 크면 핸들의 유격이 커진다.

27 건설기계관리법상 건설기계조종사 면허를 받지 아니하고 건설기계를 조종한 자에 대한 벌금은?

① 70만원 이하 ② 100만원 이하
③ 300만원 이하 ④ 500만원 이하

해설
건설기계조종사면허를 받지 아니하고 건설기계를 조종한 자에 대한 벌칙은 1년 이하의 징역 또는 300만원 이하의 벌금이다.

28 다음의 내용 중 ( ) 안에 들어갈 내용으로 맞는 것은?

"도로를 통행하는 차마의 운전자는 교통안전시설이 표시하는 신호 또는 지시와 교통정리를 위한 경찰공무원 등의 신호 또는 지시가 다른 경우에는 (   )의 (   )에 따라야 한다."

① 운전자, 판단
② 교통신호, 지시
③ 경찰공무원 등, 신호 또는 지시
④ 교통신호, 신호

29 타이어식 굴삭기의 정기검사 유효기간은?

① 6월 ② 2년
③ 1년 ④ 3년

해설
정기검사 유효기간
• 6월 : 타워크레인
• 1년 : 굴삭기(타이어식), 덤프트럭, 기중기(타이어식, 트럭적재식), 콘크리트 믹서트럭, 콘크리트펌프(트럭적재식), 아스팔트살포기, 특수건설기계[도로보수트럭(타이어식), 트럭지게차(타이어식)]
• 2년 : 로더(타이어식), 지게차(1t 이상), 모터그레이더, 천공기(트럭적재식), 특수건설기계[노면파쇄기(타이어식), 노면측정장비(타이어식), 수목이식기(타이어식), 터널용 고소작업차(타이어식)]
• 3년 : 그 밖의 특수건설기계, 그 밖의 건설기계

30 야간에 자동차를 도로에 정차 또는 주차하였을 때 등화 조작으로 가장 적절한 것은?

① 전조등을 켜야 한다.
② 방향 지시등을 켜야 한다.
③ 실내등을 켜야 한다.
④ 미등 및 차폭등을 켜야 한다.

해설
견인되는 차는 차폭등, 미등, 번호등이며, 전조등은 정상적인 운행을 할 경우 켜는 등화이다.

31 건설기계의 등록신청은 누구에게 하는가?

① 건설기계 작업현장 관할 시 · 도지사
② 국토교통부장관
③ 건설기계소유자의 주소지 또는 사용본거지 관할 시 · 도지사
④ 국무총리실

해설
건설기계를 등록하려는 건설기계의 소유자는 건설기계등록신청서(전자문서로 된 신청서를 포함한다)에 다음의 서류(전자문서를 포함한다)를 첨부하여 건설기계소유자의 주소지 또는 건설기계의 사용본거지를 관할하는 특별시장 · 광역시장 · 도지사 또는 특별자치도지사(시 · 도지사)에게 제출하여야 한다.
1. 건설기계의 출처를 증명하는 다음의 서류
  가. 건설기계제작증(국내에서 제작한 건설기계의 경우에 한한다)
  나. 수입면장 기타 수입사실을 증명하는 서류(수입한 건설기계의 경우에 한한다)
  다. 매수증서(관청으로부터 매수한 건설기계의 경우에 한한다)

2. 건설기계의 소유자임을 증명하는 서류. 다만, 제1호 각목의 서류가 건설기계의 소유자임을 증명할 수 있는 경우에는 당해 서류로 갈음할 수 있다.
3. 건설기계제원표
4. 자동차손해배상 보장법에 따른 보험 또는 공제의 가입을 증명하는 서류

32 등록건설기계의 기종별 표시방법 중 맞는 것은?

① 01 : 불도저
② 02 : 모터그레이더
③ 03 : 지게차
④ 04 : 덤프트럭

해설

02 : 굴삭기, 03 : 로더, 04 : 지게차

33 건설기계 등록신청 시 첨부하지 않아도 되는 서류는?

① 호적등본
② 건설기계 소유자임을 증명하는 서류
③ 건설기계 제작증
④ 건설기계 제원표

해설

31번 해설 참고

34 도로교통법상 안전표지의 종류가 아닌 것은?

① 주의표지
② 규제표지
③ 안심표지
④ 보조표지

해설

안전표지의 종류 : 주의표지, 규제표지, 지시표지, 보조표지, 노면표시

35 철길건널목 통과방법으로 틀린 것은?

① 경보기가 울리고 있는 동안에는 통과하여서는 아니 된다.
② 건널목에서 앞차가 서행하면서 통과할 때에는 그 차를 따라 서행한다.

③ 차단기가 내려지려고 할 때에는 통과하여서는 아니 된다.
④ 건널목 앞에서 일시정지하여 안전한지 여부를 확인한 후 통과한다.

해설

도로교통법 제24조(철길건널목의 통과)
• 모든 차 또는 노면전차의 운전자는 철길건널목을 통과하고자 하는 때에는 건널목 앞에서 일시정지하여 안전한지의 여부를 확인한 후 통과하여야 한다. 다만, 신호기 등이 표시하는 신호에 따르는 경우에는 정지하지 아니하고 통과할 수 있다.
• 모든 차 또는 노면전차의 운전자는 건널목의 차단기가 내려져 있거나 내려지려고 하는 경우 또는 건널목의 경보기가 울리고 있는 동안에는 그 건널목으로 들어가서는 아니 된다.
• 모든 차 또는 노면전차의 운전자는 건널목을 통과하다가 고장 등의 사유로 인하여 건널목 안에서 차를 운행할 수 없게 된 경우에는 즉시 승객을 대피시키고 비상신호기 등을 사용하거나 그 밖의 방법으로 철도공무원 또는 경찰공무원에게 이를 알려야 한다.

36 도로교통법상 앞지르기 시 앞지르기 당하는 차의 조치로 가장 적절한 것은?

① 앞지르기할 수 있도록 좌측 차로로 변경한다.
② 일시정지나 서행하여 앞지르기 시킨다.
③ 속도를 높여 경쟁하거나 가로막는 등 방해해서는 안 된다.
④ 앞지르기를 하여도 좋다는 신호를 반드시 해야 한다.

해설

도로교통법 제21조(앞지르기 방법 등)
• 모든 차의 운전자는 다른 차를 앞지르고자 하는 때에는 앞차의 좌측으로 통행하여야 한다.
• 앞지르고자 하는 모든 차의 운전자는 반대방향의 교통과 앞차 앞쪽의 교통에도 주의를 충분히 기울여야 하며, 앞차의 속도·진로와 그 밖의 도로상황에 따라 방향지시기·등화 또는 경음기를 사용하는 등 안전한 속도와 방법으로 앞지르기를 하여야 한다.
• 모든 차의 운전자는 앞지르기를 하려는 차가 앞지르기를 하는 때에는 속도를 높여 경쟁하거나 앞지르기를 하는 차의 앞을 가로막는 등의 방법으로 앞지르기를 방해하여서는 아니 된다.

37 유압회로에서 역류를 방지하고 회로 내의 잔류압력을 유지하는 밸브는?

① 체크밸브　　　　② 셔틀밸브
③ 매뉴얼밸브　　　④ 스로틀밸브

해설
② 셔틀밸브 : 방향제어밸브
③ 매뉴얼밸브 : 유압제어밸브
④ 스로틀밸브 : 유량조절밸브

38 유압장치에 사용되는 블래더형 어큐뮬레이터(축압기)의 고무주머니 내에 주입되는 물질로 맞는 것은?

① 압축공기　　　　② 유압 작동유
③ 스프링　　　　　④ 질 소

해설
어큐뮬레이터에는 고압의 브레이크 유체에 고압의 질소가스가 들어가 있기 때문에 취급에 주의할 필요가 있다.

39 건설기계장비에서 유압 구성품을 분해하기 전에 내부 압력을 제거하려면 어떻게 하는 것이 좋은가?

① 압력밸브를 밀어 준다.
② 고정너트를 서서히 푼다.
③ 엔진 정지 후 조정 레버를 모든 방향으로 작동하여 압력을 제거한다.
④ 엔진 정지 후 개방하면 된다.

40 일반적으로 유압계통을 수리할 때마다 항상 교체해야 하는 것은?

① 샤프트 실(Shaft Seals)
② 커플링(Couplings)
③ 밸브 스풀(Valve Spools)
④ 터미널 피팅(Terminal Fittings)

41 유압장치에서 금속 등 마모된 찌꺼기나 카본 덩어리 등의 이물질을 제거하는 장치는?

① 오일 팬　　　　② 오일 필터
③ 오일 쿨러　　　④ 오일 클리어런스

42 유압유를 외관상 점검한 결과 정상적인 상태를 나타내는 것은?

① 투명한 색채로 처음과 변화가 없다.
② 암흑색채이다.
③ 흰 색채를 나타낸다.
④ 기포가 발생되어 있다.

해설
유압유를 외관상 점검한 결과 기포가 발생하였거나 투명하지 않은 색채는 오염되었거나 열화된 것이다.

43 다음 그림과 같이 안쪽은 내·외측 로터로 바깥쪽은 하우징으로 구성되어 있는 오일펌프는?

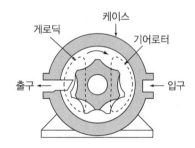

① 기어펌프
② 베인펌프
③ 트로코이드 펌프
④ 피스톤펌프

해설
트로코이드 펌프(Trochoid Pump) : 트로코이드 곡선을 사용한 내접식 펌프이며, 안쪽 기어 로터가 전동기에 의해 회전하면 외측 로터도 따라서 회전하게 된다.

44 사용 중인 작동유의 수분함유 여부를 현장에서 판정하는 것으로 가장 적합한 방법은?

① 오일의 냄새를 맡아본다.
② 오일을 가열한 철판 위에 떨어뜨려 본다.
③ 여과지에 약간(3~4방울)의 오일을 떨어뜨려 본다.
④ 오일을 시험관에 담아, 침전물을 확인한다.

45 유압모터와 유압실린더의 설명으로 맞는 것은?

① 둘 다 회전운동을 한다.
② 모터는 직선운동, 실린더는 회전운동을 한다.
③ 둘 다 왕복운동을 한다.
④ 모터는 회전운동, 실린더는 직선운동을 한다.

해설
모터는 회전운동, 실린더는 직선운동(왕복운동)을 한다.

46 릴리프밸브 등에서 밸브 시트를 때려 비교적 높은 소리를 내는 진동현상을 무엇이라 하는가?

① 채터링   ② 캐비테이션
③ 점 핑   ④ 서지압

해설
채터링 : 유압기의 밸브 스프링 약화로 인해 밸브면에 생기는 강제 진동과 고유 진동의 쇄교로 밸브가 시트에 완전 접촉을 하지 못하고 바르르 떠는 현상

47 소화작업의 기본요소가 아닌 것은?

① 가연물질을 제거하면 된다.
② 산소를 차단하면 된다.
③ 점화원을 냉각시키면 된다.
④ 연료를 기화시키면 된다.

해설
연료를 기화시키면 화재위험이 더한다.

48 산업안전 보건표지에서 그림이 나타내는 것은?

① 비상구   ② 방사성 물질 경고
③ 탑승금지   ④ 보행금지

해설
안전표지

방사성 물질 경고	탑승금지

49 아크용접에서 눈을 보호하기 위한 보안경 선택으로 맞는 것은?

① 도수 안경
② 방진 안경
③ 차광용 안경
④ 실험실용 안경

해설
눈보호구의 종류 및 사용 구분

종류	사용 구분
차광 보안경	눈에 대해서 해로운 자외선 및 적외선 또는 강열한 가시광선이 발생하는 장소에서 눈을 보호하기 위한 것
유리 보안경	미분, 칩, 기타 비산물로부터 눈을 보호하기 위한 것
플라스틱 보안경	미분, 칩, 액체 약품 등 기타 비산물로부터 눈을 보호하기 위한 것(고글형은 부유 분진, 액체 약품 등의 비산물로부터 눈을 보호하기 위한 것)
도수렌즈 보안경	근시, 원시 혹은 난시인 근로자가 차광보안경, 유리보안경을 착용해야 하는 장소에서 작업하는 경우, 빛이나 비산물 및 기타 유해물질로부터 눈을 보호함과 동시에 시력을 교정하기 위한 것

50 산업재해를 예방하기 위한 재해예방 4원칙으로 적당하지 못한 것은?

① 대량 생산의 원칙
② 예방 가능의 원칙
③ 원인 계기의 원칙
④ 대책 선정의 원칙

해설
재해예방 4원칙 : 손실 우연의 원칙, 예방 가능의 원칙, 원인 계기의 원칙, 대책 선정의 원칙

51 작업별 안전보호구의 착용이 잘못 연결된 것은?

① 그라인딩 작업 – 보안경
② 10m 높이에서 작업 – 안전벨트
③ 산소 결핍장소에서의 작업 – 공기 마스크
④ 아크용접 작업 – 도수가 있는 렌즈 안경

해설
아크용접 작업 : 차광 보안경

52 일반 드라이버 사용 시 안전수칙으로 틀린 것은?

① 정을 대신할 때는 (–)드라이버를 이용한다.
② 드라이버 충격압력을 가하지 말아야 한다.
③ 자루가 쪼개졌거나 또는 허술한 드라이버는 사용하지 않는다.
④ 드라이버의 날 끝은 항상 양호하게 관리하여야 한다.

해설
드라이버를 정으로 대신하여 사용하면 드라이버가 손상된다.

53 안전점검의 일상점검표에 포함되어 있는 항목이 아닌 것은?

① 전기 스위치
② 작업자의 복장상태
③ 가동 중 이상소음
④ 폭풍 후 기계의 기능상 이상 유무

54 중량물 운전 시 안전사항으로 틀린 것은?

① 화물을 운반할 경우에는 운전반경 내를 확인한다.
② 흔들리는 화물은 사람이 승차하여 붙잡도록 한다.
③ 크레인은 규정용량을 초과하지 않는다.
④ 무거운 물건을 상승시킨 채 오랫동안 방치하지 않는다.

해설
흔들리기 쉬운 인양물은 가이드로프를 이용해 유도한다.

55 수공구를 사용하여 일상정비를 할 경우의 필요사항으로 가장 부적합한 것은?

① 수공구를 서랍 등에 정리할 때는 잘 정돈한다.
② 수공구는 작업 시 손에서 놓치지 않도록 주의한다.
③ 용도 외의 수공구는 사용하지 않는다.
④ 작업성을 빠르게 하기 위해서 장비 위에 놓고 사용하는 것이 좋다.

해설
장비 위에 공구를 놓고 사용하면 떨어지기 쉬우며 안전사고의 위험도 있다.

56 화재의 분류 기준에서 휘발유(액상 또는 기체상의 연료성 화재)로 인해 발생한 화재는?

① A급 화재
② B급 화재
③ C급 화재
④ D급 화재

해설
① A급 화재 : 일반(물질이 연소된 후 재를 남기는 일반적인 화재)화재
② B급 화재 : 유류(기름)화재
③ C급 화재 : 전기화재
④ D급 화재 : 금속화재

57 고압선로 주변에서 크레인 작업 중 발생할 수 있는 사고 유형으로 가장 거리가 먼 것은?

① 권상 로프나 훅이 흔들려 고압선과 안전 이격거리 이내로 접근하여 감전
② 선회 클러치가 고압선에 근접 접촉하여 감전
③ 작업안전거리를 유지하지 않아 고압선에 근접 접촉하여 감전
④ 붐 회전 중 측면에 위치한 고압선과 근접 접촉하여 감전

해설
선회 클러치는 상부 회전체의 동력을 전달장치로 감전이 거의 없고, 고압선 근처에서는 훅, 로프, 붐 등이 접촉될 수 있다.

58 건설기계가 전선로 부근에서 작업할 때의 내용과 관련된 사항으로 적합하지 않은 것은?

① 전선이 바람에 흔들리는 정도는 바람이 강할수록 많이 흔들린다.
② 전선은 철탑 또는 전주에서 멀어질수록 많이 흔들린다.
③ 전선은 자체 무게가 있어 바람에는 흔들리지 않는다.
④ 전선은 바람의 흔들림 정도를 고려하여 작업 안전거리를 증가시켜 작업해야 한다.

해설
전선은 자체 무게가 있어도 바람에 흔들린다.

59 도시가스가 공급되는 지역에서 굴착공사를 하고자 하는 자는 가스배관보호를 위하여 누구와 확인 요청을 하여야 하는가?

① 도시가스사업자
② 소방서장
③ 경찰서장
④ 한국가스안전공사

해설
도시가스배관 매설상황 확인(도시가스사업법 제30조의3)
도시가스사업이 허가된 지역에서 굴착공사를 하려는 자는 굴착공사를 하기 전에 해당 지역을 공급권역으로 하는 도시가스사업자가 해당 토지의 지하에 도시가스배관이 묻혀 있는지에 관하여 확인하여 줄 것을 산업통상자원부령으로 정하는 바에 따라 정보지원센터에 요청하여야 한다. 다만, 도시가스배관에 위험을 발생시킬 우려가 없다고 인정되는 굴착공사로서 대통령령으로 정하는 공사의 경우에는 그러하지 아니하다.

60 지하매설 배관탐지장치 등으로 확인된 지점 중 확인이 곤란한 분기점, 곡선부, 장애물 우회지점의 안전 굴착 방법으로 가장 적합한 것은?

① 절대 불가 작업 구간으로 제한되어 굴착할 수 없다.
② 유도관(가이드 파이프)을 설치하여 굴착한다.
③ 가스배관 좌·우측 굴착을 실시한다.
④ 시험굴착을 실시하여야 한다.

해설
가스배관 매설위치 확인(도시가스배관의 안전조치 및 손상방지 기준)
도로굴착자는 가스배관 매설 위치 확인은 다음과 같이 하여야 한다.
• 지하매설배관탐지장치(Pipe Locator) 등으로 확인된 지점 중 확인이 곤란한 분기점, 곡선부, 장애물 우회지점은 시험굴착을 실시할 것
• 가스배관 주위 1m 이내에는 인력굴착으로 실시할 것

2010년 제5회 과년도 기출문제

● 시험시간 : 60분　　● 총문항수 : 60개　　● 합격커트라인 : 60점　　▼ START

01 엔진 압축압력이 낮을 경우의 원인으로 맞는 것은?

① 압축 링이 절손 또는 과마모되었다.
② 배터리의 출력이 높다.
③ 연료계통의 프라이밍 펌프가 손상되었다.
④ 연료의 세탄가가 높다.

해설
• 피스톤링 또는 실린더 벽의 마모는 기관의 압축압력을 저하시킨다.
• 피스톤링은 피스톤 상부에 있는 3~4개의 링으로 실린더 벽면에 있는 오일은 연소실에 들어가지 못하게 하는 오일링과 연소가스가 새지 못하게 하는 압축 링이 있다.

02 디젤엔진의 진동원인이 아닌 것은?

① 4기통 엔진에서 한 개의 분사노즐이 막혔을 때
② 인젝터에 불균율이 있을 때
③ 분사압력이 실린더별로 차이가 있을 때
④ 하이텐션 코드가 불량할 때

해설
하이텐션 코드는 가솔린엔진의 고압코드이다.

03 디젤엔진의 연료 분사량 조정은?

① 프라이밍 펌프를 조정
② 리밋 슬리브를 조정
③ 플런저 스프링의 장력 조정
④ 컨트롤 슬리브와 피니언의 관계 위치를 변화하여 조정

04 윤활유의 점도가 기준보다 높은 것을 사용했을 때의 현상으로 맞는 것은?

① 좁은 공간에 잘 스며들어 충분한 윤활이 된다.
② 동절기에 사용하면 기관 시동이 용이하다.
③ 점차 묽어짐으로 경제적이다.
④ 윤활유 압력이 다소 높아진다.

해설
점도가 너무 높으면 윤활유 압력이 다소 높아지고 엔진시동을 할 때 필요 이상의 동력이 소모된다.

05 연료 취급에 관한 설명으로 가장 거리가 먼 것은?

① 연료 주입은 운전 중에 하는 것이 효과적이다.
② 연료 주입 시 물이나 먼지 등의 불순물이 혼합되지 않도록 주의한다.
③ 정기적으로 드레인콕을 열어 연료탱크 내의 수분을 제거한다.
④ 연료를 취급할 때에는 화기에 주의한다.

해설
연료 주입은 정지상태에서 해야 한다.

06 디젤기관 시동보조장치에 사용되는 디콤프(De-comp)의 기능에 대한 설명으로 틀린 것은?

① 기관의 출력을 증대하는 장치이다.
② 한랭 시 시동할 때 원활한 회전으로 시동이 잘 될 수 있도록 하는 역할을 하는 장치이다.
③ 기관의 시동을 정지할 때 사용될 수 있다.
④ 기동전동기에 무리가 가는 것을 예방하는 효과가 있다.

디콤프는 시동을 원활하게 하는 장치이고, 출력을 증대시키는 장치는 과급기이다.

07 윤활유 공급펌프에서 공급된 윤활유 전부가 엔진오일 필터를 거쳐 윤활부로 가는 방식은?

① 분류식 ② 자력식
③ 전류식 ④ 샨트식

해설

오일여과방식
• 전류식 : 오일펌프에서 공급된 오일이 모두 여과를 통하여 윤활부에 공급
• 분류식 : 오일의 일부는 여과시킨 후 오일팬으로 되돌려 보내지고 일부는 여과하지 않은 상태로 공급
• 샨트식(복합식) : 전류식과 분류식을 혼합한 방식

08 디젤기관 작동 시 과열되는 원인이 아닌 것은?

① 냉각수 양이 적다.
② 물 재킷 내의 물때(Scale)가 많다.
③ 수온조절기가 열려 있다.
④ 물 펌프의 회전이 느리다.

해설

수온조절기가 열린 채 고장이 나면 냉각수의 온도 상승 시간이 오래 걸린다.

09 고속 디젤기관의 장점으로 틀린 것은?

① 열효율이 가솔린기관보다 높다.
② 인화점이 높은 경유를 사용하므로 취급이 용이하다.
③ 가솔린기관보다 최고 회전수가 빠르다.
④ 연료 소비량이 가솔린기관보다 적다.

해설

디젤기관과 가솔린기관의 장·단점

구 분	디젤기관	가솔린기관
장 점	• 연료비가 저렴하고, 열효율이 높으며, 운전 경비가 적게 든다. • 이상 연소가 일어나지 않고 고장이 적다. • 토크 변동이 적고 운전이 용이하다. • 대기 오염 성분이 적다. • 인화점이 높아서 화재의 위험성이 적다.	• 배기량당 출력의 차이가 없고 제작이 쉽다. • 제작비가 적게 든다. • 가속성이 좋고 운전이 정숙하다.
단 점	• 마력당 중량이 크다. • 소음 및 진동이 크다. • 연료분사장치 등이 고급 재료이고 정밀 가공해야 한다. • 배기 중의 SO_2 유리 탄소가 포함되고 매연으로 인하여 대기 중에 스모그 현상이 크다. • 시동 전동기 출력이 커야 한다.	• 전기 점화장치의 고장이 많다. • 기화기식은 회로가 복잡하고 조정이 곤란하다. • 연료 소비율이 높아서 연료비가 많이 든다. • 배기 중에 CO, HC, NO_X 등 유해 성분이 많이 포함되어 있다. • 연료의 인화점이 낮아서 화재의 위험성이 크다.

10 예연소실식 연소실에 대한 설명으로 거리가 먼 것은?

① 예열플러그가 필요하다.
② 사용연료의 변화에 민감하다.
③ 예연소실은 주연소실보다 작다.
④ 분사압력이 낮다.

해설

② 사용연료의 변화에 둔감하다.

11 디젤기관에서 사용되는 공기청정기에 관한 설명으로 틀린 것은?

① 공기청정기는 실린더 마멸과 관계없다.
② 공기청정기가 막히면 배기색은 흑색이 된다.
③ 공기청정기가 막히면 출력이 감소한다.
④ 공기청정기가 막히면 연사가 나빠진다.

해설

공기청정기가 막히면 실린더에 유입되는 공기량이 적기 때문에 진한 혼합비가 형성되고, 불완전 연소로 배출 가스색은 검고 출력은 저하된다.

---

12 가압식 라디에이터의 장점으로 틀린 것은?

① 방열기를 작게 할 수 있다.
② 냉각수의 비등점을 높일 수 있다.
③ 냉각수의 순환속도가 빠르다.
④ 냉각장치의 효율을 높일 수 있다.

해설

냉각수의 순환속도는 물펌프의 용량과 관계있다.
가압식 라디에이터의 장점
• 방열기를 작게 할 수 있다.
• 냉각수 비등점을 높일 수 있다.
• 냉각수 손실이 적다.
• 엔진의 열효율을 높일 수 있다.

---

13 전압이 24V, 저항이 2Ω일 때 전류는 얼마인가?

① 24A   ② 3A
③ 6A   ④ 12A

해설

전류(A) = $\dfrac{전압(V)}{저항(\Omega)}$ 이므로, $\dfrac{24V}{2\Omega}$ = 12A이다.

---

14 전조등의 좌·우 램프 간 회로에 대한 설명으로 맞는 것은?

① 직렬 또는 병렬로 되어 있다.
② 병렬과 직렬로 되어 있다.
③ 병렬로 되어 있다.
④ 직렬로 되어 있다.

해설

일반적인 등화장치는 직렬연결법이 사용되나 전조등 회로는 병렬연결이다.

---

15 기동전동기가 회전하지 않는 경우와 관계없는 것은?

① 브러시가 정류자에 밀착 불량 시
② 연료가 없을 때
③ 기동전동기가 손상되었을 때
④ 축전지 전압이 낮을 때

해설

기동전동기가 회전하지 않는 원인
• 브러시와 정류자의 밀착이 불량할 경우
• 기동전동기 자체가 소손될 경우
• 축전지 전압이 저하될 경우
• 기동 스위치 접촉 불량 및 배선이 불량할 경우
• 계자코일이 단선(개회로)되어 있는 경우

---

16 축전지 전해액의 온도가 상승하면 비중은?

① 일정하다.
② 올라간다.
③ 내려간다.
④ 무관하다.

해설

전해액의 온도와 비중은 반비례한다.

---

17 배터리의 완전 충전된 상태의 화학반응식으로 맞는 것은?

① $PbSO_4$(황산납) + $2H_2O$(물) + $PbSO_4$(황산납)
② $PbSO_4$(황산납) + $2H_2SO_4$(묽은황산) + Pb(순납)
③ PbO_2(과산화납) + $2H_2SO_4$(묽은황산) + Pb(순납)
④ PbO_2(과산화납) + $2H_2SO_4$(묽은황산) + $PbSO_4$(황산납)

해설

축전지
• 충전상태 : 양극판이 과산화납(PbO_2)이고 음극판은 해면상납(Pb), 전해액은 묽은 황산($2H_2SO_4$)
• 방전상태 : 양극판과 음극판이 황산납($PbSO_4$)으로 변하고 전해액은 물로 변한다.
• 과방전상태 : +, −극은 영구황산납으로 변하고, 전해액은 물이다.

18 직류발전기와 비교한 교류발전기의 특징으로 틀린 것은?

① 전류 조정기만 있으면 된다.
② 브러시의 수명이 길다.
③ 소형이며 경량이다.
④ 저속 시에도 충전이 가능하다.

해설
전류 조정기는 직류발전기에 사용된다.
직류발전기와 교류발전기의 비교

항 목 \ 구 분	직류(DC)발전기	교류(AC)발전기
발생전압	교 류	교 류
정류기	브러시와 정류자	다이오드
여자방법	자여자	타여자
조정기	전압, 전류, 컷아웃릴레이	전압조정기
역류방지	컷아웃릴레이	다이오드
전기발생	전기자	스테이터

19 불도저의 방향을 전환시키고자 할 때 가장 먼저 조작해야 하는 것은?

① 마스터 클러치 레버 ② 변속 레버
③ 브레이크 유격   ④ 조향클러치 레버

해설
방향전환은 조향클러치 레버 또는 페달로 한다.

20 무한궤도식 건설기계에서 트랙 아이들러(전부 유동륜)의 역할 중 맞는 것은?

① 트랙의 진행방향을 유도한다.
② 트랙을 구동시킨다.
③ 쿨러를 구동시킨다.
④ 제동 작용을 한다.

해설
트랙 아이들러는 트랙 프레임 위를 전후로 섭동할 수 있는 요크에 설치되어 있으며 트랙의 진행방향을 유도해 주는 역할을 한다. 또한 요크를 지지하는 축 끝에 조정실린더가 연결되어 트랙유격을 조정한다.

21 슬립 이음이나 유니버설 조인트에 주입하기에 가장 적합한 윤활유는?

① 유압유   ② 기어오일
③ 그리스   ④ 엔진오일

해설
그리스는 흘러내리지 않아 주입이 용이하다.

22 조향핸들의 유격이 커지는 원인이 아닌 것은?

① 피트먼 암의 헐거움
② 타이로드 엔드 볼 조인트 마모
③ 조향바퀴 베어링 마모
④ 타이어 마모

해설
타이어의 과다 마멸 시 조향핸들의 조작이 무겁다.

23 지게차의 인칭조절 장치에 대한 설명으로 맞는 것은?

① 트랜스 미션 내부에 있다.
② 브레이크 드럼 내부에 있다.
③ 디셀레이터 페달이다.
④ 작업장치의 유압상승을 억제한다.

24 로더의 동력전달순서로 맞는 것은?

① 엔진 → 토크 컨버터 → 유압변속기 → 종감속장치 → 구동륜
② 엔진 → 유압변속기 → 종감속장치 → 토크 컨버터 → 구동륜
③ 엔진 → 유압변속기 → 토크 컨버터 → 종감속장치 → 구동륜
④ 엔진 → 토크 컨버터 → 종감속장치 → 유압변속기 → 구동륜

25 굴삭기의 작업장치 연결부(작동부) 니플에 주유하는 것은?

① G.A.A(그리스)
② SAE 30(엔진오일)
③ G.O(기어오일)
④ H.O(유압유)

26 클러치 차단이 불량한 원인이 아닌 것은?

① 릴리스 레버의 마멸
② 클러치 판의 흔들림
③ 페달 유력이 과대
④ 토션 스프링의 약화

27 정비 명령을 이행하지 아니한 자에 대한 벌칙은?

① 1년 이하의 징역 또는 100만원 이하의 벌금
② 100만원 이하의 벌금
③ 50만원 이하의 벌금
④ 30만원 이하의 과태료

해설
시행일 2019년 3월 19일부터 법이 개정 시행되어 정답 없음. 현행법에 따르면 1년 이하의 징역 또는 1,000만원 이하의 벌금에 처한다.

28 과태료처분에 대하여 불복이 있는 경우 며칠 이내에 이의를 제기하여야 하는가?

① 처분이 있은 날부터 30일 이내
② 처분이 있은 날부터 60일 이내
③ 처분의 고지를 받은 날부터 30일 이내
④ 처분의 고지를 받은 날부터 60일 이내

29 녹색신호에서 교차로 내를 직진 중에 황색신호로 바뀌었을 때, 안전운전 방법 중 가장 옳은 것은?

① 속도를 줄여 조금씩 움직이는 정도의 속도로 서행하면서 진행한다.
② 일시정지하여 좌우를 살피고 진행한다.
③ 일시정지하여 다음 신호를 기다린다.
④ 계속 진행하여 교차로를 통과한다.

30 건설기계조종사면허에 관한 사항으로 틀린 것은?

① 자동차운전면허로 운전할 수 있는 건설기계도 있다.
② 면허를 받고자 하는 자는 국·공립병원, 시·도지사가 지정하는 의료기관의 적성검사에 합격하여야 한다.
③ 특수건설기계 조종은 국토교통부장관이 지정하는 면허를 소지하여야 한다.
④ 특수건설기계 조종은 특수조종면허를 받아야 한다.

해설
특수건설기계에 대한 조종사면허의 종류는 건설기계관리법 시행규칙 제73조에 따라 운전면허를 받아 조종하여야 하는 특수건설기계를 제외하고는 건설기계조종사 면허 중에서 국토교통부장관이 지정하는 것으로 한다.

31 최고 속도의 100분의 20을 줄인 속도로 운행하여야 할 경우는?

① 노면이 얼어붙은 때
② 폭우, 폭설, 안개 등으로 가시거리가 100m 이내일 때
③ 눈이 20mm 이상 쌓인 때
④ 비가 내려 노면이 젖어 있을 때

해설
최고속도의 100분의 20을 줄인 속도로 운행하여야 하는 경우
• 비가 내려 노면이 젖어있는 경우
• 눈이 20mm 미만 쌓인 경우

32 도로에서 정차를 하고자 할 때의 방법으로 옳은 것은?

① 차체의 전단부를 도로 중앙을 향하도록 비스듬히 정차한다.
② 진행방향의 반대방향으로 정차한다.
③ 차도의 우측 가장자리에 정차한다.
④ 일방통행로에서 좌측 가장자리에 정차한다.

해설
모든 차의 운전자는 도로에서 정차할 때에는 차도의 오른쪽 가장자리에 정차할 것. 다만, 차도와 보도의 구별이 없는 도로의 경우에는 도로의 오른쪽 가장자리로부터 중앙으로 50cm 이상의 거리를 두어야 한다.

33 임시운행 사유에 해당되지 않는 것은?

① 등록신청을 하기 위하여 건설기계를 등록지로 운행하고자 할 때
② 등록신청 전에 건설기계 공사를 하기 위하여 임시로 사용하고자 할 때
③ 수출을 하기 위해 건설기계를 선적지로 운행할 때
④ 신개발 건설기계를 시험 운행하고자 할 때

해설
임시운행 사유
• 등록신청을 하기 위하여 건설기계를 등록지로 운행하는 경우
• 신규등록검사 및 확인검사를 받기 위하여 건설기계를 검사장소로 운행하는 경우
• 수출을 하기 위하여 건설기계를 선적지로 운행하는 경우
• 수출을 하기 위하여 등록말소한 건설기계를 점검·정비의 목적으로 운행하는 경우
• 신개발 건설기계를 시험·연구의 목적으로 운행하는 경우
• 판매 또는 전시를 위하여 건설기계를 일시적으로 운행하는 경우

34 진로를 변경하고자 할 때 운전자가 지켜야 할 사항으로 틀린 것은?

① 신호는 행위가 끝날 때까지 계속하여야 한다.
② 방향지시기로 신호를 한다.
③ 손이나 등화로도 신호를 할 수 있다.
④ 제한속도에 관계없이 최단 시간 내에 진로변경을 하여야 한다.

35 검사소 이외의 장소에서 출장검사를 받을 수 있는 건설기계에 해당되는 것은?

① 덤프트럭
② 콘크리트믹서트럭
③ 아스팔트살포기
④ 지게차

해설
검사장소(건설기계관리법 시행규칙 제32조)
① 다음의 1에 해당하는 건설기계에 대하여 법 제13조제1항 각호의 검사를 하는 경우에는 별표 9의 규정에 의한 시설을 갖춘 검사장소(이하 "검사소"라 한다)에서 검사를 하여야 한다.
  1. 덤프트럭
  2. 콘크리트믹서트럭
  3. 콘크리트펌프(트럭적재식)
  4. 아스팔트살포기
  5. 트럭지게차(영 별표 1 제26호에 따라 국토교통부장관이 정하는 특수건설기계인 트럭지게차를 말한다)
② ①의 건설기계가 다음의 어느 하나에 해당하는 경우에는 제1항의 규정에 불구하고 당해 건설기계가 위치한 장소에서 검사를 할 수 있다.
  1. 도서지역에 있는 경우
  2. 자체중량이 40t을 초과하거나 축중이 10t을 초과하는 경우
  3. 너비가 2.5m를 초과하는 경우
  4. 최고속도가 시간당 35km 미만인 경우

36 도로교통법상 3색 등화로 표시되는 신호등의 신호순서로 맞는 것은?

① 녹색(적색 및 녹색 화살표) 등화, 황색 등화, 적색 등화의 순서이다.
② 적색(적색 및 녹색 화살표) 등화, 황색 등화, 녹색 등화의 순서이다.
③ 녹색(적색 및 녹색 화살표) 등화, 적색 등화, 황색 등화의 순서이다.
④ 적색 점멸등화, 황색 등화, 녹색(적색 및 녹색 화살표) 등화의 순서이다.

해설

신호등의 신호순서(도로교통법 시행규칙 제7조제2항관련)
- 적색·황색·녹색 화살표·녹색의 사색 등화로 표시되는 신호등
  : 적색 및 녹색 화살표등화·황색 등화·녹색 등화·황색 등화·적색
  등화의 순서로 한다.
- 적색·황색·녹색(녹색 화살표)의 삼색 등화로 표시되는 신호등 :
  녹색(적색 및 녹색 화살표) 등화·황색 등화·적색 등화의 순서로
  한다.
- 적색 화살표·황색 화살표·녹색 화살표의 삼색 등화로 표시되는
  신호등 : 녹색 화살표 등화·황색 화살표 등화·적색 화살표 등화의
  순서로 한다.

37 다음 중 유압모터 종류에 속하는 것은?

① 플런저모터　　② 보올모터
③ 터빈모터　　　④ 디젤모터

해설

유압모터에는 기어형, 날개형, 피스톤형(플런저형) 등이 있다.

38 건설기계 장비의 유압장치 관련 취급 시 주의사항으로
적합하지 않은 것은?

① 작동유가 부족하지 않은지 점검하여야 한다.
② 유압장치는 워밍업 후 작업하는 것이 좋다.
③ 오일량을 1주 1회 소량 보충한다.
④ 작동유에 이물질이 포함되지 않도록 관리 취급하
여야 한다.

해설

유압장치의 오일량은 매일 점검하여 수시로 보충한다.

39 유압이 규정치보다 높아질 때 작동하여 계통을 보호하
는 밸브는?

① 릴리프밸브　　　② 리듀싱밸브
③ 카운터밸런스밸브　④ 시퀀스밸브

해설

릴리프밸브는 유압기기의 과부하 방지를 위한 밸브이다.

40 그림의 유압기호는 무엇을 표시하는가?

① 유압실린더　　② 어큐뮬레이터
③ 오일탱크　　　④ 유압실린더 로드

41 유압펌프 중 압력 발생이 가장 높은 것은?

① 기어펌프　　② 베인펌프
③ 나사펌프　　④ 피스톤펌프

해설

피스톤펌프는 일반적으로 유압펌프 중 가장 고압, 고효율인 펌프이다.

42 유압유의 점검사항과 관계없는 것은?

① 점 도　　② 윤활성
③ 소포성　　④ 마멸성

해설

유압유가 마멸성을 가질 필요는 없다.

43 유압장치의 단점이 아닌 것은?

① 관로를 연결하는 곳에서 유체가 누출될 수 있다.
② 고압 사용으로 인한 위험성 및 이물질에 민감하다.
③ 작동유에 대한 화재의 위험이 있다.
④ 전기, 전자의 조합으로 자동제어가 곤란하다.

해설

유압장치의 단점
- 작동유가 높은 압력이 될 때에는 파이프를 연결하는 부분에서 새기
  쉽다.
- 고압 사용으로 인한 위험성 및 이물질(공기·먼지 및 수분)에 민감하다.
- 작동유의 온도 영향으로 정밀한 속도와 제어가 어렵다.
- 폐유에 의한 주변 환경이 오염될 수 있다.
- 유압장치의 점검이 어렵다.
- 고장 원인의 발견이 어렵고, 구조가 복잡하다.

유압장치의 장점
• 과부하에 대한 안전장치가 간단하고 정확하다.
• 무단 변속이 가능하고 정확한 위치제어를 할 수 있다.
• 동력 전달을 원활히 할 수 있다.
• 부하의 변화에 대해 안정성이 크다.
• 공기 압력 · 유압 및 전기 신호 등으로 쉽게 원격조작을 할 수 있다.
• 저속에서 큰 회전력의 기동이 쉽다.
• 진동이 적고 작동이 원활하다.
• 작동유에는 윤활성 · 방청성이 있어 마멸이 적고 내구성이 크다.
• 동력의 분배와 집중이 쉽다.

44 유압실린더를 교환하였을 경우 조치해야 할 작업으로 가장 거리가 먼 것은?

① 오일교환
② 공기빼기 작업
③ 누유 점검
④ 공회전하여 작동상태 점검

해설
유압실린더를 교환하였을 경우 반드시 오일교환을 할 필요는 없다.

45 유압계통의 수명연장을 위해 가장 중요한 요소는?

① 오일 액추에이터의 점검 및 교환
② 오일과 오일필터 정기점검 및 교환
③ 오일탱크의 세척
④ 오일 냉각기의 점검 및 세척

46 회로 내 유체의 흐름 방향을 변환하는 데 사용되는 밸브는?

① 교축밸브
② 셔틀밸브
③ 감압밸브
④ 유압 액추에이터

해설
셔틀밸브는 방향제어밸브이다.

47 안전한 작업을 위해 보안경을 착용하여야 하는 작업은?

① 엔진오일 보충 및 냉각수 점검 작업
② 제동등 작동 점검 시
③ 장비의 하체 점검 작업
④ 전기저항 측정 및 매선 점검 작업

해설
물체가 날아 흩어질 위험이 있는 작업에 보안경을 착용한다.

48 스패너의 사용 시 주의할 사항 중 틀린 것은?

① 스패너 손잡이에 파이프를 이어서 사용하는 것은 삼갈 것
② 미끄러지지 않도록 조심성있게 쥘 것
③ 스패너는 당기지 말고 밀어서 사용할 것
④ 치수를 맞추기 위하여 스패너와 너트 사이에 다른 물건을 끼워서 사용하지 말 것

해설
너트에 스패너를 깊이 물리도록 하여 조금씩 앞으로 당기는 식으로 풀고 조인다.

49 해머 작업 시 틀린 것은?

① 장갑을 끼지 않는다.
② 작업에 알맞은 무게의 해머를 사용한다.
③ 해머는 처음부터 힘차게 때린다.
④ 자루가 단단한 것을 사용한다.

해설
해머로 타격할 때에는 처음과 마지막에는 힘을 많이 가하지 말아야 한다.

50 크레인으로 무거운 물건을 위로 달아 올릴 때 주의할 점이 아닌 것은?

① 달아 올릴 화물의 무게를 파악하여 제한하중 이하에서 작업한다.
② 매달린 화물이 불안전하다고 생각될 때는 작업을 중지한다.
③ 신호의 규정이 없으므로 작업자가 적절히 한다.
④ 신호자의 신호에 따라 작업한다.

해설
크레인 작업 시에는 유도자를 배치하여 작업을 유도하여야 하고 장비별 특성에 따른 일정한 표준신호방법을 정하여 신호하여야 한다.

51 인력운반에 대한 기계운반의 특징이 아닌 것은?

① 단순하고 반복적인 작업에 적합
② 취급물이 경량물인 작업에 적합
③ 취급물의 크기, 형상 성질 등이 일정한 작업에 적합
④ 표준화되어 있어 지속적이고 운반량이 많은 작업에 적합

해설
② 취급물이 중량물인 작업에 적합
수작업 운반기준
• 두뇌작업이 필요한 작업 : 분류, 판독, 검사
• 단속적이고 소량취급 작업
• 취급물의 형상, 성질, 크기 등이 일정하지 않은 작업
• 취급물이 경량인 작업

52 목재, 섬유 등 일반화재에도 사용되며, 가솔린과 같은 유류나 화학약품의 화재에도 적당하나, 전기화재는 부적당한 특징이 있는 소화기는?

① ABC소화기　　② 모 래
③ 포말소화기　　④ 분말소화기

해설
포말소화기는 유류화재소화 시 가장 뛰어난 소화력을 가지나 겨울철에 동결과 취급의 불편하며 전기화재 시 감전위험이 있다.

53 건설기계장비의 운전 전 점검사항으로 적합하지 않은 것은?

① 급유상태 점검　　② 정밀도 점검
③ 일상 점검　　　　④ 장비 점검

54 산업공장에서 재해의 발생을 적게 하기 위한 방법 중 틀린 것은?

① 폐기물은 정해진 위치에 모아둔다.
② 공구는 소정의 장소에 보관한다.
③ 소화기 근처에 물건을 적재한다.
④ 통로나 창문 등에 물건을 세워 놓아서는 안 된다.

해설
비상시 재해를 확대시킬 수 있으므로 통로, 비상구, 배전반, 소화기, 출입구 근처에는 물건을 적재하지 않는다.

55 납산배터리 액체를 취급하는 데 가장 좋은 것은?

① 가죽으로 만든 옷
② 무명으로 만든 옷
③ 화학섬유로 만든 옷
④ 고무로 만든 옷

해설
전해액은 황산과 물로 구성되어 있으므로 면직 또는 나일론 등을 사용하면 손상된다.

56 다음 그림의 안전 표지판이 나타내는 것은?

① 녹십자 표지　　② 출입금지
③ 인화성 물질 경고　　④ 보안경 착용

해설
녹십자표지로 안전의식을 북돋우기 위하여 필요한 장소에 게시한다.
② 출입금지 : 출입을 통제해야 할 장소
③ 인화성 물질 경고 : 휘발유 등 화기의 취급을 극히 주의해야 하는 물질이 있는 장소
④ 보안경 착용 : 보안경을 착용해야만 작업 또는 출입을 할 수 있는 장소

57 건설기계로 작업 중 가스배관을 손상시켜 가스가 누출되고 있을 경우 긴급 조치사항으로 가장 거리가 먼 것은?

① 가스배관을 손상한 것으로 판단되면 즉시 기계작동을 멈춘다.
② 가스가 다량 누출되고 있으면 우선적으로 주위 사람들을 대피시킨다.
③ 즉시 해당 도시가스회사나 한국가스안전공사에 신고한다.
④ 가스가 누출되면 가스배관을 손상시킨 장비를 빼내고 안전한 장소로 이동한다.

58 굴착공사를 하고자 할 때 지하 매설물 설치 여부와 관련하여 안전상 가장 적합한 조치는?

① 굴착공사 시행자는 굴착공사를 착공하기 전에 굴착지점 또는 그 인근의 주요 매설물 설치 여부를 미리 확인하여야 한다.
② 굴착공사 시행자는 굴착공사 시공 중에 굴착지점 또는 그 인근의 주요 매설물 설치 여부를 확인하여야 한다.
③ 굴착작업 중 전기, 가스, 통신 등의 지하매설물에 손상을 가하였을 경우에는 즉시 매설하여야 한다.
④ 굴착공사 도중 작업에 지장이 있는 고압케이블은 옆으로 옮기고 계속 작업을 진행한다.

59 가공 전선로에서 건설기계 운전·작업 시 안전대책으로 가장 거리가 먼 것은?

① 안전한 작업계획을 수립한다.
② 장비 사용을 위한 신호수를 정한다.
③ 가공 전선로에 대한 감전 방지 수단을 강구한다.
④ 가급적 물건은 가공 전선로 하단에 보관한다.

해설
짐을 가공선로 하단에 보관하면 작업 시 선로에 접촉될 수 있어 위험하다.

60 폭 4m 이상 8m 미만인 도로에 일반 도시가스 배관을 매설 시 지면과 도시가스 배관 상부와의 최소 이격 거리는 몇 m 이상인가?

① 0.6m   ② 1.0m
③ 1.2m   ④ 1.5m

해설
가스배관 지하매설 깊이
- 공동주택 등의 부지 내 : 0.6m 이상
- 폭 8m 이상인 도로 : 1.2m 이상(저압 배관에서 횡으로 분기하여 수요가에게 직접 연결 시 : 1m 이상)
- 폭 4m 이상 8m 미만인 도로 : 1m 이상(저압 배관에서 횡으로 분기하여 수요가에게 직접 연결 시 : 0.8m 이상)
- 상기에 해당하지 아니하는 곳 : 0.8m 이상(암반 등에 의하여 매설깊이 유지가 곤란하다고 허가관청이 인정 시 : 0.6m 이상)

과년도 기출문제

● 시험시간 : 60분　　　● 총문항수 : 60개　　　● 합격커트라인 : 60점　　　▼ START

01 건설기계기관에서 크랭크 축(Crank Shaft)의 구성부품이 아닌 것은?

① 크랭크 암(Crank Arm)
② 크랭크 핀(Crank Pin)
③ 저널(Journal)
④ 플라이 휠(Fly Wheel)

해설

플라이 휠은 주철제로 만들어 크랭크 축 뒤쪽의 플렌지에 고정되어 있다.
크랭크 축의 주요부
• 메인 베어링 저널에서 크랭크 핀을 연결하는 크랭크 암
• 커넥팅 로드가 연결되는 크랭크 핀
• 메인 베어링에 지지되는 메인 베어링 저널
• 핀의 평형을 유지하기 위해 설치된 평형추(Balance Weight)
• 뒤 축 끝에는 플라이 휠을 설치하기 위한 플렌지
• 플렌지 외경에는 오일의 유출을 막는 리어 오일씰 장착부
• 앞쪽에는 캠축을 구동하기 위한 크랭크 스프로킷 장착부
• 워터 펌프, 발전기를 구동할 수 있는 크랭크풀리 장착부로 되어있다.
• 크랭크 축 내부에는 윤활을 위한 구정이 저널에서 핀까지 가로 질러 가공되어 있다.

02 연료 분사노즐 테스터기로 노즐을 시험할 때 검사하지 않는 것은?

① 연료 분포 상태
② 연료 분사 시간
③ 연료 후적 유무
④ 연료 분사 개시 압력

해설

노즐테스터기 검사항목 : 각 노즐의 분사 상태, 후적 유무, 분사 개시 압력, 분사압력, 분사 각도, 무화 상태 등

03 피스톤의 운동 방향이 바뀔 때 실린더 벽에 충격을 주는 현상을 무엇이라고 하는가?

① 피스톤 스틱(Stick) 현상
② 피스톤 슬랩(Slap) 현상
③ 블로바이(Blow By) 현상
④ 슬라이드(Slide) 현상

해설

실린더와 피스톤 간극이 클 때, 피스톤이 운동방향을 바꿀 때 축압에 의하여 실린더 벽을 때리는 현상(피스톤 슬랩)이 발생한다.

04 디젤기관의 연소실 방식에서 흡기가열식 예열장치를 사용하는 것은?

① 직접분사식
② 예연소실식
③ 와류실식
④ 공기실식

해설

예열장치에는 일반적으로 직접분사식에 사용하는 흡기가열식과 복실식(예연소실식, 와류실식, 공기실식) 연소실에 사용하는 예열플러그식이 있다.

05 디젤기관의 노킹 발생 방지 대책에 해당되지 않는 것은?

① 착화성이 좋은 연료를 사용한다.
② 분사 시 공기온도를 높게 유지한다.
③ 연소실 벽 온도를 높게 유지한다.
④ 압축비를 낮게 유지한다.

해설

노킹방지대책 비교

구 분	착화점	착화 지연	압축비	흡입 온도	흡입 압력	회전수	와 류
가솔린	높 게	길 게	낮 게	낮 게	낮 게	높 게	많 이
디 젤	낮 게	짧 게	높 게	높 게	높 게	낮 게	많 이

06 점도지수가 큰 오일의 온도변화에 따른 점도변화는?

① 크다.　　　　② 작다.
③ 불변이다.　　④ 온도와는 무관하다.

해설

점도지수가 높을수록 온도변화에 따른 점도변화가 더 작아진다.

07 디젤기관을 시동시킨 후 충분한 시간이 지났는데도 냉각수 온도가 정상적으로 상승하지 않을 경우 그 고장의 원인이 될 수 있는 것은?

① 냉각팬 벨트의 헐거움
② 수온조절기가 열린 채 고장
③ 물 펌프의 고장
④ 라디에이터코어 막힘

해설

수온조절기가 열린 채 고장이 나면 냉각수의 온도 상승 시간이 오래 걸린다.

08 기관에서 실린더 마모가 가장 큰 부분은?

① 실린더 아래 부분
② 실린더 윗 부분
③ 실린더 중간 부분
④ 실린더 연소실 부분

해설

실린더의 폭발압력으로 첫 번째 피스톤링을 실린더 벽으로 밀어내는 작용을 하게 되어 윗 부분(상사점)에서 가장 큰 마모가 일어난다.

09 기관을 시동하기 전에 점검해야 할 사항이 아닌 것은?

① 연료의 양
② 냉각수의 양
③ 엔진의 회전수
④ 엔진오일의 양

해설

엔진의 회전수는 시동을 걸기 전에 점검할 수 없다.

10 냉각팬의 벨트 유격이 너무 클 때 일어나는 현상으로 옳은 것은?

① 발전기의 과충전이 발생된다.
② 강한 텐션으로 벨트가 절단된다.
③ 기관 과열의 원인이 된다.
④ 점화시기가 빨라진다.

해설

냉각팬 벨트 장력이 헐겁거나 끊어지면 냉각팬이 회전되지 않아 냉각상태가 중지되어 엔진 과열 및 발전기 충전불량 상태가 된다.

11 엔진오일 압력 경고등이 켜지는 경우가 아닌 것은?

① 오일이 부족할 때
② 오일필터가 막혔을 때
③ 엔진을 급가속시켰을 때
④ 오일회로가 막혔을 때

해설

엔진오일량의 부족이 주원인이며, 오일필터나 오일회로가 막혔을 때 또는 오일압력 스위치 배선불량, 엔진오일의 압력이 낮은 경우 등이다.

12 디젤기관에 과급기를 부착하는 주된 목적은?

① 출력의 증대
② 냉각효율의 증대
③ 배기효율의 증대
④ 윤활성의 증대

해설

과급기는 엔진의 행정체적이나 회전속도에 변화를 주지 않고 흡입효율 (공기밀도 증가)을 높이기 위해 흡기에 압력을 가하는 공기 펌프로서 엔진의 출력 증대, 연료소비율의 향상, 회전력을 증대시키는 역할을 한다.

13 방향지시등 스위치를 작동할 때 한쪽은 정상이고 다른 한쪽은 점멸작용이 정상과 다르게(빠르게 또는 느리게) 작용한다. 고장 원인이 아닌 것은?

① 전구 1개가 단선되었을 때
② 플래셔 유닛 고장
③ 좌측 전구를 교체할 때 규정 용량의 전구를 사용 하지 않았을 때
④ 한쪽 전구 소켓에 녹이 발생하여 전압강하가 있 을 때

해설

좌·우의 점멸횟수가 다르거나 한 쪽만이 작동되는 원인에는 플래셔 스위치에서 지시등 사이에 단선이 있을 경우이다.

14 교류발전기에서 작동 중 소음 발생의 원인으로 가장 거리가 먼 것은?

① 고정 볼트가 풀렸다.
② 벨트 장력이 약하다.
③ 베어링이 손상되었다.
④ 축전지가 방전되었다.

15 축전지 충전 중에 화기를 가까이 하거나 충전상태를 점검하기 위하여 드라이버 등으로 스파크를 시키면 위험한 이유는?

① 축전지 케이스가 타기 때문이다.
② 전해액이 폭발하기 때문이다.
③ 축전지 터미널이 손상되기 때문이다.
④ 발생하는 가스가 폭발하기 때문이다.

해설

충전 중에는 가스 발생으로 인화폭발의 위험이 있으므로 절대로 화기를 가까이 하거나 스파크를 일으키지 않아야 한다.

16 축전지의 전해액이 빨리 줄어든다. 그 원인과 가장 거리가 먼 것은?

① 축전지 케이스가 손상된 경우
② 과충전이 되는 경우
③ 비중이 낮을 경우
④ 전압 조정기가 불량인 경우

해설

전해액의 비중이 너무 낮을 경우 설페이션이 일어난다.
설페이션은 축전지 극판이 황산납으로 결정체가 되는 것이다.

17 기동전동기의 마그넷 스위치는?

① 기동전동기의 전자석 스위치이다.
② 기동전동기의 전류 조절기이다.
③ 기동전동기의 전압 조절기이다.
④ 기동전동기의 저항 조절기이다.

18 예열플러그의 사용 시기는 어느 때가 가장 좋은가?

① 냉각수의 양이 많을 때
② 기온이 영하로 떨어졌을 때
③ 축전지가 방전되었을 때
④ 축전지가 과충전되었을 때

19 무한궤도식 건설기계에서 트랙 전면에 오는 충격을 완화시키기 위해 설치한 것은?

① 상부 롤러   ② 리코일 스프링
③ 하부 롤러   ④ 프런트 롤러

해설

리코일 스프링은 주행 중 앞쪽으로부터 프런트 아이들러에 가해지는 충격하중을 완충시킴과 동시에 주행체의 전면에서 오는 충격을 흡수하여 진동을 방지하여 작업이 안정되도록 한다.

20 기중기의 주행 중 점검 사항으로 가장 거리가 먼 것은?

① 훅의 걸림 상태
② 주행 시 붐의 최고 높이
③ 종 감속기어 오일량
④ 붐과 캐리어의 간격

해설

종 감속기어 오일량은 시동 및 작업 전에 점검한다.

21 로더의 동력조향장치 구성을 열거한 것이다. 적당하지 않은 것은?

① 유압펌프   ② 북동 유압실린더
③ 제어밸브   ④ 하이포이드 피니언

해설

하이포이드 피니언 차동장치는 동력전달장치이다.

22 굴삭기로 작업할 때 주의사항으로 틀린 것은?

① 땅을 깊이 팔 때는 붐의 호스나 버킷실린더의 호스가 지면에 닿지 않도록 한다.
② 암석, 토사 등을 평탄하게 고를 때는 선회관성을 이용하면 능률적이다.
③ 암 레버의 조작 시 잠깐 멈췄다 움직이는 것은 펌프의 토출량이 부족하기 때문이다.
④ 작업 시는 실린더의 행정 끝에서 약간 여유를 남기도록 운전한다.

해설

암석, 토사 등은 선회관성을 이용하여 평탄하게 고르거나 잘게 부수는 작업하면 안 된다.

23 다음 중 트랙을 트랙터로부터 분리해야 하는 경우가 아닌 경우는?

① 트랙 교환 시
② 스프로킷 교환 시
③ 트랙이 벗겨졌을 때
④ 트랙의 장력 조정 시

해설

트랙을 트랙터로부터 분리해야 하는 경우
• 트랙 교환 시
• 스프로킷 교환 시
• 트랙이 벗겨졌을 때
• 실 교환 시
• 아이들러 교환 시

24 기관의 플라이 휠과 항상 같이 회전하는 부품은?

① 압력판
② 릴리스베어링
③ 클러치 축
④ 디스크

해설

클러치의 압력판은 클러치 판을 밀어서 플라이 휠에 압착시키는 역할을 한다.

25 동력전달장치에서 토크 컨버터에 대한 설명 중 틀린 것은?

① 조작이 용이하고 엔진에 무리가 없다.
② 기계적인 충격을 흡수하여 엔진의 수명을 연장한다.
③ 부하에 따라 자동적으로 변속한다.
④ 일정 이상의 과부하가 걸리면 엔진이 정지한다.

해설

장비에 부하가 걸리면 터빈측에 하중이 작용되므로 토크 컨버터의 터빈속도는 펌프측 속도보다 느려진다.

26 동력조향장치의 장점과 거리가 먼 것은?

① 작은 조작력으로 조향 조작이 가능하다.
② 조향핸들의 시미현상을 줄일 수 있다.
③ 설계·제작 시 조향 기어비를 조작력에 관계없이 선정할 수 있다.
④ 조향핸들 유격조정이 자동으로 되어 볼 죠인트 수명이 반영구적이다.

[해설]
동력조향장치의 장·단점

장 점	• 작은 조작력으로 큰 조향 조작을 할 수 있다. • 조향 기어비를 조작력에 관계 없이 선정할 수 있다. • 굴곡이 있는 노면에서의 충격을 도중에서 흡수하므로 조향휠에 전달되는 것을 방지할 수 있다. • 전륜이 펑크 시 조향 휠이 갑자기 꺾이지 않아 위험도가 낮다.
단 점	• 기계식에 비하여 구조가 복잡하다. • 경제적으로 불리하다.

27 노면표시 중 중앙선이 황색 실선과 점선의 복선으로 설치된 때의 설명 중 맞는 것은?

① 어느 쪽에서나 중앙선을 넘어서 앞지르기를 할 수 있다.
② 실선 쪽에서만 중앙선을 넘어서 앞지르기를 할 수 있다.
③ 어느 쪽에서나 중앙선을 넘어 앞지르기를 할 수 없다.
④ 점선 쪽에서만 중앙선을 넘어 앞지르기를 할 수 있다.

[해설]
황색 실선과 점선의 복선은 자동차가 점선이 있는 측에서는 반대방향의 교통에 주의하면서 넘어갔다가 다시 돌아올 수 있으나 실선이 있는 쪽에서는 넘어갈 수 없음을 표시하는 것이다.

28 건널목 안에서 차가 고장이 나서 운행할 수 없게 되었다. 운전자의 조치사항으로 가장 적절하지 못한 것은?

① 철도 공무 중인 직원이나 경찰 공무원에게 즉시 알려 차를 이동하기 위한 필요한 조치를 한다.
② 차를 즉시 건널목 밖으로 이동시킨다.
③ 승객을 하차시켜 즉시 대피시킨다.
④ 현장을 그대로 보존하고 경찰관서로 가서 고장 신고를 한다.

[해설]
모든 차의 운전자는 건널목을 통과하다가 고장 등의 사유로 건널목 안에서 차를 운행할 수 없게 된 경우에는 즉시 승객을 대피시키고 비상신호기 등을 사용하거나 그 밖의 방법으로 철도공무원이나 경찰공무원에게 그 사실을 알려야 한다.

29 편도 4차로의 경우 교차로 30m 전방에서 우회전을 하려면 몇 차로로 진입통행해야 하는가?

① 2차로와 3차로로 통행한다.
② 1차로와 2차로로 통행한다.
③ 1차로로 통행한다.
④ 4차로로 통행한다.

[해설]
교차로 통행방법
모든 차의 운전자는 교차로에서 우회전을 하려는 경우에는 미리 도로의 우측 가장자리를 서행하면서 우회전하여야 한다. 이 경우 우회전하는 차의 운전자는 신호에 따라 정지하거나 진행하는 보행자 또는 자전거에 주의하여야 한다.

30 타이어식 건설기계의 좌석안전띠에 대한 내용 중 틀린 것은?

① 30km/h 이상의 속도를 낼 수 있는 타이어식 건설기계에는 좌석안전띠를 설치해야 한다.
② 안전띠는 사용자가 쉽게 잠그고 풀 수 있는 구조이어야 한다.
③ 안전띠는 산업표준화법 제15조에 따라 인증을 받은 제품이어야 한다.
④ 지게차에는 좌석 안전띠를 설치할 필요가 없다.

해설

지게차, 전복보호구조 또는 전도보호구조를 장착한 건설기계와 시간당 30km 이상의 속도를 낼 수 있는 타이어식 건설기계에는 다음의 기준에 적합한 좌석안전띠를 설치하여야 한다.
1. 산업표준화법 제5조에 따라 인증을 받은 제품, 품질경영 및 공산품 안전관리법 제14조에 따라 안전인증을 받은 제품, 국제적으로 인정되는 규격에 따른 제품 또는 국토교통부장관이 이와 동등 이상이라고 인정하는 제품일 것
2. 사용자가 쉽게 잠그고 풀 수 있는 구조일 것

31 건설기계 등록지를 변경한 때는 등록번호표를 시 · 도지사에게 며칠 이내에 반납하여야 하는가?

① 10　　　　② 5
③ 20　　　　④ 30

해설

등록된 건설기계의 소유자는 다음의 어느 하나에 해당하는 경우에는 10일 이내에 등록번호표의 봉인을 떼어낸 후 그 등록번호표를 국토교통부령으로 정하는 바에 따라 시 · 도지사에게 반납하여야 한다. 다만, 건설기계가 천재지변 또는 이에 준하는 사고 등으로 사용할 수 없게 되거나 멸실된 경우, 건설기계를 도난당한 경우, 건설기계를 폐기한 경우의 사유로 등록을 말소하는 경우에는 그러하지 아니하다.
1. 건설기계의 등록이 말소된 경우
2. 등록된 건설기계의 소유자의 주소지 또는 사용본거지의 변경(시 · 도 간의 변경이 있는 경우에 한한다)
3. 등록번호의 변경
4. 등록번호표의 부착 및 봉인을 신청하는 경우

32 도로교통법상 철길건널목을 통과할 때 방법으로 가장 적합한 것은?

① 신호등이 없는 철길건널목을 통과할 때에는 서행으로 통과하여야 한다.
② 신호등이 있는 철길건널목을 통과할 때에는 건널목 앞에서 일시정지하여 안전한지의 여부를 확인한 후에 통과하여야 한다.
③ 신호기가 없는 철길건널목을 통과할 때에는 건널목 앞에서 일시정지하여 안전한지의 여부를 확인한 후에 통과하여야 한다.

④ 신호기와 관련 없이 철길건널목을 통과할 때에는 건널목 앞에서 일시정지하여 안전한지의 여부를 확인한 후에 통과하여야 한다.

해설

도로교통법 제24조(철길건널목의 통과)
모든 차 또는 노면전차의 운전자는 철길건널목을 통과하려는 경우에는 건널목 앞에서 일시정지하여 안전한지 확인한 후에 통과하여야 한다. 다만, 신호기 등이 표시하는 신호에 따르는 경우에는 정지하지 아니하고 통과할 수 있다.

33 자동차 제1종 대형면허로 조종할 수 있는 건설기계는?

① 굴삭기　　　　② 불도저
③ 지게차　　　　④ 덤프트럭

해설

1종 대형 운전면허로 조종해야 하는 건설기계 : 덤프트럭, 콘크리트 믹서트럭, 아스팔트 살포기, 콘크리트 펌프, 노상안정기, 천공기(트럭 적재식)

34 시 · 도지사의 정비명령을 이행하지 아니한 자에 대한 벌칙은?

① 30만원
② 100만원 이하의 벌금 또는 1년 이하의 징역
③ 50만원 이하의 벌금
④ 100만원 이하의 벌금

해설

100만원 이하의 벌금
• 등록번호를 지워 없애거나 그 식별을 곤란하게 한 자
• 구조변경검사 또는 수시검사를 받지 아니한 자
• 정비명령을 이행하지 아니한 자
• 형식승인, 형식변경승인 또는 확인검사를 받지 아니하고 건설기계의 제작 등을 한 자
• 사후관리에 관한 명령을 이행하지 아니한 자
※ 시행일 2019년 3월 19일부터 관련 법 개정 시행으로 인하여 정답 없음. 현행법에 따르면 1년 이하의 징역 또는 1,000만원 이하의 벌금에 처한다.

35 자동차의 승차정원에 대한 내용으로 맞는 것은?

① 등록증에 기재된 인원
② 화물자동차 4명
③ 승용자동차 4명
④ 운전자를 제외한 나머지 인원

해설

"승차정원"이라 함은 자동차에 승차할 수 있도록 허용된 최대인원(운전자를 포함한다)을 말한다(자동차 및 자동차부품의 성능과 기준에 관한 규칙 제2조).

36 덤프트럭을 신규 등록한 후 최초 정기검사를 받아야 하는 시기는?

① 1년   ② 1년 6월
③ 2년   ④ 2년 6월

해설

신규등록 후의 최초 유효기간의 산정은 등록일부터 기산한다(덤프트럭의 검사유효기간은 1년).

37 작동유의 열화 및 수명을 판정하는 방법으로 적합하지 않은 것은?

① 점도 상태로 확인
② 오일을 가열한 후 냉각되는 시간 확인
③ 냄새로 확인
④ 색깔이나 침전물의 유무 확인

해설

열화검사법 : 냄새, 점도, 색채

38 유압유의 첨가제가 아닌 것은?

① 마모방지제
② 유동점 강하제
③ 산화방지제
④ 점도지수 방지제

해설

유압유의 첨가제 : 산화방지제, 방청제, 점도지수 향상제, 소포제, 유성 향상제, 유동점 강하제

39 압력제어밸브는 어느 위치에서 작동하는가?

① 탱크와 펌프
② 펌프와 방향전환밸브
③ 방향전환밸브와 실린더
④ 실린더 내부

40 유압회로의 설명으로 맞는 것은?

① 유압회로에서 릴리프밸브는 압력제어밸브이다.
② 유압회로의 동력 발생부에는 공기와 믹서하는 장치가 설치되어 있다.
③ 유압회로에서 릴리프밸브는 닫혀 있으며, 규정 압력 이하의 오일압력이 오일탱크로 회송된다.
④ 회로 내 압력이 규정 이상일 때는 공기를 혼입하여 압력을 조절한다.

해설

릴리프밸브는 유압장치 내의 압력을 일정하게 유지하고, 최고압력을 제한하며 회로를 보호해주는 밸브이다.

41 다음 유압기호가 나타내는 것은?

① 릴리프밸브(Relief Valve)
② 강압밸브(Reduce Valve)
③ 순차밸브(Sequence Valve)
④ 무부하밸브(Unload Valve)

42 유압펌프가 오일을 토출하지 않을 경우, 점검 항목으로 틀린 것은?

① 오일탱크에 오일이 규정량으로 들어 있는지 점검한다.
② 흡입 스트레이너가 막혀 있지 않은지 점검한다.
③ 흡입 관로에서 공기가 흡입되는지 점검한다.
④ 토출측 회로에 압력이 너무 낮은지 점검한다.

해설
유압펌프가 오일을 토출하지 않을 경우 흡입측 회로에 압력이 너무 낮은지 점검한다.

43 유압실린더의 숨돌리기현상이 생겼을 때 일어나는 현상이 아닌 것은?

① 작동 지연 현상이 생긴다.
② 서지압이 발생한다.
③ 오일의 공급이 과대해진다.
④ 피스톤작동이 불안정하게 된다.

해설
숨돌리기현상 : 공기가 실린더에 혼입되면 피스톤의 작동이 불량해져서 작동시간의 지연을 초래하는 현상으로 오일공급 부족과 서징이 발생한다.

44 무한궤도식 굴삭기의 조향작용은 무엇으로 행하는가?

① 유압 모터
② 유압 펌프
③ 조향 클러치
④ 브레이크 페달

해설
무한궤도식 굴삭기의 조향작용
• 주행방식 중 조향작용 : 엔진 회전 → 유압펌프 구동 → 유압발생 → 유압 모터 구동 → 감속기어 → 주행
• 주행운전 중 조향작용 : 2개의 레버로 각각 하나의 트랙을 조정하고 밀고 당기면 전·후진, 회전

45 유압유에 포함된 불순물을 제거하기 위해 유압펌프 흡입관에 설치하는 것은?

① 부스터
② 스트레이너
③ 공기 청정기
④ 어큐뮬레이터

해설
스트레이너(여과기) : 파이프라인의 스케일 및 불순물 제거 및 관내 불순물에 의한 기기의 고장을 사전에 방지하여 기기를 보호한다.

46 제한된 회전각도 이내에서 유체가 회전요동 운동력으로 변환시키는 요동 모터의 피스톤형에 속하지 않는 것은?

① 링크형
② 기어형
③ 래크와 피니언형
④ 체인형

해설
요동모터의 종류
• 베인식 : 싱글 베인형, 더블 베인형, 트리플 베인형
• 피스톤식 : 랙 피니언 형, 피스톤 체인형, 피스톤 링크형
• 나사식

47 무거운 물건을 들어 올릴 때 주의사항 설명으로 가장 적합하지 않은 것은?

① 힘센 사람과 약한 사람과의 균형을 잡는다.
② 장갑에 기름을 묻히고 든다.
③ 가능한 이동식 크레인을 이용한다.
④ 약간씩 이동하는 것은 지렛대를 이용할 수도 있다.

해설
장갑에 기름을 묻히고 들면 미끄러질 수 있으므로 적합하지 않다.

48 수공구 보관 및 사용방법으로 틀린 것은?

① 해머 작업 시 몸의 자세를 안정되게 한다.
② 담금질 한 것은 함부로 두들겨서는 안 된다.
③ 공구는 적당한 습기가 있는 곳에 보관한다.
④ 파손, 마모된 것은 사용하지 않는다.

해설

수공구는 통풍이 잘되는 보관장소에 수공구별로 보관한다(습기가 있는 곳은 녹이 슬기 쉽다).

49 소켓렌치 사용에 대한 설명으로 가장 거리가 먼 것은?

① 임펙트용으로만 사용되므로 수작업 시는 사용하지 않도록 한다.
② 큰 힘으로 조일 때 사용한다.
③ 오픈렌치와 규격이 동일하다.
④ 사용 중 잘 미끄러지지 않는다.

해설

소켓렌치 : 볼트 크기에 맞게 공구의 머리 부분을 갈아 끼울 수 있다. 소켓만으로는 사용할 수 없으므로, 별도의 핸들 끝에 소켓을 끼워 사용하며, 임펙트용과 수작업용 모두 사용한다.

50 운반 및 하역 작업 시 착용복장 및 보호구에 대한 설명으로 적합하지 않은 것은?

① 상의 작업복의 소매는 손목에 밀착되는 작업복을 착용한다.
② 하의 작업복은 바지 끝 부분을 안전화 속에 넣거나 밀착되게 한다.
③ 방독면, 방화 장갑을 항상 착용하여야 한다.
④ 유해, 위험물을 취급 시 방호할 수 있는 보호구를 착용한다.

해설

인체에 해로운 가스가 발생하는 작업장에서는 방독면, 마스크 등의 보호구를 사용한다.

51 사고의 결과로 인하여 인간이 입는 인명 피해와 재산상의 손실을 무엇이라 하는가?

① 재 해
② 안 전
③ 사 고
④ 부 상

해설

재해란 안전사고의 결과로 일어난 인명과 재산의 손실이다.

52 산소 또는 아세틸렌 용기 취급 시의 주의사항으로 올바르지 않은 것은?

① 아세틸렌병은 세워서 사용한다.
② 산소병(봄베) 40℃ 이하 온도에서 보관한다.
③ 산소병(봄베)을 운반할 때에는 충격을 주어서는 안 된다.
④ 산소병(봄베)의 밸브, 조정기, 도관 등은 반드시 기름 묻은 천으로 닦는다.

해설

산소 봄베는 기름이나 먼지를 피하고 40℃ 이하 온도에서 보관하고 직사광선을 피하며 그늘진 곳에 두어야 한다.

53 안전·보건표지의 종류와 형태에서 그림의 안전 표지판이 나타내는 것은?

① 병원 표지
② 비상구 표지
③ 녹십자 표지
④ 안전지대 표지

해설

녹십자 표지는 안전의식을 고취시키기 위하여 필요한 장소에 부착한다.

54 안전관리상 감전의 위험이 있는 곳의 전기를 차단하여 수리점검을 할 때의 조치와 관계가 없는 것은?

① 스위치에 통전장치를 한다.
② 기타 위험에 대한 방지장치를 한다.
③ 스위치에 안전장치를 한다.
④ 통전 금지기간에 관한 사항이 있을 시 필요한 곳에 게시한다.

해설

전원을 차단하여 정전으로 시행하는 작업 시 통전장치를 하면 안 된다.

55 다음은 화재 분류에 대한 설명이다. 기호와 설명이 잘 연결된 것은?

① B급 화재 – 전기화재
② C급 화재 – 유류화재
③ D급 화재 – 금속화재
④ E급 화재 – 일반화재

해설
화재의 분류
• A급 화재 : 일반화재　　• B급 화재 : 유류(기름)화재
• C급 화재 : 전기화재　　• D급 화재 : 금속화재
• E급 화재 : 가스화재

56 장비점검 및 정비작업에 대한 안전수칙과 가장 거리가 먼 것은?

① 알맞은 공구를 사용해야 한다.
② 기관을 시동할 때 소화기를 비치하여야 한다.
③ 차체 용접 시 배터리가 접지된 상태에서 한다.
④ 평탄한 위치에서 한다.

해설
차체 용접 시 배터리가 접지된 상태는 위험하다.

57 굴삭기 등 건설기계 운전자가 전선로 주변에서 작업을 할 때 주의할 사항으로 틀린 것은?

① 작업을 할 때 붐이 전선에 근접되지 않도록 주의한다.
② 디퍼(버켓)를 고압선으로부터 안전 이격거리 이상 떨어져서 작업한다.
③ 작업감시자를 배치한 후 전력선 인근에서는 작업감시자의 지시에 따른다.
④ 바람의 흔들리는 정도를 고려하여 전선 이격거리를 감소시켜 작업해야 한다.

해설
바람의 흔들리는 정도를 고려하여 작업 안전거리를 증가시켜 작업해야 한다.

58 도시가스가 공급되는 지역에서 굴착공사를 하기 전에 도로 부분의 지하에 가스배관의 매설 여부는 누구에게 조회하여야 하는가?

① 시 장
② 도지사
③ 경찰서장
④ 해당 도시가스 사업자

해설
도시가스사업이 허가된 지역에서 굴착공사를 하려는 자는 굴착공사를 하기 전에 해당 지역을 공급권역으로 하는 도시가스사업자가 해당 토지의 지하에 도시가스배관이 묻혀 있는지에 관하여 확인하여 줄 것을 산업통상자원부령으로 정하는 바에 따라 정보지원센터에 요청하여야 한다. 다만, 도시가스배관에 위험을 발생시킬 우려가 없다고 인정되는 굴착공사로서 대통령령으로 정하는 공사의 경우에는 그러하지 아니하다(도시가스사업법 제30조의3).

59 다음은 가스배관의 손상방지 굴착공사 작업방법 내용이다. ( ) 안에 알맞은 것은?

> 가스배관과 수평거리 ( )m 이내에서 파일박기를 하고자 할 때 도시가스 사업자의 입회하에 시험굴착을 통하여 가스배관의 위치를 정확히 확인할 것

① 1
② 2
③ 3
④ 4

해설
도시가스배관과 수평거리 2m 이내에서 파일박기를 하는 경우에는 도시가스사업자의 입회 아래 시험굴착으로 도시가스배관의 위치를 정확히 확인할 것(도시가스사업법 시행규칙 별표 16)

60 도로상의 한전 맨홀에 근접하여 굴착작업 시 가장 올바른 것은?

① 맨홀 뚜껑을 경계로 하여 뚜껑이 손상되지 않도록 하고 나머지는 임의로 작업한다.
② 교통에 지장이 되므로 주인 및 관련기관이 모르게 야간에 신속히 작업하고 되메운다.
③ 한전직원의 입회하에 안전하게 작업한다.
④ 접지선이 노출되면 제거한 후 계속 작업한다.

2011년 제2회 과년도 기출문제

● 시험시간 : 60분   ● 총문항수 : 60개   ● 합격커트라인 : 60점   ▼ START

01 엔진의 냉각장치에서 수온조절기의 열림 온도가 낮을 때 발생하는 현상은?

① 방열기 내의 압력이 높아진다.
② 엔진이 과열되기 쉽다.
③ 엔진의 워밍업 시간이 길어진다.
④ 물 펌프에 과부하가 발생한다.

해설
①, ②, ④는 수온조절기의 열림 온도가 높을 경우 나타나는 현상이다.

02 냉각장치에 사용되는 전동 팬에 대한 설명으로 틀린 것은?

① 냉각수 온도에 따라 작동한다.
② 정상온도 이하에는 작동하지 않고 과열일 때 작동한다.
③ 엔진이 시동되면 동시에 회전한다.
④ 팬벨트는 필요 없다.

해설
엔진이 시동되면 회전하는 것은 유체커플링 팬이다.

03 건설기계기관에 설치되는 오일 냉각기의 주 기능으로 맞는 것은?

① 오일 온도를 30℃ 이하로 유지하기 위한 기능을 한다.
② 오일 온도를 정상 온도로 일정하게 유지한다.
③ 수분, 슬러지(Sludge) 등을 제거한다.
④ 오일의 압을 일정하게 유지한다.

해설
유압회로 내에 오일 냉각기는 유온 상승을 방지하고 적정 유온(40~50℃)으로 유지하기 위해서 설치한다.

04 4행정 디젤기관에서 동력행정을 뜻하는 것은?

① 흡기행정   ② 압축행정
③ 폭발행정   ④ 배기행정

해설
동력행정은 폭발행정, 연소행정, 착화행정, 점화행정이라고도 부른다.

05 디젤기관의 엔진오일 압력이 규정 이상으로 높아질 수 있는 원인은?

① 기관의 회전속도가 낮다.
② 엔진오일의 점도가 지나치게 낮다.
③ 엔진오일의 점도가 지나치게 높다.
④ 엔진오일이 희석되었다.

해설
유압이 상승하는 원인
• 오일 점도가 높을 경우
• 윤활통로의 막힘
• 유압조정밸브 스프링의 조정불량 등
• 윤활부의 간극이 작거나 이물질이 끼어 있을 경우

06 디젤 연료장치에서 공기를 뺄 수 있는 부분이 아닌 것은?

① 노즐 상단의 피팅 부분
② 분사펌프의 에어브리드 스크루
③ 연료여과기의 벤트플러그
④ 연료탱크의 드레인 플러그

해설
드레인 플러그는 오일탱크 내의 오일을 전부 배출시킬 때 사용된다.

07 디젤기관을 정지시키는 방법으로 가장 적합한 것은?

① 연료공급을 차단한다.
② 초크밸브를 닫는다.
③ 기어를 넣어 기관을 정지한다.
④ 축전지에 연결된 전선을 끊는다.

08 기관의 예방 정비 시에 운전자가 해야 할 정비와 관계가 먼 것은?

① 딜리버리 밸브 교환
② 냉각수 보충
③ 연료여과기의 엘리먼트 점검
④ 연료파이프의 풀림 상태 조임

해설
딜리버리 밸브 교환은 운행업체 및 정비업체의 조치범위이다.

09 디젤기관에서 실린더가 마모되었을 때 발생할 수 있는 현상이 아닌 것은?

① 윤활유 소비량 증가
② 연료 소비량 증가
③ 압축압력의 증가
④ 블로바이(Blow-by) 가스의 배출 증가

해설
기관의 실린더 벽과 피스톤 벽이 마멸되면 틈새가 넓어져서 압축 시 압력이 떨어진다.

10 우수식 크랭크 축이 설치된 4행정 6실린더 기관의 폭발순서는?

① 1-3-2-5-6-4 ② 1-4-3-5-2-6
③ 1-5-3-6-2-4 ④ 1-6-2-5-3-4

해설
6기통기관의 폭발순서
• 우수식 : 1-5-3-6-2-4
• 좌수식 : 1-4-2-6-3-5

11 디젤엔진에서 연료를 고압으로 연소실에 분사하는 것은?

① 프라이밍 펌프 ② 인젝션 펌프
③ 분사노즐(인젝터) ④ 조속기

12 기관에서 터보차저에 대한 설명으로 틀린 것은?

① 흡기관과 배기관 사이에 설치된다.
② 과급기라고도 한다.
③ 배기가스 배출을 위한 일종의 블로워(Blower)이다.
④ 기관 출력을 증가시킨다.

해설
터보차저는 실린더 내에 공기를 압축 공급하는 장치이다.

13 건설기계장비에서 다음과 같은 상황의 경우 고장 원인으로 가장 적합한 것은?

• 기관을 크랭킹했으나 기동전동기는 작동되지 않는다.
• 헤드라이트 스위치를 켜고 다시 시동전동기 스위치를 켰더니 라이트 빛이 꺼져 버렸다.

① 축전지 방전
② 솔레노이드스위치 고장
③ 회로의 단선
④ 시동모터 배선의 단선

14 교류발전기의 특징이 아닌 것은?

① 브러시의 수명이 길다.
② 전류 조정기만 있다.
③ 저속 회전 시 충전이 양호하다.
④ 경량이고 출력이 크다.

해설
전류 조정기는 직류발전기에 사용된다.

15 직류직권전동기에 대한 설명 중 틀린 것은?

① 기동 회전력이 분권전동기에 비해 크다.
② 회전속도의 변화가 크다.
③ 부하가 걸렸을 때, 회전속도가 낮아진다.
④ 회전속도가 거의 일정하다.

해설
전동기의 회전속도가 거의 일정한 것은 분권식의 장점이다.
직류전동기의 종류와 특성

구 분	장 점	단 점
직권 전동기	기동회전력이 크다.	회전속도의 변화가 크다.
분권 전동기	회전속도가 거의 일정하다.	회전력이 비교적 작다.
복권 전동기	회전속도가 거의 일정하고, 회전력이 비교적 크다.	직권전동기에 비해 구조가 복잡하다.

16 납산축전지의 전해액을 만들 때 올바른 방법은?

① 황산에 물을 조금씩 부으면서 유리 막대로 젓는다.
② 황산과 물을 1:1의 비율로 동시에 붓고 잘 젓는다.
③ 증류수에 황산을 조금씩 부으면서 잘 젓는다.
④ 축전지에 필요한 양의 황산을 직접 붓는다.

17 방향지시등이나 제동등의 작동 확인은 언제하는가?

① 운행 전   ② 운행 중
③ 운행 후   ④ 일몰 직전

18 전류의 자기작용을 응용한 것은?

① 전 구   ② 축전지
③ 예열플러그   ④ 발전기

해설
발전기는 전류의 자기작용을, 전구와 예열플러그는 발열작용을, 축전지는 화학작용을 응용한 것이다.

19 기중기의 사용 용도로 가장 거리가 먼 것은?

① 철도, 교량의 설치작업
② 일반적인 기중작업
③ 차량의 화물 적재 및 적하작업
④ 제방 경사작업

해설
기중기의 작업 용도 : 중화물의 기중작업, 철도 및 교량의 설치와 철수작업, 굴착작업, 적재 및 적하작업, 항타작업 등

20 로더의 작업 중 그레이딩 작업이란?

① 굴착작업   ② 깎아내기작업
③ 지면고르기작업   ④ 적재작업

해설
② 토사깎아내기(스프레핑)작업
③ 지면고르기(그레이딩)작업

21 수동변속기가 장착된 건설기계에서 기어의 이중 물림을 방지하는 장치는?

① 인젝션 장치   ② 인터쿨러 장치
③ 인터록 장치   ④ 인터널 기어 장치

해설
인터록 장치는 변속기의 이중 물림을 방지하기 위한 장치이다.

22 굴삭기의 한쪽 주행레버만 조작하여 회전하는 것을 무슨 회전이라고 하는가?

① 급회전   ② 원웨이회전
③ 스핀회전   ④ 피벗회전

해설
굴삭기의 한쪽 주행 레버만 이용하여 회전하는 것은 피벗회전, 주행레버 2개를 반대방향으로 조작하여 회전하는 것은 스핀회전이다.

23 무한궤도식 건설기계에서 트랙장력의 조정은?

① 스프로킷의 조정볼트로 한다.
② 장력 조정 실린더로 한다.
③ 상부 롤러의 베어링으로 한다.
④ 하부 롤러의 시임을 조정한다.

24 건설기계에 사용되는 저압 타이어의 호칭 치수 표시는?

① 타이어의 외경 – 타이어의 폭 – 플라이 수
② 타이어의 폭 – 타이어의 내경 – 플라이 수
③ 타이어의 폭 – 림의 지름
④ 타이어의 내경 – 타이어의 폭 – 플라이 수

해설
저압 타이어의 호칭이 6.00-13-4PR이면 타이어 폭이 6.00인치, 타이어 안지름 13인치, 플라이 수가 4이다.

25 다음 중 건설기계의 범위에 해당되지 않는 것은?

① 자체중량 2t 미만의 로더
② 자체중량 1t 이상의 굴삭기
③ 자체중량 2t 미만의 불도저
④ 자체중량 2t 미만의 엔진식 지게차

해설
건설기계의 범위

건설기계	범 위
불도저	무한궤도 또는 타이어식인 것
굴삭기	무한궤도 또는 타이어식으로 굴삭장치를 가진 자체중량 1t 이상인 것
로 더	무한궤도 또는 타이어식으로 적재장치를 가진 자체중량 2t 이상인 것
지게차	타이어식으로 들어올림장치와 조종석을 가진 것

26 토크 컨버터의 3대 구성요소가 아닌 것은?

① 오버러닝 클러치   ② 스테이터
③ 펌 프   ④ 터 빈

해설
토크 컨버터는 펌프, 터빈, 스테이터로 구성되어 플라이 휠에 부착되어 있다.

27 도로교통법상 과태료를 부과할 수 있는 대상자는?

① 운전자가 현장에 없는 주, 정차 위반차의 고용주 등
② 무면허 운전을 한 운전자와 그 차의 사용자
③ 교통사고를 야기하고 손해배상을 하지 않는 운전자
④ 술에 취한 운전자로 하여금 운전하게 한 버스회사 사장

28 트럭적재식 천공기를 조종할 수 있는 면허는?

① 공기압축기 면허
② 기중기 면허
③ 모터그레이더 면허
④ 자동차 제1종 대형운전면허

해설
1종 대형면허로 운전할 수 있는 차량
• 승용자동차, 승합자동차, 화물자동차, 긴급자동차
• 건설기계
  – 덤프트럭, 아스팔트살포기, 노상안정기
  – 콘크리트믹서트럭, 콘크리트펌프, 천공기(트럭 적재식)
  – 콘크리트믹서트레일러, 아스팔트콘크리트재생기
  – 도로보수트럭, 3t 미만의 지게차
• 특수자동차(대형견인차, 소형견인차 및 구난차는 제외한다)
• 원동기장치자전거

29 건설기계를 운전하여 교차로 전방 20m 지점에 이르렀을 때 황색 등화로 바뀌었을 경우 운전자의 조치방법은?

① 일시정지하여 안전을 확인하고 진행한다.
② 정지할 조치를 취하여 정지선에 정지한다.
③ 그대로 계속 진행한다.
④ 주위의 교통에 주의하면서 진행한다.

황색의 등화

• 차마는 정지선이 있거나 횡단보도가 있을 때에는 그 직전이나 교차로의 직전에 정지하여야 하며, 이미 교차로에 차마의 일부라도 진입한 경우에는 신속히 교차로 밖으로 진행하여야 한다.
• 차마는 우회전할 수 있고 우회전하는 경우에는 보행자의 횡단을 방해하지 못한다.

---

30 건설기계를 도난당한 때 등록말소사유 확인서류로 적당한 것은?

① 수출신용장
② 경찰서장이 발행한 도난신고 접수 확인원
③ 주민등록 등본
④ 봉인 및 번호판

해설

건설기계등록의 말소 등(건설기계관리법 시행규칙 제9조)
건설기계등록의 말소를 신청하고자 하는 건설기계소유자는 건설기계 등록말소신청서에 다음의 서류를 첨부하여 등록지의 시·도지사에게 제출하여야 한다.
• 건설기계등록증
• 건설기계검사증
• 멸실·도난·수출·폐기·반품 및 교육·연구목적 사용 등 등록말소사유를 확인할 수 있는 서류

---

31 건설기계관리법의 목적으로 가장 적합한 것은?

① 건설기계의 동산 신용증진
② 건설기계 사업의 질서 확립
③ 공로 운행상의 원활기여
④ 건설기계의 효율적인 관리

해설

건설기계관리법은 건설기계의 등록·검사·형식승인 및 건설기계사업과 건설기계조종사면허 등에 관한 사항을 정하여 건설기계를 효율적으로 관리하고 건설기계의 안전도를 확보하여 건설공사의 기계화를 촉진함을 목적으로 한다.

---

32 도로교통법상 서행 또는 일시정지할 장소로 지정된 곳은?

① 안전지대 우측
② 가파른 비탈길의 내리막
③ 좌우를 확인할 수 있는 교차로
④ 교량 위를 통행할 때

해설

차마의 운전자는 다음에 해당하는 경우에는 도로의 중앙이나 좌측 부분을 통행할 수 있다.
• 도로가 일방통행인 경우
• 도로의 파손, 도로공사나 그 밖의 장애 등으로 도로의 우측 부분을 통행할 수 없는 경우
• 도로의 우측 부분의 폭이 6m가 되지 아니하는 도로에서 다른 차를 앞지르려는 경우. 다만, 다음의 어느 하나에 해당하는 경우에는 그러하지 아니하다.
  – 도로의 좌측 부분을 확인할 수 없는 경우
  – 반대방향의 교통을 방해할 우려가 있는 경우
  – 안전표지 등으로 앞지르기가 금지되거나 제한되어 있는 경우
• 도로의 우측 부분의 폭이 차마의 통행에 충분하지 아니한 경우
• 가파른 비탈길의 구부러진 곳에서 교통의 위험을 방지하기 위하여 지방경찰청장이 필요하다고 인정하여 구간 및 통행방법을 지정하고 있는 경우에 그 지정에 따라 통행하는 경우

---

33 건설기계정비업의 사업범위에서 유압장치를 정비할 수 없는 정비업은?

① 종합 건설기계 정비업
② 부분 건설기계 정비업
③ 원동기 정비업
④ 유압 정비업

해설

원동기 정비업의 사업범위

• 원동기 부분	
– 실린더헤드의 탈착정비	○
– 실린더·피스톤의 분해·정비	○
– 크랭크샤프트·캠샤프트의 분해·정비	○
– 연료(연료공급 및 분사)펌프의 분해·정비	○
– 위의 사항을 제외한 원동기 부분의 정비	○
• 이동정비	
– 응급조치	○
– 원동기의 탈·부착	○

34 건설기계검사를 연장받을 수 있는 기간을 잘못 설명한 것은?

① 해외 임대를 위하여 일시 반출된 경우 : 반출기간 이내

② 압류된 건설기계의 경우 : 압류기간 이내

③ 건설기계대여업을 휴지하는 경우 : 휴지기간 이내

④ 장기간 수리가 필요한 경우 : 소유자가 원하는 기간

해설

사고발생으로 장기간 수리가 필요한 경우 : 6개월 이내
검사를 연기하는 경우에는 그 연기기간을 6월 이내[남북경제협력 등으로 북한지역의 건설공사에 사용되는 건설기계와 해외임대를 위하여 일시 반출되는 건설기계의 경우에는 반출기간 이내, 압류된 건설기계의 경우에는 그 압류기간 이내, 타워크레인 또는 천공기(터널보링식 및 실드굴진식으로 한정한다)가 해체된 경우에는 해체되어 있는 기간 이내로 한다. 이 경우 그 연기기간동안 검사유효기간이 연장된 것으로 본다.

35 제1종 보통 면허로 운전할 수 없는 것은?

① 승차정원 15인승의 승합자동차

② 적재중량 11t급의 화물자동차

③ 특수자동차(트레일러 및 견인차를 제외)

④ 원동기장치 자전거

해설

특수자동차(트레일러 및 견인차를 제외)는 1종 대형면허로 운전할 수 있는 차량이다.

36 도로교통 관련법상 차마의 통행을 구분하기 위한 중앙 선에 대한 설명으로 옳은 것은?

① 백색 및 회색의 실선 및 점선으로 되어있다.

② 백색의 실선 및 점선으로 되어있다.

③ 황색의 실선 또는 황색 점선으로 되어있다.

④ 황색 및 백색의 실선 및 점선으로 되어있다.

해설

"중앙선"이란 차마의 통행 방향을 명확하게 구분하기 위하여 도로에 황색 실선(實線)이나 황색 점선 등의 안전표지로 표시한 선 또는 중앙분리대나 울타리 등으로 설치한 시설물을 말한다.

37 유압장치에서 피스톤펌프의 장점이 아닌 것은?

① 효율이 가장 높다.

② 발생 압력이 고압이다.

③ 토출량의 범위가 넓다.

④ 구조가 간단하고 수리가 쉽다.

해설

구조가 복잡하고 가격이 고가이다.

38 다음 보기에서 분기회로에 사용되는 밸브만 골라 나열한 것은?

> ㉠ 릴리프밸브(Relief Valve)
> ㉡ 리듀싱밸브(Reducing Valve)
> ㉢ 시퀀스밸브(Sequence Valve)
> ㉣ 언로더밸브(Unloader Valve)
> ㉤ 카운터밸런스밸브(Counter Balance Valve)

① ㉠, ㉡   ② ㉡, ㉢

③ ㉢, ㉣   ④ ㉣, ㉤

해설

㉡ 리듀싱밸브 : 분기회로의 압력을 주회로 압력보다 낮은 압력으로 유지하려 할 때 사용한다.

㉢ 시퀀스밸브 : 두 개 이상의 분기회로에서 실린더나 모터의 작동순서를 결정하는 자동제어밸브이다.

39 유압유 교환을 판단하는 조건이 아닌 것은?

① 점도의 변화   ② 색깔의 변화

③ 수분의 함량   ④ 유량의 감소

해설

유압유는 미션오일과 같은 기준으로 색상이 변하거나 이물질이 심하게 섞이면 교환한다. 작업시간이 많다고 교환하지는 않는다.

40 유압장치의 주된 고장 원인이 되는 것과 가장 거리가 먼 것은?

① 과부하 및 과열로 인하여
② 공기, 물, 이물질의 혼입에 의하여
③ 기기의 기계적 고장으로 인하여
④ 덥거나 추운 날씨에 사용함으로 인하여

41 건설기계장비 유압계통에 사용되는 라인(Line) 필터의 종류가 아닌 것은?

① 복귀관 필터
② 누유관 필터
③ 흡입관 필터
④ 압력관 필터

해설
유압필터는 복귀관, 흡입관 또는 압력관에 설치되어 여과작용을 한다.

42 2개 이상의 분기회로를 갖는 회로 내에서 작동순서를 회로의 압력 등에 의하여 제어하는 밸브는?

① 체크밸브(Check Valve)
② 시퀀스밸브(Sequence Valve)
③ 한계밸브(Limit Valve)
④ 서보밸브(Servo Valve)

43 작동유 온도가 과열되었을 때 유압계통에 미치는 영향으로 틀린 것은?

① 열화를 촉진한다.
② 점도의 저하에 의해 누유되기 쉽다.
③ 유압펌프 등의 효율은 좋아진다.
④ 온도변화에 의해 유압기기가 열변형되기 쉽다.

해설
작동유 온도 상승 시에는 열화 촉진과 점도 저하 등의 원인으로 펌프효율이 저하된다.

44 크롤러굴삭기가 경사면에서 주행 모터에 공급되는 유량과 관계없이 자중에 의해 빠르게 내려가는 것을 방지해주는 밸브는?

① 카운터 밸런스밸브
② 포트 릴리프밸브
③ 브레이크밸브
④ 피스톤모터의 피스톤

해설
카운터 밸런스밸브 : 실린더가 중력으로 인하여 제어속도 이상으로 낙하하는 것을 방지하는 압력제어밸브

45 유압 액추에이터의 기능에 대한 설명으로 맞는 것은?

① 유압의 방향을 바꾸는 장치이다.
② 유압을 일로 바꾸는 장치이다.
③ 유압의 빠르기를 조정하는 장치이다.
④ 유압의 오염을 방지하는 장치이다.

46 유압장치의 기호회로도에 사용되는 유압기호의 표시방법으로 적합하지 않은 것은?

① 기호에는 흐름의 방향을 표시한다.
② 각 기기의 기호는 정상상태 또는 중립상태를 표시한다.
③ 기호는 어떠한 경우에도 회전하여서는 안 된다.
④ 기호에는 각 기기의 구조나 작용압력을 표시하지 않는다.

해설
유압장치 기호에도 회전표시를 할 수 있다.

47 공구 사용 시 주의해야 할 사항으로 틀린 것은?

① 주위 환경에 주의해서 작업할 것
② 강한 충격을 가하지 않을 것
③ 해머작업 시 보호안경을 쓸 것
④ 손이나 공구에 기름을 바른 다음에 작업할 것

48 소화작업에 대한 설명으로 틀린 것은?

① 산속의 공급을 차단한다.

② 유류화재 시 표면에 물을 붓는다.

③ 가열물질의 공급을 차단시킨다.

④ 점화원을 발화점 이하의 온도로 낮춘다.

해설

기름으로 인한 화재의 경우 기름과 물은 섞이지 않기 때문에 기름이 물을 타고 더 확산되어버리게 된다.

49 보호구는 반드시 한국산업안전보건공단으로부터 보호구 검정을 받아야 한다. 검정을 받지 않아도 되는 것은?

① 안전모　　　　　② 방한복

③ 안전장갑　　　　④ 보안경

50 안전표지의 종류 중 안내표지에 속하지 않는 것은?

① 녹십자 표지　　　② 응급구호표지

③ 비상구　　　　　④ 출입금지

해설

출입금지는 금지표지에 속한다.

51 스패너 사용에 관한 설명 중 가장 옳은 것은?

① 스패너와 너트 사이에 쐐기를 넣어 사용한다.

② 스패너는 너트보다 큰 것을 사용한다.

③ 스패너 작업 시 몸의 균형을 잡는다.

④ 스패너 자루에 파이프 등을 끼워서 사용한다.

52 공장에서 엔진 등 중량물을 이동하려고 한다. 가장 좋은 방법은?

① 여러 사람이 들고 조용히 움직인다.

② 체인 블록이나 호이스트를 사용한다.

③ 로프로 묶어 인력으로 당긴다.

④ 지렛대를 이용하여 움직인다.

53 재해의 원인 중 생리적인 원인에 해당되는 것은?

① 작업자의 피로　　② 작업복의 부적당

③ 안전장치의 불량　④ 안전수칙의 미준수

해설

재해의 직접 원인

• 인적 원인 : 불안전한 행동
 - 관리상 원인 : 작업지식부족, 작업미숙, 작업방법불량 등
 - 생리적 원인 : 불건강, 체력부족, 신체적 결함, 피로, 수면부족 등
 - 심리적 원인 : 주변적 동작, 걱정거리, 무의식 행동, 지름길 반응, 생략행위, 억측판단, 착오, 소질적 결함, 의식의 우회, 망각 등
• 물적 요인 : 불안전한 상태

재해의 간접 원인

• 관리적 요인 : 최고관리자의 안전의식 및 책임감 부족, 안전관리조직의 결함, 안전교육제도 미비, 안전기준의 모호함, 안전점검제도의 결함
• 기술적 요인 : 기계장치의 설계불량, 부적절한 재료의 사용, 불충분한 안전점검 및 불안전한 행동을 유도하는 기술적 결함 등
• 교육적 요인 : 안전지식의 결여, 안전규정의 잘못된 해석, 훈련 미숙, 좋지 않은 습관, 미경험 등
• 신체적 요인 : 질병, 신체장애, 피로, 숙취 등
• 정신적 요인 : 착각, 작업태도, 불량, 지각적, 성격적, 지능적 결함 등

54 전기용접 작업 시 보안경을 사용하는 이유로 가장 적절한 것은?

① 유해광선으로부터 눈을 보호하기 위하여

② 유해약물로부터 눈을 보호하기 위하여

③ 중량물의 추락 시 머리를 보호하기 위하여

④ 분진으로부터 눈을 보호하기 위하여

해설

보안경은 아크용접, 가스용접, 절단 작업 시 발생하는 유해광선으로부터 눈을 보호한다.

55 안전점검의 종류에 해당되지 않는 것은?

① 수시점검　　　　② 정기점검
③ 특별점검　　　　④ 구조점검

안전점검의 종류
• 일상점검 : 사업장, 가정 등에서 활동을 시작하기 전 또는 종료 시에 수시로 점검하는 것
• 정기점검 : 일정한 기간을 정하여 각 분야별 유해, 위험요소에 대하여 점검을 하는 것으로 주간점검, 월간점검 및 연간점검 등으로 구분
• 특별점검 : 태풍이나 폭우 등 천재지변이 발생한 경우 등 분야별로 특별히 점검을 받아야 되는 경우에 점검하는 것

56 가스가 새어 나오는 것을 검사할 때 가장 적합한 것은?

① 비눗물을 발라 본다.
② 순수한 물을 발라 본다.
③ 기름을 발라 본다.
④ 촛불을 대어 본다.

57 가스공급 압력이 중압 이상의 배관 상부에는 보호판을 사용하고 있다. 이 보호판에 대한 설명으로 틀린 것은?

① 배관 직상부 30cm 상단에 매설되어 있다.
② 두께가 4mm 이상의 철판으로 방식 코팅되어 있다.
③ 보호판은 가스가 누출되지 않도록 하기 위한 것이다.
④ 보호판은 철판으로 장비에 의한 배관 손상을 방지하기 위하여 설치한 것이다.

58 고압선로 주변에서 크레인 작업 중 지지물 또는 고압선에 접촉이 우려되므로 안전에 가장 유의하여야 하는 부분은?

① 조향핸들　　　　② 붐 또는 케이블
③ 하부 회전체　　　④ 타이어

고압선로 주변에서 작업 시 붐 또는 권상로프, 케이블에 의해 감전될 위험이 가장 크다.

59 전기설비에서 차단기의 종류 중 ELB(Earth Leakage Circuit Breaker)은 어떤 차단기인가?

① 유입 차단기　　　② 진공 차단기
③ 누전 차단기　　　④ 가스차단기

① 유입 차단기(O.C.B ; Oil Circuit Breaker) : 전로의 차단이 절연유를 매질로 하여 동작하는 차단기
② 진공 차단기(VCB ; Vacuum Circuit Breaker) : 전로의 차단을 높은 진공 중에서 동작하는 차단기
④ 가스차단기(GCB ; Gas Circuit Breaker) : 전로의 차단이 6불화유황(SF6 ; Sulfar Hexafluoride)과 같은 특수한 기체, 즉 불활성 Gas를 매질로 하여 동작하는 차단기

60 도시가스 배관이 매설된 도로에서 굴착작업을 할 때 준수사항으로 틀린 것은?

① 가스배관이 매설된 지점에서 도시가스 회사의 입회하에 작업한다.
② 가스배관은 도로에 라인마크를 하기 때문에 라인마크가 없으면 직접 굴착해도 된다.
③ 어떤 지점을 굴착하고자 할 때는 라인마크, 표지판, 밸브박스 등으로 가스배관의 유무를 확인하는 방법도 있다.
④ 가스배관의 매설 유무는 반드시 도시가스 회사에 유무 조회를 하여야 한다.

도시가스가 사용되는 도시지역에서 라인마크가 없다고 해서 무조건 굴착해서는 안 된다.

2011년 제4회 과년도 기출문제

● 시험시간 : 60분　　● 총문항수 : 60개　　● 합격커트라인 : 60점　　▼ START

01 압력식 라디에이터 캡에 대한 설명으로 옳은 것은?

① 냉각장치 내부압력이 규정보다 낮을 때 공기밸브는 열린다.

② 냉각장치 내부압력이 규정보다 높을 때 진공밸브는 열린다.

③ 냉각장치 내부압력이 부압이 되면 진공밸브는 열린다.

④ 냉각장치 내부압력이 부압이 되면 공기밸브는 열린다.

해설

냉각장치 내부압력이 규정보다 높을 때는 공기밸브가 열리고, 부압이 되면 진공밸브가 열린다.

02 기관에서 피스톤의 행정이란?

① 피스톤의 길이

② 실린더 벽의 상하 길이

③ 상사점과 하사점과의 총면적

④ 상사점과 하사점과의 거리

03 건설기계운전작업 후 탱크에 연료를 가득 채워주는 이유와 가장 관련이 적은 것은?

① 다음의 작업을 준비하기 위해서

② 연료의 기포방지를 위해서

③ 연료탱크에 수분이 생기는 것을 방지하기 위해서

④ 연료의 압력을 높이기 위해서

해설

연료탱크를 가득 채워두는 이유는 탱크 속의 연료 증발로 발생된 공기 중의 수분이 응축되어 물이 생기는 것과 기포를 방지하기 위해서이다.

04 기관 과열의 원인이 아닌 것은?

① 라디에이터 막힘

② 냉각장치 내부에 물때가 끼었을 때

③ 냉각수의 부족

④ 오일의 압력 과다

해설

엔진 과열 원인

• 라디에이터 코어의 막힘, 불량
• 냉각장치 내부의 물때(Scale) 과다
• 냉각수 부족
• 윤활유 부족
• 정온기가 닫혀서 고장
• 팬벨트 이완 및 절손
• 물펌프 고장
• 이상연소(노킹 등)
• 압력식 캡의 불량

05 기관에서 출력저하의 원인이 아닌 것은?

① 분사시기 늦음

② 배기계통 막힘

③ 흡기계통 막힘

④ 압력계 작동 이상

해설

출력저하는 흡입·배기계통 막힘이나 압축압력의 저하 및 분사시기 늦음 등에 원인이 있다.

06 엔진오일이 많이 소비되는 원인이 아닌 것은?

① 피스톤링의 마모가 심할 때
② 실린더의 마모가 심할 때
③ 기관의 압축압력이 높을 때
④ 밸브가이드의 마모가 심할 때

해설
기관의 압축압력이 낮을 때 출력이 낮아지고 연소실로 오일이 상승하여
연소되므로 소비가 증가한다.

07 기관의 오일 압력이 낮은 경우와 관계없는 것은?

① 아래 크랭크 케이스에 오일이 적다.
② 크랭크 축 오일 틈새가 크다.
③ 오일펌프가 불량하다.
④ 오일 릴리프밸브가 막혔다.

해설
오일 릴리프밸브가 막혔을 때 또는 압력조절 스프링의 장력이 클 때는
압력이 높아진다.

08 디젤기관 연료장치의 분사펌프에서 프라이밍 펌프는
어느 때 사용하는가?

① 출력을 증가시키고자 할 때
② 연료계통에 공기를 배출할 때
③ 연료의 양을 가감할 때
④ 연료의 분사압력을 측정할 때

해설
프라이밍 펌프 : 연료공급계통의 공기빼기작업 및 공급펌프를 수동으
로 작동시켜 연료탱크 내의 연료를 분사펌프까지 공급하는 공급펌프

09 기관의 맥동적인 회전 관성력을 원활한 회전으로 바꾸
어주는 역할을 하는 것은?

① 크랭크 축   ② 피스톤
③ 플라이 휠   ④ 커넥팅 로드

해설
플라이 휠 : 크랭크 축에 순간적인 회전력이 평균회전력보다 클 때
회전에너지를 저장하고 작을 때는 회전에너지를 분배

10 피스톤과 실린더 사이의 간극이 너무 클 때 일어나는
현상은?

① 엔진의 출력 증대
② 압축압력 증가
③ 실린더 소결
④ 엔진오일의 소비증가

해설
피스톤과 실린더 벽 사이의 간극이 클 때 미치는 영향
• 블로바이에 의해 압축압력이 낮아진다.
• 피스톤 슬랩현상이 발생되며 기관 출력이 저하된다.
• 피스톤링의 기능 저하로 인하여 오일이 연소실에 유입되어 오일
  소비가 많아진다.

11 건설기계 기관에서 사용되는 여과장치가 아닌 것은?

① 공기청정기
② 오일필터
③ 오일 스트레이너
④ 인젝션 타이머

해설
인젝션 타이머는 분사시기 조정장치이다.

12 디젤엔진이 잘 시동되지 않거나 시동이 되더라도 출력이 약한 원인으로 맞는 것은?

① 연료탱크 상부에 공기가 들어 있을 때
② 플라이 휠이 마모되었을 때
③ 연료분사펌프의 기능이 불량할 때
④ 냉각수 온도가 100℃ 정도되었을 때

해설
연료펌프의 기능이 불량하면 연료가 잘 펌프되지 못하고 시동유지가 잘 안될 수 있다.
① 연료탱크에 공기는 항상 들어있고 만약 연료 파이프에 공기가 들어 있다면 문제와 같을 수 있다.
② 플라이 휠이 마모되는 곳은 클러치가 닫는 면과 스타팅모터의 피니언에 의해 링기어가 마모될 수 있다. 이것은 직접적인 원인은 아니다.
④ 냉각수 온도가 100℃ 정도 되면 엔진온도가 정상으로 웜되어 이때 엔진의 기능이 가장 최고점이 될 때이다.

13 교류(AC)발전기에서 전류가 발생되는 곳은 어느 부분인가?

① 정류자   ② 로 터
③ 전기자   ④ 스테이터

14 실드빔식 전조등에 대한 설명으로 맞지 않는 것은?

① 대기조건에 따라 반사경이 흐려지지 않는다.
② 내부에 불활성 가스가 들어있다.
③ 사용에 따른 광도의 변화가 적다.
④ 필라멘트를 갈아 끼울 수 있다.

해설
실드빔형은 필라멘트가 끊어지면 렌즈나 반사경에 이상이 없어도 전조등 전체를 교환해야 하는 단점이 있다.

15 퓨즈의 용량 표기가 맞는 것은?

① M   ② A
③ E   ④ V

해설
퓨즈의 용량 표기는 암페어(A)를 사용한다.

16 기동전동기의 피니언이 링기어에 물리는 방식이 아닌 것은?

① 스팔라인식   ② 벤딕스식
③ 전기자 섭동식   ④ 피니언 섭동식

해설
기동전동기 구동방식
• 벤딕스식 : 원심력에 의하여 피니언 기어를 링기어에 접촉
• 전기자 섭동식 : 전기자를 옵셋(Off Set)하여 접촉
• 피니언 섭동식 : 전자석 스위치를 이용하여 피니언을 링기어에 접촉

17 축전지를 교환 및 장착할 때 연결순서로 맞는 것은?

① (+)나 (−)선 중 편리한 것부터 연결하면 된다.
② 축전기의 (−)선을 먼저 부착하고, (+)선을 나중에 부착한다.
③ 축전지의 (+), (−)선을 동시에 부착한다.
④ 축전기의 (+)선을 먼저 부착하고, (−)선을 나중에 부착한다.

해설
축전지를 자동차 전기회로와 결선할 때는 반드시 (+)선을 먼저 축전지의 (+)단자와 연결한 다음에, (−)선을 축전지의 (−)단자와 연결해야 한다. 축전지를 자동차 전기회로로부터 분리할 때는 결선할 때와는 반대순서로 작업한다.

18 납산용 일반축전지가 방전되었을 때 보충 전 주의하여야 할 사항으로 가장 거리가 먼 것은?

① 충전 시 전해액 온도를 45℃ 이하로 유지할 것
② 충전 시 가스발생이 되므로 화기에 주의할 것
③ 충전 시 벤트플러그를 모두 열 것
④ 충전 시 배터리 용량보다 높은 전압으로 충전할 것

해설
축전지는 과충전시키지 말 것(양극판 격자의 산화가 촉진된다)

19 로더의 작업방법으로 맞는 것은?

① 굴삭작업 시는 버킷을 올려 세우고 작업을 하며 적재 시는 전경각 35°를 유지해야 한다.
② 굴삭작업 시는 버킷을 수평 또는 약 5° 정도 앞으로 기울이는 것이 좋다.
③ 작업 시는 변속기의 단수를 높이면 작업효율이 좋아진다.
④ 단단한 땅을 굴삭 시에는 그라인더로 버킷을 날카롭게 만든 후 작업을 하며 굴삭 시에는 후 경각 45°를 유지해야 한다.

해설
로더작업 시 유의사항
• 상차 시는 덤프트럭 적재함과 직각을 이루는 것이 가장 좋다.
• 버킷 밑면을 지면과 수평이 되게(전방 5°경사)하고 흙더미에 접근한다.
• 경사지 작업 시 변속 레버는 전진, 저속 위치로 두어야 로더가 흘러내리지 않는다.
• 흙더미 주변 90°로 덤프트럭을 세우고 로더가 45°로 접근한다.
• 작업 주행 또는 평상적인 주행 시는 버킷을 낮추고 주행(30~60cm)한다.

20 트랙장치에서 유동륜의 작용은?

① 트랙의 회전을 원활히 한다.
② 동력을 트랙으로 전달한다.
③ 트랙의 장력을 조정하면서 트랙의 진행방향을 유도한다.
④ 차체의 파손을 방지하고 원활한 운전을 하게 한다.

21 무한궤도식 굴삭기에 대한 설명으로 옳지 않은 것은?

① 상부롤러는 기동륜을 지지한다.
② 프론트 아이들러는 파손을 방지하고 원활한 운전을 할 수 있도록 한다.
③ 트랙의 조정은 아이들러의 이동으로 한다.
④ 리코일 스프링은 트랙과 아이들러의 충격을 완화시켜 준다.

해설
상부롤러는 트랙을 지지하고 하부롤러는 트랙 전체를 지지한다.

22 기중기작업에서 안전사항으로 적합한 것은?

① 측면으로 하며 비스듬히 끌어 올린다.
② 저속으로 천천히 감아올리고 와이어로프가 인장력을 받기 시작할 때는 빨리 당긴다.
③ 지면과 약 30cm 떨어진 지점에서 정지한 후 안전을 확인하고 상승한다.
④ 가벼운 화물을 들어 올릴 때는 붐 각을 안전각도 이하로 작업한다.

23 브레이크 오일이 비등하여 송유 압력의 전달작용이 불가능하게 되는 현상은?

① 페이드현상   ② 베이퍼 록 현상
③ 사이클링현상   ④ 브레이크 록 현상

- 베이퍼 록 현상 : 액체가 열에 의해서 기포가 발생하여 압력 전달 작용이 불량하게 되는 현상
- 베이퍼 록 발생 원인
  - 긴 내리막길에서 과도한 브레이크
  - 비등점이 낮은 브레이크 오일 사용
  - 드럼과 라이닝 마찰열의 냉각능력 저하
  - 마스터 실린더, 브레이크 슈 리턴 스프링의 절손에 의한 잔압저하

24 굴삭기를 트레일러에 상차하는 방법에 대한 것으로 가장 적합하지 않은 것은?

① 가급적 경사대를 사용한다.
② 트레일러로 운반 시 작업장치를 반드시 앞쪽으로 한다.
③ 경사대는 10~15° 정도 경사시키는 것이 좋다.
④ 붐을 이용하여 버킷으로 차체를 들어 올려 탑재하는 방법도 이용되지만 전복의 위험이 있어 특히 주의를 요하는 방법이다.

해설
트레일러로 운반 시 작업장치를 반드시 뒤쪽으로 한다.

25 종감속비에 대한 설명으로 맞지 않는 것은?

① 종감속비는 링기어 잇수를 구동피니언 잇수로 나눈 값이다.
② 종감속비가 크면 가속 성능이 향상된다.
③ 종감속비가 적으면 등판능력이 향상된다.
④ 종감속비는 나누어서 떨어지지 않는 값으로 한다.

해설
종감속비(Final Reduction Gear Ratio)
종감속비는 링 기어 이의 수와 구동 피니언 이의 수 비로서 엔진의 출력, 자동차의 중량, 가속성능, 등판능력 등에 의해 정해지며 감속비를 크게 하면 고속 성능이 저하되고 가속 성능 및 등판능력은 향상된다. 또한 감속비를 적게 하면 고속 성능이 향상되고 가속 성능 및 등판능력이 저하된다.

26 기계식 변속기가 장착된 건설기계장비에서 클러치 사용 방법으로 가장 올바른 것은?

① 클러치 페달에 항상 발을 올려놓는다.
② 저속 운전 시에만 발을 올려놓는다.
③ 클러치 페달은 변속 시에만 밟는다.
④ 클러치 페달은 커브길에서만 밟는다.

27 교통안전시설이 표시하고 있는 신호와 경찰공무원의 수신호가 다른 경우 통행방법으로 옳은 것은?

① 경찰공무원의 수신호에 따른다.
② 신호가 신호를 우선적으로 따른다.
③ 자기가 판단하여 위험이 없다고 생각되면 아무 신호에 따라도 좋다.
④ 수신호는 보조신호이므로 따르지 않아도 좋다.

28 검사연기신청을 하였으나 불허통지를 받은 자는 언제까지 검사를 신청하여야 하는가?

① 불허통지를 받은 날부터 5일 이내
② 불허통지를 받은 날부터 10일 이내
③ 검사신청기간 만료일부터 5일 이내
④ 검사신청기간 만료일부터 10일 이내

해설
검사연기신청을 받은 시·도지사 또는 검사대행자는 그 신청일부터 5일 이내에 검사연기 여부를 결정하여 신청인에게 통지하여야 한다. 이 경우 검사연기 불허통지를 받은 자는 검사신청기간 만료일부터 10일 이내에 검사신청을 하여야 한다.

29 교차로에서 직진하고자 신호대기 중에 있는 차가 진행 신호를 받고 안전하게 통행하는 방법은?

① 진행 권리가 부여되었으므로 좌우의 진행차량에는 구애받지 않는다.
② 직진이 최우선이므로 진행 신호에 무조건 따른다.
③ 신호와 동시에 출발하면 된다.
④ 좌우를 살피며 계속 보행 중인 보행자와 진행하는 교통의 흐름에 유의하여 진행한다.

30 등록번호표제작자는 등록번호표 제작 등의 신청을 받은 날로부터 며칠 이내에 제작하여야 하는가?

① 3일　　　② 5일
③ 7일　　　④ 10일

해설
등록번호표제작자는 규정에 의하여 등록번호표 제작 등의 신청을 받은 때에는 7일 이내에 등록번호표 제작 등을 하여야 하며, 등록번호표 제작 등 통지(명령)서는 이를 3년간 보존하여야 한다.

31 건설기계조종면허를 받지 아니하고 건설기계를 조종한 자에 대한 벌칙은?

① 2년 이하의 징역 또는 2천만원 이하의 벌금
② 1년 이하의 징역 또는 1천만원 이하의 벌금
③ 2백만원 이하의 벌금
④ 1백만원 이하의 벌금

해설
1년 이하의 징역 또는 1천만원 이하의 벌금
• 매매용 건설기계를 운행하거나 사용한 자
• 폐기인수 사실을 증명하는 서류의 발급을 거부하거나 거짓으로 발급한 자
• 폐기요청을 받은 건설기계를 폐기하지 아니하거나 등록번호표를 폐기하지 아니한 자
• 건설기계조종사면허를 받지 아니하고 건설기계를 조종한 자

• 건설기계조종사면허를 거짓이나 그 밖의 부정한 방법으로 받은 자
• 소형 건설기계의 조종에 관한 교육과정의 이수에 관한 증빙서류를 거짓으로 발급한 자
• 건설기계조종사면허가 취소되거나 건설기계조종사면허의 효력정지처분을 받은 후에도 건설기계를 계속하여 조종한 자
• 건설기계를 도로나 타인의 토지에 버려둔 자

32 승차인원·적재중량에 관하여 안전기준을 넘어서 운행하고자 하는 경우 누구에게 허가를 받아야 하는가?

① 출발지를 관할하는 경찰서장
② 시·도지사
③ 절대 운행 불가
④ 국토교통부장관

해설
모든 차의 운전자는 승차 인원, 적재중량 및 적재용량에 관하여 대통령령으로 정하는 운행상의 안전기준을 넘어서 승차시키거나 적재한 상태로 운전하여서는 아니 된다. 다만, 출발지를 관할하는 경찰서장의 허가를 받은 경우에는 그러하지 아니하다.

33 정차라 함은 주차 외의 정지 상태로서 몇 분을 초과하지 아니하고 차를 정지시키는 것을 말하는가?

① 3분　　　② 5분
③ 7분　　　④ 10분

34 다음 중 건설기계 특별표지판을 부착하지 않아도 되는 건설기계는?

① 길이가 17m인 굴삭기
② 너비가 4m인 기중기
③ 총중량이 15t인 지게차
④ 최소 회전반경이 14m인 모터그레이더

특별표지판 부착하는 대형건설기계의 범위(건설기계 안전기준에 관한 규칙)
- 길이가 16.7m를 초과하는 건설기계
- 너비가 2.5m를 초과하는 건설기계
- 높이가 4.0m를 초과하는 건설기계
- 최소회전반경이 12m를 초과하는 건설기계
- 총중량이 40t을 초과하는 건설기계
- 총중량 상태에서 축하중이 10t을 초과하는 건설기계

35 다음 중 최고속도 15km/h 미만의 타이어식 건설기계가 필히 갖추어야 할 조명장치는?

① 후미등   ② 방향지시등
③ 후부반사기   ④ 번호등

해설

타이어식 건설기계에는 다음 각 호의 구분에 따라 조명장치를 설치하여야 한다.
1. 최고주행속도가 시간당 15km 미만인 건설기계
   가. 전조등
   나. 제동등
   다. 후부반사기
   라. 후부반사판 또는 후부반사지
2. 최고주행속도가 시간당 15km 이상 50km 미만인 건설기계
   가. 제1호 각 목에 해당하는 조명장치
   나. 방향지시등
   다. 번호등
   라. 후미등
   마. 차폭등
3. 법 제26조 제1항 단서에 따라 도로교통법 제80조에 따른 운전면허를 받아 조종하는 건설기계 또는 시간당 50km 이상 운전이 가능한 타이어식 건설기계
   가. 제1호 및 제2호에 따른 조명장치
   나. 후퇴등
   다. 비상점멸 표시등

36 보도와 차도가 구분된 도로에서 중앙선이 설치되어 있는 경우 차마의 통행방법으로 옳은 것은?

① 중앙선 좌측   ② 중앙선 우측
③ 좌·우측 모두   ④ 보도의 좌측

해설

차마의 운전자는 도로(보도와 차도가 구분된 도로에서는 차도를 말한다)의 중앙(중앙선이 설치되어 있는 경우에는 그 중앙선을 말한다) 우측 부분을 통행하여야 한다.

37 유압회로 내에서 서지압(Surge Pressure)이란?

① 과도하게 발생하는 이상 압력의 최대값
② 정상적으로 발생하는 압력의 최대값
③ 정상적으로 발생하는 압력의 최소값
④ 과도하게 발생하는 이상 압력의 최소값

해설

서지압 : 유압회로 내의 밸브를 갑자기 닫았을 때 오일의 속도에너지가 압력에너지로 변화하면서 일시적으로 큰 압력증가가 생기는 현상

38 필터의 여과 입도수(Mesh)가 너무 높을 때 발생할 수 있는 현상으로 가장 적절한 것은?

① 블로바이현상   ② 맥동현상
③ 베이퍼록현상   ④ 캐비테이션현상

39 유압유의 압력이 상승하지 않을 때의 원인을 점검하는 것으로 가장 거리가 먼 것은?

① 펌프의 오일 토출 점검
② 유압회로를 점검
③ 릴리프밸브를 점검
④ 펌프 설치 고정 볼트 강도 점검

해설

유압회로 내에서의 흐름이 원활하지 않다는 의미가 되며 각종 밸브나 펌프의 작동 상황 등 흐름을 방해할 원인을 점검하는 데 주안점을 두어야 한다.

40 유압장치에서 두 개의 펌프를 사용하는 데 있어 펌프의 전체 송출량을 필요로 하지 않을 경우, 동력의 절감과 유온 상승을 방지하는 것은?

① 압력스위치(Pressure Switch)
② 카운터 밸런스밸브(Count Balance Valve)
③ 감압밸브(Pressure Reducing Valve)
④ 무부하밸브(Unloading Valve)

41 압력의 단위가 아닌 것은?

① Pa
② bar
③ GPM
④ kgf/cm^2

[해설]
GPM : 유압펌프에서 분당 토출하는 작동유의 양

42 유압장치에서 방향제어밸브 설명으로 적합하지 않은 것은?

① 유체의 흐름 방향을 변환한다.
② 유체의 흐름 방향을 한쪽으로만 허용한다.
③ 액추에이터의 속도를 제어한다.
④ 유압실린더나 유압모터의 작동 방향을 바꾸는 데 사용된다.

[해설]
방향제어밸브는 액추에이터로 공급되는 압축 공기의 흐름 방향을 제어하고, 시동과 정지 기능을 갖춘 밸브이다.

43 유압실린더의 구성부품이 아닌 것은?

① 피스톤로드
② 피스톤
③ 실린더
④ 커넥팅 로드

[해설]
유압실린더의 기본 구성부품은 실린더, 실린더 튜브, 피스톤, 피스톤 로드, 실린더 패킹 등으로 구성되어 있다.

44 건설기계에서 사용하는 작동유의 정상 작동 온도 범위로 가장 적합한 것은?

① 10~30℃
② 40~60℃
③ 90~110℃
④ 120~150℃

45 유압장치에서 작동 유압 에너지에 의해 연속적으로 회전운동을 함으로서 기계적인 일을 하는 것은?

① 유압모터
② 유압실린더
③ 유압제어밸브
④ 유압탱크

[해설]
유압모터는 유압 에너지를 기계적 에너지로 변환한다.

46 그림과 같은 실린더의 명칭은?

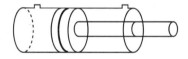

① 단동실린더
② 단동 다단 실린더
③ 복동실린더
④ 복동 다단 실린더

[해설]
복동실린더는 압축공기를 양측에 번갈아가며 공급하여 피스톤을 전진 운동 시키거나 또는 후진운동을 시키는 실린더이다.
① 단동실린더 : 한 방향의 운동에만 압축 공기를 사용하고 반대 방향의 운동에는 스프링이나 외력에 의해 복귀시키는 실린더

47 자연적 재해가 아닌 것은?

① 지 진　　　　② 태 풍
③ 홍 수　　　　④ 방 화

해설
• 자연적 재해 : 지진, 태풍, 홍수 등 자연현상에서 의해서 사람의 생활패턴에 큰 영향을 미치는 피해
• 인위적 재해 : 화재나 범죄와 같이 사람에 의해서 발생되는 재해

48 금속 표면에 거칠거나 각진 부분에 다칠 우려가 있어 매끄럽게 다듬질하고자 한다. 적합한 수공구는?

① 끌　　　　② 줄
③ 대 패　　　　④ 쇠 톱

49 안전·보건표지의 종류별 용도·사용장소·형태 및 색채에서 바탕은 흰색, 기본모형은 빨간색, 관련부호 및 그림은 검정색으로 된 표지는?

① 보조표지　　　　② 지시표지
③ 주의표지　　　　④ 금지표지

해설
② 지시표지 : 바탕은 파란색, 관련 그림은 흰색

금지표지	경고표지
출입금지	낙하물경고
지시표지	안내표지
보안경 착용	응급구호표지

50 다음 중 물건을 여러 사람이 공동으로 운반할 때의 안전사항과 거리가 먼 것은?

① 명령과 지시는 한사람이 한다.
② 최소한 한손으로는 물건을 받친다.
③ 앞쪽에 있는 사람이 부하를 적게 담당한다.
④ 긴 화물은 같은 쪽의 어깨에 올려서 운반한다.

해설
공동으로 운반작업할 때는 작업자 간의 체력과 신장이 비슷한 사람끼리 작업한다.

51 안전보호구 선택 시 유의사항으로 틀린 것은?

① 보호구 검정에 합격하고 보호성능이 보장될 것
② 반드시 강철로 제작되어 안전 보장형일 것
③ 작업 행동에 방해되지 않을 것
④ 착용이 용이하고 크기 등 사용자에게 편리할 것

해설
보호구의 구비조건
• 위험, 유해요소에 대한 방호성능이 충분할 것
• 작업에 방해가 안 될 것
• 착용이 간편할 것
• 재료의 품질이 양호할 것
• 구조와 끝마무리가 양호할 것
• 외양과 외관이 양호할 것

52 절연용 보호구의 종류가 아닌 것은?

① 절연모　　　　② 절연시트
③ 절연화　　　　④ 절연장갑

해설
절연용 보호구 : 절연 안전모, 절연 고무장갑, 절연화, 절연장화, 절연복 등

53 다음은 화재 예방과 대책 중 국한 대책에 해당하지 않는 것은?

① 가연물을 쌓아놓는다.
② 공한지의 확보
③ 방화벽 등의 정비
④ 건물설비에 불연성 소재를 쓴다.

해설
국한대책 : 피해를 최소화하기 위한 노력
• 안 전
• 가연물의 집적금지
• 건물, 설비의 불연화
• 방호벽
• 공지의 보유
• 긴급조치

54 산업재해의 분류에서 사람이 평면상으로 넘어졌을 때(미끄러짐 포함)를 말하는 것은?

① 낙 하   ② 충 돌
③ 전 도   ④ 추 락

해설
① 낙하 : 떨어지는 물체에 맞는 경우
② 충돌 : 사람이 정지한 물체에 부딪치는 경우
④ 추락 : 사람이 높은 곳에서 떨어지거나, 계단 등에서 구르는 경우

55 해머(Hammer)작업 시 주의사항으로 틀린 것은?

① 해머작업 시는 장갑을 사용해서는 안 된다.
② 난타하기 전에 주의를 확인한다.
③ 해머의 정확성을 유지하기 위해 기름을 바른다.
④ 1~2회 정도는 가볍게 치고 나서 본격적으로 작업한다.

해설
해머의 타격면에 기름을 바르지 말 것

56 작업장에 대한 안전관리상 설명으로 틀린 것은?

① 항상 청결하게 유지한다.
② 작업대 사이, 또는 기계 사이의 통로는 안전을 위한 일정한 너비가 필요하다.
③ 공장바닥은 폐유를 뿌려, 먼지 등이 일어나지 않도록 한다.
④ 전원 콘센트 및 스위치 등에 물을 뿌리지 않는다.

57 도시가스 배관의 안전조치 및 손상방지를 위해 다음과 같이 안전조치를 하여야하는데 굴착공사자는 굴착공사 예정지역의 위치에 어떤 조치를 하여야 하는가?

> 도시가스사업자는 굴착공사자에게 연락하여 굴착공사 현장 위치와 매설배관 위치를 굴착공사자와 공동으로 표시할 것인지 각각 단독으로 표시할 것인지를 결정하고, 굴착공사 담당자의 인적사항 및 연락처, 굴착공사 개시예정일시가 포함된 결정사항을 정보지원센터에 통지할 것

① 횡색 페인트로 표시
② 적색 페인트로 표시
③ 흰색 페인트로 표시
④ 청색 페인트로 표시

해설
굴착공사자는 굴착공사 예정지역의 위치를 흰색 페인트로 표시하며, 페인트로 표시하는 것이 곤란한 경우에는 굴착공사자와 도시가스사업자가 굴착공사 예정지역임을 인지할 수 있는 적절한 방법으로 표시할 것

58 도로에서 굴착작업 중 케이블 표지시트가 발견되었을 때 조치방법으로 가장 적합한 것은?

① 해당설비 관리자에게 연락 후 그 지시를 따른다.
② 케이블 표지시트를 걷어내고 계속 작업한다.
③ 시설관리자에게 연락하지 않고 조심해서 작업한다.
④ 케이블 표지시트는 전력케이블과는 무관하다.

59 도로 굴착자는 되메움 공사 완료 후 도시가스 배관 손상방지를 위하여 최소한 몇 개월 이상 침하 유무를 확인하여야 하는가?

① 1개월　　　　② 2개월
③ 3개월　　　　④ 4개월

해설
도로 굴착자는 되메움 공사 완료 후 최소 3개월 이상 지반침하유무를 확인하여야 한다.

60 그림과 같이 시가지에 있는 배전선로 A에는 보통 몇 V의 전압이 인가되고 있는가?

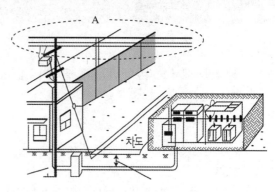

① 110V　　　　② 220V
③ 440V　　　　④ 22,900V

해설
종래 우리나라 고압 배전선은 3.3kV, 6.6kV, 22kV의 3상 3선식이었으나 지금은 모두 3상 4선식으로 모두 22,900V이다.

● 시험시간 : 60분   ● 총문항수 : 60개   ● 합격커트라인 : 60점   ▼ START

01 냉각장치에서 냉각수의 비등점을 올리기 위한 것으로 맞는 것은?

① 진공식 캡
② 압력식 캡
③ 라디에이터
④ 물재킷

해설
압력식 캡은 비등점(끓는점)을 올려 냉각효과를 증대시키는 기능을 하고 진공밸브(진공식)는 과냉으로 인한 수축현상을 방지해 준다.

02 다음 중 기관에서 팬벨트 장력 점검방법으로 맞는 것은?

① 벨트길이 측정게이지로 측정 점검
② 정지된 상태에서 벨트의 중심을 엄지손가락으로 눌러서 점검
③ 엔진을 가동한 후 텐셔너를 이용하여 점검
④ 발전기의 고정 볼트를 느슨하게 하여 점검

03 기관에서 피스톤링의 작용으로 틀린 것은?

① 기밀작용
② 완전 연소 억제작용
③ 오일제어작용
④ 열전도작용

해설
피스톤링의 3대 작용
• 기밀유지(밀봉)작용 : 압축 링의 주작용
• 오일제어(실린더 벽의 오일 긁어내기)작용 : 오일링의 주작용
• 열전도(냉각)작용

04 계기판을 통하여 엔진오일의 순환상태를 알 수 있는 것은?

① 연료 잔량계
② 오일 압력계
③ 전류계
④ 진공계

해설
차량의 운행 중에 엔진오일 압력의 정상 여부를 확인할 수 있도록 운전석 계기판에 유압계가 있다.

05 디젤기관에서 시동을 돕기 위해 설치된 부품으로 맞는 것은?

① 과급장치
② 발전기
③ 디퓨저
④ 히트레인지

해설
히트레인지는 흡입다기관에 설치된 열선에 전원을 공급하여 발생되는 열에 의해 흡입되는 공기를 가열하는 예열장치이다.

06 디젤기관에서 시동이 되지 않는 원인과 가장 거리가 먼 것은?

① 연료가 부족하다.
② 기관의 압축압력이 높다.
③ 연료 공급 펌프가 불량이다.
④ 연료 계통에 공기가 혼입되어 있다.

디젤기관은 압축열에 의한 착화로 시동이 되므로 압축압력이 높으면 시동이 잘 된다.
디젤엔진의 시동곤란 요인
• 엔진의 회전속도가 느리다.
• 연료공급이 불량하다.
• 기동전압이 낮다.
• 분사시기가 불량하다.
• 연료의 착화점이 높다.

07 다음은 터보식 과급기의 작동상태이다. 관계없는 것은?

① 디퓨저에서는 공기의 압력 에너지가 속도 에너지로 바뀌게 된다.
② 배기가스가 임펠러를 회전시키면 공기가 흡입되어 디퓨저에 들어간다.
③ 디퓨저에서는 공기의 속도 에너지가 압력 에너지로 바뀌게 된다.
④ 압축공기가 각 실린더의 밸브가 열릴 때마다 들어가 충전효율이 증대된다.

08 기관에 사용되는 윤활유 사용방법으로 옳은 것은?

① 계절과 윤활유 SAE 번호는 관계가 없다.
② 겨울은 여름보다 SAE 번호가 큰 윤활유를 사용한다.
③ SAE 번호는 일정하다.
④ 여름용은 겨울용보다 SAE 번호가 크다.

해설
윤활유의 점도는 SAE번호로 분류하며 여름은 높은 점도, 겨울은 낮은 점도를 사용한다.

09 디젤기관에 공급하는 연료의 압력을 높이는 것으로 조속기와 분사시기를 조절하는 장치가 설치되어 있는 것은?

① 유압펌프
② 프라이밍펌프
③ 연료분사펌프
④ 플런저펌프

10 유압식 밸브 리프터의 장점이 아닌 것은?

① 밸브 간극은 자동으로 조절된다.
② 밸브 개폐시기가 정확하다.
③ 밸브 구조가 간단하다.
④ 밸브 기구의 내구성이 좋다.

해설
구조가 복잡하다. 즉, 유압식 밸브 리프터는 밸브 간극을 자동으로 조절하는 것으로 오일의 비압축성을 이용하여 기관의 작동 온도에 관계없이 항상 밸브 간극을 0으로 유지해준다. 밸브 간극을 점검할 필요가 없으며 밸브 개폐시기가 정확하므로 기관의 성능이 향상됨과 동시에 작동 소음을 줄일 수 있으나 구조가 복잡해지고 항상 일정한 압력의 오일을 공급받아야 한다.

11 디젤기관에서 노킹의 원인이 아닌 것은?

① 연료의 세탄가가 높다.
② 연료의 분사압력이 낮다.
③ 연소실의 온도가 낮다.
④ 착화지연 시간이 길다.

해설
세탄가가 높으면 노킹이 일어나지 않는다.

12 디젤기관에서 시동이 걸리지 않는다. 점검해야 할 곳이 아닌 것은?

① 기동전동기가 이상이 없는지 점검해야 한다.
② 배터리의 충전상태를 점검해야 한다.
③ 배터리 접지 케이블의 단자가 잘 조여져 있는지 점검해야 한다.
④ 발전기가 이상이 없는지 점검해야 한다.

해설
발전기는 배터리의 충전에 이상이 있는지 2차적으로 점검해야 할 사항이다.

13 에어컨 장치에서 환경보존을 위한 대체물질로 신 냉매가스에 해당되는 것은?

① R-12
② R-22
③ R-12a
④ R-134a

해설
자동차 에어컨의 완벽한 냉매로서 사용되어 온 프레온 12(R-12)의 대체품으로 선정된 것이 프레온 134a(HFC-134a)이다. R-134a의 오존 파괴계수는 제로(0)로 되어 있다.

14 자동차 AC발전기의 B단자에서 발생되는 전기는?

① 단상 전파 교류전압
② 단상 반파 직류전압
③ 3상 전파 직류전압
④ 3상 반파 교류전압

15 기관을 시동하기 위해 시동키를 작동했지만 기동모터가 회전하지 않아 점검하려고 한다. 점검 내용으로 틀린 것은?

① 배터리 방전상태 확인
② 인젝션 펌프 솔레노이드 점검
③ 배터리 터미널 접촉 상태 확인
④ ST회로 연결 상태 확인

해설
시동키를 작동했지만 기동모터가 회전하지 않을 때는 축전지, 배터리 터미널, ST회로의 연결상태를 점검한다.

16 기관에서 예열플러그의 사용 시기는?

① 축전지가 방전되었을 때
② 축전지가 과충전되었을 때
③ 기온이 낮을 때
④ 냉각수의 양이 많을 때

해설
예열플러그는 기온이 낮을 때 시동을 돕기 위한 것이다.

17 축전지의 온도가 내려갈 때 발생되는 현상이 아닌 것은?

① 비중이 상승한다.
② 전류가 커진다.
③ 용량이 저하한다.
④ 전압이 저하된다.

18 납산배터리의 전해액을 측정하여 충전상태를 알 수 있는 게이지는?

① 그로울러 테스터
② 압력계
③ 비중계
④ 스러스트 게이지

해설
비중계는 전자액의 비중을 측정하여 축전지의 상태를 측정하는 것이다.
① 그로울러 테스터 : 기동전동기 전기자를 시험하는 데 사용되는 시험기

19 굴삭기에서 매 1,000시간마다 점검, 정비해야 할 항목으로 맞지 않는 것은?

① 작동유 배수 및 여과기교환
② 어큐뮬레이터 압력점검
③ 주행감속기 기어의 오일교환
④ 발전기, 기동전동기 점검

해설
매 2,000시간 점검사항
• 작동유 탱크, 오일 흡입 스트레이너(여과기) : 점검, 청소, 교환
• 라디에이터 냉각수 : 교환

20 기계식 변속기의 클러치에서 릴리스베어링과 릴리스레버가 분리되어 있을 때로 맞는 것은?

① 클러치가 연결되어 있을 때
② 접촉하면 안 되는 것으로 분리되어 있을 때
③ 클러치가 분리되어 있을 때
④ 클러치가 연결, 분리할 때

해설
릴리스 레버는 릴리스베어링에 의해 한쪽 끝부분이 눌리면 반대쪽은 클러치 판을 누르고 있는 압력판을 분리시키는 레버이다.

21 굴삭기에 아워미터(시간계)의 설치 목적이 아닌 것은?

① 가동시간에 맞추어 예방정비를 한다.
② 가동시간에 맞추어 오일을 교환한다.
③ 각 부위 주유를 정기적으로 하기 위해 설치되었다.
④ 하차 만료 시간을 체크하기 위하여 설치되었다.

해설
시간계(Hour Meter)는 실제로 일한 시간을 측정할 수 있는 계측기로 시기마다 정비해 주어야 할 장비 점검, 오일 점검을 위해 시간을 알려주는 역할을 한다.

22 크레인 주행 중 유의사항으로 틀린 것은?

① 크레인을 주행할 때는 반드시 선회 로크를 고정시킨다.
② 트럭 크레인, 휠 크레인 등을 주차할 경우 반드시 주차 브레이크를 걸어둔다.
③ 언덕길을 오를 때는 붐을 가능한 세운다.
④ 고압선 아래를 통과할 때는 충분한 간격을 두고 신호자의 지시에 따른다.

해설
급경사의 언덕길을 오를 때에는 포크의 선단 또는 파렛트의 바닥 부분이 노면에 접촉되지 않도록 하고, 되도록 지면에 가까이 접근시켜 주행한다.

23 모터그레이더에서 앞바퀴를 좌·우로 경사시킨 경우 바퀴의 중심선이 수평면과 이루는 각도는?

① 탠덤 드라이브 각도
② 블레이드 추진 각도
③ 블레이드 절삭 각도
④ 리닝 각도

24 무한궤도식 건설기계에서 트랙의 구성품으로 맞는 것은?

① 슈, 조인트, 스프로킷, 핀, 슈볼트
② 스프로킷, 트랙롤러, 상부롤러 아이롤러
③ 슈, 스프로킷, 하부롤러, 상부롤러, 감속기
④ 슈, 슈볼트, 링크, 부싱, 핀

해설
트랙은 슈, 슈볼트, 링크, 부싱, 핀, 슈핀으로 구성되어 있다.

25 타이어식 건설기계의 증감속장치에서 열이 발생하고 있을 때 원인으로 틀린 것은?

① 윤활유의 부족
② 오일의 오염
③ 증감속 기어의 접촉상태 불량
④ 증감속기 하우징 볼트의 과도한 조임

26 다음 무한궤도식 굴삭기에 대한 설명으로 가장 옳지 않은 것은?

① 상부회전체와 하부구동체를 고정시켜주는 장치는 선회 고정장치이다.
② 트랙롤러는 싱글플랜지형과 더블플랜지형이 있고 스프로킷에 가까운 쪽의 하부롤러는 싱글플랜지형이 사용된다.
③ 하부주행체의 프론트 아이들러는 트랙의 회전력을 증대시킨다.
④ 트랙의 장력 조정은 트랙어저스터로 하고, 주행중 트랙장력 조정은 아이들러를 전후시켜 조정한다.

해설
③ 하부주행체의 프론트 아이들러는 트랙의 장력을 조정하면서 트랙의 진행방향을 유도한다.

27 건설기계의 구조 변경 범위에 속하지 않는 것은?

① 건설기계의 길이, 너비, 높이 변경
② 적재함의 용량 증가를 위한 변경
③ 조종장치의 형식 변경
④ 수상작업용 건설기계 선체의 형식변경

해설
건설기계의 구조변경범위(건설기계관리법 시행규칙 제42조)
주요구조의 변경 및 개조의 범위는 다음과 같다. 다만, 건설기계의 기종변경, 육상작업용 건설기계규격의 증가 또는 적재함의 용량증가를 위한 구조변경은 이를 할 수 없다.
• 원동기 및 전동기 형식변경
• 동력전달장치의 형식변경
• 제동장치의 형식변경
• 주행장치의 형식변경
• 유압장치의 형식변경
• 조종장치의 형식변경
• 조향장치의 형식변경
• 작업장치의 형식변경. 다만, 가공작업을 수반하지 아니하고 작업장치를 선택부착하는 경우에는 작업장치의 형식변경으로 보지 아니한다.
• 건설기계의 길이·너비·높이 등의 변경
• 수상작업용 건설기계의 선체의 형식변경
• 타워크레인 설치기초 및 전기장치의 형식변경

28 도로교통법상 안전표지의 종류가 아닌 것은?

① 주의표지
② 규제표지
③ 안심표지
④ 보조표지

해설
안전표지의 종류
주의표지, 규제표지, 지시표지, 보조표지, 노면표시

29 출발지 관할 경찰서장이 안전기준을 초과하여 운행할 수 있도록 허가하는 사항에 해당하지 않는 것은?

① 적재중량
② 운행속도
③ 승차인원
④ 적재용량

해설
모든 차의 운전자는 승차인원, 적재중량 및 적재용량에 관하여 대통령령으로 정하는 운행상의 안전기준을 넘어서 승차시키거나 적재한 상태로 운전하여서는 아니 된다. 다만, 출발지를 관할하는 경찰서장의 허가를 받은 경우에는 그러하지 아니하다.

30 주차 및 정차 금지 장소는 건널목의 가장자리로부터 몇 미터 이내인 곳인가?

① 5m
② 10m
③ 20m
④ 30m

해설

정차 및 주차의 금지(도로교통법 제32조)

모든 차의 운전자는 다음의 어느 하나에 해당하는 곳에서는 차를 정차하거나 주차하여서는 아니 된다. 다만, 도로교통법이나 도로교통법에 따른 명령 또는 경찰공무원의 지시를 따르는 경우와 위험방지를 위하여 일시정지하는 경우에는 그러하지 아니하다.

• 교차로·횡단보도·건널목이나 보도와 차도가 구분된 도로의 보도 (주차장법에 따라 차도와 보도에 걸쳐서 설치된 노상주차장은 제외한다)

• 교차로의 가장자리나 도로의 모퉁이로부터 5m 이내인 곳

• 안전지대가 설치된 도로에서는 그 안전지대의 사방으로부터 각각 10m 이내인 곳

• 버스여객자동차의 정류지(停留地)임을 표시하는 기둥이나 표지판 또는 선이 설치된 곳으로부터 10m 이내인 곳. 다만, 버스여객자동차의 운전자가 그 버스여객자동차의 운행시간 중에 운행노선에 따르는 정류장에서 승객을 태우거나 내리기 위하여 차를 정차하거나 주차하는 경우에는 그러하지 아니하다.

• 건널목의 가장자리 또는 횡단보도로부터 10m 이내인 곳

• 다음의 곳으로부터 5미터 이내인 곳
  – 소방기본법에 따른 소방용수시설 또는 비상소화장치가 설치된 곳
  – 화재예방, 소방시설 설치·유지 및 안전관리에 관한 법률에 따른 소방시설로서 대통령령으로 정하는 시설이 설치된 곳

• 지방경찰청장이 도로에서의 위험을 방지하고 교통의 안전과 원활한 소통을 확보하기 위하여 필요하다고 인정하여 지정한 곳

31 교통사고로 인하여 사람을 사상하거나 물건을 손괴하는 사고가 발생했을 때 우선 조치사항으로 가장 적합한 것은?

① 사고 차를 견인 조치한 후 승무원을 구호하는 등 필요한 조치를 취해야 한다.

② 사고 차를 운전한 운전자는 물적 피해 정도를 파악하여 즉시 경찰서로 가서 사고 현황을 신고한다.

③ 그 차의 운전자는 즉시 경찰서로 가서 사고와 관련된 현황을 신고 조치한다.

④ 그 차의 운전자나 그 밖의 승무원은 즉시 정차하여 사상자를 구호하고 피해자에게 인적사항을 제공하여야 한다.

해설

사고발생 시의 조치

① 차 또는 노면전차의 운전 등 교통으로 인하여 사람을 사상(死傷)하거나 물건을 손괴(교통사고)한 경우에는 그 차 또는 노면전차의 운전자나 그 밖의 승무원(운전자 등)은 즉시 정차하여 사상자를 구호하고 피해자에게 인적사항을 제공하여야 한다.

② ①의 경우 그 차 또는 노면전차의 운전자 등은 경찰공무원이 현장에 있을 때에는 그 경찰공무원에게, 경찰공무원이 현장에 없을 때에는 가장 가까운 국가경찰관서(지구대, 파출소 및 출장소를 포함한다)에 다음의 사항을 지체 없이 신고하여야 한다. 다만, 차 또는 노면전차만 손괴된 것이 분명하고 도로에서의 위험방지와 원활한 소통을 위하여 필요한 조치를 한 경우에는 그러하지 아니하다.

  1. 사고가 일어난 곳
  2. 사상자 수 및 부상 정도
  3. 손괴한 물건 및 손괴 정도
  4. 그 밖의 조치사항 등

32 5t 미만의 불도저의 소형건설기계 조종실습 시간은?

① 6시간　　　② 10시간

③ 12시간　　　④ 16시간

해설

소형건설기계 조종교육의 내용(3t 이상 5t 미만의 로더, 5t 미만의 불도저 및 콘크리트펌프(이동식으로 한정))

교육 내용	시 간
1. 건설기계기관, 전기 및 작업장치	2(이론)
2. 유압일반	2(이론)
3. 건설기계관리법규 및 도로통행방법	2(이론)
4. 조종실습	12(실습)

※ 시험 당시 ④ 16시간이었으나 법 개정으로 ③ 12시간이 답으로 변경되었다.

33 차마의 통행방법으로 도로의 중앙이나 좌측 부분을 통행할 수 있는 경우로 가장 적합한 것은?

① 교통 신호가 자주 바뀌어 통행에 불편을 느낄 때
② 과속 방지턱이 있어 통행에 불편할 때
③ 차량의 혼잡으로 교통소통이 원활하지 않을 때
④ 도로의 파손, 도로공사 또는 우측 부분을 통행할 수 없을 때

해설

차마의 운전자는 다음에 해당하는 경우에는 도로의 중앙이나 좌측 부분을 통행할 수 있다.

• 도로가 일방통행인 경우

• 도로의 파손, 도로공사나 그 밖의 장애 등으로 도로의 우측 부분을 통행할 수 없는 경우

• 도로의 우측 부분의 폭이 6m가 되지 아니하는 도로에서 다른 차를 앞지르려는 경우. 다만, 다음의 어느 하나에 해당하는 경우에는 그러

하지 아니하다.

– 도로의 좌측 부분을 확인할 수 없는 경우
– 반대방향의 교통을 방해할 우려가 있는 경우
– 안전표지 등으로 앞지르기가 금지되거나 제한되어 있는 경우
• 도로의 우측 부분의 폭이 차마의 통행에 충분하지 아니한 경우
• 가파른 비탈길의 구부러진 곳에서 교통의 위험을 방지하기 위하여 지방경찰청장이 필요하다고 인정하여 구간 및 통행방법을 지정하고 있는 경우에 그 지정에 따라 통행하는 경우

34 타이어식 건설기계의 좌석 안전띠는 속도가 최소 몇 km/h 이상일 때 설치하여야 하는가?

① 10km/h   ② 30km/h
③ 40km/h   ④ 50km/h

해설

지게차와 시간당 30km 이상의 속도를 낼 수 있는 타이어식 건설기계에는 기준에 적합한 좌석안전띠를 설치하여야 한다.

35 건설기계를 등록할 때 필요한 서류에 해당하지 않는 것은?

① 건설기계제작증
② 수입면장
③ 매수증서
④ 건설기계검사증 등본원부

해설

건설기계를 등록하려는 건설기계의 소유자는 건설기계등록신청서(전자문서로 된 신청서를 포함한다)에 다음의 서류(전자문서를 포함한다)를 첨부하여 건설기계소유자의 주소지 또는 건설기계의 사용본거지를 관할하는 특별시장·광역시장·도지사 또는 특별자치도지사(시·도지사)에게 제출하여야 한다.
1. 건설기계의 출처를 증명하는 다음의 서류
　가. 국내에서 제작한 건설기계 : 건설기계제작증
　나. 수입한 건설기계 : 수입면장 등 수입사실을 증명하는 서류. 다만, 타워크레인의 경우에는 건설기계제작증을 추가로 제출해야 한다.
　다. 행정기관으로부터 매수한 건설기계 : 매수증서
2. 건설기계의 소유자임을 증명하는 서류. 다만, 제1호 각목의 서류가 건설기계의 소유자임을 증명할 수 있는 경우에는 당해 서류로 갈음할 수 있다.
3. 건설기계제원표
4. 자동차손해배상 보장법에 따른 보험 또는 공제의 가입을 증명하는 서류

36 검사소에서 검사를 받아야 할 건설기계 중 최소기준으로 축 중이 몇 톤을 초과하면 출장검사를 받을 수 있는가?

① 5t   ② 10t
③ 15t   ④ 20t

해설

출장검사 기계
• 도서지역에 있는 경우
• 자체중량이 40t을 초과하거나 축중이 10t을 초과하는 경우
• 너비가 2.5m를 초과하는 경우
• 최고속도가 시간당 35km 미만인 경우

37 유압회로에서 역류를 방지하고 회로 내의 잔류압력을 유지하는 밸브는?

① 체크밸브   ② 셔틀밸브
③ 매뉴얼밸브   ④ 스로틀밸브

38 차동회로를 설치한 유압기기에서 속도가 나지 않는다면, 그 이유로 가장 적합한 것은?

① 회로 내에 감압밸브가 작동하지 않을 때
② 회로 내에 관로의 직경치가 있을 때
③ 회로 내에 바이패스통로가 있을 때
④ 회로 내에 압력손실이 있을 때

39 유압실린더에서 실린더의 과도한 자연낙하현상이 발생하는 원인으로 가장 거리가 먼 것은?

① 컨트롤밸브 스풀의 마모
② 릴리프밸브의 조정 불량
③ 작동압력이 높을 때
④ 실린더 내의 피스톤 실(Seal)의 마모

해설
유압실린더에서 발생되는 실린더 자연하강현상 원인
• 작동압력이 낮은 때
• 실린더 내부 마모
• 컨트롤밸브의 스풀 마모
• 릴리프밸브의 불량

40 유압 작동부에서 오일이 새고 있을 때 가장 먼저 점검해야 하는 것은?

① 밸브(Valve)
② 기어(Gear)
③ 플런저(Plunger)
④ 실(Seal)

해설
오일 누설의 원인 : 실의 마모와 파손, 볼트의 이완 등이 있다.

41 그림의 유압기호는 무엇을 표시하는가?

① 공기유압변환기
② 중압기
③ 촉매컨버터
④ 어큐뮬레이터

해설
유압기호

공기유압변환기	중압기	어큐뮬레이터
단독형	단독형	
연속형	연속형	

42 액추에이터를 순서에 맞추어 작동시키기 위하여 설치하는 밸브는?

① 메이크업밸브(Make up Valve)
② 리듀싱밸브(Reducing Valve)
③ 시퀀스밸브(Sequence Valve)
④ 언로우드밸브(Unloading Valve)

43 밀폐된 용기 내의 액체 일부에 가해진 압력은 어떻게 전달되는가?

① 유체 각 부분에 다르게 전달된다.
② 유체 각 부분에 동시에 같은 크기로 전달된다.
③ 유체의 압력이 돌출 부분에서 더 세게 작용된다.
④ 유체의 압력이 홈 부분에서 더 세게 작용된다.

해설
파스칼의 원리 : 밀폐된 용기 내의 일부에 가해진 압력은 유체 각 부분에 동시에 같은 크기로 전달된다.

44 유압모터의 장점이 될 수 없는 것은?

① 소형 경량으로서 큰 출력을 낼 수 있다.
② 공기와 먼지 등이 침투하여도 성능에는 영향이 없다.
③ 변속, 역전의 제어도 용이하다.
④ 속도나 방향의 제어가 용이하다.

해설
작동유에 먼지나 공기가 침입하지 않도록 특히 보수에 주의해야 한다.

45 유압 오일 내에 기포(거품)가 형성되는 이유로 가장 적합한 것은?

① 오일 속의 이물질 혼입
② 오일의 열화
③ 오일 속의 공기 혼입
④ 오일의 누설

46 유압펌프의 종류별 특징을 바르게 설명한 것은?

① 나사펌프 : 진동과 소음의 발생이 심하다.
② 피스톤펌프 : 내부 누설이 많아 효율이 낮다.
③ 기어펌프 : 구조가 복잡하고 고압에 적당하다.
④ 베인펌프 : 토출 압력의 연동이 적고 수명이 길다.

해설

펌프의 특징

종 목	기어펌프	베인펌프	플런저(피스톤)펌프
구 조	간단하다.	간단하다.	가변요량이 가능하다.
최고 압력 (kg/cm²)	170~210	140~170	250~350
최고 회전수 (rpm)	2,000~3,000	2,000~3,000	2,000~2,500
펌프의 효율 (%)	80~85	80~85	85~95
소 음	중간 정도	적다.	크다.
자체 흡입 성능	우 수	보 통	약간 나쁘다.
수 명	중간 정도	길다.	길다.

47 산업안전보건상 근로자의 의무사항으로 틀린 것은?

① 위험한 장소에는 출입금지
② 위험상황 발생 시 작업 중지 및 대피
③ 보호구 착용
④ 사업장의 유해, 위험요인에 대한 실태 파악

해설

사업장의 유해, 위험요인에 대한 실태 파악은 사업주의 의무사항이다.

48 안전작업 측면에서 장갑을 착용하고 해도 가장 무리 없는 작업은?

① 드릴작업을 할 때
② 건설현장에서 청소작업을 할 때
③ 해머작업을 할 때
④ 정밀기계작업을 할 때

해설

장갑을 끼고 해머작업을 하다가 장갑의 미끄럼에 의해 해머를 놓쳐 주위의 사람이나 기계, 장비에 피해를 줄 수 있다.

49 동력 전동장치에서 가장 재해가 많이 발생할 수 있는 것은?

① 기 어
② 커플링
③ 벨 트
④ 차 축

해설

기계의 사고로 가장 많은 재해는 벨트, 체인, 로프 등의 동력전달장치에 의한 사고가 가장 많다.

50 감전되거나 전기화상을 입을 위험이 있는 곳에서 작업 시 작업자가 착용해야 할 것은?

① 구명구
② 보호구
③ 구명조끼
④ 비상벨

해설

감전 위험이 발생할 우려가 있는 때에는 해당 근로자에게 절연용 보호구(절연 안전모, 절연 고무장갑, 절연화, 절연장화, 절연복 등)를 착용시켜야 한다.

51 벨트를 풀리에 걸 때 가장 올바른 방법은?

① 회전을 정지시킨 후
② 저속으로 회전할 때
③ 중속으로 회전할 때
④ 고속으로 회전할 때

해설

벨트를 풀리에 걸 때는 반드시 회전을 정지시킨 다음에 한다.

52 산업안전보건표지의 종류에서 지시표시에 해당하는 것은?

① 차량통행금지
② 고온경고
③ 안전모착용
④ 출입금지

해설
• 금지표지 : 차량통행금지, 출입금지
• 경고표지 : 고온경고

53 스패너를 사용할 때의 주의사항들이다. 안전에 어긋나는 점은?

① 너트에 스패너를 깊이 물리고, 조금씩 앞으로 당기는 식으로 풀고 조인다.
② 해머 대용으로 사용한다.
③ 스패너를 해머로 두드리지 않는다.
④ 좁은 장소에서는 몸의 일부를 충분히 기대고 작업한다.

해설
스패너를 해머 대신으로 사용해서는 안 된다.

54 작업장에서 일상적인 안전 점검의 가장 주된 목적은?

① 시설 및 장비의 설계 상태를 점검한다.
② 안전작업 표준의 적합 여부를 점검한다.
③ 위험을 사전에 발견하여 시정한다.
④ 관련법에 적합 여부를 점검하는 데 있다.

55 드릴머신으로 구멍을 뚫을 때 일감 자체가 가장 회전하기 쉬운 때는 어느 때인가?

① 구멍을 처음 뚫기 시작할 때
② 구멍을 중간쯤 뚫었을 때
③ 구멍을 처음 뚫기 시작할 때와 거의 뚫었을 때
④ 구멍을 거의 뚫었을 때

56 소화작업 시 적합하지 않은 것은?

① 화재가 일어나면 화재 경보를 한다.
② 배선의 부근에 물을 뿌릴 때에는 전기가 통하는지 여부를 확인 후에 한다.
③ 가스밸브를 잠그고 전기 스위치를 끈다.
④ 카바이드 및 유류에는 물을 뿌린다.

해설
기름으로 인한 화재의 경우 기름과 물은 섞이지 않기 때문에 기름이 물을 타고 더 확산되어버리게 된다.

57 관련법상 도로 굴착자가 가스배관 매설위치를 확인 시 인력굴착을 실시하여야 하는 범위로 맞는 것은?

① 가스배관의 보호판이 육안으로 확인되었을 때
② 가스배관의 주위 0.5m 이내
③ 가스배관의 주위 1m 이내
④ 가스배관이 육안으로 확인될 때

해설
가스배관 주위 1m 이내에는 인력굴착으로 실시하여야 한다.

58 굴착공사 현장위치와 매설배관 위치를 공동으로 표시하기로 결정한 경우 굴착공사자와 도시가스사업자가 준수하여야 할 조치사항에 대한 설명으로 옳지 않은 것은?

① 굴착공사자는 굴착공사 예정지역의 위치를 흰색 페인트로 표시할 것

② 도시가스사업자는 굴착예정 지역의 매설배관 위치를 굴착공사자에게 알려주어야 하며, 굴착공사자는 매설배관 위치를 매설배관 직상부의 지면에 황색 페인트로 표시할 것

③ 대규모굴착공사, 긴급굴착공사 등으로 인해 페인트로 매설배관 위치를 표시하는 것이 곤란한 경우에는 표시 말뚝·표시 깃발·표지판 등을 사용하여 표시할 수 있다.

④ 굴착공사자는 황색 페인트로 표시 여부를 확인해야 한다.

해설

도시가스사업자는 황색페인트 표시, 표시깃발 등에 따른 표시 여부를 확인해야 하며, 표시가 완료된 것이 확인되면 즉시 그 사실을 정보지원센터에 통지해야 한다.

59 다음 중 감전재해의 요인이 아닌 것은?

① 충전부에 직접 접촉하거나 안전거리 이내 접근 시

② 절연 열화·손상·파손 등에 의해 누전된 전기기기 등에 접촉 시

③ 작업 시 절연장비 및 안전장구 착용

④ 전기 기기 등의 외함과 대지 간의 정전용량에 의한 전압 발생 부분 접촉 시

60 굴삭기, 지게차 및 불도저가 고압전선에 근접, 접촉으로 인한 사고 유형이 아닌 것은?

① 화 재   ② 화 상

③ 휴 전   ④ 감 전

01 오일 팬에 있는 오일을 흡입하여 기관의 각 운행 부분에 압송하는 오일펌프로 가장 많이 사용되는 것은?

① 로터리펌프, 기어펌프, 베인펌프
② 피스톤펌프, 나사펌프, 원심펌프
③ 기어펌프, 원심펌프, 베인펌프
④ 나사펌프, 원심펌프, 기어펌프

해설
오일펌프의 종류에는 로터리식, 기어식, 베인식, 플런저(피스톤)식이 있다.

02 운전 중 기관이 과열되면 가장 먼저 점검해야 하는 것은?

① 냉각수량
② 팬벨트
③ 물재킷
④ 헤드개스킷

해설
운전 중 기관이 과열되면 가장 먼저 점검해야 하는 것은 냉각수량이다.

03 엔진과열의 원인으로 가장 거리가 먼 것은?

① 라디에이터 코어불량
② 냉각계통의 고장
③ 정온기가 닫혀서 고장
④ 연료의 품질 불량

해설
불량한 품질의 연료 사용 시 실린더 내에서 노킹 혹은 노크하는 소리가 난다.
엔진과열의 원인
• 라디에이터 코어의 막힘, 불량
• 냉각장치 내부의 물때(Scale) 과다
• 정온기가 닫혀서 고장
• 윤활유 부족
• 냉각수 부족
• 물펌프 고장
• 팬벨트 이완 및 절손
• 이상연소(노킹 등)
• 압력식 캡의 불량

04 기관에서 실린더 마모 원인이 아닌 것은?

① 실린더 벽과 피스톤 및 피스톤 링의 접촉에 의한 마모
② 희박한 혼합기에 의한 마모
③ 연소생성물(카본)에 의한 마모
④ 흡입공기 중의 먼지, 이물질 등에 의한 마모

해설
실린더의 마모 원인
• 실린더 벽과 피스톤 및 피스톤 링의 접촉에 의해서
• 연소생성물에 의해서
• 농후한 혼합기 유입으로 인하여 실린더 벽의 오일 막이 끊어지므로
• 흡입공기 중의 먼지와 이물질 등에 의해서
• 연료나 수분이 실린더 벽에 응결되어 부식작용을 일으키므로
• 실린더와 피스톤 간극의 불량으로 인하여
• 피스톤 링 이음 간극 불량으로 인하여
• 피스톤 링의 장력 과대로 인하여
• 커넥팅 로드의 휨으로 인하여

05 기관에 사용되는 윤활유의 소비가 증대될 수 있는 두 가지 원인은?

① 비산과 압력
② 희석과 혼합
③ 비산과 희석
④ 연소와 누설

해설

윤활유 소비증대의 가장 큰 원인은 연소실에 침입하여 연소되는 것과 패킹 및 개스킷의 노화에 의한 누설이다.

06 건설기계의 일상 점검정비 작업 내용에 속하지 않는 것은?

① 연료 분사노즐 압력
② 라디에이터 냉각수량
③ 브레이크액 수준 점검
④ 엔진오일량

해설

연료 분사노즐의 압력은 특수정비에 해당된다.

07 커먼레일 디젤기관의 공기유량센서(AFS)는 어떤 방식을 많이 사용하는가?

① 칼만와류 방식
② 열막 방식
③ 맵센서 방식
④ 베인 방식

해설

공기유량센서는 칼만와류 방식, 맵센서 방식, 베인식, 핫와이어 방식, 핫필름(열막) 방식 등 5가지 종류가 있다. 이 가운데 칼만와류 방식만 펄스제어 방식이고 나머지는 모두 전압검출 방식이다.
• 칼만와류 방식 : 칼만와류 현상을 이용, 흡입공기량을 측정한 후 전기적 신호로 바꾸어 ECU로 전달하면 ECU는 흡입 공기량 신호와 엔진 회전수 신호를 이용해 기본 분사시간을 결정
• 맵센서 방식 : 흡기 매니폴드의 압력변화, 즉 엔진의 부하변동을 전기적 신호로 바꾸어 ECU로 전달(간접 계측)
• 베인식 : 실린더에 흡입되는 공기량을 에어플로미터를 이용하여 간접 계측

• 핫와이어 방식 : 백금선(Hot Wire)과 온도센서와의 온도차에 따른 전류를 이용해 일정하게 유지하도록 제어
• 핫필름(열막) 방식 : 얇은 백금 필름(Hot Wire)과 온도센서와의 온도차에 따른 전류를 이용해 일정하게 유지하도록 제어한다. 예전의 열선방식의 센서는 자정기능이 있는 반면, 커먼레일 엔진 장착의 최근 차량들은 핫필름방식(열막센서)으로 자정기능은 없는 반면, 오염 시 청소하여 주면 된다.

08 터보차저에 대한 설명으로 틀린 것은?

① 배기관에 설치된다.
② 과급기라고도 한다.
③ 배기가스 배출을 위한 일종의 블로워(Blower)이다.
④ 기관 출력을 증가시킨다.

해설

터보차저는 흡입공기의 체적 효율을 높이기 위하여 설치한 장치이다.

09 다음 중 펌프로부터 보내진 고압의 연료를 미세한 안개 모양으로 연소실에 분사하는 부품으로 알맞은 것은?

① 커먼레일
② 분사펌프
③ 분사노즐
④ 공급펌프

10 건설기계기관의 압축압력 측정 시 측정방법으로 맞지 않는 것은?

① 기관의 분사노즐(또는 점화플러그)은 모두 제거한다.
② 배터리의 충전상태를 점검한다.
③ 기관을 정상온도로 작동시킨다.
④ 습식시험을 먼저 하고 건식시험을 나중에 한다.

해설

④ 건식시험을 먼저 하고 습식시험을 나중에 한다.

11 디젤엔진의 사용되는 연료의 구비조건으로 틀린 것은?

① 착화점이 높을 것
② 황의 함유량이 적을 것
③ 발열량이 클 것
④ 점도가 적당할 것

해설
경유의 구비조건
• 착화점이 낮을 것(세탄가가 높을 것)
• 황의 함유량이 적을 것
• 발열량이 클 것
• 점도가 적당하고 점도지수가 클 것

12 디젤엔진의 배기량이 일정한 상태에서 연소실에 강압적으로 많은 공기를 공급하여 흡입효율을 높이고 출력과 토크를 증대시키기 위한 장치는?

① 연료 압축기
② 냉각 압축펌프
③ 에어 컴프레셔
④ 과급기

해설
과급기
배기량이 일정한 상태에서 연소실에 강압적으로 많은 공기를 주입, 엔진폭발력을 높여 힘과 토크를 증대시키는 구조이다. 이때, 터보차저에 의해서 가압된 흡입공기는 폐쇄된 공간에서 압축되기 때문에 공기의 온도상승이 발생하고 공기의 온도상승은 부피를 팽창시켜 실린더에 압축시켜 불어넣을 수 있는 공기의 양은 한계를 갖게 된다.

13 기동전동기가 회전하지 않는다. 그 원인이 아닌 것은?

① 전기자 코일이 단락되었다.
② 브러시 스프링이 강하다.
③ 축전지가 과방전되었다.
④ 배터리의 출력이 높다.

해설
기동전동기가 회전하지 않는 원인
• 기동회로의 단선 또는 접촉 불량
• 정류자와 브러시의 접촉 불량
• 축전지의 과방전
• 솔레노이드 스위치 작동 불량
• 솔레노이드 스위치의 풀인 코일 또는 홀드인 코일의 단선

14 축전지를 충전기에 의해 충전 시 정전류 충전 범위로 틀린 것은?

① 최소충전전류 : 축전지 용량의 5%
② 표준충전전류 : 축전지 용량의 10%
③ 최대충전전류 : 축전지 용량의 50%
④ 최대충전전류 : 축전지 용량의 20%

해설
정전류 충전
• 표준전류 : 축전지 용량의 10%
• 최소전류 : 축전지 용량의 5%
• 최대전류 : 축전지 용량의 20%

15 6기통 디젤기관에서 병렬로 연결된 예열플러그가 있다. 3번 기통의 예열플러그가 단락되면 어떤 현상이 발생되는가?

① 2번과 4번 실린더도 작동이 안 된다.
② 3번 실린더만 작동이 안 된다.
③ 전체가 작동이 안 된다.
④ 축전지 용량의 배가 방전된다.

해설
직렬연결인 경우에는 모두 작동 불능이나, 병렬연결인 경우에는 해당 실린더만 작동 불능이다.

16 전자제어 디젤 분사장치에서 연료를 제어하기 위해 센서로부터 각종 정보(가속페달의 위치, 기관속도, 분사시기, 흡기, 냉각수, 연료온도 등)를 입력받아 전기적 출력신호로 변환하는 것은?

① 자기진단(Self Diagnosis)
② 컨트롤 슬리브 액추에이터
③ 컨트롤 로드 액추에이터
④ 전자제어유닛(ECU)

해설
엔진제어유닛(ECU) 또는 엔진제어모듈(ECM)은 엔진의 내부적인 동작을 다양하게 제어하는 전자제어장치이다.

17 축전지의 용량만을 크게 하는 방법으로 맞는 것은?

① 직·병렬 연결법
② 병렬 연결법
③ 직렬 연결법
④ 논리회로 연결법

해설
축전지를 병렬로 연결하면 용량은 2배이고 전압은 한 개일 때와 같다.

18 건설기계에 사용하는 교류발전기의 구조에 해당하지 않는 것은?

① 스테이터 코일
② 다이오드
③ 마그네틱 스위치
④ 로 터

해설
교류발전기의 구조 : 고정자(스테이터), 회전자(로터), 다이오드, 브러시, 팬으로 구성

19 진공식 제동 배력장치의 설명 중에서 옳은 것은?

① 릴레이밸브 피스톤 컵이 파손되어도 브레이크는 듣는다.
② 진공밸브가 새면 브레이크가 전혀 듣지 않는다.
③ 릴레이밸브의 다이어프램이 파손되면 브레이크가 듣지 않는다.
④ 하이드로릭 피스톤의 체크 볼이 밀착 불량이면 브레이크가 듣지 않는다.

해설
진공식 배력장치
• 보통 브레이크 부스터(Brake Booster) 또는 하이드로 마스터라는 상품명이 붙기도 한다.
• 브레이크 부스터(진공배력식)는 흡기매니폴드 흡입 부압을 이용하여 페달을 밟을 때 마스터 실린더에 가해지는 힘을 배력시키는 장치이다.
• 브레이크 부스터는 운전자가 브레이크를 밟는 힘을 적게 하면서도 제동력을 크게 할 수 있는 장점이 있기 때문에 대부분의 승용차에서 많이 사용되고 있다.

20 굴착으로부터 전력 케이블을 보호하기 위하여 설치하는 표시시설이 아닌 것은?

① 표지 시트
② 지중선로 표시기
③ 모 래
④ 보호관

해설
모래는 주로 도시가스관을 보호하기 위해 설치한다.
※ 전력케이블 매설
• 전력 케이블의 표지시트는 도로 지표면 아래 30cm 깊이 설치
• 전력 케이블은 차도 지표면 아래 1.2~1.5m, 차도 이외 지표면 아래 60cm
• 전력 케이블은 케이블에 충격, 손상이 가해져 즉각적 전력 차단 또는 부식에 의한 차단 방지
• 전력 케이블을 보호 표시시설 : 표지 시트, 지중선로 표시기, 보호관

21 차축의 스플라인 부는 차동장치 어느 기어와 결합되어 있는가?

① 링 기어
② 구동 피니언 기어
③ 차동 피니언 기어
④ 차동 사이드 기어

해설
차축(액슬)은 안쪽의 스플라인을 통해 차동 기어장치의 사이드 기어 스플라인에 끼워지고 바깥쪽은 구동 바퀴에 연결되어 엔진의 동력을 바퀴에 전달한다.

22 모터그레이더에서 전륜 경사 장치의 설치 목적은?

① 지균작업 시 선회를 크게 하기 위하여
② 작업의 원활 및 산포 작업을 돕기 위하여
③ 회전반경을 작게 하기 위하여
④ 회전반경을 크게 하여 직진을 돕기 위하여

해설
차동기어가 없는 건설장비는 모터그레이더로 대신 회전반경을 작게 하려고 앞바퀴 경사장치인 리닝장치가 있다.

23 수동변속기에서 변속할 때 기어가 끌리는 소음이 발생하는 원인으로 맞는 것은?

① 브레이크 라이닝의 마모
② 변속기 출력축의 속도계 구동기어 마모
③ 클러치 판의 마모
④ 클러치가 유격이 너무 클 때

해설
수동 변속기식에서 클러치 유격이 너무 크면 동력차단이 잘되지 않아 기어가 끌리는 소음이 발생한다.

24 무한궤도식 건설기계에서 트랙이 벗겨지는 주원인은?

① 트랙이 너무 이완되었을 때
② 보조 스프링이 파손되었을 때
③ 트랙의 서행 회전
④ 파이널 드라이브의 마모

해설
무한궤도식 굴삭기가 주행 중 트랙이 벗겨지는 원인
• 트랙의 장력이 너무 느슨할 때
• 전부유동륜과 스프로킷의 상부 롤러의 마모
• 전부유동륜과 스프로킷의 중심이 맞지 않을 때
• 고속주행 중 급커브를 돌았을 때

25 굴삭기의 한 쪽 주행 레버만 조작하여 회전하는 것을 무엇이라 하는가?

① 급회전
② 피벗회전
③ 스핀회전
④ 원웨이회전

26 기중기의 기둥박기작업의 안전수칙으로 적절하지 않은 것은?

① 항타할 때 반드시 우드 캡을 씌운다.
② 작업 시 붐을 상승시키지 않는다.
③ 호이스트 케이블의 고정 상태를 점검한다.
④ 붐의 각을 적게 한다.

해설
붐의 각을 크게 한다.

27 건설기계의 조종에 관한 교육과정을 마친 경우 건설기계조종사면허를 받은 것으로 보는 소형건설기계에 해당하지 않는 것은?

① 5t 미만의 불도저
② 5t 미만의 지게차
③ 5t 미만의 로더
④ 공기압축기

해설

국토교통부령으로 정하는 소형건설기계(건설기계관리법 시행규칙 제73조)
• 5t 미만의 불도저
• 5t 미만의 천공기. 다만, 트럭적재식은 제외한다.
• 5t 미만의 로더
• 3t 미만의 지게차
• 3t 미만의 굴삭기
• 3t 미만의 타워크레인
• 공기압축기
• 콘크리트펌프. 다만, 이동식에 한정한다.
• 쇄석기
• 준설선

28 도로교통법상 교통사고 시 사상자가 발생하였을 때 운전자가 즉시 취하여야 할 조치사항으로 가장 옳은 것은?

① 즉시 정차 – 사상자 구호 – 신고
② 증인확보 – 정차 – 사상자 구호
③ 즉시 정차 – 신고 – 위해방지
④ 즉시 정차 – 위해방지 – 신고

해설

해설

사고발생 시의 조치
① 차 또는 노면전차의 운전 등 교통으로 인하여 사람을 사상(死傷)하거나 물건을 손괴(교통사고)한 경우에는 그 차 또는 노면전차의 운전자나 그 밖의 승무원(운전자 등)은 즉시 정차하여 사상자를 구호하고 피해자에게 인적사항을 제공하여야 한다.
② ①의 경우 그 차 또는 노면전차의 운전자 등은 경찰공무원이 현장에 있을 때에는 그 경찰공무원에게, 경찰공무원이 현장에 없을 때에는 가장 가까운 국가경찰관서(지구대, 파출소 및 출장소를 포함한다)에 다음의 사항을 지체 없이 신고하여야 한다. 다만, 차 또는 노면전차만 손괴된 것이 분명하고 도로에서의 위험방지와 원활한 소통을 위하여 필요한 조치를 한 경우에는 그러하지 아니하다.

1. 사고가 일어난 곳
2. 사상자 수 및 부상 정도
3. 손괴한 물건 및 손괴 정도
4. 그 밖의 조치사항 등

29 건설기계조종사는 성명, 주민등록번호 및 국적의 변경이 있는 경우 주소지를 관할하는 시장·군수·구청장에게 기재사항변경신고서를 사실이 발생한 날부터 며칠 이내에 제출하여야 하는가?

① 45일
② 10일
③ 30일
④ 60일

해설

※ 법령 개정으로 전항정답

30 건설기계 정기검사 신청기간 내에 정기검사를 받은 경우 정기검사의 유효기간 시작일을 바르게 설명한 것은?

① 신청기간 내에 검사를 받은 다음날부터
② 종전 검사유효기간 만료일의 다음날부터
③ 신청기간에 관계없이 검사를 받은 날의 다음 날부터
④ 종전 검사유효기간 만료일부터

해설

유효기간의 산정은 정기검사신청기간 내에 정기검사를 받은 경우에는 종전 검사유효기간 만료일의 다음날부터, 그 외의 경우에는 검사를 받은 날의 다음날부터 기산한다.

31 도로운행 시의 건설기계의 축하중 및 총중량 제한 기준으로 맞는 것은?

① 윤하중이 5t을 초과하거나 총중량이 30t을 초과하는 차량
② 축하중이 10t을 초과하거나 총중량이 40t을 초과하는 차량
③ 축하중이 10t을 초과하거나 총중량이 30t을 초과하는 차량
④ 윤하중이 10t을 초과하거나 총중량이 40t을 초과하는 차량

해설
운행을 제한할 수 있는 차량(도로법 시행령 제79조 제2항)
• 축하중(軸荷重)이 10t을 초과하거나 총중량이 40t을 초과하는 차량
• 차량의 폭이 2.5m, 높이가 4.0m(도로구조의 보전과 통행의 안전에 지장이 없다고 도로관리청이 인정하여 고시한 도로의 경우에는 4.2m), 길이가 16.7m를 초과하는 차량
• 도로관리청이 특히 도로구조의 보전과 통행의 안전에 지장이 있다고 인정하는 차량

32 다음 중 자동차 1종 대형면허로 운전할 수 있는 건설기계는?

① 트레일러
② 5t 미만의 지게차
③ 아스팔트살포기
④ 레커

해설
1종 대형면허로 운전할 수 있는 차량
• 승용자동차, 승합자동차, 화물자동차
• 건설기계
  – 덤프트럭, 아스팔트살포기, 노상안정기
  – 콘크리트믹서트럭, 콘크리트펌프, 천공기(트럭 적재식)
  – 콘크리트믹서트레일러, 아스팔트콘크리트재생기
  – 도로보수트럭, 3t 미만의 지게차
• 특수자동차(대형견인차, 소형견인차 및 구난차는 제외한다)
• 원동기장치자전거

33 도로교통법상 서행 또는 일시정지할 장소로 지정된 곳은?

① 좌우를 확인할 수 있는 교차로
② 교량 위를 통행할 때
③ 가파른 비탈길의 내리막
④ 안전지대 우측

해설
서행 또는 일시정지할 장소
• 교통정리를 하고 있지 아니하는 교차로
• 도로가 구부러진 부근
• 비탈길의 고갯마루 부근
• 가파른 비탈길의 내리막
• 지방경찰청장이 도로에서의 위험을 방지하고 교통의 안전과 원활한 소통을 확보하기 위하여 필요하다고 인정하여 안전표지로 지정한 곳

34 차마가 도로 이외의 장소에 출입하기 위하여 보도를 횡단하려고 할 때 가장 적절한 통행방법은?

① 보행자가 없으면 빨리 주행한다.
② 보행자 유무에 구애받지 않는다.
③ 보행자가 있어도 차마가 우선 출입한다.
④ 보도를 횡단하기 직전에서 일시정지하여 방해하지 말아야 한다.

해설
차마의 통행
1. 차마의 운전자는 보도와 차도가 구분된 도로에서는 차도로 통행하여야 한다. 다만, 도로 외의 곳으로 출입할 때에는 보도를 횡단하여 통행할 수 있다.
2. 제항 단서의 경우 차마의 운전자는 보도를 횡단하기 직전에 일시정지하여 좌측과 우측 부분 등을 살핀 후 보행자의 통행을 방해하지 아니하도록 횡단하여야 한다.

35 도로교통법규상 주차금지 장소가 아닌 곳은?

① 화재경보기로부터 5m 이내인 곳
② 터널 안 및 다리 위
③ 전신주로부터 12m 이내인 곳
④ 소방용 방화물통으로부터 5m 이내인 곳

해설

주차금지의 장소
- 터널 안 및 다리 위
- 다음의 곳으로부터 5미터 이내인 곳
  - 도로공사를 하고 있는 경우에는 그 공사 구역의 양쪽 가장자리
  - 다중이용업소의 안전관리에 관한 특별법에 따른 다중이용업소의 영업장이 속한 건축물로 소방본부장의 요청에 의하여 지방경찰청장이 지정한 곳
- 지방경찰청장이 도로에서의 위험을 방지하고 교통의 안전과 원활한 소통을 확보하기 위하여 필요하다고 인정하여 지정한 곳

36 건설기계 검사의 연기 사유에 해당하지 않는 것은?

① 건설기계의 사고발생
② 10일 이내의 정비
③ 건설기계의 도난
④ 천재지변

해설

건설기계소유자는 천재지변, 건설기계의 도난, 사고발생, 압류, 1월 이상에 걸친 정비 그 밖의 부득이 한 사유로 검사신청기간 내에 검사를 신청할 수 없는 경우에는 검사신청기간 만료일까지 검사연기신청서에 연기사유를 증명할 수 있는 서류를 첨부하여 시·도지사에게 제출하여야 한다. 다만, 검사대행을 하게 한 경우에는 검사대행자에게 제출하여야 한다.

37 모터와 유압실린더의 설명으로 맞는 것은?

① 둘 다 회전운동을 한다.
② 모터는 회전운동, 실린더는 직선운동을 한다.
③ 모터는 직선운동, 실린더는 회전운동을 한다.
④ 둘 다 왕복운동을 한다.

38 유압유의 점도에 대한 설명으로 틀린 것은?

① 온도가 내려가면 점도는 높아진다.
② 점성의 정도를 나타내는 척도이다.
③ 점성계수를 밀도로 나눈 값이다.
④ 온도가 상승하면 점도는 저하된다.

해설

③은 동점성계수를 말한다.
점도는 오일의 끈적거리는 정도를 나타내며 온도가 높아지면 점도는 낮아지고, 온도가 낮아지면 점도는 증가한다.

39 다음 유압기호가 나타내는 것은?

① 순차밸브(Sequence Valve)
② 릴리프밸브(Relief Valve)
③ 무부하밸브(Unload Valve)
④ 감압밸브(Reducing Valve)

해설

유압기호

순차밸브	릴리프밸브
무부하밸브	감압밸브

40 유압 오일 실의 종류 중 O-링이 갖추어야 할 성질은?

① 체결력(죄는 힘)이 작을 것
② 오일의 누설이 클 것
③ 탄성이 양호하고 압축 영구 변형이 적을 것
④ 작동 시 마모가 클 것

해설

O-링(가장 많이 사용하는 패킹)의 구비조건
• 오일 누설을 방지할 수 있을 것
• 운동체의 마모를 적게 할 것
• 체결력(죄는 힘)이 클 것
• 누설을 방지하는 기구에서 탄성이 양호하고, 압축 영구 변형이 적을 것
• 사용 온도 범위가 넓을 것
• 내노화성이 좋을 것
• 상대 금속을 부식시키지 말 것

41 피스톤펌프의 특징으로 가장 거리가 먼 것은?

① 구조가 간단하고 값이 싸다.
② 효율이 높다.
③ 베어링에 부하가 크다.
④ 토출 압력이 높다.

해설

피스톤펌프는 구조가 복잡하고 가격이 비싸다.

42 유압장치의 작동원리는 어느 이론에 바탕을 둔 것인가?

① 보일의 법칙   ② 에너지 보존 법칙
③ 열역학 제1법칙   ④ 파스칼의 원리

해설

파스칼의 원리 : 압력을 가하였을 때 유체 내의 어느 부분의 압력도 가해진 만큼 증가한다는 원리이며, 유압에서 속도 조절은 유량에 의해 달라진다.

43 유압회로에서 유량제어를 통하여 작업속도를 조절하는 방식에 속하지 않는 것은?

① 미터 아웃 회로
② 미터 인 회로
③ 블리드 온 회로
④ 블리드 오프 회로

해설

속도제어 회로
• 미터 인 회로 : 공급쪽 관로에 설치한 바이패스 관의 흐름을 제어함으로서 속도를 제어하는 회로
• 미터 아웃 회로 : 배출쪽 관로에 설치한 바이패스 관로의 흐름을 제어함으로서 속도를 제어하는 회로
• 블리드 오프 회로 : 공급쪽 관로에 바이패스 관로를 설치하여 바이패스로의 흐름을 제어함으로서 속도를 제어하는 회로

44 유압회로 내의 압력이 일정압력에 도달하면 펌프에서 토출된 오일 전량을 직접 탱크로 돌려보내 펌프를 무부하운전시킬 목적으로 사용하는 밸브는?

① 체크밸브   ② 시퀀스밸브
③ 언로드밸브   ④ 카운터밸런스밸브

해설

① 체크밸브 : 유압회로에서 역류를 방지하고 회로 내의 잔류압력을 유지하는 밸브
② 시퀀스밸브 : 두 개 이상의 분기회로에서 실린더나 모터의 작동순서를 결정하는 자동제어밸브
④ 카운터밸런스밸브 : 실린더가 중력으로 인하여 제어속도 이상으로 낙하하는 것을 방지하는 밸브

45 22.9kV 배전선로에 근접하여 굴삭기 등 건설기계로 작업 시 안전관리상 맞는 것은?

① 안전관리자의 지시 없이 운전자가 알아서 작업한다.
② 전력선에 접촉되더라도 끊어지지 않으면 사고는 발생하지 않는다.
③ 해당 시설관리자는 입회하지 않아도 무관하다.
④ 전력선이 활선인지 확인 후 안전 조치된 상태에서 작업한다.

해설

가공배전선로는 154kV 배전변전소에서 3상4선식 22.9kV로 변환하여 모선을 통해 각 차단기 2차측에 연결되어 전원이 공급된다. 작업 시는 가장 먼저 전력선이 활선인지 확인 후 안전 조치된 상태에서 작업한다.

46 유압장치에서 내구성이 강하고 작동 및 움직임이 있는 곳에 사용하기 적합한 호스는?

① PVC 호스
② 구리 파이프 호스
③ 플렉시블 호스
④ 강 파이프 호스

해설

브레이크액의 유압 전달 또는 차체나 현가장치처럼 상대적으로 움직이는 부분, 작동 및 움직임이 있는 곳에는 플렉시블 호스(Flexible Hose)를 사용하며 외부의 손상에 튜브를 보호하기 위하여 보호용 리브를 부착하기도 한다.

47 이동식 크레인작업 시 일반적인 안전대책으로 틀린 것은?

① 붐의 이동범위 내에서는 전선 등의 장애물이 있어도 된다.
② 크레인의 정격 하중을 표시하여 하중이 초과하지 않도록 하여야 한다.
③ 지반이 연약할 때에는 침하방지 대책을 세운 후 작업을 하여야 한다.
④ 인양물은 경사지 등 작업바닥의 조건이 불량한 곳에 놓아서는 안 된다.

해설

붐의 행동반경 내에는 주변전선이 없도록 하고 불가피한 경우 위험을 예방하기 위한 적절한 방호조치를 한다.

48 해머(Hammer)작업 시 옳은 것은?

① 해머의 타격면에 기름을 발라줄 것
② 해머로 타격할 때 처음과 마지막에 힘을 많이 가하지 말 것
③ 다치지 않게 장갑을 착용할 것
④ 열처리된 재료는 반드시 해머작업을 할 것

해설

해머작업에서의 안전수칙
• 장갑을 끼고 해머작업을 하지 말 것
• 해머작업 중에는 수시로 해머상태(자루의 헐거움)를 점검할 것
• 해머로 공동 작업을 할 때에는 호흡을 맞출 것
• 열처리된 재료는 해머작업을 하지 말 것
• 해머로 타격할 때에는 처음과 마지막에는 힘을 많이 가하지 말 것
• 타격 가공하려는 곳에 시선을 고정시킬 것
• 해머의 타격면에 기름을 바르지 말 것
• 해머로 녹슨 것을 때릴 때에는 반드시 보안경을 쓸 것
• 대형 해머로 작업할 때에는 자기 역량에 알맞은 것을 사용할 것
• 타격면이 찌그러진 것은 사용하지 말 것
• 손잡이가 튼튼한 것을 사용할 것
• 작업 전에 주위를 살필 것
• 기름묻은 손으로 작업하지 말 것
• 해머를 사용하여 상향(上向)작업을 할 때에는 반드시 보호안경을 착용한다.

49 안전작업사항으로 잘못된 것은?

① 전기장치는 접지를 하고, 이동식 전기기구는 방호장치를 설치한다.
② 주요 장비 등은 조작자를 지정하여 누구나 조작하지 않도록 한다.
③ 엔진에서 배출되는 일산화탄소에 대비한 통풍장치를 설치한다.
④ 담뱃불은 발화력이 약하므로 제한 장소 없이 흡연하여도 무방하다.

50 산소 용기에서 산소의 누출 여부를 확인하는 방법으로 가장 좋은 것은?

① 냄새로 감지
② 자외선 사용
③ 비눗물 사용
④ 소리로 감지

해설
산소 또는 아세틸렌용기의 누출 여부는 비눗물로 검사하는 것이 가장 쉽고 안전한 방법이다.

51 작업장에서 안전을 지킴으로써 얻을 수 있는 이점이 아닌 것은?

① 투자 경비가 늘어난다.
② 동료 간 인간관계 개선효과도 기대된다.
③ 신뢰도를 높여준다.
④ 안전수칙이 준수되어 질서유지가 실현된다.

해설
① 안전을 잘 지키면 기업의 투자경비가 줄어든다.

52 장갑을 끼고 작업을 할 때 위험한 작업은?

① 타이어 교환작업
② 건설기계운전작업
③ 오일교환작업
④ 해머작업

해설
장갑을 끼고 해머작업을 하다가 장갑의 미끄럼에 의해 해머를 놓쳐 주위의 사람이나 기계, 장비에 피해를 줄 수 있다.

53 유류화재 시 어떤 종류의 소화기를 사용해야 하는가?

① C급   ② A급
③ D급   ④ B급

해설
소화기 종류 : A-보통화재, B-유류화재, C-전기화재, K-주방화재

54 작업 시 안전사항에 가장 위배되는 것은?

① 완전히 비운 상태에서 연료통을 용접한다.
② 위험물질 취급 시 소화기를 준비한다.
③ 기계에 옷이나 손이 닿지 않도록 한다.
④ 먼지가 없는 곳에서 작업한다.

해설
회전하는 기계에 휘말릴 수 있는 헐거운 옷이나 헤어진 옷, 장갑 등을 착용하지 않는다.

55 안전한 퓨즈의 사용법으로 틀린 것은?

① 산화된 퓨즈는 미리 교환한다.
② 전류 용량에 맞는 퓨즈를 사용한다.
③ 예비용 퓨즈가 없으면 임시로 철사를 감아서 사용한다.
④ 끊어진 퓨즈는 과열된 부분을 먼저 수리한다.

해설
퓨즈대용으로 철선을 사용 시 화재의 위험이 있다.

56 벨트를 풀리에 걸 때는 어떤 상태에서 걸어야 하는가?

① 저속으로 회전 상태
② 회전 중지 상태
③ 고속으로 회전 상태
④ 중속으로 회전 상태

해설
벨트를 풀리에 걸 때는 반드시 회전을 정지시킨 다음에 한다.

57 그림과 같이 고압 가공전선로 주상변압기를 설치하는데 높이 H는 시가지(A)와 시가지 외 (B)에서 각각 몇 m인가?

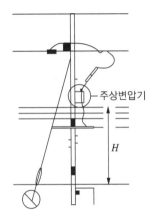

주상변압기

H

① A=4.5, B=4
② A=4, B=4.5
③ A=8, B=5
④ A=5, B=8

해설

주상변압기의 지상고
• 특고압 주상변압기 : 지표상 5.0m 이상
• 고압 주상변압기 : 지표상 4.5m 이상, 단 시가지 이외의 장소는 4.0m 이상으로 할 수 있다.

58 지하구조물이 설치된 지역에 도시가스가 공급되는 곳에서 굴삭기를 이용하여 굴착공사 중 지면에서 0.3m 깊이에서 물체가 발견되었다. 예측할 수 있는 것으로 맞는 것은?

① 수취기
② 가스차단장치
③ 도시가스 입상관
④ 도시가스배관을 보호하는 보호관

해설

도시가스배관을 지하에 매설 시 특수한 사정으로 규정에 의한 심도를 유지할 수 없어 보호관을 사용하였을 때 보호관 외면이 지면과 최소 0.3m 이상의 깊이를 유지하여야 한다.

59 송전, 변전 건설공사 시 지게차, 크레인, 호이스트 등을 사용하여 중량물을 운반할 때의 안전수칙 중 잘못된 것은?

① 올려진 짐의 아래 방향에 사람을 출입시키지 않는다.
② 법정 자격이 있는 자가 운전한다.
③ 미리 화물의 중량, 중심의 위치 등을 확인하고, 허용 무게를 넘는 화물을 싣지 않는다.
④ 작업원은 중량물 위에나 지게차의 포크 위에 탑승한다.

해설

적하장치에 사람을 태워서는 안 된다.

60 가스사업법에서 저압이라 함은 압축가스일 경우 몇 미만의 압력을 말하는가?

① 1
② 0.1
③ 3
④ 0.01

해설

도시가스사업법상 용어 정의(도시가스사업법 시행규칙 제2조)
• 고압 : 1MPa 이상의 압력(게이지압력)을 말한다. 다만, 액체상태의 액화가스는 고압으로 본다.
• 중압 : 0.1MPa 이상 1MPa 미만의 압력을 말한다. 다만, 액화가스가 기화되고 다른 물질과 혼합되지 아니한 경우에는 0.01MPa 이상 0.2MPa 미만의 압력을 말한다.
• 저압 : 0.1MPa 미만의 압력을 말한다. 다만, 액화가스가 기화(氣化)되고 다른 물질과 혼합되지 아니한 경우에는 0.01MPa 미만의 압력을 말한다.
• 액화가스 : 상용의 온도 또는 35℃의 온도에서 압력이 0.2MPa 이상이 되는 것을 말한다.

상시 제2회 최근 상시시험 복원문제

● 시험시간 : 60분 ● 총문항수 : 60개 ● 합격커트라인 : 60점 ▼ START

01 기관에서 크랭크 축의 역할은?

① 직선운동을 회전운동으로 변환시키는 역할이다.
② 기관의 진동을 줄이는 장치이다.
③ 원활한 직선운동을 하는 장치이다.
④ 원운동을 직선운동으로 변환시키는 장치이다.

해설
크랭크 축은 피스톤의 왕복운동(직선운동)을 커넥팅 로드를 통하여 회전운동으로 바꾸어 주는 역할을 한다.

02 가압식 라디에이터의 장점으로 틀린 것은?

① 냉각수의 비등점을 높일 수 있다.
② 냉각수의 회전속도가 빠르다.
③ 냉각장치의 효율을 높일 수 있다.
④ 방열기를 작게 할 수 있다.

해설
냉각수의 회전속도는 물펌프의 용량과 관계있다.
가압식 라디에이터 : 일정 온도의 압력까지는 스프링이 작용하는 뚜껑을 마련하여 물이 새어 나가지 못하게 한 라디에이터로, 오버히트가 쉽게 일어나지 않는 구조이다.

03 엔진의 윤활유의 압력이 높아지는 이유는?

① 윤활유량이 부족하다.
② 윤활유의 점도가 너무 높다.
③ 기관 내부의 마모가 심하다.
④ 윤활유 펌프의 성능이 좋지 않다.

해설
점도가 높으면 마찰력이 높아지기 때문에 압력이 높아진다.

04 크랭크 축의 비틀림 진동에 대한 설명 중 틀린 것은?

① 회전 부분의 질량이 클수록 커진다.
② 강성이 클수록 크다.
③ 크랭크 축이 길수록 크다.
④ 각 실린더의 회전력 반동이 클수록 크다.

해설
비틀림 진동은 각 실린더의 크랭크 회전력이 클수록, 크랭크 축이 길수록, 강성이 작을수록 커진다.

05 엔진 과열의 원인이 아닌 것은?

① 헐거워진 냉각 팬
② 물 통로 내의 물 때(Scale)
③ 히터스위치 고장
④ 수온 조절기의 고장

06 디젤기관 시동보조장치에 사용되는 디콤프(De-comp)의 기능 설명으로 틀린 것은?

① 방열 시 시동할 때 원활한 회전으로 시동이 잘 될 수 있도록 하는 역할을 하는 장치이다.
② 기동전동기에 무리가 가는 것을 예방하는 효과가 있다.
③ 기관의 출력을 증대하는 장치이다.
④ 기관의 시동을 감지할 때 사용할 수 있다.

해설

디콤프는 시동을 원활하게 하는 장치이고, 출력을 증대시키는 장치는 과급기이다.

07 건식 공기청정기의 장점이 아닌 것은?

① 작은 입자의 먼지나 오물을 여과할 수 있다.
② 배치 또는 분해조립이 간단하다.
③ 기관 회전속도의 변화에도 안정된 공기청정 효율을 받을 수 있다.
④ 구조가 간단하고 여과망을 세척하여 사용할 수 있다.

해설

건식 공기청정기는 압축공기로 먼지 등을 털어 내고, 습식 공기청정기는 세척유로 세척한다.

08 기관에서 연료압력이 너무 낮다. 그 원인이 아닌 것은?

① 연료필터가 막혔다.
② 리턴호스에서 연료가 누설된다.
③ 연료펌프의 공급압력이 누설되었다.
④ 연료 압력 레귤레이터에 있는 밸브의 밀착이 불량하여 귀환구쪽으로 연료가 누설되었다.

09 다음 중 커먼레일 연료분사장치의 저압계통이 아닌 것은?

① 연료 스트레이너
② 1회 연료 공급펌프
③ 연료 필터
④ 커먼레일

해설

커먼레일 연료분사장치
• 저압 연료계통은 연료 탱크(스트레이너 포함), 1차 연료펌프(저압 연료펌프), 연료 필터, 저압 연료 라인으로 구성되어 있다.
• 고압 연료계통은 고압 연료펌프(압력 제어 밸브 부착), 고압 연료 라인, 커먼레일 압력센서, 압력 제한 밸브, 유량 제한기, 인젝터 및 어큐뮬레이터로서의 커먼레일, 연료 리턴 라인으로 구성되어 있다.

10 디젤기관을 정지시키는 방법으로 가장 적합한 것은?

① 축전지를 분리시킨다.
② 쵸크밸브를 닫는다.
③ 연료공급을 차단한다.
④ 기어를 넣어 기관을 정지한다.

11 디젤엔진의 사용되는 연료의 구비조건으로 틀린 것은?

① 착화점이 높을 것
② 황의 함유량이 적을 것
③ 발열량이 클 것
④ 점도가 적당할 것

해설

경유의 구비조건
• 착화점이 낮을 것(세탄가가 높을 것)
• 황의 함유량이 적을 것
• 발열량이 클 것
• 점도가 적당하고 점도지수가 클 것

12 기관의 작동방식 중 주로 4행정 사이클 기관에 많이 사용되고 있는 윤활방식은?

① 혼합식, 압송식, 확산식
② 비산식, 압송식, 비산 압송식
③ 혼합식, 압송식, 비산 압송식
④ 비산식, 압송식, 확산식

해설

윤활장치
• 2행정 사이클의 윤활방식 : 혼기혼합식, 분리윤활식
• 4행정 사이클의 윤활방식 : 비산식, 압송식, 비산압송식
• 여과방식 : 분류식, 전류식, 샨트식

13 6기통 디젤기관에서 병렬로 연결된 예열플러그가 있다. 3번 기통의 예열플러그가 단선되면 어떤 현상이 발생되는가?

① 3번 실린더의 예열플러그가 작동을 안 한다.
② 예열플러그 전체가 작동을 안 한다.
③ 축전지 용량의 배가 방전된다.
④ 2번과 4번의 예열플러그가 작동을 안 한다.

해설
직렬연결인 경우에는 모두 작동 불능이나, 병렬연결인 경우에는 해당 실린더만 작동 불능이다.

14 충전된 축전지라도 방치하면서 사용하지 않으면 방전이 된다. 이것을 무엇이라 하는가?

① 자기방전
② 급속방전
③ 출력방전
④ 강제방전

해설
자기방전
전지에 축적되어 있는 전기가 사용되지 않고 저절로 없어지는 현상으로 원인에는 온도가 높거나 전해액에 불순물이 포함되어 있기 때문이다.

15 AC발전기에서 다이오드의 역할은?

① 교류를 정류하고 역류를 방지한다.
② 전력을 조정한다.
③ 전압을 조정한다.
④ 여자 전류를 조정하고 역류를 방지한다.

해설
AC발전기에서 다이오드의 역할
• 교류발전기는 고정 설치된 다이오드를 이용하여 정류한다.
• 다이오드는 축전지로부터 발전기로 전류가 역류되는 것을 방지한다.

16 급속충전을 할 때 유의사항으로 틀린 것은?

① 통풍이 되지 않는 곳에서 한다.
② 충전 중인 축전지에 충격을 가하지 않도록 한다.
③ 전해액의 온도가 45℃를 넘지 않도록 특별히 주의한다.
④ 충전시간은 가급적 빨라야 한다.

해설
① 통풍이 잘 되는 곳에서 한다.

17 시동이 이미 걸렸는데도 시동스위치를 계속 ON위치로 둘 때 미치는 영향으로 맞는 것은?

① 엔진의 수명이 단축된다.
② 클러치 디스크가 마멸된다.
③ 시동전동기의 수명이 단축된다.
④ 크랭크 축 저널이 마멸된다.

18 에어컨 시스템에서 기화된 냉매를 압축하는 장치는?

① 증발기
② 응축기
③ 실외기
④ 압축기

해설
압축기는 증발기에서 증발한 기체냉매를 흡입하여 응축기에서 액화할 수 있도록 압력을 증대시켜 주는 장치이다.

19 기중기 붐에 설치하여 작업할 수 있는 장치로 틀린 것은?

① 파일드라이버
② 클램셸
③ 스캐리 파이어
④ 백 호

해설
스캐리 파이어는 모터그레이더에서 나무뿌리, 암반지대, 견고한 땅 등을 파는 쇠스랑장치이다.

20 로더의 버킷에 토사를 적재 후 이동 시 지면과 가장 적당한 간격은?

① 장애물의 식별을 위해 지면으로부터 약 2m에 위치하고 이동한다.

② 작업 시 화물을 적재 후, 후진할 때는 다른 물체와 접촉을 방지하기 위해 약 3m 높이로 이동한다.

③ 작업시간을 고려하여 항시 트럭적재함 높이만큼 위치하고 이동한다.

④ 안전성을 고려하여 지면으로부터 약 60~90cm에 위치하고 이동한다.

해설
로더의 버킷은 이동시 지면과 60~90cm 정도를 유지하는 것이 가장 적당하다.

21 트랙 구성품을 설명한 것으로 옳은 것은?

① 슈는 마멸되면 용접하여 재사용할 수 없다.

② 부싱은 마멸되면 용접하여 재사용할 수 있다.

③ 슈는 마멸되면 용접하여 재사용할 수 있다.

④ 링크는 마멸되었을 때 용접하여 재사용할 수 없다.

해설
트랙은 슈, 슈볼트, 링크, 부싱, 핀, 슈핀으로 구성되어 있다.
① 슈는 돌기의 길이가 2cm 정도 남았을 때 용접하여 재사용할 수 있다.
② 부싱은 마멸되면 용접하여 재사용할 수 없으며, 구멍이 나기 전에 1회 180° 돌려서 재사용할 수 있다.
④ 링크는 마멸되었을 때 용접하여 재사용할 수 있다.

22 건설기계 장비의 운전 전 점검사항으로 틀린 것은?

① 급유상태 점검

② 정밀도 점검

③ 일상 점검

④ 장비 점검

23 건설기계에서 스티어링 클러치에 대한 설명으로 틀린 것은?

① 트랙이 설치된 장비는 동력을 끊은 반대쪽으로 돌게 된다.

② 주행 중 진행방향을 바꾸기 위한 장치이다.

③ 조향 시 어느 한쪽을 차단하고 다른 쪽의 구동축만 구동시킨다.

④ 조향 클러치라고도 한다.

24 굴삭기의 한 쪽 주행레버를 당겨 회전하는 방식을 무엇이라 하는가?

① 피벗회전

② 원웨이회전

③ 급회전

④ 스핀회전

해설
굴삭기의 한 쪽 주행레버만 이용하여 회전하는 것은 피벗회전, 주행레버 2개를 반대방향으로 조작하여 회전하는 것은 스핀회전이다.

25 클러치의 구비조건 중 틀린 것은?

① 동력의 차단이 확실할 것

② 과열되지 않을 것

③ 구조가 복잡할 것

④ 회전 부분의 평형이 좋을 것

해설
클러치 구비조건
• 동력차단은 신속하고 확실할 것
• 방열이 잘되고 과열되지 않을 것
• 구조가 간단하고 취급이 용이할 것
• 회전 부분 평형이 좋을 것
• 회전관성이 적을 것
• 동력전달은 충격없이 전달되나 동력의 전달은 확실할 것

26 모터그레이더의 탠덤 드라이브에 사용되는 오일로 가장 적합한 것은?

① 엔진오일
② 기어오일
③ 그리스
④ 유압유

27 경찰공무원의 수신호 중 틀린 것은?

① 직진신호
② 정지신호
③ 우회신호
④ 추월신호

해설

경찰공무원 등이 표시하는 수신호의 종류
• 손으로 할 때 : 진행, 좌·우 회전, 정지
• 신호봉으로 할 때 : 진행, 좌·우 회전, 정지

28 시·도지사의 지정을 받지 아니하고 등록번호표를 제작한 자에 대한 벌칙은?

① 2년 이하의 징역 또는 2천만원 이하의 벌금
② 1년 이하의 징역 또는 1천만원 이하의 벌금
③ 2백만원 이하의 벌금
④ 1백만원 이하의 벌금

해설

2년 이하의 징역 또는 2천만원 이하의 벌금
• 등록되지 아니한 건설기계를 사용하거나 운행한 자
• 등록이 말소된 건설기계를 사용하거나 운행한 자
• 시·도지사의 지정을 받지 아니하고 등록번호표를 제작하거나 등록번호를 새긴 자
• 시정명령을 이행하지 아니한 자
• 건설기계의 주요 구조나 원동기, 동력전달장치, 제동장치 등 주요 장치를 변경 또는 개조한 자
• 무단 해체한 건설기계를 사용·운행하거나 타인에게 유상·무상으로 양도한 자

• 등록을 하지 아니하고 건설기계사업을 하거나 거짓으로 등록을 한 자
• 등록이 취소되거나 사업의 전부 또는 일부가 정지된 건설기계사업자로서 계속하여 건설기계사업을 한 자

29 시·도지사가 수시검사를 명령하고자 하는 때에는 수시검사를 받아야 할 날부터 며칠 이전에 건설기계 소유자에게 명령서를 교부하여야 하는가?

① 7일
② 10일
③ 15일
④ 1월

해설

시·도지사는 수시검사를 명령하려는 때에는 수시검사를 받아야 할 날부터 10일 이전에 건설기계소유자에게 건설기계 수시검사명령서를 교부하여야 한다(건설기계관리법 시행규칙 제26조).

30 다음 중 제1종 운전면허를 취득할 수 없는 사람은?

① 한쪽 눈을 보지 못하고, 색채 식별이 불가능한 사람
② 양쪽 눈의 시력이 각각 0.5 이상인 사람
③ 두 눈을 동시에 뜨고 잰 시력이 0.8 이상인 사람
④ 적색, 황색, 녹색의 색채 식별이 가능한 사람

해설

도로교통법 시행령 제45조(자동차 등의 운전에 필요한 적성의 기준)
• 시력(교정시력을 포함한다)은 다음의 구분에 의한 기준을 갖출 것
 – 제1종 운전면허 : 두 눈을 동시에 뜨고 잰 시력이 0.8 이상이고, 두 눈의 시력이 각각 0.5 이상일 것
 – 제2종 운전면허 : 두 눈을 동시에 뜨고 잰 시력이 0.5 이상일 것. 다만, 한쪽 눈을 보지 못하는 사람은 다른 쪽 눈의 시력이 0.6 이상이어야 한다.
• 붉은색·녹색 및 노란색의 구별할 수 있을 것
• 55dB(보청기를 사용하는 사람은 40dB)의 소리를 들을 수 있을 것
• 조향장치나 그 밖의 장치를 뜻대로 조작할 수 없는 등 정상적인 운전을 할 수 없다고 인정되는 신체상 또는 정신상의 장애가 없을 것. 다만, 보조수단이나 신체장애 정도에 적합하게 제작·승인된 자동차를 사용하여 정상적인 운전을 할 수 있다고 인정되는 경우에는 그러하지 아니하다.

31 건설기계 등록사항의 변경신고는 변경이 있는 날로부터 며칠 이내에 하여야 하는가?

① 10일 이내
② 15일 이내
③ 20일 이내
④ 30일 이내

해설

등록사항의 변경신고 : 건설기계의 소유자는 건설기계등록사항에 변경(주소지 또는 사용본거지가 변경된 경우를 제외한다)이 있는 때에는 그 변경이 있는 날부터 30일(상속의 경우에는 상속개시일부터 6개월) 이내에 건설기계등록사항변경신고서(전자문서로 된 신고서를 포함)에 다음의 서류를 첨부하여 제3조에 따라 등록을 한 시·도지사에게 제출하여야 한다. 다만, 전시·사변 기타 이에 준하는 국가비상사태하에 있어서는 5일 이내에 하여야 한다.

1. 변경내용을 증명하는 서류
2. 건설기계등록증(자가용 건설기계 소유자의 주소지 또는 사용본거지가 변경된 경우는 제외한다)
3. 건설기계검사증(자가용 건설기계 소유자의 주소지 또는 사용본거지가 변경된 경우는 제외한다)

32 건설기계 운행 중 과실로 1명에게 중상을 입힌 건설기계를 조종한 자에 면허 정지·취소 형량은?

① 면허효력정지 30일
② 취 소
③ 면허효력정지 60일
④ 면허효력정지 90일

해설

건설기계조종사면허의 취소·정지처분기준 : 인명피해
• 고의로 인명피해(사망·중상·경상 등을 말한다)를 입힌 때 : 취소
• 과실로 산업안전보건법 제2조 제7호에 따른 중대재해가 발생한 경우 : 취소
• 기타 인명피해를 입힌 때
　– 사망 1명마다 : 면허효력정지 45일
　– 중상 1명마다 : 면허효력정지 15일
　– 경상 1명마다 : 면허효력정지 5일

33 도로교통법에 위반이 되는 것은?

① 밤에 교통이 빈번한 도로에서 전조등을 계속 하향했다.
② 낮에 어두운 터널 속을 통과할 때 전조등을 켰다.
③ 소방용 방화물통으로부터 6m 지점에 주차하였다.
④ 노면이 얼어붙은 곳에서 최고 20/100을 줄인 속도로 운행하였다.

해설

노면이 얼어붙은 경우 최고 50/100을 줄인 속도로 운행하여야 한다.

34 건설기계조종사면허가 취소되거나 건설기계조종사면허의 효력정지처분을 받은 후에도 건설기계를 계속하여 조종한 자에 대한 벌칙은?

① 2년 이하의 징역 또는 2,000만원 이하의 벌금
② 100만원 이하의 벌금
③ 1년 이하의 징역 또는 1,000만원 이하의 벌금
④ 300만원 이하의 벌금

해설

1년 이하의 징역 또는 1,000만원 이하의 벌금
• 매매용 건설기계를 운행하거나 사용한 자
• 폐기인수 사실을 증명하는 서류의 발급을 거부하거나 거짓으로 발급한 자
• 폐기요청을 받은 건설기계를 폐기하지 아니하거나 등록번호표를 폐기하지 아니한 자
• 건설기계조종사면허를 받지 아니하고 건설기계를 조종한 자
• 건설기계조종사면허를 거짓이나 그 밖의 부정한 방법으로 받은 자
• 소형건설기계의 조종에 관한 교육과정의 이수에 관한 증빙서류를 거짓으로 발급한 자
• 건설기계조종사면허가 취소되거나 건설기계조종사면허의 효력정지처분을 받은 후에도 건설기계를 계속하여 조종한 자
• 건설기계를 도로나 타인의 토지에 버려둔 자

35 도로교통법상 도로에 해당하지 않는 것은?

① 유료도로법에 의한 유료도로

② 도로법에 의한 도로

③ 해양 항로법에 의한 항로

④ 농어촌도로 정비법에 따른 농어촌도로

해설

"도로"란 다음에 해당하는 곳을 말한다.
- 「도로법」에 따른 도로
- 「유료도로법」에 따른 유료도로
- 「농어촌도로 정비법」에 따른 농어촌도로
- 그 밖에 현실적으로 불특정 다수의 사람 또는 차마(車馬)가 통행할 수 있도록 공개된 장소로서 안전하고 원활한 교통을 확보할 필요가 있는 장소

36 건설기계등록 말소신청서의 첨부서류가 아닌 것은?

① 건설기계검사증

② 건설기계등록증

③ 건설기계운행증

④ 말소 사유를 확인할 수 있는 서류

해설

건설기계등록의 말소를 신청하고자 하는 건설기계소유자는 건설기계등록말소신청서에 다음의 서류를 첨부하여 등록지의 시·도지사에게 제출하여야 한다.
- 건설기계등록증
- 건설기계검사증
- 멸실·도난·수출·폐기·폐기요청·반품 및 교육·연구목적 사용 등 등록말소사유를 확인할 수 있는 서류

37 유압유의 흐름을 한쪽으로만 허용하고 반대방향의 흐름을 제어하는 밸브는?

① 릴리프밸브

② 체크(Check)밸브

③ 카운터 밸런스밸브

④ 매뉴얼밸브

38 유압장치의 일상점검 사항이 아닌 것은?

① 오일누설 여부 점검

② 소음 및 호스의 누유 여부 점검

③ 변질상태 점검

④ 릴리프밸브 작동시험 점검

39 다음 중 유압을 일로 바꾸는 장치는?

① 압력스위치　　② 유압 디퓨저

③ 유압 어큐뮬레이터　　④ 유압 액추에이터

해설

유압장치는 유압펌프, 유압밸브, 유압 액추에이터, 오일탱크로 크게 나눌 수 있다.
- 유압펌프 : 오일탱크에서 기름을 흡입하여 유압밸브에서 소요되는 압력과 유량(일에 필요한 최대의 힘과 속도)을 공급하는 장치
- 유압밸브 : 유압 액추에이터에서 일을 할 경우, 그 요구에 맞도록 기름을 조정하여 액추에이터에 공급하는 장치
- 유압 액추에이터 : 유압밸브에서 기름을 공급받아 실질적으로 일을 하는 장치로서 직선운동을 하는 유압실린더와 회전운동을 하는 유압모터로 분류됨
- 오일탱크 : 사람의 혈액에 해당하는 기름을 저장하는 부품으로서 작동유에서 발생되는 열을 식히고 순환하고 돌아온 기름 속의 먼지나 녹 등을 침전시키는 역할
- 유압 어큐뮬레이터 : 유압펌프에서 발생한 유압을 저장하고 맥동을 소멸시키는 장치

40 유압모터의 일반적인 특징으로 가장 적합한 것은?

① 넓은 범위의 무단변속이 용이하다.

② 운동량을 직선으로 속도조절이 용이하다.

③ 운동량을 자동으로 직선조작할 수 있다.

④ 각도에 제한 없이 왕복 각운동을 한다.

해설

유압모터의 특징
- 정·역회전이 가능하다.
- 무단변속으로 회전수를 조정할 수 있다.
- 회전체의 관성력이 작으므로 응답성이 빠르다.
- 소형, 경량이며, 큰 힘을 낼 수 있다.
- 자동제어의 조작부 및 서보기구의 요소로 적합하다.

41 유압유의 주요 기능이 아닌 것은?

① 필요한 요소 사이를 밀봉한다.
② 움직이는 기계요소를 마모시킨다.
③ 열을 흡수한다.
④ 동력을 전달한다.

해설
마모의 억제는 유압유의 큰 작용의 하나이다.

42 일반적인 유압펌프에 대한 설명으로 가장 거리가 먼 것은?

① 유압탱크의 오일을 흡입하여 컨트롤밸브(Control Valve)로 송유(토출)한다.
② 엔진이 회전하는 동안에는 항상 회전한다.
③ 엔진의 동력으로 구동된다.
④ 벨트에 의해 구동된다.

43 유압유에 점도가 서로 다른 2종류의 오일을 혼합하였을 경우에 대한 설명으로 맞는 것은?

① 열화현상을 촉진시킨다.
② 점도가 달라지나 사용에는 전혀 지장이 없다.
③ 오일 첨가제의 좋은 부분만 작동하므로 오히려 더욱 좋다.
④ 혼합은 권장 사항이며, 사용에는 전혀 지장이 없다.

해설
유압유에 점도가 서로 다른 2종류의 오일을 혼합하면 열화현상이 발생한다.

44 다음 중 유압실린더의 내부 구성품이 아닌 것은?

① 피스톤
② 쿠션기구
③ 유압밴드
④ 실린더

해설
유압밴드는 유압호스나 파이프 등의 외부에 사용된다.

45 실린더가 중력으로 인하여 제어속도 이상으로 낙하하는 것을 방지하는 밸브는?

① 방향제어밸브
② 리듀싱밸브
③ 시퀀스밸브
④ 카운터 밸런스밸브

46 오일탱크 내의 오일을 전부 배출시킬 때 사용하는 것은?

① 드레인 플러그
② 리턴 라인
③ 어큐뮬레이터
④ 배 플

해설
② 리턴 라인 : 되돌림라인
③ 어큐뮬레이터 : 축압기
④ 배플 : 칸막이역할

47 연삭작업 시 반드시 착용해야 하는 보호구는?

① 방독면
② 방한복
③ 용접장갑
④ 보안경

해설
칩의 비산(飛散)으로부터 눈을 보호하기 위하여 보안경을 착용한다.

48 화재의 분류에서 유류화재에 해당하는 것은?

① C급 화재
② B급 화재
③ A급 화재
④ D급 화재

해설
화재의 분류
• A급 화재 : 일반(물질이 연소된 후 재를 남기는 일반적인 화재)화재
• B급 화재 : 유류(기름)화재
• C급 화재 : 전기화재
• D급 화재 : 금속화재
• E급 화재 : 가스화재

49 안전 · 보건표지에서 안내 표지의 바탕색은?

① 백 색 ② 녹 색
③ 흑 색 ④ 적 색

해설

안전표지 바탕색 중 녹색은 안내, 적색은 금지, 노랑은 경고 표지이다.

50 기계 및 기계장치 취급 시 사고 발생 원인이 아닌 것은?

① 정리 정돈 및 조명장치가 잘 되어 있지 않을 때
② 안전장치 및 보호장치가 잘 되어 있지 않을 때
③ 불량공구를 사용할 때
④ 기계 및 기계장치가 넓은 장소에 설치되어 있을 때

해설

④ 기계 및 장비가 좁은 곳에 설치되어 있을 때

51 선반작업, 드릴작업, 목공 기계작업, 연삭작업, 해머작업 등을 할 때 착용하면 불안전한 보호구는?

① 차광 안경 ② 장 갑
③ 방진 안경 ④ 귀마개

해설

장갑을 끼고 해머작업을 하다가 장갑의 미끄럼에 의해 해머를 놓쳐 주위의 사람이나 기계, 장비에 피해를 줄 수 있다.

52 재해 발생 원인으로 가장 높은 비율을 차지하는 것은?

① 불안전한 작업환경
② 사회적 환경
③ 작업자의 성격적 결함
④ 작업자의 불안전한 행동

해설

자동화 기계 · 설비 등에서 작업자의 불안전한 행동으로 인한 재해가 점점 늘어나고 있는 추세이다.

53 산소-아세틸렌 가스용접에 의해 발생되는 재해가 아닌 것은?

① 폭 발 ② 화 재
③ 가스중독 ④ 감 전

해설

산소-아세틸렌 가스용접에 의해 발생되는 재해유형 : 폭발, 화재, 화상, 가스중독 등

54 드릴작업에서 드릴링할 때 공작물과 드릴이 함께 회전하기 쉬운 때는?

① 드릴 핸들에 약간의 힘을 주었을 때
② 작업이 처음 시작될 때
③ 구멍을 중간쯤 뚫었을 때
④ 구멍 뚫기 작업이 거의 끝날 때

해설

드릴 구멍 가공이 끝날 무렵에는 무리한 이송을 하지 말고 공작물이 따라 돌지 않도록 주의하여야 한다.

55 드릴작업의 안전수칙이 아닌 것은?

① 드릴작업 후에 축전지는 그대로 둔다.
② 장갑을 끼고 작업하지 않는다.
③ 칩을 제거할 때는 회전을 중지시킨 상태에서 솔로 제거한다.
④ 일감은 견고하게 고정시키고 손으로 잡고 구멍을 뚫지 않는다.

해설

① 작업이 끝나면 드릴을 척에서 빼놓는다.

56 다음 중 아세틸렌 용접장치의 방호장치는?

① 덮 개
② 자동전격방지기
③ 안전기
④ 제동장치

57 가공전선로 주변에서 굴착작업 중 [보기]와 같은 상황 발생 시 조치사항으로 가장 적절한 것은?

> 굴착작업 중 작업장 상부를 지나는 전선이 버켓 실린더에 의해 단선 되었으나 인명과 장비에 피해는 없었다.

① 가정용이므로 작업을 마친 다음 현장 전기공에 의해 복구시킨다.
② 발생 후 1일 이내에 감독관에게 알린다.
③ 전주나 전주 위의 변압기에 이상이 없으면 무관하다.
④ 발생 즉시 인근 한국전력 사업소에 연락하여 복구하도록 한다.

해설
전력케이블에 손상이 가해지면 전력공급이 차단되거나 중단될 수 있으므로 즉시 한국전력공사에 통보해야 한다.

58 철탑에 154,000V라는 표지판이 부착되어있는 전선 근처에서의 작업으로 틀린 것은?

① 전선의 30cm 이내로 접근되지 않게 작업한다.
② 철탑 기초에서 충분히 이격하여 굴착한다.
③ 전선이 바람에 흔들리는 것을 고려하여 접근금지 로프를 설치한다.
④ 철탑 기초 주변 흙이 무너지지 않도록 한다.

59 도로나 아파트 단지의 땅속을 굴착하고자 할 때 도시가스 배관이 묻혀있는지 확인하기 위하여 가장 먼저 해야 할 일은?

① 그 지역에 가스를 공급하는 도시가스 회사에 가스 배관의 매설 유무를 확인한다.
② 그 지역 주민들에게 물어본다.
③ 굴착기로 땅속을 파서 가스배관이 있는지 직접 확인한다.
④ 해당 구청 토목과에 확인한다.

해설
도시가스사업이 허가된 지역에 있는 도로, 공동주택단지 기타 도로인 근지역에서 굴착공사를 할 경우에는 그 공사를 하기 전에 당해 토지의 지하에 가스배관이 매설되어 있는지를 해당 도시가스사업자에게 확인 요청을 한 후에 굴착작업을 하여야 한다.

60 항타기는 부득이한 경우를 제외하고 가스배관과의 수평 거리를 최소한 몇 m 이상 이격하여 배치하여야 하는가?

① 3m
② 5m
③ 1m
④ 2m

해설
항타기는 부득이한 경우를 제외하고 가스배관과의 수평거리를 최소한 2m 이상 이격하여야 한다.

상시 제3회 최근 상시시험 복원문제

● 시험시간 : 60분　　● 총문항수 : 60개　　● 합격커트라인 : 60점　　▼ START

01 기관 연소실이 갖추어야 할 구비조건이다. 가장 거리가 먼 것은?

① 압축행정에서 혼합기의 와류를 형성하는 구조이어야 한다.
② 연소실 내의 표면적은 최대가 되도록 한다.
③ 돌출부가 없어야 한다.
④ 화염전파 거리가 짧아야 한다.

해설
연소실의 구비조건
• 연소시간이 가능한 짧아야 한다.
• 연소실 표면적이 최소가 되어야 한다.
• 가열되기 쉬운 돌출부가 없어야 한다.
• 흡 · 배기작용이 원활하게 되어야 한다.
• 압축행정에서 혼합기에 와류가 일어나야 한다.

02 실린더 헤드와 블록 사이에 삽입하여 압축과 폭발가스의 기밀을 유지하고 냉각수와 엔진오일이 누출되는 것을 방지하는 역할을 하는 것은?

① 헤드 오일 통로
② 헤드 밸브
③ 헤드 워터 재킷
④ 헤드 가스켓

해설
엔진오일과 물이 흘러 다니는 것의 기밀유지가 헤드 가스켓이다.

03 기관에서 팬 벨트 및 발전기 벨트의 장력이 너무 강한 경우에 발생할 수 있는 현상은?

① 기관의 밸브장치가 손상될 수 있다.
② 충전부족 현상이 생긴다.
③ 발전기 베어링이 손상될 수 있다.
④ 기관이 과열된다.

해설
기관에서 팬벨트의 장력이 너무 강할 경우 발전기 베어링이 손상된다.

04 디젤기관과 엔진오일 압력이 규정 이상으로 높아질 수 있는 원인은?

① 엔진오일이 희석되었다.
② 기관의 회전속도가 낮다.
③ 엔진오일의 점도가 지나치게 높다.
④ 엔진오일의 점도가 지나치게 낮다.

해설
유압이 상승하는 원인
• 오일 점도가 높을 경우
• 윤활통로의 막힘
• 유압조정밸브 스프링의 조정불량 등
• 윤활부의 간극이 작거나 이물질이 끼어 있을 경우

05 디젤엔진이 잘 시동되지 않거나 시동이 되더라도 출력이 약한 원인으로 맞는 것은?

① 플라이휠이 마모되었을 때
② 냉각수 온도가 100℃ 정도 되었을 때
③ 연료분사펌프의 기능이 불량할 때
④ 연료탱크 상부에 공기가 들어있을 때

해설

연료펌프의 기능이 불량하면 연료가 잘 펌프되지 못하고 시동유지가
잘 안될 수 있다.
① 플라이휠이 마모되는 곳은 클러치가 닫는 면과 스타팅모터의
   피니언에 의해 링기어가 마모될 수 있다. 이것은 직접적인 원인은
   아니다.
② 냉각수 온도가 100℃ 정도되면 엔진온도가 정상으로 워엄되어
   이때 엔진의 기능이 가장 최고점이 될 때이다.
④ 연료탱크에 공기는 항상 들어있고 만약 연료 파이프에 공기가 들어
   있다면 문제와 같을 수 있다.

06 커먼레일 디젤기관의 압력제한밸브에 대한 설명 중 틀린 것은?

① 기계의 밸브가 많이 사용된다.
② 운전조건에 따라 커먼레일의 압력을 제어한다.
③ 연료압력이 높으면 연료의 일부분이 연료탱크로 되돌아간다.
④ 커먼레일과 같은 라인에 설치되어 있다.

해설

압력제한밸브
• 릴리프밸브와 같은 기능으로, 내부 압력 릴리프밸브의 최신 버전은
  비상주행기능을 갖추고 있다.
• 커먼레일의 연료압력이 일정한 한계값을 초과할 경우에는 방출구를
  개방시켜 커먼레일의 연료압력을 제한한다.
• 비상주행기능을 통해, 커먼레일의 연료압력을 일정한 수준으로 유지
  할 수 있기 때문에 제한된 범위 내에서 계속주행이 가능하게 된다.

07 엔진과열의 원인으로 가장 거리가 먼 것은?

① 라디에이터 코어 불량
② 정온기가 닫혀서 고장
③ 연료의 품질 불량
④ 냉각계통의 고장

해설

불량한 품질의 연료 사용 시 실린더 내에서 노킹 혹은 노크하는 소리가
난다.

엔진 과열 원인
• 라디에이터 코어의 막힘, 불량
• 정온기가 닫혀서 고장
• 냉각장치 내부의 물때(Scale) 과다
• 냉각수 부족
• 윤활유 부족
• 팬벨트 이완 및 절손
• 물펌프 고장
• 이상연소(노킹 등)
• 압력식 캡의 불량

08 기관에서 피스톤링의 작용으로 틀린 것은?

① 열전도작용
② 완전연소 억제작용
③ 오일제어작용
④ 기밀작용

해설

피스톤링의 3대 작용
• 기밀유지(밀봉)작용 : 압축 링의 주작용
• 오일제어(실린더 벽의 오일 긁어내기)작용 : 오일링의 주작용
• 열전도(냉각)작용

09 2행정 사이클 디젤기관의 흡입과 배기행정에 관한 설명으로 틀린 것은?

① 연소가스가 자체의 압력에 의해 배출되는 것을
   블로바이라고 한다.
② 피스톤이 하강하여 소기포트가 열리면 예열된 공
   기가 실린더 내로 주입된다.
③ 압력이 낮아진 나머지 연소가스가 배출되며 실린
   더 내는 와류를 동반한 새로운 공기로 가득 차게
   된다.
④ 동력행정의 끝 부분에서 배기밸브가 열리고 연소
   가스가 자체의 압력으로 배출이 시작된다.

해설

• 블로다운(Blow Down)현상 : 배기밸브가 열려 배기가스 자체의 압력
  으로 배출되는 현상
• 블로바이(Blow-By)현상 : 압축 및 폭발행정에서 가스가 피스톤과
  실린더 사이로 누출되는 현상

10 오일 팬에 있는 오일을 흡입하여 기관의 각 운행 부분에 압송하는 오일펌프로 가장 많이 사용되는 것은?

① 피스톤펌프, 나사펌프, 원심펌프
② 나사펌프, 원심펌프, 기어펌프
③ 기어펌프, 원심펌프, 베인펌프
④ 로터리펌프, 기어펌프, 베인펌프

해설
오일펌프의 종류에는 로터리식, 기어식, 베인식, 플런저(피스톤)식이 있다.

11 건설기계기관에 사용되는 여과장치가 아닌 것은?

① 오일필터
② 인젝션 타이머
③ 오일 스트레이너
④ 공기청정기

해설
인젝션 타이머는 분사시기 조정장치이다.

12 기관에서 연료압력이 너무 낮다. 그 원인이 아닌 것은?

① 연료압력 레귤레이터에 있는 밸브의 밀착이 불량하여 리턴펌프 쪽으로 연료가 누설되었다.
② 연료펌프의 공급압력이 누설되었다.
③ 리턴호스에서 연료가 누설된다.
④ 연료필터가 막혔다.

해설
연료압력

너무 낮은 원인	너무 높은 원인
• 연료필터가 막힘 • 연료펌프의 공급 압력이 누설됨 • 연료압력 레귤레이터에 있는 밸브의 밀착이 불량해 귀환구쪽으로 연료가 누설됨	• 연료압력 레귤레이터 내의 밸브가 고착됨 • 연료 리턴호스나 파이프가 막히거나 휨

13 축전지 격리판의 필요조건으로 틀린 것은?

① 다공성이고 전해액에 부식되지 않을 것
② 기계적 강도가 있을 것
③ 전도성이 좋으며 전해액의 확산이 잘 될 것
④ 극판에 좋지 않은 물질을 내뿜지 않을 것

해설
격리판은 비전도성일 것

14 축전지를 충전기에 의해 충전 시 정전류 충전 범위로 틀린 것은?

① 표준충전전류 : 축전지 용량의 10%
② 최대충전전류 : 축전지 용량의 50%
③ 최대충전전류 : 축전지 용량의 20%
④ 최소충전전류 : 축전지 용량의 5%

해설
정전류 충전
• 표준전류 : 축전지 용량의 10%
• 최대전류 : 축전지 용량의 20%
• 최소전류 : 축전지 용량의 5%

15 방향 지시등 전구에 흐르는 전류를 일정한 주기로 단속·점멸하여 램프의 광도를 증감시키는 것은?

① 리밋 스위치
② 파일럿 유닛
③ 플래셔 유닛
④ 방향지시기 스위치

해설
플래셔 유닛을 사용해 램프에 흐르는 전류를 일정한 주기(분당 60~120회)로 단속, 점멸해 램프를 점멸시키거나 광도를 증감시킨다.

16 다음 중 교류발전기를 설명한 내용으로 틀린 것은?

① 발전 조정은 전류조정기를 이용한다.
② 로터 전류를 변화시켜 출력이 조정된다.
③ 증폭기로 실리콘 다이오드기를 사용한다.
④ 스테이터 코일은 주로 3상 결선으로 되어 있다.

해설
전류조정기는 직류발전기 부품이다.

17 엔진이 기동되었는데도 시동스위치를 계속 ON위치로 둘 때 미치는 영향으로 가장 알맞은 것은?

① 클러치 디스크가 마멸된다.
② 엔진의 수명이 단축된다.
③ 크랭크축 저널이 마멸된다.
④ 시동전동기의 수명이 단축된다.

18 퓨즈가 끊어졌을 때 조치방법으로 틀린 것은?

① 탈락한 퓨즈와 같은 용량으로 교환한다.
② 탈락한 퓨즈보다 더 큰 용량으로 교환한다.
③ 퓨즈의 색상이 같은 것으로 교환한다.
④ 탈락한 퓨즈와 같은 모양인 것으로 교환한다.

해설
퓨즈 교체 시에는 동일한 용량의 것을 사용하여야 한다. 높은 용량의 퓨즈로 교환 시 전기배선 손상의 원인 및 화재의 위험이 있다.

19 유압식 모터 그레이더의 블레이드 횡행장치의 부품이 아닌 것은?

① 피스톤로드
② 상부레일
③ 회전실린더
④ 볼조인트

20 건설기계장비에서 조향장치가 하는 역할은?

① 분사시기를 조정하는 장치이다.
② 제동을 쉽게 하는 장치이다.
③ 장비의 진행 방향을 바꾸는 장치이다.
④ 분사압력 확대 장치이다.

21 건설기계 타이어 패턴 중 슈퍼 트랙션 패턴의 특징으로 틀린 것은?

① 패턴의 폭은 넓고 홈을 낮게 한 것이다.
② 기어 형태로 연약한 흙을 잡으면서 주행한다.
③ 진행 방향에 대한 방향성을 가진다.
④ 패턴 사이에 흙이 끼는 것을 방지한다.

해설
트레드 패턴의 종류
• 러그 패턴 : 원 둘레의 직각 방향으로 홈이 설치된 형식
• 리브 패턴 : 타이어의 원 둘레 방향으로 몇 개의 홈을 둔 것이며 옆방향 미끄럼에 대한 저항이 크고 조향성이 우수
• 리브 러그 패턴 : 리브 패턴과 러그 패턴을 조합시킨 형식으로 숄더부에 러그형을 트래드 중앙부에는 지그재그의 리브형을 사용하여 양호한 도로나 험악한 노면에서 겸용할 수 있는 형식
• 블록 패턴 : 모래나 눈 길 등과 같이 연한 노면을 다지면서 주행하는 형식
• 오프 더 로드 패턴 : 진흙 속에서도 강력한 견인력을 발휘할 수 있도록 러그 패턴의 홈을 깊게 하고 폭을 넓게 한 것
• 슈퍼 트랙션 패턴 : 러그 패턴의 중앙부위에 연속된 부분을 없애고 진행 방향에 대한 방향성을 가지게 한 것으로서 기어와 같은 모양으로 되어 연약한 흙을 확실히 잡으면서 주행하며 또 패턴 사이에 흙 등이 끼는 것을 방지

22 타이어식 건설기계에서 전 후 주행이 되지 않을 때 점검하여야 할 곳으로 틀린 것은?

① 주차 브레이크 잠김 여부를 점검한다.
② 유니버설 조인트를 점검한다.
③ 변속장치를 점검한다.
④ 타이로드 엔드를 점검한다.

해설
타이로드 엔드 불량 시 핸들의 흔들림 및 타이어 이상마모현상이 생긴다.

23 유니버설 조인트의 종류 중 변속조인트의 분류에 속하지 않는 것은?

① 벤딕스형   ② 트러니언형
③ 훅 형   ④ 플렉시블형

해설
자재이음(Universal Joint)의 종류
• 부등속 자재이음 : 십자형(훅형) 자재이음, 플렉시블 이음, 볼 엔드 트러니언 자재이음
• 등속 자재이음 : 트랙터형, 벤딕스형, 제파형, 파르빌레형, 이중십자형, 버필드형

24 무한궤도식에 리코일 스프링을 이중 스프링으로 사용하는 이유로 가장 적합한 것은?

① 스프링장력이 잘 빠지지 않게 하기 위해서
② 강한 탄성을 얻기 위해서
③ 서징 현상을 줄이기 위해서
④ 강력한 힘을 축적하기 위해서

해설
리코일 스프링을 이중 스프링으로 사용하는 것은 서징 현상을 줄이기 위해서이다. 서징 현상이란 밸브 스프링의 고유 진동이 캠의 주기적인 운동과 같거나 그 정수배가 되어 캠의 작동과 관계없이 진동을 일으키는 현상으로 그 방지책은 부등피치 스프링 사용, 2중 스프링 사용, 원뿔형 스프링 사용 등이다.

25 조향장치의 특성에 관한 설명 중 틀린 것은?

① 조향조작이 경쾌하고 자유로워야 한다.
② 노면으로부터의 충격이나 원심력 등의 영향을 받지 않아야 한다.
③ 회전반경이 되도록 커야 한다.
④ 타이어 및 조향장치의 내구성이 커야 한다.

해설
회전반경이 작고 차의 방향 변환이 용이할 것

26 굴삭기의 양쪽 주행레버만 조작하여 급회전하는 것을 무슨 회전이라고 하는가?

① 급회전   ② 피벗회전
③ 원웨이회전   ④ 스핀회전

해설
굴삭기의 조향방법
• 피벗턴(Pivot Turn) : 주행레버를 1개만 조작하면 반대쪽 트랙중심을 지지점으로 하여 선회하는 방법
• 스핀턴(Spin Turn) : 주행레버 2개를 동시에 반대 방향으로 조작하면 2개의 주행모터가 서로 반대 방향으로 구동되어 굴삭기 중심을 지지점으로 하여 선회하는 방식

27 교통사고 시 사상자가 발생하였을 때, 도로교통법상 운전자가 즉시 취하여야 할 조치사항 중 가장 옳은 것은?

① 즉시 정지 – 신고 – 위해방지
② 증인확보 – 정지 – 사상자 구호
③ 즉시 정지 – 위해방지 – 신고
④ 즉시 정지 – 사상자 구호 – 신고

해설
즉시 사상자를 구호하고 경찰공무원에게 신고한다.

28 승차 또는 적재의 방법과 제한에서 운행상의 안전기준을 넘어서 승차 및 적재가 가능한 경우는?

① 관할 시장·군수의 허가를 받은 때
② 동·읍·면장의 허가를 받은 때
③ 출발지를 관할하는 경찰서장의 허가를 받은 때
④ 도착지를 관할하는 경찰서장의 허가를 받은 때

해설
모든 차의 운전자는 승차 인원, 적재중량 및 적재용량에 관하여 대통령령으로 정하는 운행상의 안전기준을 넘어서 승차시키거나 적재한 상태로 운전하여서는 아니 된다. 다만, 출발지를 관할하는 경찰서장의 허가를 받은 경우에는 그러하지 아니하다(도로교통법 제39조).

29 도로교통법상 운전자의 준수사항이 아닌 것은?

① 운행 시 고인 물을 튀게 하여 다른 사람에게 피해를 주지 않을 의무

② 운행 시 동승자에게도 좌석안전띠를 매도록 하여야 할 의무

③ 출석 지시서를 받은 때 운전하지 않을 의무

④ 운전 중에 휴대용 전화를 사용하지 않을 의무

해설

모든 운전자의 준수사항
• 물이 고인 곳을 운행할 때에는 고인 물을 튀게 하여 다른 사람에게 피해를 주는 일이 없도록 할 것
• 운전자는 자동차 등 또는 노면전차의 운전 중에는 휴대용 전화(자동차용 전화를 포함한다)를 사용하지 아니할 것. 다만, 다음에 해당하는 경우에는 그러하지 아니하다.
※ 특정 운전자의 준수사항
자동차(이륜자동차는 제외한다)의 운전자는 자동차를 운전할 때에는 좌석안전띠를 매어야 하며, 모든 좌석의 동승자에게도 좌석안전띠(영유아인 경우에는 유아보호용 장구를 장착한 후의 좌석안전띠를 말한다)를 매도록 하여야 한다. 다만, 질병 등으로 인하여 좌석안전띠를 매는 것이 곤란하거나 행정안전부령으로 정하는 사유가 있는 경우에는 그러하지 아니하다.

30 제1종 대형 운전면허로 조종할 수 없는 건설기계는?

① 아스팔트살포기

② 굴삭기

③ 노상안정기

④ 콘크리트펌프

해설

1종 대형면허로 운전할 수 있는 차량
• 승용자동차, 승합자동차, 화물자동차
• 건설기계
　– 덤프트럭, 아스팔트살포기, 노상안정기
　– 콘크리트믹서트럭, 콘크리트펌프, 천공기(트럭 적재식)
　– 콘크리트믹서트레일러, 아스팔트콘크리트재생기
　– 도로보수트럭, 3t 미만의 지게차
• 특수자동차(대형견인차, 소형견인차 및 구난차는 제외한다)
• 원동기장치자전거

31 건설기계조종사면허를 받은 자가 면허의 효력이 정지된 때에는 며칠 이내에 관할 행정기관에 그 면허증을 반납하여야 하는가?

① 10일 이내

② 60일 이내

③ 30일 이내

④ 100일 이내

해설

건설기계조종사면허를 받은 자가 다음에 해당하는 때에는 그 사유가 발생한 날부터 10일 이내에 주소지를 관할하는 시장·군수 또는 구청장에게 그 면허증을 반납하여야 한다(건설기계관리법 시행규칙 제80조).
• 면허가 취소된 때
• 면허의 효력이 정지된 때
• 면허증의 재교부를 받은 후 잃어버린 면허증을 발견한 때

32 건설기계검사의 종류에 해당되는 것은?

① 계속검사

② 예방검사

③ 수시검사

④ 항시검사

해설

건설기계검사의 종류
• 신규등록검사 : 건설기계를 신규로 등록할 때 실시하는 검사
• 정기검사 : 건설공사용 건설기계로서 3년의 범위에서 국토교통부령으로 정하는 검사유효기간이 끝난 후에 계속하여 운행하려는 경우에 실시하는 검사와 「대기환경보전법」 제62조 및 「소음·진동관리법」 제37조에 따른 운행차의 정기검사
• 구조변경검사 : 건설기계의 주요 구조를 변경하거나 개조한 경우 실시하는 검사
• 수시검사 : 성능이 불량하거나 사고가 자주 발생하는 건설기계의 안전성 등을 점검하기 위하여 수시로 실시하는 검사와 건설기계 소유자의 신청을 받아 실시하는 검사

33 건설기계의 출장검사가 허용되는 경우가 아닌 것은?

① 최고속도가 25km/h 미만인 건설기계
② 차체용량이 40t을 초과하거나 축중이 10t을 초과하는 건설기계
③ 너비가 2.5m 이하 건설기계
④ 도서지역에 있는 건설기계

해설
다음의 어느 하나에 해당하는 경우에는 당해 건설기계가 위치한 장소에서 검사를 할 수 있다.
• 도서지역에 있는 경우
• 자체중량이 40t을 초과하거나 축중이 10t을 초과하는 경우
• 너비가 2.5m를 초과하는 경우
• 최고속도가 시간당 35km 미만인 경우

34 자동차전용 편도 4차로 도로에서 굴삭기와 지게차의 주행차로는?

① 왼쪽 차로
② 2차로
③ 오른쪽 차로
④ 1차로

해설
차로에 따른 통행차의 기준[2018년 6월 19일 시행]

고속도로 외의 도로		왼쪽 차로	승용자동차 및 경형·소형·중형 승합자동차
		오른쪽 차로	대형승합자동차, 화물자동차, 특수자동차, 건설기계, 이륜자동차, 원동기장치자전거
고속도로	편도 3차로 이상	1차로	앞지르기를 하려는 승용자동차 및 앞지르기를 하려는 경형·소형·중형 승합자동차. 다만, 차량통행량 증가 등 도로상황으로 인하여 부득이하게 시속 80km 미만으로 통행할 수밖에 없는 경우에는 앞지르기를 하는 경우가 아니라도 통행할 수 있다.
		왼쪽 차로	승용자동차 및 경형·소형·중형 승합자동차
		오른쪽 차로	대형 승합자동차, 화물자동차, 특수자동차, 건설기계

35 다음의 건설기계 중 정기검사 유효기간이 2년인 것은?

덤프트럭, 모터그레이더, 아스팔트 살포기, 천공기

① 모터그레이더, 천공기
② 덤프트럭, 모터그레이더, 아스팔트 살포기
③ 덤프트럭, 아스팔트 살포기
④ 모터그레이더, 아스팔트 살포기, 천공기

해설
정기검사 유효기간
• 6월 : 타워크레인
• 1년 : 굴삭기(타이어식), 덤프트럭, 기중기(타이어식, 트럭적재식), 콘크리트 믹서트럭, 콘크리트펌프(트럭적재식), 아스팔트살포기, 특수건설기계[도로보수트럭(타이어식), 트럭지게차(타이어식)]
• 2년 : 로더(타이어식), 지게차(1t 이상), 모터그레이더, 천공기(트럭적재식), 특수건설기계[노면파쇄기(타이어식), 노면측정장비(타이어식), 수목이식기(타이어식), 터널용 고소작업차(타이어식)]
• 3년 : 그 밖의 특수건설기계, 그 밖의 건설기계

36 해당 건설기계 운전의 국가기술자격소지자가 건설기계 조종 시 면허를 받지 않고 건설기계를 조종할 경우는?

① 무면허이다.
② 사고 발생 시만이 무면허이다.
③ 면허를 가진 것으로 본다.
④ 도로주행만 하지 않으면 괜찮다.

해설
건설기계를 조종하고자 하는 자는 「국가기술자격법」에 의한 해당 분야의 기술자격을 취득하고 적성검사에 합격한 후 당해 관청에서 건설기계 조종사 면허를 발급받아야 건설기계를 조종할 수 있으므로, 국가기술자격증만으로 건설기계를 조종할 수 없다.

37 일반적으로 캠(Cam)으로 조작되는 유압밸브로써 액추에이터의 속도를 서서히 감속시키는 밸브는?

① 카운터밸런스밸브
② 방향제어밸브
③ 디셀러레이션밸브
④ 프레임밸브

해설
- 카운터밸런스밸브 : 한방향의 흐름에 대하여는 규제된 저항에 의하여 배압(背壓)으로서 작동하는 제어유동이고 그 반대 방향의 유동에 대하여는 자동유동의 밸브
- 방향제어밸브 : 일의 방향제어

38 건설기계 유압회로에서 유압유 온도를 알맞게 유지하기 위해 오일을 냉각하는 부품은?

① 어큐뮬레이터
② 유압밸브
③ 오일쿨러
④ 방향제어밸브

해설
건설기계기관에 설치되는 오일 냉각기(쿨러)의 주기능은 오일 온도를 정상 온도로 일정하게 유지하는 것이다.

39 리듀싱밸브에 대한 설명으로 틀린 것은?

① 상시 폐쇄상태로 되어 있다.
② 출구(2차쪽)의 압력이 리듀싱 밸브의 설정압력보다 높아지면 밸브가 작동하여 유로를 닫는다.
③ 유압장치에서 회로 일부의 압력을 릴리프밸브의 설정압력 이하로 하고 싶을 때 사용한다.
④ 입구(1차쪽)의 주회로에서 출구(2차쪽)의 감압회로로 유압유가 흐른다.

해설
감압밸브는 밸브의 토출구 압력을 측정하는 밸브로 유체의 압력이 높을 경우 압력을 일정하게 유지하는 데 사용된다. 만약 토출구의 압력이 상승하면, 밸브를 닫아서 압력을 낮추어 주고, 반대로 토출구의 압력이 감소하면, 밸브를 열어 압력을 일정하게 유지해준다.

40 유압장치의 일상점검 사항이 아닌 것은?

① 오일탱크의 유량 점검
② 오일누설 여부 점검
③ 릴리프밸브 작동시험 점검
④ 소음 및 호스 누유 여부 점검

41 유압펌프 내의 내부 누설은 무엇에 반비례하여 증가하는가?

① 작동유의 압력
② 작동유의 온도
③ 작동유의 모양
④ 작동유의 점도

42 일반적인 오일탱크의 구성품이 아닌 것은?

① 스트레이너
② 드레인 플러그
③ 압력조절기
④ 배플 플레이트

해설
압력조절기는 유압펌프의 구성품이다.

43 무한궤도식 굴착기에 대한 설명으로 옳지 않은 것은?

① 트랙 장력이 약간 팽팽할 때 바위가 깔린 땅에서는 작업조정이 효과적일 수도 있다.
② 트랙유격이 너무 커지면 트랙이 벗겨질 수 있다.
③ 트랙장치의 트랙슈와 슈를 연결하는 부품은 아이들러와 스프로킷이다.
④ 트랙프레임 상부롤러는 트랙이 밑으로 처지는 것을 방지한다.

해설
트랙장치의 트랙슈와 슈를 연결하는 부품은 트랙링크와 핀이다.

44 유압모터의 가장 큰 장점은?

① 공기와 먼지 등이 침투하면 성능에 영향을 준다.
② 압력조절이 용이하다.
③ 오일의 누출을 방지한다.
④ 무단변속이 용이하다.

해설

유압모터의 장·단점

장점	• 무단변속으로 회전수를 조정할 수 있다. • 힘의 연속제어가 용이하다. • 운동방향 제어가 용이하다. • 소형경량으로 큰 출력을 낼 수 있다. • 속도나 방향의 제어가 용이하고 릴리프밸브를 달면 기구적 손상을 주지 않고 급정지시킬 수 있다. • 2개의 배관만을 사용해도 되므로 내폭성이 우수하다.
단점	• 효율이 낮다. • 누설에 문제점이 많다. • 온도에 영향을 많이 받는다. • 작동유에 이물질이 들어가지 않도록 보수에 주의하지 않으면 안 된다. • 수명은 사용조건에 따라 다르므로 일정시간 후 점검해야 한다. • 작동유의 점도 변화에 의하여 유압모터의 사용에 제약을 받는다. • 소음이 크다. • 기동 시, 저속 시 운전이 원활하지 않다. • 인화하기 쉬운 오일을 사용하므로 화재에 위험이 높다. • 고장 발생 시 수리가 곤란하다.

45 유압 실린더의 종류에 해당하지 않는 것은?

① 복동 실린더 더블로드형
② 단동 실린더 램형
③ 복동 실린더 싱글로드형
④ 단동 실린더 레디얼형

해설

유압 실린더
• 단동 실린더 : 피스톤형, 플런저 램형
• 복동 실린더 : 단로드형, 양로드형
• 다단 실린더 : 텔레스코픽형 실린더, 디지털형 실린더

46 점도가 서로 다른 2종류의 유압유를 혼합하였을 경우에 대한 설명으로 옳은 것은?

① 열화현상을 촉진시킨다.
② 점도가 달라지나 사용에는 전혀 지장이 없다.
③ 혼합은 권장사항이며, 사용에는 전혀 지장이 없다.
④ 첨가제의 좋은 부분만 작동하므로 오히려 더욱 좋다.

해설

유압유에 점도가 서로 다른 2종류의 오일을 혼합하면 열화현상이 발생한다.

47 감전재해 사고발생 시 취해야 할 행동순서가 아닌 것은?

① 피해자 구출 후 상태가 심할 경우 인공호흡 등 응급조치를 한 후 작업을 직접 마무리하도록 도와준다.
② 피해자가 지닌 금속체가 전선 등에 접촉되었는가를 확인한다.
③ 설비의 전기 공급원 스위치를 내린다.
④ 전원을 끄지 못했을 때는 고무장갑이나 고무장화를 착용하고 피해자를 구출한다.

해설

감전으로 의식불명인 경우는 감전사고를 발견한 사람이 즉시 환자에게 인공호흡을 시행하여 우선 환자가 의식을 되찾게 한 다음 의식을 회복하면 즉시 가까운 병원으로 후송하여야 한다.

48 볼트 너트를 가장 안전하게 조이거나 풀 수 있는 공구는?

① 소켓렌치
② 파이프렌치
③ 스패너
④ 조정렌치

해설

조정렌치 : 멍키렌치라고도 호칭하며, 제한된 범위 내에서 어떠한 규격의 볼트나 너트에도 사용할 수 있다.

49 생산활동 중 신체장애와 유해물질에 의한 중독 등으로 작업성 질환에 걸려 나타난 장애를 무엇이라 하는가?

① 산업안전
② 안전관리
③ 안전사고
④ 산업재해

50 사고의 원인 중 불안전한 행동이 아닌 것은?

① 허가 없이 기계장치 운전
② 사용 중인 공구에 결함 발생
③ 작업 중에 안전장치 기능 제거
④ 부적당한 속도로 기계장치 운전

해설

사고의 원인

불안전한 상태 (물적 원인)	• 물자체 결함 • 안전방호장치 결함 • 복장·보호구의 결함 • 물의 배치 및 작업장소 결함 • 작업환경의 결함 • 생산공정의 결함 • 경계표시·설비의 결함
불안전한 행동 (인적 원인)	• 위험장소 접근 • 안전장치의 기능 제거 • 복장·보호구의 잘못 사용 • 기계·기구 잘못 사용 • 운전 중인 기계 장치의 손질 • 불안전한 속도 조작 • 위험물 취급 부주의 • 불안전한 상태 방치 • 불안전한 자세 동작 • 감독 및 연락 불충분

51 해머작업에 대한 주의사항으로 틀린 것은?

① 타격범위에 장애물이 없도록 한다.
② 작게 시작하여 차차 큰 행정으로 작업하는 것이 좋다.
③ 녹슨 재료 사용 시 보안경을 사용한다.

④ 작업자가 서로 마주보고 두드린다.

해설

해머작업 시 작업자와 마주보고 일을 하면 사고의 우려가 있다.

52 기계의 회전 부분(기어, 벨트, 제연)에 덮개를 설치하는 이유는?

① 회전 부분의 속도를 높이기 위하여
② 좋은 품질의 제품을 얻기 위해서
③ 회전 부분과 신체의 접촉을 방지하기 위하여
④ 제품의 제작과정을 숨기기 위해서

해설

회전 부분(기어, 벨트, 체인) 등은 위험하므로 반드시 커버를 씌어둔다.

53 드릴작업 시 주의 사항으로 틀린 것은?

① 작업이 끝나면 드릴을 척에서 빼놓는다.
② 드릴이 움직일 때는 칩을 손으로 치운다.
③ 칩을 털어낼 때는 칩털이를 사용한다.
④ 공작물을 동작하지 않게 고정한다.

해설

② 작업 중 칩제거를 금지한다.

54 벨트를 풀리에 장착 시 작업 방법에 대한 설명으로 옳은 것은?

① 회전체를 정지시킨 후 건다.
② 고속으로 회전시키면서 건다.
③ 저속으로 회전시키면서 건다.
④ 평속으로 회전시키면서 건다.

해설

벨트를 풀리에 걸 때는 회전은 정지시키고 걸어야 한다.

55 화재의 분류 기준에서 휘발유로 인해 발생한 화재는?

① B급 화재　　　② D급 화재

③ A급 화재　　　④ C급 화재

해설

화재의 분류
• A급 화재 : 일반화재
• B급 화재 : 유류·가스 화재
• C급 화재 : 전기화재
• D급 화재 : 금속화재

56 공기구 사용에 대한 설명으로 틀린 것은?

① 공구를 사용 후 공구상자에 넣어 보관한다.

② 토크렌치는 볼트와 너트를 푸는 데 사용한다.

③ 마이크로미터를 보관할 때는 직사광선에 노출시키지 않는다.

④ 볼트와 너트는 가능한 소켓렌치로 작업한다.

해설

② 토크렌치는 볼트나 너트 조임력을 규정값에 정확히 맞도록 하기위해 사용한다.

57 도시가스가 공급되는 지역에서 굴착공사를 하기 전에 도로 부분의 지하에 가스배관의 매설 여부는 누구에게 요청하여야 하는가?

① 굴착공사 관할 시장·군수·구청장

② 굴착공사 관할 정보지원센터

③ 굴착공사 관할 경찰서장

④ 굴착공사 관할 시·도지사

해설

도시가스사업이 허가된 지역에서 굴착공사를 하려는 자는 굴착공사를 하기 전에 해당 지역을 공급권역으로 하는 도시가스사업자가 해당 토지의 지하에 도시가스배관이 묻혀 있는지에 관하여 확인하여 줄 것을 산업통상자원부령으로 정하는 바에 따라 정보지원센터에 요청하여야 한다. 다만, 도시가스배관에 위험을 발생시킬 우려가 없다고 인정되는 굴착공사로서 대통령령으로 정하는 공사의 경우에는 그러하지 아니하다(도시가스사업법 제30조의3).

58 폭 4m 이상 8m 미만인 도로에 일반 도시가스 배관을 매설 시 지면과 도시가스 배관 상부와의 최소 이격 거리는 몇 m 이상인가?

① 1.2m　　　② 0.6m

③ 1.5m　　　④ 1.0m

해설

가스배관 지하매설 깊이
• 공동주택 등의 부지 내 : 0.6m 이상
• 폭 8m 이상인 도로 : 1.2m 이상(저압 배관에서 횡으로 분기하여 수요가에게 직접 연결 시 : 1m 이상)
• 폭 4m 이상 8m 미만인 도로 : 1m 이상(저압 배관에서 횡으로 분기하여 수요가에게 직접 연결 시 : 0.8m 이상)
• 상기에 해당하지 아니하는 곳 : 0.8m 이상(암반 등에 의하여 매설깊이 유지가 곤란하다고 허가관청이 인정 시 : 0.6m 이상)

59 발전소 상호 간, 변전소 상호 간 또는 발전소와 변전소 간의 설치된 전력 선로를 나타내는 용어로 맞는 것은?

① 송전선로

② 전기수용설비선로

③ 인입선로

④ 배전선로

60 건설기계에 의한 고압선 주변작업에 대한 설명으로 맞는 것은?

① 작업장비의 최대로 펼쳐진 끝으로부터 전선에 접촉되지 않도록 이격하여 작업한다.

② 작업장비의 최대로 펼쳐진 끝으로부터 전주에 접촉되지 않도록 이격하여 작업한다.

③ 전압의 종류를 확인한 후 안전이격거리를 확보하여 그 이내로 접근되지 않도록 작업한다.

④ 전압의 종류를 확인한 후 전선과 전주에 접촉되지 않도록 작업한다.

● 시험시간 : 60분　　● 총문항수 : 60개　　● 합격커트라인 : 60점　　▼ START

01 기관에서 피스톤의 행정이란?

① 피스톤의 길이
② 실린더 벽의 상하 길이
③ 상사점과 하사점과의 총 면적
④ 상사점과 하사점과의 거리

해설
피스톤 행정은 하사점에서 상사점까지 상승한 거리 또는 하강한 거리이다.

02 압력식 라디에이터 캡에 있는 밸브는?

① 입력밸브와 진공밸브
② 압력밸브와 진공밸브
③ 입구밸브와 출구밸브
④ 압력밸브와 메인밸브

해설
압력식 라디에이터 캡에 있는 밸브는 압력밸브와 진공밸브이다.
• 압력밸브는 냉각장치 내의 압력을 일정하게 유지하여 비등점을 112℃로 높여주는 역할을 한다.
• 냉각장치 내부 압력이 규정보다 높을 때는 공기밸브가 열리고, 규정보다 낮아지면 진공밸브가 열린다.

03 오일펌프에서 펌프량이 적거나 유압이 낮은 원인이 아닌 것은?

① 오일탱크에 오일이 너무 많을 때
② 펌프 흡입라인(여과망) 막힘이 있을 때
③ 기어와 펌프 내벽 사이 간격이 클 때
④ 기어 옆 부분과 펌프 내벽 사이 간격이 클 때

해설
오일탱크에 오일이 너무 많을 때는 오일 넘침이 발생한다.
※ 유압이 낮아지는 원인
　• 오일 팬의 오일량이 부족할 때
　• 크랭크축, 캠축 베어링의 과다마멸로 간극이 커졌을 때
　• 오일펌프의 마멸 또는 윤활회로에서 오일의 누출
　• 유압조절 밸브 스프링 장력이 약하거나 파손시
　• 엔진오일의 점도가 낮을 때
　• 오일 여과기가 막혔을 때

04 라디에이터 캡의 스프링이 파손되는 경우 발생하는 현상은?

① 냉각수 비등점이 높아진다.
② 냉각수 순환이 불량해진다.
③ 냉각수 순환이 빨라진다.
④ 냉각수 비등점이 낮아진다.

해설
라디에이터 캡의 파손
• 실린더 헤드의 균열이나 개스킷 파손 : 압축가스가 누출되어 라디에이터 캡 쪽으로 기포가 생기면서 연소가스가 누출된다.
• 압력식 라디에이터 캡의 스프링의 파손 : 압력 밸브의 밀착이 불량하여 비등점이 낮아진다.

05 엔진오일의 작용에 해당되지 않는 것은?

① 오일제거작용
② 냉각작용
③ 응력분산작용
④ 방청작용

해설
윤활유의 기능
마멸방지 및 윤활작용, 냉각작용, 응력분산작용, 밀봉작용, 방청작용, 충격흡수작용, 엔진 내부 세척작용

06 기관에 작동 중인 엔진오일에 가장 많이 포함되는 이물질은?

① 유입먼지　　　② 금속분말
③ 산화물　　　　④ 카본(Carbon)

해설
엔진 작동 중 엔진오일은 엔진 내부를 통과하면서 먼지나 블로바이가스 등에 의해 형성된 카본 등의 찌꺼기를 제거하여 오일 팬 바닥에침전시키는 기능을 한다.

07 실린더의 내경이 행정보다 작은 기관을 무엇이라고 하는가?

① 스퀘어 기관
② 단행정 기관
③ 장행정 기관
④ 정방행정 기관

해설
피스톤의 직경이 작아지면 피스톤의 왕복운동 거리가 길어져 장행정기관이고, 피스톤의 직경이 커지면 피스톤의 왕복운동 거리가 짧아져단행정 기관이다.

08 유압식 밸브 리프터의 장점이 아닌 것은?

① 밸브 간극은 자동으로 조절된다.
② 밸브 개폐시기가 정확하다.
③ 밸브 구조가 간단하다.
④ 밸브 기구의 내구성이 좋다.

해설
유압식 밸브 리프터는 구조가 복잡하고 오일펌프나 회로 등의 고장시급격히 작동이 불량해진다.
유압식 밸브 리프터
• 작동 중 충격흡수로 밸브 기구의 내구성이 좋다.
• 온도변화에 관계없이 압력을 이용하여 밸브 간극을 항상 0이 되도록자동 조절한다.
• 밸브 개폐시기가 정확하고, 밸브 간극의 점검 및 조정이 필요 없다.
• 오일회로 또는 오일펌프의 고장이 발생되면 작동이 불량하고 구조가복잡한 단점이 있다.

09 디젤기관의 노크방지 방법으로 틀린 것은?

① 세탄가가 높은 연료를 사용한다.
② 압축비를 높게 한다.
③ 흡기압력을 높게 한다.
④ 실린더 벽의 온도를 낮춘다.

해설
디젤기관의 노크 방지를 위해 착화성이 좋은 연료의 사용, 연소실벽온도를 높게, 착화기간 중의 분사량은 적게, 압축비를 높게 한다.

10 다음 중 내연기관의 구비조건으로 틀린 것은?

① 단위 중량당 출력이 작을 것
② 열효율이 높을 것
③ 저속에서 회전력이 클 것
④ 점검 및 정비가 쉬울 것

해설
내연기관의 구비조건
• 저속에서 회전력이 크고 가속도가 클 것
• 소형 · 경량으로, 단위 중량당 출력이 클 것
• 연료 소비율이 작고, 열효율이 높을 것
• 가혹한 운전조건에 잘 견딜 것
• 진동 · 소음이 작고 점검 · 정비가 용이할 것

11 디젤기관 연료장치의 구성품이 아닌 것은?

① 예열플러그
② 분사노즐
③ 연료공급펌프
④ 연료여과기

해설
연료장치의 구성품 : 연료분사 펌프, 연료 필터, 연료 탱크, 분사 노즐,연료공급 펌프, 연료여과기 등

12 피스톤과 실린더 사이의 간극이 너무 클 때 일어나는 현상은?

① 실린더의 소결
② 압축압력 증가
③ 기관출력 향상
④ 윤활유 소비량 증대

해설
피스톤과 실린더 사이의 간극이 너무 크면 압축압력이 저하되기 때문에 출력이 낮아지고, 연소실로 오일이 상승되면서 연소되므로 연료소비가 증가한다.

13 기동전동기의 전기자 코일을 시험하는 데 사용되는 시험기는?

① 전류계 시험기
② 전압계 시험기
③ 그롤러 시험기
④ 저항 시험기

해설
기동전동기의 전기자 코일의 시험, 점검은 그롤러 시험기로 실시한다.

14 축전지의 용량을 결정짓는 인자가 아닌 것은?

① 셀당 극판 수
② 극판의 크기
③ 단자의 크기
④ 전해액의 양

해설
축전지 용량
• 극판의 수
• 극판의 크기
• 전해액의 양에 따라 결정(용량이 크면 이용 전류가 증가)

15 종합경보장치인 에탁스(ETACS)의 기능으로 가장 거리가 먼 것은?

① 간헐 와이퍼 제어기능
② 뒤 유리 열선 제어기능
③ 감광 룸 램프 제어기능
④ 메모리 파워시트 제어기능

해설
에탁스(ETACS) 경보기의 종류
뒷유리 열선 타이머, 간헐 와이퍼, 안전띠 경고 타이머 이외에도 중앙집중식 잠금장치, 자동 도어락, 파워윈도 타이머, 와셔 연동 와이퍼, 감광식 룸램프, 점화키 홀 조명 등에 사용된다.

16 디젤기관의 전기장치에 없는 것은?

① 스파크 플러그
② 글로우 플러그
③ 스테이터 코일
④ 계자 코일

해설
디젤기관은 압축 착화하므로 점화장치가 없다.

구 분	가솔린기관	디젤기관
연소방법	전기점화(점화 플러그)	압축열에 의한 자기착화
연소속도 조절	흡입되는 혼합가스의 양(기화기)	분사되는 연료의 양

17 AC 발전기에서 전류가 발생되는 곳은?

① 여자 코일
② 레귤레이터
③ 스테이터 코일
④ 계자 코일

해설
AC 발전기
• 스테이터 코일 : 최초 전기가 발생하는 부분, 발전기의 고정자, 안에 로터가 전자석을 띠며 회전하여 전기를 얻음
• 로터 : 직류발전기의 계자 코일에 해당, 팬벨트에 의해 엔진 동력으로 회전함
• 실리콘 다이오드 : 스테이터 코일에 발생된 교류 전기를 정류하며, 전류의 역류(축전지에서 발전기로)를 방지, 교류를 다이오드에 의해 직류로 변환(+극 3개와 -극 3개)

18 건설기계 기관에 사용되는 축전지의 가장 중요한 역할은?

① 주행 중 점화장치에 전류를 공급한다.
② 주행 중 등화장치에 전류를 공급한다.
③ 주행 중 발생하는 전기부하를 담당한다.
④ 기동장치의 전기적 부하를 담당한다.

축전지
- 엔진 시동 시 시동장치 전원을 공급한다.
- 발전기가 고장일 때 일시적인 전원을 공급한다.
- 발전기의 출력 및 부하의 언밸런스를 조정한다.
- 화학에너지를 전기에너지로 변환하는 것이다.
- 전압은 셀의 수와 셀 1개당의 전압에 의해 결정된다.
- 전해액면이 낮아지면 증류수를 보충하여야 한다.
- 축전지가 완전 방전되기 전에 재충전하여야 한다.

19 무한궤도식 굴착기에 대한 설명으로 옳지 않은 것은?

① 센터조인트(선회이음)는 상부회전체의 오일을 주행모터에 전달한다.
② 주행레버를 한쪽으로 당겨 회전하는 방식을 스핀턴이라 한다.
③ 굴삭기의 스윙은 유압밸브나 스윙모터 등에 영향을 받는다.
④ 센터조인트(선회이음)는 압력상태에서도 선회가 가능한 관이음이다.

해설

주행레버를 한쪽으로 당겨 회전하는 방식은 피벗턴(완회전)이고, 양쪽 레버를 동시에 반대쪽으로 조작하여 급격한 회전을 하는 방식은 스핀턴(급회전)이다.

20 타이어식 건설기계를 휠 얼라이먼트에서 토인의 필요성이 아닌 것은?

① 조향바퀴의 방향성을 준다.
② 타이어의 이상마멸을 방지한다.
③ 조향바퀴를 평행하게 회전시킨다.
④ 바퀴가 옆 방향으로 미끄러지는 것을 방지한다.

해설

휠 얼라이먼트에서 토인은 직진성을 좋게 한다.

21 기중기에 대한 설명 중 옳은 것은?

① 붐의 각과 기중 능력은 반비례한다.
② 붐의 길이와 운전 반경은 반비례한다.
③ 상부 회전체의 최대 회전각은 270°이다.
④ 마스터 클러치가 연결되면 케이블 드럼의 축이 제일 먼저 회전한다.

해설

마스터 클러치
- 엔진의 동력을 감속기나 트랜스퍼 체인에 전달하거나 차단하는 역할을 한다.
- 레버를 당기면 클러치가 연결되고 밀면 클러치가 분리된다.

22 클러치의 필요성으로 틀린 것은?

① 전·후진을 위해
② 관성운동을 하기 위해
③ 기어 변속 시 기관의 동력을 차단하기 위해
④ 기관 시동 시 기관을 무부하 상태로 하기 위해

해설

클러치의 필요성 : 엔진 시동 시 무부하 상태로 하기 위해, 기어 변속을 위해, 관성주행을 위해 필요하다.

23 타이어식 건설기계에서 전·후 주행이 되지 않을 때 점검하여야 할 곳으로 틀린 것은?

① 타이로드 엔드를 점검한다.
② 변속 장치를 점검한다.
③ 유니버설 조인트를 점검한다.
④ 주차 브레이크 잠김 여부를 점검한다.

해설

연결봉과 좌·우측 너클 암 사이에 설치되어 좌·우측 차바퀴를 동시에 작동하는 로드, 타이로드의 끝에 있는 볼과 소켓으로 된 조인트

24 무한궤도식 로더로 진흙탕이나 수중 작업을 할 때 관련된 사항으로 틀린 것은?

① 작업 전에 기어실과 클러치실 등의 드레인 플러그 조임 상태를 확인한다.
② 습지용 슈를 사용했으면 주행장치의 베어링에 주유하지 않는다.
③ 작업 후에는 세차를 하고 각 베어링에 주유를 한다.
④ 작업 후 기어실과 클러치실의 드레인 플러그를 열어 물의 침입을 확인한다.

25 타이어식 건설기계에서 조향 바퀴의 토인을 조정하는 것은?

① 핸 들 ② 타이로드
③ 웜기어 ④ 드래그링크

해설
타이어식 건설기계에서 조향 바퀴의 토인을 조정하는 것은 타이로드
※ 타이로드 : 좌·우 너클 암과 연결되어 좌·우바퀴의 위치를 정확히 유지하게 하고, 토인은 타이로드 길이로 조정한다.

26 굴삭기 동력전달 계통에서 최종적으로 구동력을 증가시키는 것은?

① 트랙 모터 ② 종감속 기어
③ 스프로킷 ④ 변속기

해설
최종감속기어는 모든 기어가 마지막에 공통적으로 맞물리는 곳으로 최종적으로 구동력을 증가시킨다.

27 도로교통법령상 교통안전표지의 종류를 올바르게 나열한 것은?

① 교통안전 표지는 주의, 규제, 지시, 안내, 교통표지로 되어 있다.
② 교통안전 표지는 주의, 규제, 지시, 보조, 노면표지로 되어 있다.
③ 교통안전 표지는 주의, 규제, 지시, 안내, 보조표지로 되어 있다.
④ 교통안전 표지는 주의, 규제, 안내, 보조, 통행표지로 되어 있다.

28 건설기계 안전기준에 관한 규칙상 건설기계 높이의 정의로 옳은 것은?

① 앞 차축의 중심에서 건설기계의 가장 윗부분까지의 최단거리
② 작업장치를 부착한 자체중량 상태의 건설기계의 가장 위쪽 끝이 만드는 수평면으로부터 지면까지의 최단거리
③ 뒷바퀴의 윗부분에서 건설기계의 가장 윗부분까지의 수직 최단거리
④ 지면에서부터 적재할 수 있는 최고의 최단거리

해설
건설기계의 용어
• 중심면 : 건설기계의 중심선을 포함하는 지면에 수직한 면
• 길이 : 작업장치를 부착한 자체중량 상태인 건설기계의 앞뒤 양쪽 끝이 만드는 두 개의 횡단방향의 수직평면 사이의 최단거리(후사경 및 그 고정용 장치는 미포함)
• 너비 : 작업장치를 부착한 자체중량 상태의 건설기계의 좌우 양쪽 끝이 만드는 두 개의 종단방향의 수직평면 사이의 최단거리(후사경 및 그 고정용 장치는 미포함)
• 총중량 : 자체중량에 최대적재중량과 조종사를 포함한 승차인원의 체중을 합한 것(승차인원 1명의 체중은 65kg)

29 다음 중 도로교통법을 위반한 경우는?

① 밤에 교통이 빈번한 도로에서 전조등을 계속 하향했다.

② 낮에 어두운 터널 속을 통과할 때 전조등을 켰다.

③ 소방용 방화물통으로부터 10m 지점에 주차하였다.

④ 노면이 얼어붙은 곳에서 최고 속도의 20/100을 줄인 속도로 운행하였다.

해설

노면이 얼어붙은 곳에서 최고 속도의 50/100을 줄인 속도로 운행한다.

30 건설기계관리법령상 국토교통부령으로 정하는 바에 따라 등록번호표를 부착 및 봉인하지 않은 건설기계를 운행하여서는 아니 된다. 이를 1차 위반했을 경우의 과태료는?(단, 임시번호표를 부착한 경우는 제외한다)

① 5만원

② 10만원

③ 50만원

④ 100만원

해설

등록번호표 부착 및 봉인하지 않은 건설기계의 운행시 : 과태료 100만원

31 제1종 운전면허를 받을 수 없는 사람은?

① 두 눈의 시력이 각각 0.5 이상인 사람

② 대형면허를 취득하려는 경우 보청기를 착용하지 않고 55데시벨의 소리를 들을 수 있는 사람

③ 두 눈을 동시에 뜨고 잰 시력이 0.1인 사람

④ 붉은색, 녹색 및 노란색을 구별할 수 있는 사람

해설

제1종 운전면허에 필요한 적성검사 시력은 두 눈을 동시에 뜨고 잰 시력이 0.8 이상이어야 한다.

32 건설기계에서 등록의 경정은 어느 때 하는가?

① 등록을 행한 후에 그 등록에 관하여 착오 또는 누락이 있음을 발견한 때

② 등록을 행한 후에 소유권이 이전되었을 때

③ 등록을 행한 후에 등록지가 이전되었을 때

④ 등록을 행한 후에 소재지가 변동되었을 때

해설

등록의 경정 : 시·도지사는 규정에 의한 등록을 행한 후에 그 등록에 관하여 착오 또는 누락이 있음을 발견한 때에는 부기로써 경정등록을 하고, 그 뜻을 지체 없이 등록명의인 및 그 건설기계의 검사대행자에게 통보하여야 한다.

33 건설기계소유자 또는 점유자가 건설기계를 도로에 계속하여 버려두거나 정당한 사유 없이 타인의 토지에 버려둔 경우의 처벌은?

① 1년 이하의 징역 또는 500만원 이하의 벌금

② 1년 이하의 징역 또는 400만원 이하의 벌금

③ 1년 이하의 징역 또는 1,000만원 이하의 벌금

④ 1년 이하의 징역 또는 200만원 이하의 벌금

해설

건설기계를 도로에 계속하여 버려두거나 정당한 사유 없이 타인의 토지에 버려둔 때 : 1년 이하의 징역 또는 1,000만원 이하의 벌금

34 편도 4차로 일반도로에서 건설기계는 어느 차로로 통해하여야 하는가?

① 2차로

② 오른쪽 차로

③ 1차로

④ 한가한 차로

해설

차로에 따른 통행차 구분(도로교통법 시행규칙 별표9)
[2018년 6월19일 시행]

고속도로 외의 도로	왼쪽 차로	승용자동차 및 경형·소형·중형 승합자동차
	오른쪽 차로	대형승합자동차, 화물자동차, 특수자동차, 건설기계, 이륜자동차, 원동기장치자전거

35 건설기계관리법령에서 건설기계의 주요구조 변경 및 개조의 범위에 해당하지 않는 것은?

① 기종변경
② 원동기의 형식변경
③ 유압장치의 형식변경
④ 동력전달장치의 형식변경

해설
구조 변경을 할 수 없는 것 : 건설기계의 기종변경, 육상작업용 건설기계규격의 증가 또는 적재함의 용량증가를 위한 구조변경

36 시·도지사로부터 등록번호표지제작통지 등에 관한 통지서를 받은 건설기계소유자는 받은 날부터 며칠 이내에 등록번호표 제작자에게 제작신청을 하여야 하는가?

① 3일
② 10일
③ 20일
④ 30일

해설
건설기계소유자는 그 받은 날부터 3일 이내 등록번호표제작 등을 신청하여야 한다.

37 유압모터의 특징을 설명한 것으로 틀린 것은?

① 관성력이 크다.
② 구조가 간단하다.
③ 무단변속이 가능하다.
④ 자동원격조작이 가능하다.

해설
유압모터
• 작동이 신속, 정확하고, 신호의 응답성이 빠르다.
• 관성력이 작고, 고음이 작다.
• 무단 변속이 가능하고, 역회전 제어가 용이하다.
• 소형·경량으로서 큰 출력을 낼 수 있다.
• 속도나 방향의 제어가 용이하다.

38 체크밸브를 나타낸 것은?

①    ②

③   ④

해설
① 체크밸브 : 유체를 한쪽 방향으로만 흐르게 하는 역류방지 밸브
④ 오일 탱크

39 유압회로 내의 밸브를 갑자기 닫았을 때 오일의 속도 에너지가 압력 에너지로 변하면서 일시적으로 큰 압력 증가가 생기는 현상을 무엇이라 하는가?

① 캐비테이션(Cavitation) 현상
② 서지(Surge) 현상
③ 채터링(Chattering) 현상
④ 에어레이션(Aeration) 현상

해설
• 캐비테이션(Cavitation) 현상 : 유압이 진공에 가까워 기포가 생기며 찌그러져 고음 및 소음이 발생하는 현상
• 서지(Surge) 현상 : 과도적으로 발생하는 이상압력[서지압(Surge pressure)]의 최댓값이 나타나는 현상
• 채터링(Chattering) 현상 : 밸브(릴리프밸브 등) 사이를 흐르는 유체에 의해 밸브에 진동이 발생하는 현상
• 에어레이션(Aeration) 현상 : 공기가 미세한 기포의 형태로 오일 내에 존재하는 상태

40 유압으로 작동되는 작업장치에서 작업 중 힘이 떨어질 때의 원인과 가장 밀접한 밸브는?

① 메인릴리프밸브
② 체크(Check)밸브
③ 방향전환밸브
④ 메이크업밸브

해설

메인릴리프밸브는 유압펌프로부터 송출되는 유압유를 전량 배출시킬 수 있는 용량을 가진 밸브로, 흡입 포트와 제1섹션 사이에 설치되어 있다.

41 유압회로에서 유량제어를 통하여 작업속도를 조절하는 방식에 속하지 않는 것은?

① 미터인(Meter-In) 방식
② 미터아웃(Meter-Out) 방식
③ 블리드오프(Bleed-Off) 방식
④ 블리드온(Bleed-On) 방식

해설

속도제어 회로
• 미터인 회로 : 공급쪽 관로에 설치한 바이패스 관의 흐름을 제어함으로서 속도를 제어하는 회로
• 미터아웃 회로 : 배출쪽 관로에 설치한 바이패스 관로의 흐름을 제어함으로서 속도를 제어하는 회로
• 블리드오프 회로 : 공급쪽 관로에 바이패스 관로를 설치하여 바이패스로의 흐름을 제어함으로서 속도를 제어하는 회로

42 유압유의 점도가 지나치게 높았을 때 나타나는 현상이 아닌 것은?

① 오일 누설이 증가한다.
② 유동저항이 커져 압력손실이 증가한다.
③ 동력손실이 증가하여 기계효율이 감소한다.
④ 내부마찰이 증가하고 압력이 상승한다.

해설

오일의 점도(끈끈함)가 높으면 오일의 누설은 감소한다.
• 점도 : 오일의 끈적임의 정도, 점도가 높으면 유동성이 저하되고, 점도가 낮으면 유동성이 좋아진다.
• 점도 지수 : 온도에 변화에 따른 점도의 값 점도 지수가 크면 점도변화는 작고, 점도 지수가 작으면 점도변화는 크다.

43 유압장치에 사용되는 펌프가 아닌 것은?

① 기어펌프
② 원심펌프
③ 베인펌프
④ 플런저펌프

해설

원심펌프는 회전식 펌프로 유압장치에 사용되는 펌프가 아니다.
※ 유압펌프
• 유압펌프의 구분 : 펌프 1회전당 유압유의 이송량을 변화시킬 수 없는 정용량형 펌프, 변화시킬 수 있는 가변용량형 펌프로 구분
• 유압펌프의 종류 : 기어펌프 · 베인펌프 · 플런저펌프 · 피스톤 펌프 등

44 유압펌프 내의 내부 누설은 무엇에 반비례하여 증가하는가?

① 작동유의 오염
② 작동유의 점도
③ 작동유의 압력
④ 작동유의 온도

해설

오일 누설은 압력에 비례하고 점성계수에는 반비례한다.

45 유압장치에서 금속가루 또는 불순물을 제거하기 위해 사용되는 부품으로 짝지어진 것은?

① 여과기와 어큐뮬레이터
② 스크레이퍼와 필터
③ 필터와 스트레이너
④ 어큐뮬레이터와 스트레이너

해설

유압장치에서 필터와 스트레이너는 금속가루 또는 불순물의 제거작용을 한다.

46 유압펌프에서 발생한 유압을 저장하고 맥동을 제거시키는 것은?

① 어큐뮬레이터 ② 언로딩밸브
③ 릴리프밸브 ④ 스트레이너

해설

어큐뮬레이터(Accumulator) : 유압 에너지를 가압상태로 저장하여 유압을 보상해 준다.

47 중량물 운반 시 안전사항으로 틀린 것은?

① 크레인은 규정용량을 초과하지 않는다.
② 화물을 운반할 경우에는 운전반경 내를 확인한다.
③ 무거운 물건을 상승시킨 채 오랫동안 방치하지 않는다.
④ 흔들리는 화물은 사람이 승차하여 붙잡도록 한다.

해설

무거운 화물 운반 시 사람이 승차하여 화물의 밸런스를 잡거나 붙잡지 않도록 한다.

48 수공구 사용 시 유의사항으로 맞지 않는 것은?

① 무리한 공구 취급을 금한다.
② 토크렌치는 볼트를 풀 때 사용한다.
③ 수공구는 사용법을 숙지하여 사용한다.
④ 공구를 사용하고 나며 일정한 장소에 관리 · 보관한다.

해설

토크렌치는 핸들을 잡고 몸 안쪽으로 잡아당겨 사용하고, 볼트나 너트를 조일 때 조임력을 측정한다. 조임력은 규정값에 정확히 맞도록 한다.

49 작업장의 사다리식 통로를 설치하는 관련법상 틀린 것은?

① 견고한 구조로 할 것
② 발판의 간격은 일정하게 할 것
③ 사다리가 넘어지거나 미끄러지는 것을 방지하기 위한 조치를 할 것
④ 사다리식 통로의 길이가 10m 이상인 때에는 접이식으로 설치할 것

해설

사다리식 통로의 길이가 10m 이상인 때에는 5m 이내마다 계단참을 설치해야 한다.

50 작업을 위한 공구관리의 요건으로 가장 거리가 먼 것은?

① 공구별로 장소를 지정하여 보관할 것
② 공구는 항상 최소 보유량 이하로 유지할 것
③ 공구 사용 점검 후 파손된 공구는 교환할 것
④ 사용한 공구는 항상 깨끗이 한 후 보관할 것

해설

작업장에서의 공구보유량은 항상 점검해야 하는 사항이고, 적정수량을 파악하여 재고를 관리하여야 한다.

51 가스 용접 시 사용되는 산소용 호스는 어떤 색인가?

① 적 색 ② 황 색
③ 녹 색 ④ 청 색

해설

가스 용기의 표시 색채

가스 종류	도색 구분	가스 종류	도색 구분
산 소	녹 색	아세틸렌	황 색
수 소	주황색	아르곤	회 색
액화탄산가스	청 색	액화암모니아	백 색
LPG	밝은 회색	기타 가스	회 색

52 벨트에 대한 안전사항으로 틀린 것은?

① 벨트의 이음쇠는 돌기가 없는 구조로 한다.
② 벨트를 걸 때나 벗길 때에는 기계를 정지한 상태에서 실시한다.
③ 벨트가 풀리에 감겨 돌아가는 부분은 커버나 덮개를 설치한다.
④ 바닥면으로부터 2m 이내에 있는 벨트는 덮개를 제거한다.

해설
바닥면으로부터 2m 이내는 작업자의 행동반경이므로 벨트의 커버나 덮개를 반드시 설치하고 제거하지 않도록 한다.

53 공장 내 작업 안전수칙으로 옳은 것은?

① 기름걸레나 인화물질은 철재 상자에 보관한다.
② 공구나 부속품을 닦을 때에는 휘발유를 사용한다.
③ 차가 잭에 의해 올려져 있을 때는 직원 외에는 차내 출입을 삼가한다.
④ 높은 곳에서 작업 시 훅을 놓치지 않게 잘 잡고, 체인블록을 이용한다.

해설
사용한 공구 및 걸레 등은 공구상자 또는 지정된 공구보관 장소에 보관한다.

54 산업안전보건법령상 안전·보건표지에서 색채와 용도가 다르게 짝지어진 것은?

① 파란색 : 지시
② 녹색 : 안내
③ 노란색 : 위험
④ 빨간색 : 금지, 경고

해설
안전보건표지의 노란색은 경고를 의미한다.

55 소화방식의 종류 중 주된 작용이 질식소화에 해당하는 것은?

① 강화액   ② 호스방수
③ 에어-폼   ④ 스프링클러

해설
에어폼 – 질식 소화, 탄산가스 – 희석 소화, 액화탄산가스가 기화드라이아이스가 도포되어 공기를 차단하는 방법(질식과 냉각)

56 소화설비 선택 시 고려하여야 할 사항이 아닌 것은?

① 작업의 성질   ② 작업자의 성격
③ 화재의 성질   ④ 작업장의 환경

해설
소화설비 선택 시 작업자의 성격은 고려할 사항이 아니다.

57 다음 그림에서 A는 배전선로에서 전압을 변환하는 기기이다. A의 명칭으로 옳은 것은?

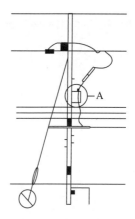

① 현수애자
② 컷아웃스위치(COS)
③ 아킹혼(Arcing Horn)
④ 주상변압기(P.Tr)

해설
A는 주상변압기이다.

58 도시가스가 공급되는 지역에서 굴착공사 중에 [그림] 과 같은 것이 발견되었다. 이것은 무엇인가?

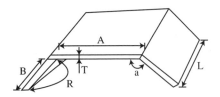

① 보호포   ② 보호판
③ 라인마크   ④ 가스누출검지공

해설

그림은 보호판이며, 최고사용압력이 중압 이상인 도시가스 매설 배관일 경우의 보호포는 보호판 상부 30cm 이상에 묻혀 있다.

59 노출된 가스배관의 길이가 몇 m 이상인 경우에 기준에 따라 점검통로 및 조명시설을 설치하여야 하는가?

① 10   ② 15
③ 20   ④ 30

해설

노출된 가스배관 길이가 15m 이상일 때 점검통로 및 조명시설

60 6,600V 고압 전선로 주변에서 굴착시 안전작업 조치 사항으로 가장 올바른 것은?

① 버킷과 붐의 길이는 무시해도 된다.
② 전선에 버킷이 근접하는 것은 괜찮다.
③ 고압 전선에 붐이 근접하지 않도록 한다.
④ 고압 전선에 장비가 직접 접촉하지 않으면 작업을 할 수 있다.

해설

고압 전선은 높은 전력을 가지고 있어서 근접만 해도 사고가 발생할 수 있다.

상시 제**5**회

최근 상시시험 복원문제

● 시험시간 : 60분   ● 총문항수 : 60개   ● 합격커트라인 : 60점   ▼ START

---

01 압력식 라디에이터 캡에 대한 설명으로 옳은 것은?

① 냉각장치 내부압력이 규정보다 낮을 때 공기밸브는 열린다.

② 냉각장치 내부압력이 규정보다 높을 때 진공밸브는 열린다.

③ 냉각장치 내부압력이 부압이 되면 진공밸브는 열린다.

④ 냉각장치 내부압력이 부압이 되면 공기밸브는 열린다.

해설

③ 냉각장치 내부압력이 부압이 되면 진공밸브는 열린다.

---

02 크랭크축의 비틀림 진동에 대한 설명 중 틀린 것은?

① 각 실린더의 회전력 변동이 클수록 커진다.

② 크랭크축이 길수록 커진다.

③ 강성이 클수록 커진다.

④ 회전부분의 질량이 클수록 커진다.

해설

크랭크축의 비틀림 정도

• 크랭크축은 기관의 중축으로 피스톤과 커넥팅 로드의 왕복운동을 회전운동으로 바꾸어 클러치와 플라이휠에 전달하는 역할을 한다.

• 크랭크축은 엔진작동 중 폭발압력에 의해 휨, 비틀림, 전단력을 받으며 회전한다.

• 크랭크축의 진동은 엔진의 진동 중에서 비중이 크고, 사일런스 샤프트(밸런스 축)는 크랭크축에 부속된 밸런스웨이트에 의해서 소멸되지 못한 진동을 소멸시킨다.

• 비틀림 코일 스프링은 동력전달 시의 회전 충격을 흡수하고, 쿠션 스프링은 클러치판의 접촉충격을 흡수한다.

---

03 수온조절기의 종류가 아닌 것은?

① 벨로즈 형식   ② 펠릿 형식

③ 바이메탈 형식   ④ 마몬 형식

해설

수온조절기의 종류에는 벨로즈 형식, 펠릿 형식, 바이메탈 형식이 있으며, 펠릿형이 많이 사용된다.

---

04 다음 중 윤활유의 기능으로 모두 옳은 것은?

① 마찰감소, 스러스트작용, 밀봉작용, 냉각작용

② 마멸방지, 수분흡수, 밀봉작용, 마찰증대

③ 마찰감소, 마멸방지, 밀봉작용, 냉각작용

④ 마찰증대, 냉각작용, 스러스트작용, 응력분산

해설

윤활유의 기능

• 마찰 감소 및 마모 방지(감마작용)

• 밀봉작용, 냉각작용, 세척작용, 방청작용

• 충격완화 및 소음방지 등

---

05 4행정 사이클 기관에 주로 사용되고 있는 오일펌프는?

① 원심식과 플런저식

② 기어식과 플런저식

③ 로터리식과 기어식

④ 로터리식과 나사식

해설

기어식과 로터리식이 주로 사용된다.

---

06 건설기계 운전 작업 중 온도 게이지가 "H" 위치에 근접되어 있다. 운전자가 취해야 할 조치로 가장 알맞은 것은?

① 작업을 계속해도 무방하다.
② 잠시 작업을 중단하고 휴식을 취한 후 다시 작업한다.
③ 윤활유를 즉시 보충하고 계속 작업한다.
④ 작업을 중단하고 냉각수 계통을 점검한다.

해설
온도 게이지가 "H" 위치에 근접하면 작업을 중단하고 냉각수 계통을 점검한다.

07 열에너지를 기계적 에너지로 변환시켜 주는 장치는?

① 펌 프
② 모 터
③ 엔 진
④ 밸 브

해설
엔진은 열에너지를 기계적 동력 에너지로 바꾸는 장치이다.

08 노킹이 발생되었을 때 디젤기관에 미치는 영향이 아닌 것은?

① 배기가스의 온도가 상승한다.
② 연소실 온도가 상승한다.
③ 엔진에 손상이 발생할 수 있다.
④ 출력이 저하된다.

해설
디젤기관 노크의 원인
• 착화지연이 길어 발화가 늦다.
• 연료의 분사 시기가 너무 빠르다.
• 연료를 너무 과대하게 분사한다.
• 연료유의 착화성이 나쁘다.

09 디젤엔진의 연소실에는 연료가 어떤 상태로 공급되는가?

① 기화기와 같은 기구를 사용하여 연료를 공급한다.
② 노즐로 연료를 안개와 같이 분사한다.
③ 가솔린 엔진과 동일한 연료 공급펌프로 공급한다.
④ 액체 상태로 공급한다.

해설
디젤엔진의 연소실의 연료는 노즐에 의해 안개처럼 분사된다.

10 2행정 디젤기관의 소기방식에 속하지 않는 것은?

① 루프 소기식
② 횡단 소기식
③ 복류 소기식
④ 단류 소기식

해설
소기행정
• 4행정 디젤기관에서는 소기장치가 따로 없고, 2행정 기관의 크랭크실의 압력공기가 소기작용을 한다.
• 2행정 사이클 기관 : 루프 소기식, 단류 소기식, 횡단 소기식
 – 흡입이나 배기를 위한 독립된 행정이 없다.
 – 연소실에 유입된 혼합기로 배기가스를 배출한다.

11 디젤기관에서 발생하는 진동의 원인이 아닌 것은?

① 프로펠러 샤프트의 불균형
② 분사시기의 불균형
③ 분사량의 불균형
④ 분사압력의 불균형

해설
프로펠러 샤프트는 기관의 동력을 차축에 전달하는 부품이다.

12 디젤기관에서 압축압력이 저하되는 가장 큰 원인은?

① 냉각수 부족
② 엔진오일 과다
③ 기어오일의 열화
④ 피스톤링의 마모

해설
피스톤링 또는 실린더 벽의 마모는 기관의 압축압력을 저하시킨다.

13 전조등의 구성품으로 틀린 것은?

① 전 구   ② 렌 즈
③ 반사경   ④ 플래셔 유닛

[해설]
플래셔 유닛은 전류를 일정한 주기로 단속(斷續)하여 빛을 ON, OFF하고 일정하게 점멸하도록 하는 장치이다.

14 전기자 철심을 두께 0.35~1.0mm의 얇은 철판을 각각 절연하여 겹쳐 만든 주된 이유는?

① 열 발산을 방지하기 위해
② 코일의 발열 방지를 위해
③ 맴돌이 전류를 감소시키기 위해
④ 자력선의 통과를 차단시키기 위해

[해설]
전기자 철심을 각각 절연하여 겹쳐 만드는 것은 맴돌이 전류의 감소를 위한 것이다.

15 다음 회로에서 퓨즈에는 몇 A가 흐르는가?

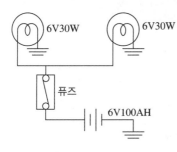

① 5A   ② 10A
③ 50A   ④ 100A

[해설]
회로는 병렬연결이므로 6V30W이다.
30W = 6×I(전류), I = 5A×2 = 10A가 된다.

16 납산축전지의 전해액을 만들 때 올바른 방법은?

① 황산에 물을 조금씩 부으면서 유리막대로 젓는다.
② 황산과 물을 1:1의 비율로 동시에 붓고 잘 젓는다.
③ 증류수에 황산을 조금씩 부으면서 잘 젓는다.
④ 축전지에 필요한 양의 황산을 직접 붓는다.

[해설]
배터리의 전해액은 묽은 황산($2H_2SO_4$)이며, 그 조성은 황산 35%, 증류수 65%, 저온에서 12V 축전지의 완전충전상태에서의 비중은 1.260~1.280이다.

17 일반적인 축전지 터미널의 식별법으로 적합하지 않은 것은?

① (+), (−)의 표시로 구분한다.
② 터미널의 요철로 구분한다.
③ 굵고 가는 것으로 구분한다.
④ 적색과 흑색 등의 색으로 구분한다.

[해설]
터미널(단자 기둥)은 납 합금으로 축전지 케이블과 확실히 접속되도록 테이퍼로 되어 있으며, (+)극과 (−)극을 역으로 접속할 수 없도록 양극 터미널이 음극터미널보다 더 굵다.

구 분	양극 터미널	음극 터미널
터미널의 직경	크다.	작다.
터미널의 색	적색(적갈색)	흑색(회색)
표시문자	+ 또는 P	− 또는 N
터미널에 발생되는 부식물	많다.	적다.

18 교류 발전기에서 높은 전압으로부터 다이오드가 보호하는 구성품은 어느 것인가?

① 콘덴서   ② 필드 코일
③ 정류기   ④ 로 터

19 수동식 변속기가 장착된 건설기계에서 기어의 이상음이 발생하는 이유가 아닌 것은?

① 기어 백래시가 과다
② 변속기의 오일부족
③ 변속기 베어링의 마모
④ 웜과 웜기어의 마모

해설

건설기계에서 기어의 이상음 발생
• 입력축 베어링이나 출력축 베어링의 마멸현상
• 부축기어의 니들 베어링이나 스러스트 심의 마모
• 기어의 손상, 백래시 및 엔드 플레이 과다
• 싱크로나이저 기구의 손상
• 급유부족 또는 윤활유의 오염 및 손상

20 무한궤도식 굴삭기에 대한 설명으로 옳지 않은 것은?

① 굴삭기의 동력전달장치에서 추진축 길이의 변화를 가능하도록 하는 것은 슬립이음이다.
② 상부롤러와 하부롤러의 공통점은 트랙의 회전을 바르게 유지하는 것이다.
③ 굴삭기의 트랙 슈에는 그리스를 주입하지 않아도 된다.
④ 하부롤러 교환 시에는 트랙을 분리할 필요가 없다.

해설

※ 문제 오류로 전항정답

21 변속기의 필요성과 관계가 없는 것은?

① 시동 시 장비를 무부하 상태로 한다.
② 기관의 회전력을 증대시킨다.
③ 장비의 후진 시 필요로 한다.
④ 환향을 빠르게 한다.

해설

변속기의 필요성
• 엔진을 무부하 상태로 유지한다.
• 엔진의 회전력(토크)을 증대시킨다.

• 후진을 가능하게 한다.
• 주행속도를 증·감속할 수 있다.

22 무한궤도식 굴삭기에서 스프로킷이 한쪽으로만 마모되는 원인으로 가장 적합한 것은?

① 트랙장력이 늘어났다.
② 트랙링크가 마모되었다.
③ 상부롤러가 과다하게 마모되었다.
④ 스프로킷 및 아이들러가 직선 배열이 아니다.

해설

스프로킷은 주행모터에서 회전동력을 받아 트랙을 회전시킨다. 그러므로 프런트 아이들러와 스프로킷의 중심이 맞지 않을 때에는 아이들러와 스프로킷이 일치되도록 직선으로 조정한다.

23 로더의 버킷 용도별 분류 중 나무뿌리 뽑기, 제초, 제석 등 지반이 매우 굳은 땅의 굴삭 등에 적합한 버킷은?

① 스켈리턴 버킷
② 사이드 덤프 버킷
③ 래크 블레이드 버킷
④ 암석용 버킷

해설

③ 래크 블레이드 버킷 : 나무뿌리 뽑기, 제초, 제석 등 지반이 매우 굳은 땅의 굴삭 등
① 스켈리턴 버킷 : 주로 골재 채취장에서 토사와 암석 분리
② 사이드 덤프 버킷 : 앞으로 상차 또는 옆으로 덤프트럭에 흙을 상차
④ 암석용 버킷 : 암석의 채취, 이동

24 무한궤도식 건설기계에서 트랙장력이 약간 팽팽하게 되었을 때 작업조건이 오히려 효과적인 곳은?

① 모래 땅
② 바위가 깔린 땅
③ 진흙 땅
④ 수풀이 우거진 땅

바위가 깔린 땅에는 무한궤도식 건설기계의 트랙장력이 약간 팽팽하게
되었을 때 작업조건이 효과적이다.

25 트랙 슈의 종류가 아닌 것은?

① 고무 슈
② 4중 돌기 슈
③ 3중 돌기 슈
④ 반이중 돌기 슈

해설
트랙 슈의 종류
• 단일돌기 슈(견인력 우수)
• 2중 돌기 슈(선회성능 우수)
• 3중 돌기 슈(견고한 지반, 선회성능 우수)
• 습지용 슈(접지면적 넓다)
• 기타 슈(고무 슈, 암반용 슈, 평활 슈)

26 기중기의 작업 시 고려해야 할 점으로 틀린 것은?

① 작업 지반의 정도
② 하중의 크기와 종류 및 형상
③ 화물의 현재 임계하중과 권하 높이
④ 붐 선단과 상부 회전체 후방 선회 반지름

27 건설기계의 연료 주입구는 배기관의 끝으로부터 얼마
이상 떨어져 설치하여야 하는가?

① 5cm　　　　② 10cm
③ 30cm　　　　④ 50cm

해설
연료 주입구는 배기관의 끝으로부터 30cm 이상 떨어져 있을 것

28 건설기계조종사의 면허취소 사유에 해당하는 것은?

① 과실로 인하여 1명을 사망하게 하였을 경우
② 면허의 효력정지 기간 중 건설기계를 조종한 경우
③ 과실로 인하여 10명에게 경상을 입힌 경우
④ 건설기계로 1,000만원 이상의 재산 피해를 냈을
　경우

해설
※ 법령 개정으로 전항정답

29 건설기계의 출장검사가 허용되는 경우가 아닌 것은?

① 도서지역에 있는 건설기계
② 너비가 2.0m를 초과하는 건설기계
③ 최고속도가 시간당 35km 미만인 건설기계
④ 자체중량이 40톤을 초과하거나 축 중이 10톤을
　초과하는 건설기계

해설
검사장소
다음의 어느 하나에 해당하는 경우에는 당해 건설기계가 있는 장소에서
검사를 할 수 있다.
• 도서지역에 있는 경우
• 자체 중량이 40톤을 초과하거나 축중이 10톤을 초과하는 경우
• 너비가 2.5m를 초과하는 경우
• 최고속도가 시간당 35km 미만인 경우

30 주행 중 차마의 진로를 변경해서는 안 되는 경우는?

① 교통이 복잡한 도로일 때
② 시속 30km 이하의 주행도로인 곳
③ 특별히 진로 변경이 금지된 곳
④ 4차로 도로일 때

31 술에 취한 상태의 기준은 혈중알코올농도가 최소 몇 % 이상인 경우인가?

① 0.25 ② 0.05
③ 1.25 ④ 1.50

해설
운전이 금지되는 술에 취한 상태의 기준은 혈중알코올농도가 0.05% 이상이다(시행일 2019.6.25부터 혈중알코올농도가 0.03% 이상으로 변경된다).

32 건설기계관리법령상 정기검사 유효기간이 3년인 건설기계는?

① 덤프트럭
② 콘크리트믹서트럭
③ 트럭적재식 콘크리트펌프
④ 무한궤도식 굴삭기

해설
정기검사 유효기간

기 종	검사유효기간
1. 굴삭기(타이어식)	1년
2. 로더(타이어식)	2년
3. 지게차(1톤 이상)	2년
4. 덤프트럭	1년
5. 기중기(타이어식, 트럭적재식)	1년
6. 모터그레이더	2년
7. 콘크리트 믹서트럭	1년
8. 콘크리트펌프(트럭적재식)	1년
9. 아스팔트살포기	1년
10. 천공기(트럭적재식)	2년
11. 타워크레인	6개월
12. 특수건설기계	
– 도로보수트럭(타이어식)	1년
– 노면파쇄기(타이어식), 노면측정장비(타이어식), 수목이식기(타이어식), 터널용 고소작업차(타이어식)	2년
– 트럭지게차(타이어식)	1년
– 그 밖의 특수건설기계	3년
13. 그 밖의 건설기계	3년

33 정기검사에 불합격한 건설기계의 정비명령 기간으로 옳은 것은?

① 3개월 이내
② 4개월 이내
③ 5개월 이내
④ 6개월 이내

해설
정비명령
시·도지사는 검사에 불합격된 건설기계에 대하여는 6개월 이내의 기간을 정하여 해당 건설기계의 소유자에게 검사를 완료한 날(검사 대행시 검사결과를 보고받은 날)부터 10일 이내에 정비명령을 하여야 한다.

34 시·도지사가 지정한 교육기관에서 당해 건설기계의 조종에 관한 교육과정을 이수한 경우 건설기계조종사 면허를 받은 것으로 보는 소형 건설기계는?

① 5톤 미만의 불도저
② 5톤 미만의 지게차
③ 5톤 미만의 굴삭기
④ 5톤 미만의 타워크레인

해설
소형 건설기계
5톤 미만의 불도저, 5톤 미만의 로더, 5톤 미만의 천공기(트럭적재식 제외), 3톤 미만의 지게차, 3톤 미만의 굴삭기, 3톤 미만의 타워크레인, 공기압축기, 콘크리트펌프(이동식), 쇄석기, 준설선

35 자동차의 1종 대형 운전면허로 건설기계를 운전할 수 없는 것은?

① 덤프트럭
② 노상안정기
③ 트럭적재식천공기
④ 트레일러

해설
트레일러는 제1종 특수트레일러면허로 운전가능하다.

36 밤에 도로에서 차를 운행하는 경우 등의 등화로 틀린 것은?

① 견인되는 차 : 미등·차폭등 및 번호등

② 원동기장치자전거 : 전조등 및 미등

③ 자동차 : 자동차안전기준에서 정하는 전조등, 차폭등, 미등

④ 규정 외의 모든 차 : 지방경찰청장이 정하여 고시하는 등화

[해설]
밤에 도로에서 차를 운행하는 경우 등의 등화
• 자동차 : 전조등(前照燈), 차폭등(車幅燈), 미등(尾燈), 번호등과 실내조명등(실내조명등은 승합자동차와 여객자동차운송사업용 승용자동차만 해당)
• 원동기장치자전거 : 전조등 및 미등
• 견인되는 차 : 미등·차폭등 및 번호등
• 노면전차 : 전조등, 차폭등, 미등 및 실내조명등
• 위의 규정 외의 차 : 지방경찰청장이 정하여 고시하는 등화

37 순차 작동밸브라고도 하며, 각 유압 실린더를 일정한 순서로 순차 작동시키고자 할 때 사용하는 것은?

① 릴리프밸브

② 감압밸브

③ 시퀀스밸브

④ 언로드밸브

[해설]
시퀀스밸브는 일정한 순서로 순차 작동하는 밸브이다.

38 베인펌프에 대한 설명으로 틀린 것은?

① 날개로 펌핑동작을 한다.

② 토크(Torque)가 안정되어 소음이 적다.

③ 싱글형과 더블형이 있다.

④ 베인펌프는 1단 고정으로 설계된다.

[해설]
베인펌프
• 베인펌프는 일반적으로 가장 많이 쓰이는 진공펌프이다.
• 내부 구조가 로터 베인 및 실린더로 되어 있고, 로터 중심과 실린더 중심은 편심되어 있다.
• 용량이 가장 큰 펌프이고 소음이 적으나 수명이 짧고, 전체효율은 약 80%이다.
• 평형형과 불평형형으로 나누는데 평형형은 1단 펌프, 2단 펌프, 2연 펌프, 복합펌프로 구분하고, 불평형형은 가변용 베인펌프로 구분한다.

39 건설기계의 작동유 탱크 역할로 틀린 것은?

① 유온을 적정하게 유지하는 역할을 한다.

② 작동유를 저장한다.

③ 오일 내 이물질의 침전작용을 한다.

④ 유압을 적정하게 유지하는 역할을 한다.

[해설]
④는 유압 밸브의 역할이다.

40 유압계통에서 릴리프 밸브의 스프링 장력이 약화될 때 발생될 수 있는 현상은?

① 채터링 현상

② 노킹 현상

③ 블로바이 현상

④ 트래핑 현상

[해설]
릴리프 밸브의 스프링 장력이 약화되면 채터링이 발생할 수 있다.

41 유압회로에 사용되는 유압밸브의 역할이 아닌 것은?

① 일의 관성을 제어한다.

② 일의 방향을 변환시킨다.

③ 일의 속도를 제어한다.

④ 일의 크기를 조정한다.

[해설]
유압밸브의 역할
• 일의 방향 제어 : 방향제어 밸브
• 일의 속도 제어 : 유량제어 밸브
• 일의 크기 제어 : 압력제어 밸브

42 플런저가 구동축의 직각방향으로 설치되어 있는 유압 모터는?

① 캠형 플런저 모터
② 엑시얼형 플런저 모터
③ 블래더형 플런저 모터
④ 레이디얼형 플런저 모터

해설
④ 레이디얼형 플런저 모터 : 구동축의 직각방향으로 설치되어 있는 유압 모터이다.

43 유압기기의 단점으로 틀린 것은?

① 에너지 손실이 적다.
② 오일은 가연성이므로 화재위험이 있다.
③ 회로구성이 어렵고 누설되는 경우가 있다.
④ 오일은 온도변화에 따라 점도가 변하여 기계의 작동속도가 변한다.

해설
유압기기(Oil Pressure Machine)
유압구동장치에 필요한 유압기기의 유압구동에서는 '강한 힘을 얻을 수 있고, 자유로운 속도 조정이 가능하며, 과부하에 대한 안전장치가 간단하다'는 등의 장점이 있다.

유압의 장점	유압의 단점
• 작으면서도 힘이 강하다.	
• 과부하방지가 간단하고 정확하다.	• 배관이 까다롭고 오일이 누설된다.
• 힘의 조정이 쉽고 정확하다.	• 오일의 연소위험성이 있다.
• 무단 변속이 간단하고, 진동이 적다.	• 에너지 손실이 많다.
• 원격조작이 가능하다.	• 오일의 온도에 따라서 기계의 작동속도가 변한다.
• 내구성이 있다.	

44 유압·공기압 도면기호 중 그림이 나타내는 것은?

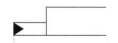

① 유압 파일럿(외부)
② 공기압 파일럿(외부)
③ 유압 파일럿(내부)
④ 공기압 파일럿(내부)

45 유압 작동유의 점도가 지나치게 낮을 때 나타날 수 있는 현상은?

① 출력이 증가한다.
② 압력이 상승한다.
③ 유동저항이 증가한다.
④ 유압 실린더의 속도가 늦어진다.

해설
유압 작동유의 점도가 지나치게 낮을 때 유압 실린더의 속도가 늦어진다.
유압의 점도

유압유의 점도가 너무 낮을 경우	유압유의 점도가 너무 높을 경우
• 내부 오일 누설의 증대 • 유압펌프, 모터 등의 용적효율 저하 • 기기마모의 증대 • 압력유지가 곤란 • 압력발생	• 동력손실 증가로 기계효율의 저하 • 소음이나 공동현상 발생 • 유동저항의 증가로 인한 압력손실의 증대 • 내부마찰의 증대에 의한 온도의 상승 • 유압기기 작동이 활발하지 못함

46 유압 실린더의 종류에 해당하지 않은 것은?

① 복동 실린더 싱글로드형
② 복동 실린더 더블로드형
③ 단동 실린더 배플형
④ 단동 실린더 램형

해설
배플은 실린더의 종류가 아니다. 오일펌프가 충분한 양의 윤활유를 흡입하도록 하기 위해, 오일 팬에 설치하는 다수의 안전판(배플, Baffle)이다.

47 일반적인 보호구의 구비조건으로 맞지 않는 것은?

① 착용이 간편할 것
② 햇볕에 잘 열화될 것
③ 재료의 품질이 양호할 것
④ 위험 유해 요소에 대한 방호성능이 충분할 것

해설
햇볕에 잘 열화되는 것은 보호구의 구비조건에 적합하지 않다.

48 전기화재에 적합하며 화재 때 화점에 분사하는 소화기로 산소를 차단하는 소화기는?

① 포말 소화기
② 이산화탄소 소화기
③ 분말 소화기
④ 증발 소화기

해설
이산화탄소 소화기는 이산화탄소를 높은 압력으로 압축·액화시킨 것으로, 질식 냉각하여 소화한다.

49 안전표지의 종류 중 안내표지에 속하지 않는 것은?

① 녹십자표지
② 응급구호표지
③ 비상구
④ 출입금지

해설
출입금지는 교통안전표지의 규제표지에 속한다.
• 안전표지의 종류 : 주의표지, 규제표지, 지시표지, 보조표지, 노면표시(도로교통법상)
• 산업안전표지의 종류 : 금지표지, 경고표지, 지시표지, 안내표지(산업안전보건법)
• 교통안전표지의 종류 : 주의표지, 규제표지, 지시표지, 보조표지, 노면표지

50 다음 중 가스누설 검사에 가장 좋고 안전한 것은?

① 아세톤
② 성냥불
③ 순수한 물
④ 비눗물

해설
가스누설 검사에는 비눗물을 사용하는데, 간편하고 안전하다.

51 수공구 사용방법으로 옳지 않은 것은?

① 좋은 공구를 사용할 것
② 해머의 쐐기 유무를 확인할 것
③ 스패너는 너트에 잘 맞는 것을 사용할 것
④ 해머의 사용면이 넓고 얇아진 것을 사용할 것

해설
해머의 모양이 찌그러지거나 손상된 것, 쐐기가 없는 것, 사용면이 넓고 얇아진 것 등은 쓰지 않아야 한다.

52 산업재해의 통상적인 분류 중 통계적 분류에 대한 설명으로 틀린 것은?

① 사망 : 업무로 인해서 목숨을 잃게 되는 경우
② 중경상 : 부상으로 인하여 30일 이상의 노동 상실을 가져온 상해 정도
③ 경상해 : 부상으로 1일 이상 7일 이하의 노동 상실을 가져온 상해 정도
④ 무상해 사고 : 응급처치 이하의 상처로 작업에 종사하면서 치료를 받는 상해 정도

해설
부상으로 8일 이상의 노동손실을 가져온 상해는 중상해이다.

53 건설기계 작업 시 주의사항으로 틀린 것은?

① 운전석을 떠날 경우에는 기관을 정지시킨다.
② 작업 시에는 항상 사람의 접근에 특별히 주의한다.
③ 주행 시는 가능한 한 평탄한 지면으로 주행한다.
④ 후진 시는 후진 후 사람 및 장애물 등을 확인한다.

해설
건설기계를 후진할 때에는 후진하기 전에 사람이나 장애물 등을 확인해야 한다.

해설
신체와의 접촉사고를 방지하기 위하여 기계의 회전부분(기어, 벨트, 체인)에 덮개를 씌워 격리시킨다.

54 불안전한 조명, 불안전한 환경, 방호장치의 결함으로 인하여 오는 산업재해 요인은?

① 지적 요인
② 물적 요인
③ 신체적 요인
④ 정신적 요인

해설
사고의 원인

직접원인	물적 원인	불안전한 상태(1차 원인)
	인적 원인	불안전한 행동(1차 원인)
	천재지변	불가항력
간접원인	교육적 원인	개인적 결함(2차 원인)
	기술적 원인	
	관리적 원인	사회적 환경, 유전적 요인

55 기중작업 시 무거운 하중을 들기 전에 반드시 점검해야 할 사항으로 가장 거리가 먼 것은?

① 클러치   ② 와이어로프
③ 브레이크   ④ 붐의 강도

해설
기중작업 시의 기중능력 및 작업반경은 '붐의 강도'가 아니라 '붐의 각도'가 중요하다.

56 기계의 회전부분(기어, 벨트, 체인)에 덮개를 설치하는 이유는?

① 좋은 품질의 제품을 얻기 위하여
② 회전부분의 속도를 높이기 위하여
③ 제품의 제작과정을 숨기기 위하여
④ 회전부분과 신체의 접촉을 방지하기 위하여

57 굴착공사 중 적색으로 된 도시가스 배관을 손상시켰으나 다행히 가스는 누출되지 않고 피복만 벗겨졌다. 이때의 조치사항으로 가장 적합한 것은?

① 해당 도시가스회사에 그 사실을 알려 보수하도록 한다.
② 가스가 누출되지 않았으므로 그냥 되메우기 한다.
③ 벗겨지거나 손상된 피복은 고무판이나 비닐테이프로 감은 후 되메우기 한다.
④ 벗겨진 피복은 부식방지를 위하여 아스팔트를 칠하고 비닐테이프로 감은 후 직접 되메우기 한다.

해설
도시가스회사 직원이 안전 여부를 확인하고 피복을 보수한 후에 굴착공사를 진행하도록 한다.

58 도로에서 파일 항타, 굴착작업 중 지하에 매설된 전력 케이블 피복이 손상되었을 때 전력 공급에 파급되는 영향을 가장 올바르게 설명한 것은?

① 케이블이 절단되어도 전력공급에는 지장이 없다.
② 케이블은 외피 및 내부가 철 그물망으로 되어 있어 절대로 절단되지 않는다.
③ 케이블을 보호하는 관은 손상이 되어도 전력 공급에는 지장이 없으므로 별도의 조치는 필요 없다.
④ 전력케이블에 충격 또는 손상이 가해지면 전력 공급이 차단되거나 일정 시일 경과 후 부식 등으로 전력공급이 중단될 수 있다.

해설
전력 케이블 충격 또는 손상 시 : 전력 공급의 차단이나 일정 시일 경과 후의 부식 등으로 전력공급의 중단을 가져올 수 있다.

59 항타기는 원칙적으로 가스배관과의 수평거리가 몇 m 이상 되는 곳에 설치하여야 하는가?

① 1m ② 2m
③ 3m ④ 5m

해설
항타기는 부득이한 경우를 제외하고 가스 배관과의 수평거리를 최소 2m 이상 이격하여 설치한다.

60 특별고압 가공 배전선로에 관한 설명으로 옳은 것은?

① 높은 전압일수록 전주 상단에 설치하는 것을 원칙으로 한다.
② 낮은 전압일수록 전주 상단에 설치하는 것을 원칙으로 한다.
③ 전압에 관계없이 장소마다 다르다.
④ 배전선로는 전부 절연전선이다.

해설
① 높은 전압일수록 전주 상단에 설치하는 것을 원칙으로 한다.

상시 제6회 최근 상시시험 복원문제

● 시험시간 : 60분 ● 총문항수 : 60개 ● 합격커트라인 : 60점 ▼ START

01 기관 과열의 주요 원인이 아닌 것은?

① 라디에이터 코어의 막힘
② 냉각장치 내부의 물때 과다
③ 냉각수의 부족
④ 오일량 과다

해설
엔진의 과열 원인
• 라디에이터의 불량
• 냉각수 순환계통의 막힘
• 냉각수의 부족
• 냉각핀의 손상 및 오염
• 이상 연소(노킹 등)
• 팬벨트의 이완 또는 절손
• 물펌프의 작동 불량
• 압력식 캡의 불량

02 과급기(Turbo Charger)에 대한 설명 중 옳은 것은?

① 피스톤의 흡입력에 의해 임펠러가 회전한다.
② 가솔린기관에만 설치된다.
③ 연료 분사량을 증대시킨다.
④ 실린더 내의 흡입 공기량을 증가시킨다.

해설
과급기는 엔진의 행정체적이나 회전속도에 변화를 주지 않고 흡입효율(공기밀도 증가)을 높이기 위해 흡기에 압력을 가하는 공기펌프로, 엔진의 출력증대와 연료소비율의 향상, 회전력을 증대시키는 역할을 한다.

03 가솔린기관과 비교한 디젤기관의 단점이 아닌 것은?

① 소음이 크다.
② rpm이 높다.
③ 진동이 크다.
④ 마력당 무게가 크다.

해설
rpm은 디젤기관보다 가솔린기관이 높다.

04 다음 보기에서 피스톤과 실린더 벽 사이의 간극이 클 때 미치는 영향을 모두 나타낸 것은?

> ㉠ 마찰열에 의해 소결되기 쉽다.
> ㉡ 블로바이에 의해 압축압력이 낮아진다.
> ㉢ 피스톤링의 기능 저하로 인하여 오일이 연소실에 유입되어 오일 소비가 많아진다.
> ㉣ 피스톤 슬립현상이 발생되며 기관 출력이 저하된다.

① ㉠, ㉡, ㉢
② ㉢, ㉣
③ ㉡, ㉢, ㉣
④ ㉠, ㉡, ㉢, ㉣

해설
피스톤과 실린더 사이의 간극이 너무 크면 압축압력 저하로 출력이 떨어지며, 엔진오일이 거품이 발생하여 수명이 단축된다.

05 디젤기관의 노킹발생방지대책에 해당되지 않는 것은?

① 착화성이 좋은 연료를 사용한다.
② 분사시 공기온도를 높게 유지한다.
③ 연소실 벽 온도를 높게 유지한다.
④ 압축비를 낮게 유지한다.

1 ④ 2 ④ 3 ② 4 ③ 5 ④ 정답

해설

노킹방지대책의 비교

구 분	가솔린	디 젤
착화점	높 게	낮 게
착화지연	길 게	짧 게
압축비	낮 게	높 게
흡입온도	낮 게	높 게
흡입압력	낮 게	높 게
회전수	높 게	낮 게
와 류	많 이	많 이

06 기관의 맥동적인 회전 관성력을 원활한 회전으로 바꾸어 주는 역할을 하는 것은?

① 크랭크축
② 피스톤
③ 플라이 휠
④ 커넥팅로드

해설

플라이 휠

크랭크축의 순간적인 회전력이 평균 회전력보다 클 때는 회전에너지를 저장하고, 작을 때는 회전에너지를 분배하는 역할을 한다.

07 디젤기관에서 시동이 걸리지 않는다. 점검해야 할 곳이 아닌 것은?

① 기동 전동기가 이상이 없는지 점검해야 한다.
② 배터리의 충전상태를 점검해야 한다.
③ 배터리 접지 케이블의 단자가 잘 조여져 있는지 점검해야 한다.
④ 발전기가 이상이 없는지 점검해야 한다.

해설

발전기와 시동은 직접적 관련이 없다.

08 피스톤링에 대한 설명으로 틀린 것은?

① 압축가스가 새는 것을 막아준다.
② 엔진오일을 실린더 벽에서 긁어내린다.
③ 압축 링과 인장 링이 있다.
④ 실린더 헤드 쪽에 있는 것이 압축 링이다.

해설

피스톤링은 압축 링과 오일 링이 있다.

09 디젤 기관에서 실린더가 마모되었을 때 발생할 수 있는 현상이 아닌 것은?

① 윤활유 소비량 증가
② 연료 소비량 증가
③ 압축압력의 증가
④ 블로바이(Blow-By) 가스의 배출 증가

해설

실린더가 마모되었을 경우 압축압력은 감소한다.

10 디젤기관에서 인젝터 간 연료 분사량이 일정하지 않을 때 나타나는 현상으로 맞는 것은?

① 연료 분사량에 관계없이 기관은 순조로운 회전을 한다.
② 연소 폭발음의 차가 있으며 기관은 부조를 하게 된다.
③ 소비에는 관계가 있으나 기관회전에 영향은 미치지 않는다.
④ 출력은 향상되나 기관은 부조하게 된다.

해설

연료 분사량이 일정하지 않을 경우 실린더 내의 압력 차이로 인하여 폭발압력의 차이가 발생하고, 그로인한 불규칙적인 RPM(부조현상)이 발생하게 된다.

11 건설기계용 납산 축전지에 대하여 설명한 것이다. 틀린 것은?

① 화학 에너지를 전기 에너지로 변환하는 것이다.
② 완전 방전시에만 재충전한다.
③ 전압은 셀의 수에 의해 결정된다.
④ 전해액 면이 낮아지면 증류수를 보충하여야 한다.

[해설]
축전지가 완전 방전되기 전에 재충전하여야 한다.

12 기관의 엔진오일여과기가 막히는 것을 대비해서 설치하는 것은?

① 체크밸브(Check Valve)
② 바이패스밸브(Bypass Valve)
③ 오일 디퍼(Oil Dipper)
④ 오일 팬(Oil Pan)

[해설]
오일여과기에 설치되어 있는 바이패스밸브는 엘리먼트가 막혀 흡입과 배출 쪽의 압력 차이가 규정값 이상이 되었을 때 오일이 엘리먼트를 통과하지 않고 직접 윤활부에 공급되도록 하는 역할을 한다.

13 에어컨 장치에서 환경보존을 위한 대체물질로 신 냉매 가스에 해당되는 것은?

① R-12
② R-22
③ R-12a
④ R-134a

[해설]
자동차 에어컨의 완벽한 냉매로서 사용되어 온 프레온 12(R-12)의 대체품으로 선정된 것이 프레온 134a(HFC-134a)이다. R-134a의 오존 파괴계수는 제로(0)이다.

14 납산배터리의 전해액을 측정하여 충전상태를 알 수 있는 게이지는?

① 그로울러 테스터
② 압력계
③ 비중계
④ 스러스트 게이지

[해설]
비중계는 전자액의 비중을 측정하여 축전지의 상태를 측정하는 것이다.
※ 그로울러 테스터 : 기동전동기 전기자를 시험하는 데 사용되는 시험기

15 6기통 디젤기관에서 병렬로 연결된 예열플러그가 있다. 3번 기통의 예열플러그가 단선되면 어떤 현상이 발생되는가?

① 3번 실린더의 예열플러그가 작동을 안 한다.
② 예열플러그 전체가 작동을 안 한다.
③ 축전지 용량의 배가 방전된다.
④ 2번과 4번의 예열플러그가 작동을 안 한다.

[해설]
직렬연결인 경우에는 모두가 작동 불능인 상태가 되지만, 병렬연결인 경우는 해당 실린더만 작동 불능이 된다.

16 굴삭기 하부구동체 기구의 구성요소와 관련된 사항이 아닌 것은?

① 트랙 프레임
② 주행용 유압모터
③ 트랙 및 롤러
④ 붐 실린더

[해설]
붐 실린더는 작업장치에 속한다.

17 축전지의 용량을 결정짓는 인자가 아닌 것은?

① 셀당 극판 수

② 극판의 크기

③ 단자의 크기

④ 전해액의 양

해설

축전지의 용량

• 극판의 수

• 극판의 크기

• 전해액의 양에 따라 결정(용량이 크면 이용 전류가 증가)

18 일반적인 축전지 터미널의 식별법으로 적합하지 않은 것은?

① (+), (−)의 표시로 구분한다.

② 터미널의 요철로 구분한다.

③ 굵고 가는 것으로 구분한다.

④ 적색과 흑색 등의 색으로 구분한다.

해설

터미널(단자 기둥)은 납 합금으로 축전지 케이블과 확실히 접속되도록 테이퍼로 되어 있으며, (+)극과 (−)극을 역으로 접속할 수 없도록 양극 터미널이 음극터미널보다 더 굵다.

구 분	양극터미널	음극터미널
터미널의 직경	크다.	작다.
터미널의 색	적색(적갈색)	흑색(회색)
표시문자	+ 또는 P	− 또는 N
터미널에 발생되는 부식물	많다.	적다.

19 무한궤도식 굴삭기의 부품이 아닌 것은?

① 유압 펌프   ② 오일쿨러

③ 자재이음   ④ 주행모터

해설

무한궤도식은 유압모터가 동력을 직접 트랙에 전달하기 때문에 자재이음이 없다.

20 굴삭기에서 매 1,000시간마다 점검, 정비해야 할 항목으로 맞지 않는 것은?

① 작동유 배수 및 여과기 교환

② 어큐뮬레이터 압력 점검

③ 주행감속기 기어의 오일교환

④ 발전기, 기동전동기 점검

21 굴삭기의 한 쪽 주행레버만 조작하여 회전하는 것을 무슨 회전이라고 하는가?

① 급회전

② 원웨이회전

③ 스핀회전

④ 피벗회전

22 크롤러형의 굴삭기를 주행 운전할 때 적합하지 않은 것은?

① 주행시 버킷의 높이는 30~50cm가 좋다.

② 가능하면 평탄지면을 택하고, 엔진은 중속이 적합하다.

③ 암반 통과시 엔진속도는 고속이어야 한다.

④ 주행시 전부장치는 전방을 향해야 좋다.

해설

암반이나 부정지 등에서는 트랙을 팽팽하게 조정한 후 저속으로 주행해야 한다.

23 건설기계에서 변속기의 구비조건으로 가장 적절한 것은?

① 대형이고 고장이 없어야 한다.

② 조작이 쉬우므로 신속할 필요는 없다.

③ 연속적 변속에는 단계가 있어야 한다.

④ 전달효율이 좋아야 한다.

해설

변속기는 단계 없이 연속적으로 변속되고 소형·경량이며, 변속 조작이 쉽고 신속·정확·정숙하게 변속이 이루어져야 한다. 또한 전달효율이 좋고 수리하기가 쉬운 것이 좋다.

24 타이어식 건설기계에서 브레이크를 연속하여 자주 사용하면 브레이크 드럼이 과열되어, 마찰계수가 떨어지며, 브레이크가 잘 듣지 않는 것으로서 짧은 시간 내에 반복 조작이나 내리막길을 내려갈 때 브레이크 효과가 나빠지는 현상은?

① 노킹현상
② 페이드현상
③ 하이드로플레이닝현상
④ 채팅현상

25 무한궤도식 건설기계에서 주행 불량현상의 원인이 아닌 것은?

① 한쪽 주행모터의 브레이크 작동이 불량할 때
② 유압펌프의 토출 유량이 부족할 때
③ 트랙에 오일이 묻었을 때
④ 스프로킷이 손상되었을 때

해설

트랙 노면에 오일이 묻으면 미끄럽기는 하지만, 주행 불량현상의 원인이 되지는 않는다.

26 주행 중 급가속시 기관회전은 상승하는데 차속은 증속이 안 될 때 원인으로 틀린 것은?

① 압력스프링의 쇠약
② 클러치 디스크 판이 기름부착
③ 클러치페달의 유격 과대
④ 클러치 디스크 판 마모

해설

가속시 기관이 회전되면서도 속도가 나지 않는 원인은 클러치 페달의 유격이 과대하여 클러치가 미끄러지기 때문인 경우가 가장 많다. 그 외에도 압력스프링 장력이 약하거나 디스크 판에 기름이 묻은 경우가 있다.

27 건설기계를 운전하여 교차로 전방 20m 지점에 이르렀을 때 황색 등화로 바뀌었을 경우 운전자의 조치방법은?

① 일시 정지하여 안전을 확인하고 진행한다.
② 정지할 조치를 취하여 정지선에 정지한다.
③ 그대로 계속 진행한다.
④ 주위의 교통에 주의하면서 진행한다.

해설

황색의 등화
• 차마는 정지선이 있거나 횡단보도가 있을 때에는 그 직전이나 교차로의 직전에 정지하여야 하며, 이미 교차로에 차마의 일부라도 진입한 경우에는 신속히 교차로 밖으로 진행하여야 한다.
• 차마는 우회전을 할 수 있고, 우회전하는 경우에는 보행자의 횡단을 방해하지 못한다.

28 술에 취한 상태의 기준은 혈중 알코올 농도가 최소 몇 퍼센트 이상인 경우인가?

① 0.25   ② 0.05
③ 1.25   ④ 1.50

해설

운전이 금지되는 술에 취한 상태의 기준은 운전자의 혈중알코올농도가 0.05% 이상인 경우로 한다(시행일 : 2019.6.25부터 혈중알코올농도가 0.03% 이상으로 변경된다).

29 건설기계검사의 종류가 아닌 것은?

① 신규등록검사   ② 정기검사
③ 구조변경검사   ④ 예비검사

해설

건설기계검사의 종류
신규등록검사, 정기검사, 수시검사, 구조변경검사

30 다음의 내용 중 괄호 안에 들어갈 내용으로 맞는 것은?

> 도로를 통행하는 보행자, 차마 또는 노면전차의 운전자는 교통안전시설이 표시하는 신호 또는 지시와 교통정리를 위한 경찰공무원 등의 신호 또는 지시가 다른 경우에는
> (   )의
> (   )에 따라야 한다.

① 운전자, 판단

② 교통신호, 지시

③ 경찰공무원 등, 신호 또는 지시

④ 교통신호, 신호

해설

「도로교통법」 제5조(신호 또는 지시에 따를 의무)

• 도로를 통행하는 보행자, 차마 또는 노면전차의 운전자는 교통안전시설이 표시하는 신호 또는 지시와 다음의 어느 하나에 해당하는 사람이 하는 신호 또는 지시를 따라야 한다.
 ‑ 교통정리를 하는 국가경찰공무원(의무경찰을 포함) 및 제주특별자치도의 자치경찰공무원
 ‑ 국가경찰공무원 및 자치경찰공무원을 보조하는 사람으로서 대통령령으로 정하는 사람

• 도로를 통행하는 보행자, 차마 또는 노면전차의 운전자는 위에 따른 교통안전시설이 표시하는 신호 또는 지시와 교통정리를 하는 국가경찰공무원·자치경찰공무원 또는 경찰보조자(이하 "경찰공무원 등"이라 한다)의 신호 또는 지시가 서로 다른 경우에는 경찰공무원 등의 신호 또는 지시에 따라야 한다.

31 도로교통법상 안전표지의 종류가 아닌 것은?

① 주의표지   ② 규제표지

③ 안심표지   ④ 보조표지

해설

안전표지의 종류
주의표지, 규제표지, 지시표지, 보조표지, 노면표시

32 건설기계검사를 연장받을 수 있는 기간을 잘못 설명한 것은?

① 해외 임대를 위하여 일시 반출된 경우 : 반출기간 이내

② 압류된 건설기계의 경우 : 압류기간 이내

③ 건설기계 대여업을 휴지하는 경우 : 휴지기간 이내

④ 장기간 수리가 필요한 경우 : 소유자가 원하는 기간

해설

「건설기계관리법 시행규칙」 제24조(검사의 연기)

• 건설기계소유자는 천재지변, 건설기계의 도난, 사고발생, 압류, 1월 이상에 걸친 정비, 그 밖의 부득이한 사유로 검사신청기간 내에 검사를 신청할 수 없는 경우에는 검사신청기간 만료일까지 별지 제21호서식의 검사연기신청서에 연기사유를 증명할 수 있는 서류를 첨부하여 시·도지사에게 제출하여야 한다. 다만, 검사대행자를 지정한 경우에는 검사대행자에게 제출하여야 한다.

• 검사를 연기하는 경우에는 그 연기기간을 6월 이내[남북경제협력 등으로 북한지역의 건설공사에 사용되는 건설기계와 해외임대를 위하여 일시 반출되는 건설기계의 경우에는 반출기간 이내, 압류된 건설기계의 경우에는 그 압류기간 이내, 타워크레인 또는 천공기(터널보링식 및 실드굴진식으로 한정)가 해체된 경우에는 해체되어 있는 기간 이내]로 한다. 이 경우 그 연기기간동안 검사유효기간이 연장된 것으로 본다.

33 유압 건설기계의 고압호스가 자주 파열되는 원인으로 가장 적합한 것은?

① 유압펌프의 고속 회전

② 오일의 점도저하

③ 릴리프밸브의 설정 압력 불량

④ 유압모터의 고속 회전

해설

고압호스가 견딜 수 있는 압력보다 설정된 압력이 높으면 호스 파열이 잦아진다.

34 건설기계에 사용되는 작동유 압력을 나타내는 단위는?

① kgf/cm^2 ② m

③ kg   ④ kg/m^3

35 다음 중 건설기계 특별표지판을 부착하지 않아도 되는 건설기계는?

① 길이가 17미터인 로더
② 너비가 4미터인 기중기
③ 총중량이 15톤인 굴삭기
④ 최소 회전반경이 14미터인 모터그레이더

해설
대형건설기계의 특별표지
다음에 해당하는 건설기계는 특별표지를 부착하여야 한다.
• 길이가 16.7m 초과인 건설기계
• 너비가 2.5m 초과인 건설기계
• 높이가 4.0m 초과인 건설기계
• 최소회전반경 12m 초과인 건설기계
• 총중량이 40t 초과인 건설기계
• 총중량 상태에서 축하중이 10t 초과인 건설기계

36 작동유의 열화 및 수명을 판정하는 방법으로 적합하지 않은 것은?

① 점도상태로 확인
② 오일을 가열한 후 냉각되는 시간 확인
③ 냄새로 확인
④ 색깔이나 침전물의 유무 확인

해설
열화검사법
냄새, 점도, 색채

37 밀폐된 용기 내의 액체 일부에 가해진 압력은 어떻게 전달되는가?

① 유체 각 부분에 다르게 전달된다.
② 유체 각 부분에 동시에 같은 크기로 전달된다.
③ 유체의 압력이 돌출 부분에서 더 세게 작용된다.
④ 유체의 압력이 홈 부분에서 더 세게 작용된다.

해설
파스칼의 원리
밀폐된 용기 내에 있는 정지 유체의 일부에 압력을 가했을 때 유체 내의 어느 부분의 압력도 가해진 만큼 증가한다는 원리(압력 = 힘/면적)이다.

38 유압회로 내에서 서지압(Surge Pressure)이란?

① 과도하게 발생하는 이상 압력의 최댓값
② 정상적으로 발생하는 압력의 최댓값
③ 정상적으로 발생하는 압력의 최솟값
④ 과도하게 발생하는 이상 압력의 최솟값

해설
서지압은 과도적으로 상승한 압력의 최대치를 말한다.

39 유압장치에서 일일정비 점검사항이 아닌 것은?

① 유량 점검
② 이음 부분의 누유 점검
③ 필 터
④ 호스의 손상과 접촉면의 점검

해설
③은 월간정비 점검사항이다.
유압장치의 일일정비 점검사항
유량 점검, 펌프·밸브·실린더로부터의 오일 누출 점검, 배관·이음 등에서의 오일 누출 점검, 이음 부분과 탱크 급유구 등의 풀림상태 점검, 실린더 로드의 손상과 호스의 손상 점검

40 유압모터의 단점에 해당 되지 않는 것은?

① 작동유에 먼지나 공기가 침입하지 않도록 특히 보수에 주의해야 한다.
② 작동유가 누출되면 작업 성능에 지장이 있다.
③ 작동유의 점도변화에 의하여 유압모터의 사용에 제약이 있다.
④ 릴리프밸브를 부착하여 속도나 방향제어가 곤란하다.

해설
릴리프밸브를 부착하면 속도나 방향의 제어가 용이하고, 기구적 손상 없이도 급정지를 시킬 수 있다.

41 그림과 같은 실린더의 명칭은?

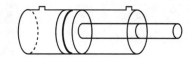

① 단동 실린더
② 단동 다단 실린더
③ 복동 실린더
④ 복동 다단 실린더

해설

유압 파이프나 호스 연결구가 2개이면 복동식이고, 1개이면 단동식이다. 복동 실린더는 전·후진운동이 모두 유압에너지를 이용하여 일어나는 실린더이다.

42 유압모터와 유압실린더의 설명으로 맞는 것은?

① 둘 다 회전운동을 한다.
② 모터는 직선운동, 실린더는 회전운동을 한다.
③ 둘 다 왕복운동을 한다.
④ 모터는 회전운동, 실린더는 직선운동을 한다.

해설

• 모터 : 회전운동
• 실린더 : 왕복운동

43 건설기계에서 사용하는 작동유의 정상작동 온도 범위로 가장 적합한 것은?

① 10~30℃
② 40~60℃
③ 90~110℃
④ 120~150℃

해설

작동유의 온도
• 난기운전(워밍업)시 오일 온도 20~27℃, 최고허용 오일 온도 80℃, 최저허용 오일 온도 40℃
• 정상적인 오일의 온도 40~60℃, 열화되는 오일의 온도 80~100℃

44 유압유의 압력 에너지(힘)를 기계적 에너지로 변환시키는 작용을 하는 것은?

① 유압펌프
② 유압밸브
③ 어큐뮬레이터
④ 액추에이터

해설

액추에이터
유압펌프를 통하여 송출된 에너지를 직선운동이나 회전운동으로 변환시켜 기계적 일을 하는 기기이다.

45 유압펌프가 오일을 토출하지 않을 경우 점검항목으로 틀린 것은?

① 오일탱크에 오일이 규정량으로 들어 있는지 점검한다.
② 흡입 스트레이너가 막혀 있지 않은지 점검한다.
③ 흡입 관로에서 공기가 흡입되는지 점검한다.
④ 토출 측 회로에 압력이 너무 낮은지 점검한다.

해설

유압펌프가 오일을 토출하지 않을 경우 흡입측 회로에 압력이 너무 낮은지 점검한다.

46 유압실린더의 움직임이 느리거나 불규칙할 때의 원인이 아닌 것은?

① 피스톤 링이 마모되었다.
② 유압유의 점도가 너무 높다.
③ 회로 내에 공기가 혼입되고 있다.
④ 체크밸브의 방향이 반대로 설치되어 있다.

해설

체크밸브는 방향 제어를 위한 밸브이며, 유압기기의 움직임은 압력과 유량에 의해 변화하는 것이다.

47 수공구 취급시 안전에 관한 사항으로 틀린 것은?

① 해머자루의 해머고정 부분 끝에 쐐기를 박아 사용 중 해머가 빠지지 않도록 한다.

② 렌치 사용시 본인의 몸쪽으로 당기지 않는다.

③ 스크루 드라이버 사용시 공작물을 손으로 잡지 않는다.

④ 스크레이퍼 사용시 공작물을 손으로 잡지 않는다.

해설

렌치는 사용자 몸쪽으로 당기면서 볼트나 너트를 풀거나 조이는 작업을 해야 한다.

48 산업안전 보건표지에서 그림이 나타내는 것은?

① 사용금지
② 방사성 물질 경고
③ 탑승금지
④ 보행금지

해설

안전표지

방사성 물질 경고	탑승금지

49 산소 가스 용기의 도색으로 맞는 것은?

① 녹 색
② 노란색
③ 흰 색
④ 갈 색

해설

가스 용기의 도색

가스 종류	도색 구분
산 소	녹 색
수 소	주황색
액화탄산가스	청 색
LPG	밝은 회색
아세틸렌	황 색
아르곤	회 색
액화암모니아	백 색
기타 가스	회 색

50 안전작업은 복장의 착용상태에 따라 달라진다. 다음에서 권장사항이 아닌 것은?

① 땀을 닦기 위한 수건이나 손수건을 허리나 목에 걸고 작업해서는 안 된다.

② 옷소매 폭이 너무 넓지 않은 것이 좋고, 단추가 달린 것은 되도록 피한다.

③ 물체 추락의 우려가 있는 작업장에서는 안전모를 착용해야 한다.

④ 복장을 단정하게 하기 위해 넥타이를 꼭 매야 한다.

51 안전표지의 종류 중 안내표지에 속하지 않는 것은?

① 녹십자 표지
② 응급구호표지
③ 비상구
④ 출입금지

해설

④는 산업안전표지 중에서 금지표지에 해당한다.

52 다음 중 물건을 여러 사람이 공동으로 운반할 때의 안전사항과 거리가 먼 것은?

① 명령과 지시는 한 사람이 한다.
② 최소한 한 손으로는 물건을 받친다.
③ 앞쪽에 있는 사람이 부하를 적게 담당한다.
④ 긴 화물은 같은 쪽의 어깨에 올려서 운반한다.

53 벨트에 대한 안전사항으로 틀린 것은?

① 벨트의 이음쇠는 돌기가 없는 구조로 한다.
② 벨트를 걸 때나 벗길 때에는 기계를 정지한 상태에서 실시한다.
③ 벨트가 풀리에 감겨 돌아가는 부분은 커버나 덮개를 설치한다.
④ 바닥면으로부터 2m 이내에 있는 벨트는 덮개를 제거한다.

> **해설**
> 바닥면으로부터 2m 이내는 작업자의 행동반경이므로 벨트의 커버나 덮개를 반드시 설치하고, 제거하지 않도록 한다.

54 화재의 분류 기준에서 휘발유로 인해 발생한 화재는?

① B급 화재
② D급 화재
③ A급 화재
④ C급 화재

> **해설**
> 화재의 분류
> • A급 화재 : 일반화재
> • B급 화재 : 유류·가스 화재
> • C급 화재 : 전기화재
> • D급 화재 : 금속화재

55 그림과 같이 고압 가공전선로 주상변압기를 설치하는데 높이 H는 시가지(A)와 시가지 외 (B)에서 각각 몇 m인가?

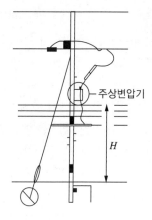

① A = 4.5, B = 4
② A = 4, B = 4.5
③ A = 8, B = 5
④ A = 5, B = 8

> **해설**
> 주상변압기의 지상고
> • 특고압 주상변압기 : 지표상 5.0m 이상
> • 고압 주상변압기 : 지표상 4.5m 이상(단, 시가지 이외의 장소는 4.0m 이상으로 할 수 있음)

56 납산배터리 액체를 취급하는 데 가장 좋은 것은?

① 가죽으로 만든 옷
② 무명으로 만든 옷
③ 화학섬유로 만든 옷
④ 고무로 만든 옷

> **해설**
> 전해액은 황산과 물로 구성되어 있으므로 면직 또는 나일론 등을 사용하면 손상된다.

57 굴착공사 현장위치와 매설배관 위치를 공동으로 표시하기로 결정한 경우 굴착공사자와 도시가스사업자가 준수하여야 할 조치사항에 대한 설명으로 옳지 않은 것은?

① 굴착공사자는 굴착공사 예정지역의 위치를 흰색 페인트로 표시할 것

② 도시가스사업자는 굴착예정지역의 매설배관 위치를 굴착공사자에게 알려주어야 하며, 굴착공사자는 매설배관 위치를 매설배관 직상부의 지면에 황색 페인트로 표시할 것

③ 대규모굴착공사, 긴급굴착공사 등으로 인해 페인트로 매설배관 위치를 표시하는 것이 곤란한 경우에는 표시 말뚝·표시 깃발·표지판 등을 사용하여 표시할 수 있다.

④ 굴착공사자는 황색 페인트로 표시 여부를 확인해야 한다.

해설
도시가스사업자는 황색 페인트 표시, 표시깃발 등에 따른 표시 여부를 확인해야 하며, 표시가 완료된 것이 확인되면 즉시 그 사실을 정보지원센터에 통지해야 한다.

58 전기설비에서 차단기의 종류 중 ELB(Earth Leakage Circuit Breaker)은 어떤 차단기인가?

① 유입차단기
② 진공차단기
③ 누전차단기
④ 가스차단기

해설
① 유입차단기(O.C.B, Oil Circuit Breaker) : 전로의 차단이 절연유를 매질로 하여 동작하는 차단기
② 진공차단기(VCB, Vacuum Circuit Breaker) : 전로의 차단을 높은 진공 중에서 동작하는 차단기
④ 가스차단기(GCB, Gas Circuit Breaker) : 전로의 차단이 6불화유황(SF6, Sulfar Hexafluoride)과 같은 특수한 기체, 즉 불활성 Gas를 매질로 하여 동작하는 차단기

59 도로나 아파트 단지의 땅속을 굴착하고자 할 때 도시가스배관이 묻혀있는지 확인하기 위하여 가장 먼저 해야 할 일은?

① 그 지역에 가스를 공급하는 도시가스 회사에 가스배관의 매설 유무를 확인한다.

② 그 지역 주민들에게 물어본다.

③ 굴착기로 땅속을 파서 가스배관이 있는지 직접 확인한다.

④ 해당 구청 토목과에 확인한다.

해설
도시가스사업이 허가된 지역에 있는 도로, 공동주택단지 기타 도로 인근지역에서 굴착공사를 할 경우에는 그 공사를 하기 전에 당해 토지의 지하에 가스배관이 매설되어 있는지를 해당 도시가스사업자에게 확인 요청을 한 후에 굴착작업을 하여야 한다.

60 지하구조물이 설치된 지역에 도시가스가 공급되는 곳에서 굴삭기를 이용하여 굴착공사 중 지면에서 0.3m 깊이에서 물체가 발견되었다. 예측할 수 있는 것으로 맞는 것은?

① 도시가스 입상관
② 도시가스배관을 보호하는 보호관
③ 가스차단장치
④ 수취기

해설
도시가스배관을 지하에 매설시 특수한 사정으로 규정에 의한 심도를 유지할 수 없어 보호관을 사용하였을 때 보호관 외면이 지면과 최소 0.3m 이상의 깊이를 유지하여야 한다.

● 시험시간 : 60분　　● 총문항수 : 60개　　● 합격커트라인 : 60점　　▼ START

01 기관의 출력을 저하시키는 직접적인 원인이 아닌 것은?

① 실린더 내 압력이 낮을 때
② 연료 분사량이 적을 때
③ 노킹이 일어날 때
④ 클러치가 불량할 때

해설
클러치는 동력전달 계통으로 기관 부분이 아니다.

02 무한궤도식 굴삭기의 하부 추진체 동력전달 순서로 맞는 것은?

① 기관→컨트롤밸브→센터조인트→유압펌프→주행모터→트랙
② 기관→컨트롤밸브→센터조인트→주행모터→유압펌프→트랙
③ 기관→센터조인트→주행모터→유압펌프→컨트롤밸브→주행모터→트랙
④ 기관→유압펌프→컨트롤밸브→센터조인트→주행모터→트랙

03 교차로에서 직진하고자 신호대기 중에 있는 차가 진행 신호를 받고 안전하게 통행하는 방법은?

① 좌우를 살피며, 계속 보행 중인 보행자와 진행하는 교통의 흐름에 유의하여 진행한다.
② 진행 권리가 부여되었으므로 좌우의 진행 차량에는 구애받지 않는다.

③ 직진이 최우선이므로 진행 신호에 무조건 따른다.
④ 신호와 동시에 출발하면 된다.

04 유압장치에서 고압 소용량, 저압 대용량 펌프를 조합 운전할 때 작동압력이 규정압력 이상으로 상승 시 동력 절감을 하기 위하여 사용하는 밸브는?

① 감압밸브　　② 릴리프 밸브
③ 시퀀스 밸브　　④ 무부하 밸브

해설
무부하 밸브 : 일정한 설정 유압에 달했을 때 유압펌프를 무부하로 하기 위한 밸브

05 유압유의 압력 에너지(힘)을 기계적 에너지로 변환시키는 작용을 하는 것은?

① 유압펌프　　② 유압 밸브
③ 어큐뮬레이터　　④ 액추에이터

해설
액추에이터 : 유압펌프를 통하여 송출된 에너지를 직선운동이나 회전운동을 통하여 기계적 일을 하는 기기

06 다음 ( ) 안에 알맞은 것은?

가스배관의 주위를 굴착하고자 할 때에는 가스배관의 좌우 ( )m 이내의 부분은 인력으로 굴착할 것

① 1　　② 2
③ 3　　④ 5

해설
가스배관 주위 1m 이내에는 인력굴착으로 실시하여야 한다.

07 발전소 상호 간, 변전소 상호 간 또는 발전소와 변전소 간에 설치된 전력 선로를 무엇이라고 하는가?

① 배전선로   ② 송전선로

③ 발전선로   ④ 가공선로

해설
• 배전선로 : 전기기구 장치 내의 선로
• 가공선로 : 가공물 사이의 선로

08 AC발전기에서 다이오드의 역할로 가장 적합한 것은?

① 교류를 정류하고 역류를 방지한다.

② 전압을 조정한다.

③ 여자 전류를 조정하고 역류를 방지한다.

④ 전류를 조정한다.

해설
직류발전에서는 정류자와 브러시가 교류를 정류하며 역류를 방지하고, 교류발전기에서는 다이오드가 정류한다.

09 크롤러 타입 유압식 굴삭기의 주행 동력으로 이용되는 것은?

① 전기모터   ② 유압모터

③ 변속기 동력   ④ 차동장치

해설
크롤러식은 유압모터에 의해 주행을 하고, 타이어식 굴삭기는 변속기나 차동장치에 의해 주행한다.

10 건설기계 조종사 면허의 취소 · 정지처분 기준 중 면허 취소에 해당되지 않는 것은?

① 고의로 인명 피해를 입힌 때

② 과실로 7명 이상에게 중상을 입힌 때

③ 과실로 19명에게 경상을 입힌 때

④ 1,000원 이상의 재산 피해를 입힌 때

해설
건설기계조종사면허의 취소 · 정지처분기준(건설기계관리법 시행규칙 [별표 22])
• 고의로 인명피해(사망 · 중상 · 경상 등을 말한다)를 입힌 경우 – 취소
• 과실로 중대재해가 발생한 경우 – 취소
• 재산피해(피해금액 50만원마다) – 면허효력정지 1일(90일을 넘지 못함)
※ 중대재해(산업안전보건법 제2조 제7호)
  • 사망자가 1명 이상 발생한 재해
  • 3개월 이상의 요양이 필요한 부상자가 동시에 2명 이상 발생한 재해
  • 부상자 또는 직업성질병자가 동시에 10명 이상 발생한 재해

11 제1종 운전면허를 받을 수 없는 사람은?

① 한쪽 눈을 보지 못하고, 색채 식별이 불가능한 사람

② 양쪽 눈의 시력이 각각 0.5 이상인 사람

③ 두 눈을 동시에 뜨고 잰 시력이 0.8 이상인 사람

④ 적색, 황색, 녹색의 색채 식별이 가능한 사람

해설
1종 운전면허 : 두 눈을 동시에 뜨고 잰 시력이 0.8 이상이고, 양쪽 눈의 시력이 각각 0.5 이상일 것

12 오일을 한쪽 방향으로만 흐르게 하는 밸브는?

① 릴리프 밸브

② 체크 밸브

③ 파일럿 밸브

④ 로터리 밸브

해설
체크 밸브 : 유압유의 흐름을 한쪽으로만 허용하고 반대 방향의 흐름을 제어하는 밸브

13 유압펌프를 통하여 송출된 에너지를 직선운동이나 회전운동을 통하여 기계적인 일을 하도록 하는 기기를 무엇이라고 하는가?

① 오일 쿨러
② 제어 밸브
③ 액추에이터(작업장치)
④ 어큐뮬레이터(축압기)

해설
액추에이터는 압력 에너지를 기계적 에너지로 바꾸는 기기이다.

14 동력 전동장치에서 가장 재해가 많이 발생할 수 있는 것은?

① 기 어
② 커플링
③ 벨 트
④ 차 축

해설
벨트는 회전 부위에서 노출되어 있어 재해 발생률이 높으나, 기어나 커플링은 대부분 케이스 내부에 있다.

15 작업에 필요한 수공구의 보관에 알맞지 않은 것은?

① 공구함을 준비하여 종류와 크기별로 보관한다.
② 공구는 소정의 장소에 보관한다.
③ 날이 있거나 뾰족한 물건은 위험하므로 뚜껑을 씌워 둔다.
④ 사용한 수공구는 녹슬지 않도록 손잡이 부분에 오일을 발라서 보관한다.

해설
공구 보관 시 손잡이를 청결하게 유지한다(기름이 묻은 손잡이는 사고를 유발할 수 있다).

16 브레이크장치의 베이퍼록 발생 원인이 아닌 것은?

① 긴 내리막길에서 과도한 브레이크 사용
② 엔진브레이크를 장기간 사용
③ 드럼과 라이닝의 끌림에 의한 가열
④ 오일의 변질에 의한 비등점의 저하

해설
베이퍼록 현상 : 액체가 열에 의해서 기포가 발생하여 압력 전달 작용이 불량하게 되는 현상
베이퍼록 발생 원인
• 긴 내리막길에서 과도한 브레이크
• 비등점이 낮은 브레이크 오일 사용
• 드럼과 라이닝 마찰열의 냉각능력 저하
• 마스터 실린더, 브레이크슈 리턴 스프링의 절손에 의한 잔압 저하

17 유압펌프에서 소음이 발생할 수 있는 원인이 아닌 것은?

① 오일의 양이 적을 때
② 펌프의 속도가 느릴 때
③ 오일 속에 공기가 들어 있을 때
④ 오일의 점도가 너무 높을 때

18 유압실린더에서 피스톤 행정이 끝날 때 발생하는 충격을 흡수하기 위해 설치하는 장치는?

① 쿠션 기구
② 압력 보상 장치
③ 서보 밸브
④ 스로틀 밸브

19 무한궤도식 굴삭기와 타이어식 굴삭기의 운전 특성에 대한 설명으로 틀린 것은?

① 타이어식은 장거리 이동이 쉽고, 기동성이 양호하다.

② 타이어식은 변속 및 주행속도가 빠르다.

③ 무한궤도식은 습지, 사지에서 작업이 유리하다.

④ 무한궤도식은 기복이 심한 곳에서 작업이 불리하다.

해설

무한궤도식과 타이어식의 장단점

구 분	장 점	단 점
무한궤도식	• 땅을 다지는 데 효과적이다. • 기복이 심한 곳, 습지·사지에서 작업이 유리하다. • 견인력이 크다.	• 주행저항이 크고, 승차감이 나쁘다. • 이동성이 나쁘다. • 기동성이 나쁘다.
타이어식	• 승차감과 주행성이 좋다. • 장거리 이동이 쉽고, 기동성이 양호하다. • 변속 및 주행속도가 빠르다.	• 평탄하지 않은 작업장소나 진흙에서 작업하는 데 적합하지 않다. • 암석·암반지역 작업 시 타이어가 손상된다. • 견인력이 약하다.

20 모터그레이더 앞바퀴 경사 장치의 설치 목적으로 맞는 것은?

① 조향력을 작게 한다.

② 견인력을 증가시킨다.

③ 완충작용을 한다.

④ 회전 반경을 작게 한다.

해설

모터그레이더는 회전 반경을 작게 하기 위한 리닝 장치를 설치하여야 한다.

21 안전작업 사항으로 잘못된 것은?

① 전기장치는 접지를 하고, 이동식 전기기구는 방호장치를 한다.

② 엔진에서 배출되는 일산화탄소에 대비한 통풍 장치를 설치한다.

③ 담뱃불은 발화의 정도가 약하므로 제한 장소 없이 흡연해도 무방하다.

④ 주요 장비 등은 조작자를 지정하여 누구나 조작하지 않도록 한다.

22 전기기기에 의한 감전 사고를 막기 위하여 필요한 설비로 가장 중요한 것은?

① 고압계 설비

② 접지 설비

③ 방폭등 설비

④ 대지전위 상승장치 설비

해설

전기 누전(감전) 재해방지 조치사항 4가지

• 접지(보호)
• 이중 절연구조의 전동기계, 기구의 사용
• 비접지식 전로의 채용
• 감전 방지용 누전차단기 설치

23 작업장의 안전수칙 중 틀린 것은?

① 공구는 오래 사용하기 위하여 기름을 묻혀서 사용한다.

② 작업복과 안전장구는 반드시 착용한다.

③ 각종 기계를 불필요하게 공회전시키지 않는다.

④ 기계의 청소나 손질은 운전을 정지시킨 후 실시한다.

24 다음의 내용 중 ( ) 안에 들어갈 내용으로 맞는 것은?

> 도로를 통행하는 차마의 운전자는 교통안전시설이 표시하는 신호 또는 지시와 교통정리를 위한 경찰공무원 등의 신호 또는 지시가 다른 경우에는 ( )의 ( )에 따라야 한다.

① 운전자, 판단
② 교통신호, 지시
③ 경찰 공무원 등, 신호 또는 지시
④ 교통신호, 신호

해설
신호 또는 지시에 따를 의무(도로교통법 제5조 제2항)
도로를 통행하는 보행자, 차마 또는 노면전차의 운전자는 교통안전시설이 표시하는 신호 또는 지시와 교통정리를 하는 경찰공무원 등의 신호 또는 지시가 서로 다른 경우에는 경찰공무원 등의 신호 또는 지시에 따라야 한다.

25 유압장치에서 금속 등 마모된 찌꺼기나 카본 덩어리 등의 이물질을 제거하는 장치는?

① 오일 팬
② 오일 필터
③ 오일 쿨러
④ 오일 클리어런스

26 도시가스가 공급되는 지역에서 굴착공사를 하고자 하는 자는 가스배관보호를 위하여 누구와 확인 요청을 하여야 하는가?

① 도시가스사업자
② 소방서장
③ 경찰서장
④ 한국가스안전공사

해설
도시가스사업이 허가된 지역에서 굴착공사를 하려는 자는 굴착공사를 하기 전에 해당 지역을 공급권역으로 하는 도시가스사업자가 해당 토지의 지하에 도시가스배관이 묻혀 있는지에 관하여 확인하여 줄 것을 산업통상자원부령으로 정하는 바에 따라 정보지원센터에 요청하여야 한다. 다만, 도시가스배관에 위험을 발생시킬 우려가 없다고 인정되는 굴착공사로서 대통령령으로 정하는 공사의 경우에는 그러하지 아니하다(도시가스사업법 제30조의3 제1항).

27 점도지수가 큰 오일의 온도 변화에 따른 점도 변화는?

① 크다.
② 작다.
③ 불변이다.
④ 온도와는 무관하다.

해설
점도 지수(VI)가 높을수록 온도 변화에 따른 점도 변화가 더 작아진다.

28 기관을 시동하기 전에 점검해야 할 사항이 아닌 것은?

① 연료의 양
② 냉각수의 양
③ 엔진의 회전수
④ 엔진오일의 양

해설
엔진의 회전수는 시동을 걸기 전에 점검할 수가 없다.

29 무한궤도식 건설기계에서 트랙 전면에 오는 충격을 완화시키기 위해 설치한 것은?

① 상부 롤러
② 리코일 스프링
③ 하부 롤러
④ 프런트 롤러

해설
리코일 스프링은 주행 중 앞쪽으로부터 프런트 아이들러에 가해지는 충격하중을 완충시킴과 동시에 주행체의 전면에서 오는 충격을 흡수하여 진동을 방지하므로 작업이 안정되도록 한다.

30 건설기계조종사면허의 효력정지처분을 받은 후에도 건설기계를 계속하여 조종한 자에 대한 벌칙은?

① 2,000만원 이하의 벌금 또는 2년 이하의 징역
② 1,000만원 이하의 벌금 또는 1년 이하의 징역
③ 500만원 이하의 벌금 또는 2년 이하의 징역
④ 500만원 이하의 벌금 또는 1년 이하의 징역

해설
1년 이하의 징역 또는 1,000만원 이하의 벌금에 처한다(건설기계관리법 제41조).

31 타이어식 굴삭기를 신규 등록한 후 최초 정기검사를 받아야 하는 시기는?

① 1년
② 1년 6월
③ 2년
④ 2년 6월

해설
신규등록 후의 최초 유효기간의 산정은 등록일부터 기산한다(타이어식 굴삭기의 검사유효기간은 1년).

32 굴삭기 등 건설기계 운전자가 전선로 주변에서 작업을 할 때 주의할 사항으로 틀린 것은?

① 작업을 할 때 붐이 전선에 근접되지 않도록 주의한다.
② 디퍼(버킷)를 고압선으로부터 안전 이격 거리 이상 떨어져서 작업한다.
③ 작업감시자를 배치한 후 전력선 인근에서는 작업감시자의 지시에 따른다.
④ 바람의 흔들리는 정도를 고려하여 전선 이격 거리를 감소시켜 작업해야 한다.

해설
바람의 흔들리는 정도를 고려하여 작업 안전거리를 증가시켜 작업해야 한다.

33 디젤 기관의 엔진오일 압력이 규정 이상으로 높아질 수 있는 원인은?

① 기관의 회전속도가 낮다.
② 엔진오일의 점도가 지나치게 낮다.
③ 엔진오일의 점도가 지나치게 높다.
④ 엔진오일이 희석되었다.

해설
유압유의 점도

유압유의 점도가 너무 낮을 경우	유압유의 점도가 너무 높을 경우
• 내부 오일 누설의 증대 • 압력유지의 곤란 • 유압펌프, 모터 등의 용적효율 저하 • 기기마모의 증대 • 압력발생 저하로 정확한 작동 불가	• 동력손실 증가로 기계효율 저하 • 소음이나 공동현상 발생 • 유동저항의 증가로 인한 압력손실 증대 • 내부 마찰의 증대에 의한 온도 상승 • 유압기기 작동의 불활발

34 교류발전기의 특징이 아닌 것은?

① 브러시의 수명이 길다.
② 전류 조정기만 있다.
③ 저속 회전 시 충전이 양호하다.
④ 경량이고, 출력이 크다.

해설
교류발전기는 로터와 로터를 지지하는 엔드 프레임과 실리콘다이오드 등으로 구성된다.

35 토크컨버터의 3대 구성요소가 아닌 것은?

① 오버러닝 클러치
② 스테이터
③ 펌 프
④ 터 빈

해설
오버러닝 클러치는 동력전달기와 관련이 있다.
오버러닝 클러치 : 피니언 기어를 공전시켜 링 기어에 의해 기동 전동기가 회전되지 않도록 한다.

36 가스공급 압력이 중압 이상의 배관 상부에는 보호판을 사용하고 있다. 이 보호판에 대한 설명으로 틀린 것은?

① 배관 직상부 30cm 상단에 매설되어 있다.

② 두께가 4mm 이상의 철판으로 방식 코팅되어 있다.

③ 보호판은 가스가 누출되지 않도록 하기 위한 것이다.

④ 보호판은 철판으로 장비에 의한 배관 손상을 방지하기 위하여 설치한 것이다.

37 고압선로 주변에서 크레인 작업 중 지지물 또는 고압선에 접촉이 우려되므로 안전에 가장 유의하여야 하는 부분은?

① 조향 핸들 ② 붐 또는 케이블

③ 하부 회전체 ④ 타이어

해설
크레인 붐이나 케이블은 고압선에 걸리기가 쉽다.

38 도시가스배관이 매설된 도로에서 굴착작업을 할 때 준수사항으로 틀린 것은?

① 가스배관이 매설된 지점에서 도시가스 회사의 입회하에 작업한다.

② 가스배관은 도로에 라인 마크를 하기 때문에 라인 마크가 없으면 직접 굴착해도 된다.

③ 어떤 지점을 굴착하고자 할 때는 라인 마크, 표지판, 밸브 박스 등으로 가스배관의 유무를 확인하는 방법도 있다.

④ 가스배관의 매설 유무는 반드시 도시가스 회사에 유무 조회를 하여야 한다.

해설
굴착 작업 시 유의사항
• 사전에 도시가스배관 확인 및 굴착 전 도시가스사에 입회를 요청
  – 라인 마크(Line Mark) 확인 : 배관길이 50m마다 1개 설치
  – 배관표지판 : 배관길이 500m마다 1개 설치
  – 전기방식 측정용 터미널 박스(T/B), 밸브 박스
  – 주변건물에 도시가스 공급을 위한 입상배관 및 도시가스배관 설치 도면
• 작업 중 다음의 경우 수작업(굴착기계 사용 금지)을 실시
  – 보호포가 나타났을 때(적색 또는 황색 비닐시트)
  – 모래가 나타났을 때, 보호판이 나타났을 때
  – 적색 또는 황색의 가스배관이 나타났을 때

39 건설기계 기관에 사용되는 축전지의 가장 중요한 역할은?

① 주행 중 점화장치에 전류를 공급한다.

② 주행 중 등화장치에 전류를 공급한다.

③ 주행 중 발생하는 전기부하를 담당한다.

④ 기동장치의 전기적 부하를 담당한다.

해설
축전지
• 엔진 시동 시 시동장치 전원을 공급한다.
• 발전기가 고장일 때 일시적인 전원을 공급한다.
• 발전기의 출력 및 부하의 언밸런스를 조정한다.
• 화학에너지를 전기에너지로 변환하는 것이다.
• 전압은 셀의 수와 셀 1개당의 전압에 의해 결정된다.
• 전해액면이 낮아지면 증류수를 보충하여야 한다.
• 축전지가 완전 방전되기 전에 재충전하여야 한다.

40 클러치의 필요성으로 틀린 것은

① 전·후진을 위해

② 관성운동을 하기 위해

③ 기어 변속 시 기관의 동력을 차단하기 위해

④ 기관 시동 시 기관을 무부하 상태로 하기 위해

해설
클러치의 필요성 : 엔진 시동 시 무부하 상태로 하기 위해, 기어 변속을 위해, 관성주행을 위해 필요하다.

41 건설기계검사의 종류가 아닌 것은?

① 신규등록검사
② 정기검사
③ 구조변경검사
④ 예비검사

[해설]
건설기계검사의 종류
신규검사, 정기검사, 수시검사, 구조변경검사

42 밤에 도로에서 차를 운행하는 경우 등의 등화로 틀린 것은?

① 견인되는 차 : 미등, 차폭등 및 번호등
② 원동기장치자전거 : 전조등 및 미등
③ 자동차 : 자동차안전기준에서 정하는 전조등, 차폭등, 미등
④ 규정 외의 모든 차 : 지방경찰청장이 정하여 고시하는 등화

[해설]
밤에 도로에서 차를 운행하는 경우 등의 등화(도로교통법 시행령 제19조)
㉠ 자동차 : 자동차안전기준에서 정하는 전조등, 차폭등, 미등, 번호등과 실내조명등(실내조명등은 승합자동차와 여객자동차운송사업용 승용자동차만 해당)
㉡ 원동기장치자전거 : 전조등 및 미등
㉢ 견인되는 차 : 미등, 차폭등 및 번호등
㉣ 노면전차 : 전조등, 차폭등, 미등 및 실내조명등
㉤ ㉠부터 ㉣까지의 규정 외의 차 : 지방경찰청장이 정하여 고시하는 등화

43 굴삭기, 지게차 및 불도저가 고압 전선에 근접, 접촉으로 인한 사고 유형이 아닌 것은?

① 화 재
② 화 상
③ 휴 전
④ 감 전

44 건설기계의 일상 점검정비 작업 내용에 속하지 않는 것은?

① 연료 분사노즐 압력
② 라디에이터 냉각수량
③ 브레이크액 수준 점검
④ 엔진오일량

[해설]
연료 분사노즐의 압력은 특수정비에 해당된다.

45 다음 중 자동차 제1종 대형면허로 운전할 수 있는 건설기계는?

① 타워크레인
② 5t 미만의 지게차
③ 아스팔트살포기
④ 견인차

[해설]
제1종 대형면허로 운전할 수 있는 차량(도로교통법 시행규칙 [별표 18])
• 승용자동차, 승합자동차, 화물자동차
• 건설기계
  - 덤프트럭, 아스팔트살포기, 노상안정기
  - 콘크리트믹서트럭, 콘크리트펌프, 천공기(트럭적재식)
  - 콘크리트믹서트레일러, 아스팔트콘크리트재생기
  - 도로보수트럭, 3t 미만의 지게차
• 특수자동차(구난차 등은 제외)
• 원동기장치자전거

46 유압모터의 일반적인 특징으로 가장 적합한 것은?

① 넓은 범위의 무단변속이 용이하다.
② 운동량을 직선으로 속도조절이 용이하다.
③ 운동량을 자동으로 직선조작할 수 있다.
④ 각도에 제한 없이 왕복 각운동을 한다.

[해설]
유압모터의 특징
• 정·역회전이 가능하다.
• 무단변속으로 회전수를 조정할 수 있다.
• 회전체의 관성력이 작으므로 응답성이 빠르다.
• 소형, 경량이며, 큰 힘을 낼 수 있다.
• 자동제어의 조작부 및 서보기구의 요소로 적합하다.

47 안전·보건표지에서 안내표지의 바탕색은?

① 백 색
② 녹 색
③ 흑 색
④ 적 색

해설
안전표지 바탕색 중 녹색은 안내표지, 적색은 금지표지, 노랑은 경고표지이다.

48 디젤엔진이 잘 시동되지 않거나 시동이 되더라도 출력이 약한 경우의 원인으로 맞는 것은?

① 플라이휠이 마모되었을 때
② 냉각수 온도가 100℃ 정도 되었을 때
③ 연료분사펌프의 기능이 불량할 때
④ 연료탱크 상부에 공기가 들어 있을 때

해설
연료펌프의 기능이 불량하면 연료가 원활하게 공급되지 못해서 시동유지가 잘 안 될 수 있다.
① 플라이휠이 마모되는 것은 클러치가 닫는 면과 스타팅모터의 피니언에 의해 링기어가 마모될 수 있다. 이것은 직접적인 원인은 아니다.
② 냉각수 온도가 100℃ 정도 되면 엔진온도가 정상으로 웜 되어 이때 엔진의 기능이 가장 최고점이 될 때이다.
④ 연료탱크에 공기는 항상 들어 있고 만약 연료 파이프에 공기가 들어 있다면 문제와 같을 수 있다.

49 방향지시등 전구에 흐르는 전류를 일정한 주기로 단속, 점멸하여 램프의 광도를 증감시키는 것은?

① 리밋스위치
② 파일럿 유닛
③ 플래셔 유닛
④ 방향지시기 스위치

해설
플래셔 유닛을 사용해 램프에 흐르는 전류를 일정한 주기(분당 60~120회)로 단속, 점멸해 램프를 점멸시키거나 광도를 증감시킨다.

50 건설기계장비에서 조향장치가 하는 역할은?

① 분사시기를 조정하는 장치이다.
② 제동을 쉽게 하는 장치이다.
③ 장비의 진행 방향을 바꾸는 장치이다.
④ 분사압력 확대 장치이다.

51 건설기계 타이어 패턴 중 슈퍼 트랙션 패턴의 특징으로 틀린 것은?

① 패턴의 폭은 넓고 홈을 낮게 한 것이다.
② 기어 형태로 연약한 흙을 잡으면서 주행한다.
③ 진행 방향에 대한 방향성을 가진다.
④ 패턴 사이에 흙이 끼는 것을 방지한다.

해설
트레드 패턴의 종류
• 러그 패턴 : 원 둘레의 직각 방향으로 홈이 설치된 형식
• 리브 패턴 : 타이어의 원 둘레 방향으로 몇 개의 홈을 둔 것이며, 옆방향 미끄럼에 대한 저항이 크고 조향성이 우수
• 리브 러그 패턴 : 리브 패턴과 러그 패턴을 조합시킨 형식으로 숄더부에 러그형을 트래드 중앙부에는 지그재그의 리브형을 사용하여 양호한 도로나 험악한 노면에서 겸용할 수 있는 형식
• 블록 패턴 : 모래나 눈길 등과 같이 연한 노면을 다지면서 주행하는 형식
• 오프 더 로드 패턴 : 진흙 속에서도 강력한 견인력을 발휘할 수 있도록 러그 패턴의 홈을 깊게 하고 폭을 넓게 한 것
• 슈퍼 트랙션 패턴 : 러그 패턴의 중앙 부위에 연속된 부분을 없애고 진행 방향에 대한 방향성을 가지게 한 것으로서 기어와 같은 모양으로 되어 연약한 흙을 확실히 잡으면서 주행하며 또 패턴 사이에 흙 등이 끼는 것을 방지

52 유니버설 조인트의 종류 중 변속조인트의 분류에 속하지 않는 것은?

① 벤딕스형
② 트러니언형
③ 훅 형
④ 플렉시블형

해설

자재이음(Universal Joint)의 종류
- 부등속 자재이음 : 십자형(훅형) 자재이음, 플렉시블 이음, 볼 엔드 트러니언 자재이음
- 등속 자재이음 : 트랙터형, 벤딕스형, 제파형, 파르빌레형, 이중십자형, 버필드형

53 교통사고 시 사상자가 발생하였을 때, 도로교통법상 운전자가 즉시 취하여야 할 조치사항 중 가장 옳은 것은?

① 즉시 정지 – 신고 – 위해방지
② 증인확보 – 정지 – 사상자 구호
③ 즉시 정지 – 위해방지 – 신고
④ 즉시 정지 – 사상자 구호 – 신고

해설

즉시 사상자를 구호하고 경찰공무원에게 신고한다.

54 유압 실린더의 종류에 해당하지 않는 것은?

① 복동 실린더 더블로드형
② 단동 실린더 램형
③ 복동 실린더 싱글로드형
④ 단동 실린더 레이디얼형

해설

유압 실린더
- 단동 실린더 : 피스톤형, 플런저 램형
- 복동 실린더 : 단로드형, 양로드형
- 다단 실린더 : 텔레스코픽형 실린더, 디지털형 실린더

55 라디에이터 캡의 스프링이 파손되는 경우 발생하는 현상은?

① 냉각수 비등점이 높아진다.
② 냉각수 순환이 불량해진다.
③ 냉각수 순환이 빨라진다.
④ 냉각수 비등점이 낮아진다.

해설

라디에이터 캡의 파손
- 실린더 헤드의 균열이나 개스킷 파손 : 압축가스가 누출되어 라디에이터 캡 쪽으로 기포가 생기면서 연소가스가 누출된다.
- 압력식 라디에이터 캡의 스프링의 파손 : 압력 밸브의 밀착이 불량하여 비등점이 낮아진다.

56 엔진 작동 중 엔진오일에 가장 많이 포함되는 이물질은?

① 유입먼지
② 금속분말
③ 산화물
④ 카본(Carbon)

해설

엔진 작동 중 엔진오일은 엔진 내부를 통과하면서 먼지나 블로바이 가스 등에 의해 형성된 카본 등의 찌꺼기를 제거하여 오일 팬 바닥에 침전시키는 기능을 한다.

57 축전지의 용량을 결정짓는 인자가 아닌 것은?

① 셀당 극판 수
② 극판의 크기
③ 단자의 크기
④ 전해액의 양

해설

축전지 용량
- 극판의 수
- 극판의 크기
- 전해액의 양에 따라 결정(용량이 크면 이용 전류가 증가)

58 AC 발전기에서 전류가 발생되는 곳은?

① 여자 코일
② 레귤레이터
③ 스테이터 코일
④ 계자 코일

해설

AC 발전기
- 스테이터 코일 : 최초 전기가 발생하는 부분, 발전기의 고정자, 안에 로터가 전자석을 띠며 회전하여 전기를 얻음
- 로터 : 직류발전기의 계자 코일에 해당, 팬벨트에 의해 엔진 동력으로 회전함
- 실리콘 다이오드 : 스테이터 코일에 발생된 교류 전기를 정류하며, 전류의 역류(축전지에서 발전기로)를 방지, 교류를 다이오드에 의해 직류로 변환(+극 3개와 −극 3개)

59 가스 용접 시 사용되는 산소용 호스는 어떤 색인가?

① 적 색　　　　② 황 색
③ 녹 색　　　　④ 청 색

해설

가스 종류	도색 구분	가스 종류	도색 구분
산 소	녹 색	아세틸렌	황 색
수 소	주황색	아르곤	회 색
액화탄산가스	청 색	액화암모니아	백 색
LPG	밝은 회색	기타 가스	회 색

60 냉각장치에서 냉각수의 비등점을 올리기 위한 것으로 맞는 것은?

① 진공식 캡　　　② 압력식 캡
③ 라디에이터　　　④ 물재킷

해설

압력식 캡은 비등점(끓는점)을 올려 냉각효과를 증대시키는 기능을 하고 진공밸브(진공식)는 과랭으로 인한 수축현상을 방지해 준다.

MEMO